FINE WINE シリーズ

A Regional Guide to the Best Producers and Their Wines

# カリフォルニア

スティーヴン・ブルック 著

情野 博之 監修

序文 ヒュー・ジョンソン
写真 ジョン・ワイアンド
翻訳 乙須 敏紀

## 良質のカリフォルニアワインを楽しむことに勝る楽しみはそういくつもない……。

　本書『FINE WINE　カリフォルニア』を熟読すると、カリフォルニアワイン・ラヴァーならずとも、カリフォルニアワインの楽しみが一層深まることだろう。

　本書は、19世紀はじめにワイン造りが行われてから、世界の頂点に並んだとも言える現在のカリフォルニアワインを網羅する究極のガイドブックである。

　本書にはカリフォルニアワインの産地ごとの歴史や、ワインの市場が事細かに解説され、ワインメーカーに至ってはカリフォルニア草創期から続く老舗ワインメーカーから、近年に創業を始めたハイスペックのワイナリーを持つワインメーカーまで掲載している。

　取り上げられている100近くものワインメーカーごとに、その歴史や哲学、メーカーの所有するワイン畑やブドウ品種、造られているワインの味わいを詳しく解説している。

　メーカーの歴史は家族の絆や成り立ちなどが、ワイン雑誌では知る人ぞ知るジョン・ワイアード氏の活き活きした写真と共に克明に描き出され、あたかもその人（ワインメーカー）が語りかけているようにも思えてならない。

　世界的なワイン評論家のヒュー・ジョンソン氏と共に数多くの共著を出版している、カリフォルニアワインにおける的確な評論家である筆者が、専門家の立場から語る正しいカリフォルニアワインの今を書いている本書は、ワイン愛好家のみならずワイン関係者にとっては必読の書ともいえ、今現在のカリフォルニアワインの完全ガイドといえる。

　カリフォルニアワインの本当の楽しみを教えてくれる究極の一冊であり、カリフォルニアワインを楽しむ際には、本書で得た知識が脳裏によみがえってくることを期待している。

監修者　情野 博之

# Contents

監修者序文　情野博之 ……………………………………………… 2
序文　ヒュー・ジョンソン ………………………………………… 4
まえがき ……………………………………………………………… 5

## 序　説

1　気候：太陽と霧が生み出すワイン ……………………………… 6
2　歴史と市場：伝道から壮大な野心へ …………………………… 12
3　ワイン文化：ワイン民主主義 …………………………………… 24
4　法律と規制：カリフォルニア・ワインの定義 ………………… 28
5　葡萄栽培：カリフォルニアの特殊性 …………………………… 32
6　葡萄品種：カベルネからジンファンデルまで ………………… 38
7　ワインづくり：スタイル戦争 …………………………………… 46

## 最上のつくり手と彼らのワイン

8　メンドシーノ ……………………………………………………… 52
9　ナパ・ヴァレー …………………………………………………… 62
10　ソノマ …………………………………………………………… 174
11　シエラ・フットヒルズ ………………………………………… 238
12　サンタ・クルーズ・マウンテン ……………………………… 244
13　モントレー ……………………………………………………… 254
14　サン・ルイス・オビスポ ……………………………………… 262
15　サンタバーバラ ………………………………………………… 282
16　その他の地区 …………………………………………………… 304

## ワインを味わう

17　ヴィンテージ：2009〜1990 …………………………………… 308
18　上位10傑×10一覧表：極上ワイン100選 …………………… 316

用語解説 …………………………………………………………… 318
参考図書 …………………………………………………………… 318
索　引 ……………………………………………………………… 318

※つくり手で引く場合は、こちらをご参照ください。

# 序文

ヒュー・ジョンソン

**優**れたワインが、自らを他の平凡なワインから峻別させるのは、気取った見せかけではなく、「会話」によってである――そう、それは、飲み手達がどうしても話したくなり、話し出しては興奮させられ、そしてときにはワイン自身もそれに参加する会話。

この考えは、超現実主義的すぎるだろうか？ 真に創造的で、まぎれもなく本物のワインに出会ったとき、読者はそのボトルと会話を始めていないだろうか？ いま、デカンターを2度もテーブルに置いたところだ。あなたはその色を愛で、今は少し衰えた新オークの香りと、それに代わって刻々と広がっていく熟したブラックカラントの甘い香りについて語っている。すると、ヨードの刺激的な強い香りがそれをさえぎる。それは海からの声で、いま浜辺に車を止め、ドアを開けたばかりのときのようにはっきりと聞こえてくる。「ジロンド河が見えますか？」とワインが囁きかけてくる。「白い石ころで覆われた灰色の長い斜面が見えるでしょ。私はラトゥール。しばらく私を舌の上で含んで。その間に私の秘密をすべてお話しします。私を生み出した葡萄たち、8月にほんの少ししか会えなかった陽光、そして摘果の日まで続いた9月の灼熱の日々。私の力が衰えたって？ そう、確かに歳を取ったわ。でもそのぶん雄弁になったわ。私の弱みを握った気でいるの？ でも私は今まで以上に性格がはっきりでたでしょ。」

聴く耳を持っている人には聞こえるはずだ。世界のワインの大半は、フランスの漫画サン・パロール（言葉のない漫画）のようなものだが、良いワインは、美しい肢体とみなぎる気迫を持った――トラックを走っているときも、厩舎で休んでいるときでさえも――サラブレッドのようなものだ。不釣り合いなほどに多くの言葉と、当然多くのお金が注がれるが、それはいつも先頭を走っているからだ。理想とするものがなくて、何を熱望できるというのか？ 熱望はけっして無益なものではない。われわれにさらに多くのサラブレッドを、さらに多くの会話を、そしてわれわれを誘惑する、さらに多くの官能的な声をもたらしてきたし、これからももたらし続ける。

今からほんの2、30年ほど前、ワインの世界はいくつかの孤峰をのぞいて平坦なものだった。もちろん深い裂け目もあれば、奈落さえもあったが、われわれはそれを避けるために最善を尽くした。大陸の衝突は新たな山脈を生み出し、浸食は新しい不毛な岩石を肥沃な土地に変えた。ここで、当時としては無謀に思えた熱望を抱き、崖をよじ登るようにして標高の高い場所に葡萄苗を植えた少数の開拓者について言及する必要があるだろうか？ 彼らは最初語るべきものをほとんど持たないワインから始めたが、苦境に耐えた者たちは新しい文法と新しい語彙を獲得し、その声は会話に加わり、やがて世界的な言語となっていった。

もちろん、すでにそのスタイルを確立していた者たちの間でも、絶えざる変化があった。彼らの言語は独自の文学世界を築いていたが、そこでも新しい傑作が次々と生み出された。ワイン世界の古典的地域というものは、すべてが発見されつくし、すべてが語りつくされ、あらゆる手段が取りつくされた、そんな枯渇した場所ではない。最も優れた転換・変化が起こりえるところなのである。そして大地と人の技が融合して生み出される精妙の極みを追究するために最大の努力を払うことが経済的に報われる場所である。

カリフォルニア・ワインは白紙の状態から始まった。19世紀の先駆者たちは、この地でも極上ワインが生まれることを証明したが、今のわれわれは、そのスタイルを推測することとしかできない。というのも、長い禁酒法時代の断絶によって、それを知る手がかりが消し去られてしまったからである。禁酒法の後、1930年代から40年代にかけて、主にイタリア出身の活力に満ちたワイン生産者たちがワイン文化の力強い芽を噴出させた。そしてその芽を育て、剪定し、上質ワインへと導いていった努力の跡を、1940年代後半まで、特に、異色のロシア人移民者アンドレ・チェリチェフまでさかのぼることができる。あるいは、ロバート・モンダヴィが旋風を巻き起こしながらワイン市場に登場した1960年代までさかのぼることができる。

友人ボブ・トンプソンと私は、1975年に、カリフォルニア・ワインについての基本的な文法を書こうと試みたことがある。当時は、単品種ワインという新しい考えが大きな影響力を持ち、「どの品種がどこに植えられているか？」が、探索すべき最重要の問題であった。それから35年たった今、葡萄品種は2番目の天性とみなされるようになったが（その定義はより明確になった）、それでもその重要な問題は依然として問われ続けている。テロワールの原理は、本当にカリフォルニアに通用するのだろうか？ 答えは……、ほとんど通用しない、である。単品種に捧げられている葡萄畑もあるにはあるが、カリフォルニア人たちは、もっと実利的である。彼らは、大地が自分自身を語り始める前に、ワイナリーの中で、市場の好みに合わせてその商品を鋳型にはめこむ。流行が変われば、ワインも変える――必要なときは品種でさえ。

それゆえ、最新の情報を伝えることが重要である。スティーヴン・ブルックの仕事は、絶えずダイナミックな変容を遂げるカリフォルニアを知るために最適であり、大きな喜びを与えてくれる。

# まえがき
## スティーヴン・ブルック

カリフォルニア州は、一小国の面積と匹敵するくらい広い。そのため、いかに曖昧な表現を使ったとしても、そのワインをある単一の概念で定義するのは難しい。しかし、カリフォルニア州全体に当てはまるいくつかの共通した条件があるように見える。その第1は、日照に関してである。州内のほとんどの地域で、冬は温暖で、雨が多いが、夏はおおむね暑く、ほとんど日照が雨にさえぎられることはない。秋はやや変わりやすい天候で、収穫期には常に神経を研ぎ澄ましていなければならない。とはいえ、カリフォルニアの秋は難しいとフランスやドイツの葡萄栽培家に愚痴をこぼしたら、きっと笑われるだろう。

順調な日照は葡萄の成熟にとって不可欠であるが、世界の他の偉大なワインと同様に、カリフォルニア・ワインもそれを修飾するいくつかの要因によって個性が与えられる。州内で最も暑く、最も乾燥した地区は、広大なセントラル・ヴァレーであるが、誰もそこが傑出した葡萄の産地だとは言わないであろう。常に高い気温が維持されていることによって糖分濃度は高くなるが、酸は低くなり、それゆえ、ワインに陰影が見えず、平板なものになってしまう。カリフォルニアの気候を修飾し、そのワインを世界最高水準のものにする最大の要素は、言うまでもなく太平洋である。冷涼な微風がモントレーのサリナス・ヴァレーを通り抜け、ナパやソノマではしばしば朝霧が谷間を白く覆う。海洋から受ける影響によって、サンタバーバラ郡のサンタ・イネズ・ヴァレーのどの場所がブルゴーニュ品種に、あるいはシラー、またはボルドー品種に向いているかが決まる。

カリフォルニアの葡萄栽培家とワイン生産者は、何十年もかけて、どの地区、どの小地区で、どの品種が最も良く育つかを研究してきた。他の新世界諸国でも同様だが、カリフォルニアのワイン生産者の多くが、自らの意志でその職業を選んだ者達である。これに対してヨーロッパでは、多くの生産者が先祖からの財産を継承した者達である。そのため、カリフォルニアのワイン生産者の多くが、葡萄栽培と醸造について熟知しており、その葡萄畑は几帳面に管理され、銀行口座には常に、最上の圧搾機と最上の樽を購入できるだけの現金が用意されている。

21世紀の今日では、ナパのカベルネ（ソーヴィニヨンとフラン）、ソノマのピノ・ノワール、サンタバーバラのシャルドネ、パソ・ロブレスのシラーが、それらの品種の世界最高峰のものと肩を並べることができるということを疑う者はほとんどいない（カリフォルニア独自の切り札的品種であるジンファンデルについては言うまでもない）。今でもカリフォルニア・ワインを見下す者が多くいるが、その軽蔑は、俗物根性からくる気取りからくるものであろう。イギリスのある著名なワイン・ライターが、カリフォルニアの葡萄樹は若すぎるので評価するに値しないと公言したのは、それほど昔のことではない。彼は、カリフォルニア各地に、樹齢100歳を超えるジンファンデルやムールヴェードルなどが植わっている葡萄畑が何エーカーも点在していることを知らなかったのである。

カリフォルニアは何も言い訳する必要はない。実際カリフォルニアには、誰からも受け入れられるスタイルのための伝統的な鋳型などない。また、シュヴァリエ・モンラッシュやポムロール台地、ラ・モッラといった聖地のような場所もない。規則もなければ、限界もない。ここは自由の土地である。葡萄栽培家に、これこれの土地にはこれこれの品種を植えなければならないとか、ワインメーカーに、ワインはこのようにして、これくらいの期間熟成させなければならないとか教えを垂れる者があるとしたら、その人はまったく相手にされないであろう。しかし反面、このように自由を享受している結果、カリフォルニアのワインは流行の影響を受けやすい。「オーク香が強すぎる」と批評家が言えば、新樽比率100％のための新樽の注文が取り消され、また同じ批評家が、「ほっそりしすぎて、青臭いハーブのようだ」と言えば、フェノールの成熟という呪文が繰り返され、過熟の、ジャムのような風味の、頭痛を起こしそうなくらいにアルコール度数の高いワインが大量に生み出されるといった具合である。しかし、すべてのアクションには、リアクションがつきもので、私はいま、カリフォルニア・ワインはこれまでになくバランスが良く、飲み心地が良いと感じている。過剰抽出なワインも残存しているが、それらはそのようなものとして、これまで以上に広く受け入れられている。

私自身に関して言えば、私はヨーロッパ・ワインの敬虔な愛好者であり、テロワールの信奉者である。しかし私はカリフォルニアの大地で、テロワールとは違ういくつかの特質を見出すことができた。それは贅沢な質感であり、果実味の豊かさであり、そして開拓者の自尊心である。本書のために選んだワイナリーが、この快楽主義的な大地の最上のものを反映していることを私は信じている。

1 | 気候

# 太陽と霧が生み出すワイン

カリフォルニア・ワインは、まさに全体として見たカリフォルニアのイメージを映し出している。おおらかさ、快楽主義、太陽崇拝、旧世界の呪縛から解放された新世代の自由の象徴、そして不断に国際的影響を受けながらも、自分の領域内にとどまることに満足する気質。類推はいくらでも広げられるが、要するに、ハリウッドヒルズやヒールズバーグのプールサイドでくつろぐ時、鋼のようなシャブリや、タンニンの重荷を積んだバローロ、噛みごたえのあるアリアニコはあまりぴったりこないのである。カリフォルニアの風土では、いったんグリルに火が点けられると、不思議と、ソノマの芳醇なシャルドネ、サンタバーバラの超熟のシラー、アマドールの頭がくらくらするようなジンファンデルが飲みたくなるのである。

この西部の州では、日照は比較的簡単に手に入る。しかしただ口当たりの良いだけのワインとは異なる偉大なワインには、単なる成熟以上のものが必要とされる。カリフォルニアでは、ワインの個性は、苛酷な日照と拮抗することのできるいくつかの要因によってもたらされる。州内の多くの場所で、それは海洋からの影響を意味する。8月にサンフランシスコを訪れたことのある人なら、1日の大半この街を覆う太平洋からの冷たい霧に身体を冷やされないために、バッグからもう1枚別の上着を取り出した思い出があるだろう。同様の沿岸部の霧は、内陸部の気温が上昇したときにも発生する。渦を巻いて立ち昇る海洋性のもやは、沿岸部のあらゆる谷間を這い、サン・パウロ湾を通ってナパへ、あるいはペタルマ・ギャップを通ってソノマ南部へと入り込む。その一方で、冷たい風がサリナスとサンタマリア・ヴァレーの入り口を通って、熱せられた丘の斜面を爽やかに吹き抜ける。

霧がこれ以上高く昇れないという一定の高度があり、フォグラインと呼ばれている。メンドシーノ・リッジ、ソノマ・マウンテン、ハウエル・マウンテン、サンタクルーズ・マウンテンなどの、霧が昇れない高地では、照りつける太陽に対する別の抑制要因がある。それが、高度である。標高が高いことによって、夜間の気温が下がり、葡萄の成熟が遅くなる。また、谷間の沖積層や河岸段丘の肥沃な土壌とは対照的に、山頂近くの土壌はやせており、ワインに独特のタンニン構造をもたらす。その一方で、海洋の影響は、ワインに酸を保持させる。このようにカリフォルニアの最上の地区とは、ただ葡萄を良く成熟させるだけの地区ではなく、ワインに複雑さを付与する地区といえる。

カリフォルニア産の安価でボリュームのあるワイン——ヨールなどの混合酒の徳用"バーガンディー(ブルゴーニュの英語読み)"で、怪しげなイタリア語の商品名で売られ、ノンノ・ジュゼッペがブルックリンやシカゴの洗濯部屋に作った秘密の醸造所を想起させる——が、セントラル・ヴァレーの灼熱の葡萄畑から生み出されるのは決して偶然ではない。そこは平坦な陸地が続き、海洋の影響を切望しても無駄なことで、高地も地平線の彼方にかすかに見えるだけである。ここでは成熟がすべてである。タンニンは望むべくもなく、酸は多くの場合、強酸の添加物を加えたり、酸を多く含むフレンチ・コロンバールやバルベーラなどの品種から造られるワインを混ぜることによってもたらされる。

## 気象か、テロワールか?

ヨーロッパはテロワール——数世紀にわたって研究され、実験され、分析されてきた——を持ち、カリフォルニアは気象を持つ。カリフォルニア・ワインに関する書物には、州内の各地区の多様な土壌についての記述が満載である。カーネロスの、ヘアやディアブロと呼ばれる粘土ローム層、ルシアン・リヴァー・ヴァレーのゴールドリッジ砂質ローム層等々。しかしそれらの土壌と、そこから生まれるワインの特質とスタイルの関係については、あまり明らかにされていない。土壌の種類は、成分、水の貯留度、肥沃度などの要因を基に分析することができ、それらはすべてそこから生まれるワインがどのようなスタイルのものかを理解するために重要であるが、それだけではテロワールの分析は初歩的な段階にとどまっている。これは別に見下した言い方をしているのではない。同じことは、より詳細に分析された旧世界のテロワールについても言える。ブルゴーニュ愛好者なら、だれもがグラン・クリュ・ミュジニィから生まれるワインの比類なき芳醇さに同意するが、ではなぜそこから、一見同じような土壌に見えるレザムルーズやクロ・ド・ヴージョなどの隣人でさえも遠く及ばない、天性ともいうべき高い質を持ったワインが生まれるのかを説明する段になると、多くの人が言葉に詰まり、生産者自体もうまく説明できない。それゆえ、カリフォルニアの生産者たちが、彼ら自身のテロワールについて、旧世界の生産者たち以上に理解していないとしても驚くには当たらないのである。同様のこと

左:カリフォルニアの太陽は、依然としてそのワインを定義する最大の要素である。
次ページ:その苛酷な影響を緩和する要素が、高度と霧である。

が、一般的に受け入れられている、頻繁に使われる語句に関しても言える。ラザフォード・ダストについて多くのことが書かれている。しかし、私はもう何十年もラザフォード・カベルネをテイスティングしてきており、その都度大変美味しいと感じてきたが、いまだに、そのワインをそれ以外の地区、たとえばオークヴィルやセント・ヘレナのカベルネと区別する特別な性質を見出すことができないでいる。

また、葡萄栽培家よりもワインメーカーのほうが優位な立場にあるということによって、テロワールのニュアンスがより強く表現される可能性が高まるかと言えば、そうでもない。今日では、状況は20年前と違い、栽培家は葡萄を供給し、ワインメーカーはそれを使って最上のワインを生み出すという具合に、栽培家とワインメーカーが明確な分業体制を取っているということは少なくなり、誠実なワインメーカーは、葡萄がワイナリーに到着する前に、果実の質と状態を見るために葡萄畑で多くの時間を過ごしている。とはいえカリフォルニアのワインメーカーは、数々の技法をバッグ一杯に用意している。マスト・ウォータリング（アルコールを下げるため水で希釈する）、マイクロ酸素注入法、タンク・ブリーディング（セニエ法）、タンニンおよび色素の添加、培養酵母、酸度調整、酵素添加、オーク香およびトースト香を高めるための技法一式、樽貯蔵室での撹拌と回転装置、逆浸透膜法、回転円錐コーン型蒸留器等々。これらの技法や装置を肯定的にとらえるか、否定的にとらえるかについてここで議論するつもりはない。私はただ、これまで多くのカリフォルニア・ワインを見てきたなかで、それらの技法の頻繁な使用が、多くの場合、ワインを興味あるものにし、個性的にする独自性を損なわせる結果になっていることを知っているということを述べておきたい。アメリカのワイン批評家や消費者は、繊細さとフィネスをあまり重要視しないと言われてきたが、これも、現在では一概に言えなくなっている。

## 自由の大地

カリフォルニアのワインには、業界規則に縛られていないという優位性がある。ラベル表示についての規制はあるが、葡萄栽培家は、望む場所に望む品種を植えることができ、ワインメーカーは、自分の造りたいワインのスタイルに合わせて、好きな品種を選ぶことができる。旧世界の生産者たちが羨むこの自由こそが、カリフォルニア・ワインの長足の進化と多様性を生み出す原動力となってきた。「フィアーノ（イタリア南部の原生種）を栽培しその葡萄を醸造したいだって、じゃあやってみろ！」。ワイルドホース・ワイナリーの前ワインメーカー、ケネス・ヴォルクをはじめとする多くのワインメーカーが、あまり有名でない品種から素晴らしいワインを造り出し、高い評価を得た。しかし全体として見た場合、アメリカの消費者はこのような革新的な試みをあまり歓迎していない。反対に、保守的な愛飲者が多く、概してカベルネ、ソーヴィニヨン、ジンファンデルをお気に入りにしているようだ。ローヌ品種について多くが語られているが、カリフォルニア全体でみると、マルサンヌやルーサンヌの栽培比率はまだまだ低い。

カリフォルニアには、フランスのINAO（国立原産地名称研究所）に相当する機関や、その他の同様の規制主体は存在しないが、市場自体が規制の役割を果たしているといえる。たとえば、ナパ・ヴァレーでは現在カベルネが主流であり、高い値で売れるため、葡萄栽培家の多くがこの品種を栽培している。実は20年前までは、ナパはジンファンデル、リースリング、マスカット、シュナン・ブランなどの多様な品種を栽培していた。シュナン・ブランから生み出されるワインがどれほど素晴らしいものであったにせよ、カベルネがその5倍の値で売れる時、なぜその品種を栽培する必要があるのか？ こうして、いくつかの地区で単品種に偏った栽培が行われるようになってきているが、これはヨーロッパの多くの地区でも同様である。

商品がワインであるだけに、最良の生産者を選び出すという仕事はとりわけ困難である。もちろん私は品質を最も重要視したが、ただそれだけを基準にしたわけではない。私は、少量の超高級ワインを特別仕立てで誂えるブティック・ワイナリーよりも、一定の量の秀逸なワインを市場に送り出すワイナリーを重視した。というのも、ワイナリーの歴史が大事だと思うからである。彗星のように登場し、その後の数ヴィンテージの短期間だけ世間の注目を集めるワイナリーよりも、30年間にわたって持続的に秀逸なワインを生み出すワイナリーの方が、より大きな感銘を人に与えることは言うまでもないことだろう。

この業界は、本質的に不安定な業界である。ワイナリーは拡大することもあれば、縮小すること（倒産すること）もあり、ワインメーカーは雇用主を転々と変え、葡萄の供給元は毎年葡萄の価格を変えて、ワイナリーのポートフォリオに大きな影響を及ぼし、ジャーナリズムは当然のことながら、最近注目を集めたワイナリーに焦点を合わせ、数年前、あるいは去年注目したワイナリーを脇におく、あるいはまったく見向きもしないようになる。私の最終的な選択も、非常に大きな困難を伴うものであったが、言うまでもなく、本書は私独自の判断に基づくものである。

## 2｜歴史と市場

# 伝道から壮大な野心へ

　南北両アメリカ大陸に最初に葡萄苗を持ちこみ栽培を始めたのは、スペインからの伝道団であった。アメリカのワインの歴史を語る上で、もちろん、その最初の植樹は重要な意味を持っているが、極上ワインの定義をどれだけゆるやかにしたとしても、そのワインは今のわれわれの関心を引くような代物ではない。神父やラビは、聖餐用にワインを必要としたのであって、酒質はほとんど問題ではなかった。1769年に、サンディエゴにスペインの伝道団があったことはわかっているが、葡萄樹が植えられていたかどうかは不明である。18世紀末には、カリフォルニアだけで20を超える伝道団があった。そこで植えられていた葡萄は、大半がクリオジャ種（チリのパイス種と同じ）であったが、カリフォルニアでは栽培されていた場所から、ミッション（伝道団）と名付けられた。今でもミッション種の畑がシエラ・フットヒルズにいくらか残っており、その葡萄から少量のワインが造られているが、それを飲んだことがないからといって、悔しがるほどのものではない。1833年に、当時のメキシコ政府によって伝道団が世俗化され、その土地が払い下げられると、ワイン造りはカトリック教会だけの仕事ではなくなった。

　まったくうってつけの名前のジャン・ルイ・ヴィーニュ（フランス語で葡萄樹を意味する）という1人のボルドーからの移民が、ロサンジェルスの、現在はエレガント・ユニオン・ステーションと呼ばれている場所に、ヴィニフェラ種（ヨーロッパ品種）を植えた。ヴィーニュはまた、樽製造業者としてその後何十年も繁盛した。彼だけではなかった。葡萄畑は、現在のディズニーランドの近くにもあり、またアナハイムの周辺だけで、その数は10を超えていた。

　一方北カリフォルニアでは、サン・ラファエル（1817）とソノマ（1824）に伝道団があり、また移住者たちは、自家消費のために葡萄畑を造った。メキシコ政府の命を受けて、将軍マリアーノ・ヴァレーオが伝道団を世俗化し、多くの土地の払い下げを実施すると、ワイン産業は本格的に興隆し始めた。将軍自身もそのうちの最大の葡萄畑を所有した。また1836年には、ミズーリ州から来たジョージ・ヨーンツがケイマス大牧場を手に入れたが、その土地はナパ・ヴァレーの大部分を含むほど広大で、ヨーンツはすぐにそこに葡萄樹を植えた（植えられたのはミッション種であった）。ヨーンツの名前は、美食の町ヨーンツヴィルとして今もその名残をとどめている。1840年代後半には、新興の地主階級が州内の多くの場所に葡萄畑を造ったが、現在のイースト・ベイはそのうちの1つである。その頃になると、苗木を東海岸から取り寄せることができたので、生産者たちは、あまりぱっとしないミッション種にとらわれる必要はなくなった。JW・オズボーンはナパ・ヴァレーの24haの土地にミッション種以外の品種を植えた。1859年に、州議会によって4年間の免税期間法が可決されると、葡萄畑は加速度的に拡がっていった。

　ゆるやかな斜面と谷の続く、広々とした土地の多いソノマ郡では、急峻で狭い土地が多いナパ・ヴァレーよりも葡萄樹は歓待され、葡萄畑の拡大は速かった。ゴールドラッシュは多くの金採掘者やその取り巻き連中をシエラ・フットヒルズに呼び寄せたが、一獲千金を夢見る彼ら楽観主義者の渇きをいやすために、ここにも多くの葡萄畑が拓かれた。そのうちのいくつかは、今でもよく維持管理されている。こうしてワイン産業と呼ばれるものが形作られ、ロサンジェルス、ソノマ、サンタクララ、サクラメントの葡萄栽培家は、その葡萄をワイン製造会社に売り、そこでワインは醸造、ブレンドされ、商品化された。1860年代末には、ナパにはすでに800haの葡萄畑があったが、ロサンジェルスにはそれを大きく上回る4000haの葡萄畑が広がっていた。しかし1880年代に、南カリフォルニア一帯を大きな災難が襲った。今でもカリフォルニア州の葡萄畑にとって大きな脅威であるピアス病が、それらの葡萄畑をほぼ壊滅状態にしたのである。

## 丘の上へ

　この頃になると、ナパ、ソノマ、サンタクルーズ・マウンテンに移住者が到達するようになったが、その中には、祖国で葡萄栽培にたずさわったことのある人間も多かった。彼らは葡萄栽培に適した土地を探し求め、そこに定住した。19世紀初めにくらべ、ヴィニフェラ系品種は入手しやすくなっており、サンソー、リースリング、ジンファンデルなどが盛んに植えられるようになった。植えられたのは谷床の平地だけではなかった。急峻な山肌を昇るように葡萄畑が拓かれていったが、その光景は人々に、故郷のヴォー（スイス）、アスティ（イタリア）、ザール（ドイツ）を思い出させたに違いない。1850年代には、チャールズ・クリュッグがワイ

右：葡萄樹は、この古いサンフランシスコの教会の写真に見られるような伝道団とともにやってきた。しかし教会は、1833年に葡萄栽培の独占権を失った。

ナリーを開き、1863年にはヤコブ・シュラムが、カリストガの近くにシュラムズバーグ・ワイナリーを開いた。その後すぐに、ベリンジャー、イングルヌック、そして1889年には、グレイストーンが続いた。イングルヌックとベリンジャーの2つのワイナリーの規模の大きさが、当時ナパ・ヴァレーでワイン産業がいかに重要な地位を占めていたかを物語っている。その他、規模の小さい石造りのワイナリーが、山の中腹や斜面のあちこちに造られた。それらの遺跡は、その頃この地区で職人的な小規模ワイナリーが興隆したことを物語っている。葡萄畑は町の中心から遠く離れていたが、所有者たちは、谷床の畑を常に脅かしていた霧がその高さまでは昇ってこないことを知っていたのである。

一方、谷床の葡萄畑とワイナリーの規模は、壮大であった。HWクラブはオークヴィルに何百エーカーにもなる葡萄畑を拓いたが、その葡萄畑は今でも彼が名付けたままのトゥー・カロンの名前で残っている。そこはまさに葡萄樹の海である。現在その大半がロバート・モンダヴィ・ワイナリーの所有になっている。この地区の葡萄栽培業は経営が比較的安定していたため、クラブをはじめとする生産者たちは、いろいろな品種を試してみる余裕があった。隣のラザフォードでは、ウィリアム・ワトソンが葡萄畑を拓き、それはすぐに1879年、裕福なフィンランド人船長で貿易商のグスタフ・ニーボームによって購入され、イングルヌックと名付けられた。彼は豪壮なワイナリーを建築したが、それは現在も、フランシス・フォード・コッポラのルビコン・エステートのなかにあり、一部はセラーとして、一部は博物館として現役を続けている。ニーボームは、葡萄品種を増やし、葡萄やワインを酒商に卸すのではなく、自ら瓶詰めして売り出したことでも、先駆者的な役割を果たした。それによってナパ・ヴァレーの名前がワインのラベルに初めて記載され、この新興地域がアメリカ中に知られるようになった。

それとは対照的に、ソノマのワイン業界は1人の個性的な男によって取り仕切られていた。いつも華麗に着飾った気取り屋のハンガリー人、アゴストン・ハラツィーである。彼は貴族と軍人の経歴を詐称し、中西部でしばらく冒険家として過ごした後、1848年にカリフォルニアにやってきた。ハラツィーはサンディエゴとサンマテオの2カ所に葡萄畑を拓いたが、あまり成功せず、その後ソノマで拓いたブエナ・ヴィスタと名付けた畑で、まずまずの成功を収めた。政界とのつながりが深かった彼は、カリフォルニア州政府を説得し、自分を団長とする派遣団をヨーロッパのワイン業界の視察に送り出させることに成功した。広くヨーロッパ各地を見て回った後、ハラツィーは、1000種を超える品種の苗木1万本をカリフォルニアに持ち返った——あるいは、そのように吹聴した。彼は、葡萄栽培家としても、育苗家としても大系立った教育を受けていなかったため、彼がどのような品種を持ち返り、それをどこに植えたかは不明のままである。古くからあるカリフォルニアの葡萄畑のなかに、今でも正体不明の葡萄樹の列があるのはこのためだろう。誰も驚かなかったが、その後ハラツィーは財政的な危機に陥り、1869年にニカラグアに向けて新たな冒険に旅立った。彼はそこで行方不明となり、死亡したと伝えられている。

## ソノマの興隆

ソノマは葡萄畑の面積でナパを大きく上回り、1870年代半ばには、州内で一番多くワインを生産する郡となった。その後を追っていたのが、ロサンジェルスである。ソノマの地勢は大規模栽培に向いており、1880年代にソノマ北部のアスティに設立された有名なイタリアン・スイス・コロニーは、その半世紀後には、アメリカで最も広い面積を擁する葡萄園となった。南カリフォルニアでは、ロサンジェルスの多くの農園が姿を消す一方で、その後背地のクカモンガなどに多数の大規模農園が拓かれ、禁酒法が施行されるまで、重要な経済的役割を果たした。

今では、当時のワインがどのような酒質を有していたかを言うのは難しい。気候は白ワインの生産者に試練を与えたに違いなく、酸化されたものや、酒精強化されたものが多かったようである。赤の劣等品種からは、あまり誉められたものではない赤ワインが造られていたと思われるが、熟練した生産者が、ジンファンデルやカリニャンなどの壮健な品種を使い造った赤ワインは、上質なものだったに違いない。しかし同時に、発酵停止が起こったり、酸が非常に不安定であったりしたものも多く造られたようだ。不純物の多い粗悪品が市場に多く出回ったため、州政府は、不正な方法を禁ずる法律を制定せざるを得なかったようだ。その一方で、グスタフ・ニーボームや、チャールズ・クリュッグなどの成功し資金力のあった生産者は、選果や衛生管理に投資することができ、多くの生産者を悩ませたワインの腐敗を防ぐことができた。一方上質ワインのための品種の登場は遅く、1882年にソノマでカベルネ・ソーヴィニ

ヨンだけを使ったワインが造られたというのが、現存する最も古い記録である。

## 最初の輸出

1869年には、ワインを、通常は樽で、アメリカ各地に移送するための鉄道網が敷かれた。ワイン産業は好景気に沸き、それに続く数10年間で、カリフォルニアの商人は、州内で生産されるワインを遠くオーストラリアや東アジアに輸出できるまでになった。それによって葡萄畑の拡張に弾みがつき、1887年には、ナパだけで6900haの広さに達していた。ほぼ1世紀後に再び繰り返されることになる運命のシナリオが待つなかで、生産者たちは病害に抵抗力があると信じられていた台木に植樹するように促された。しかしこれが間違いであった。貪欲なフィロキセラが瞬く間に谷じゅうの葡萄樹を食い尽くしてしまったのである。何千ヘクタールもの葡萄畑が壊滅状態になり、その中には、その後禁酒法時代が終わっても長く植替えられることがなかった葡萄畑もある。しかし葡萄栽培は絶えることはなかった。資金と意志のある生産者たちは、針金を使った棚造りなどの、当時としては最先端をいく技法を用いて、葡萄樹を再植樹した。またこれを契機に、より優秀な品種が導入された。1899年にフランス人のジョルジュ・ド・ラトゥールがナパにやってきて、その10年後にはボーリューを創設し、ソーヴィニヨン・ブラン、ピノ・ノワール、カベルネ・ソーヴィニョンなどのフランスの品種を導入した。供給減のなか、ワインは高値で推移したが、それによってナパの評判が悪くなるということはなかった。1900年のパリ万博において、カリフォルニア州をはじめとするアメリカ各州からのワインに、多くの賞が与えられた。

復興の歩みに対して、2つの大きな障害が立ちはだかった。1つは自然の脅威であり、もう1つはアメリカ国民を屈従させた道徳規範である。1906年4月に起きたサンフランシスコ大地震は、当地の倉庫をほぼ壊滅状態にし、何百万ガロンというワインを消失させた。一方市の外では、ワイナリーも大きな被害に遭い、ポール・マッソン・ワイナリーなどで注意深く熟成させられていたワインも、一夜にして消滅してしまった。

しかし、禁酒法がワイン業界に与えた打撃は、これとは比べものにならないものだった。禁酒法は、アルコールと飲酒のすべてを問題にしたが、おそらく、サロンでの銃による殺傷事件の大半は、アリカンテ・ブーシュやリースリングなどのワインを飲んだことに起因するものではなく、バーボンやライ麦酒による酩酊がもたらしたものであったと思われる。しかし、禁酒運動がそのような分別を持つはずもなく、連邦議会で禁酒法が成立する10年前には、すでに多くの州議会で禁酒法が可決され、アルコール飲料の消費が制限された。

## 禁酒法

1919年に成立した禁酒法は、アメリカのワイン産業に、永く癒えることのない深い傷を負わせたが、短期的には、密造者だけでなく、多くの一般人が、それをうまくすり抜けることができた。ワイン販売は（その他のアルコール飲料と同様に）、確かに禁止されたが、葡萄栽培を禁止する法律はどこにもなかった。葡萄畑の拡張が止むことはなく、少なくとも1920年代半ばまで続いた。また年間750ℓまでなら自家用に葡萄ジュースを造ることが許され、そのための葡萄や、輸送に向けた濃縮果汁の需要は旺盛なままだった。大量の葡萄や濃縮果汁が船積みされ、カリフォルニアから中西部、さらには東部に向けて送られた。こうして葡萄畑は引き続き繁栄を謳歌した。すべての品種が長期にわたる船積みに耐えられるわけではなく、両カベルネ種やリースリングよりも、アリカンテ・ブーシュやプティ・シラーなどの果皮の厚い品種が多く栽培された。アメリカ人ワインメーカであり、著述家であるフィリップ・ワグナーは、これを次のように書いている。「禁酒法は、ただ上質なワインに対する禁止命令であることが判明した。」（『American Wines and Wine-Making』）

また、聖餐用のワインも販売が許されていた。聖体拝領にワインを必要とするカトリック司祭の数には限度があったが、同様に宗教儀式にワインを必要とするラビの人数には限度はなかった。現在、北部のいくつかの州で、医療目的で大麻を使うことが合法化されているように、1920年代においても、医療目的でワインを使用することは許されていた。ポール・マッソン・ワイナリーの「メディカル・シャンパン」のような薬用ワインが人気があった。

しかし1920年代半ばには、葡萄畑拡張ブームにも終りがやってきた。いろいろな抜け道があったにもかかわらず、1930年代初めには、禁酒法はワイン業界に大きな痛手を与えていた。1933年に禁酒法は撤廃されたが、病んだワイン業界にとっては、それは決して早すぎる撤廃ではなかった。ボーリューやイングルヌック、ルイス・マティー

上：禁酒法時代、医療目的のワインは入手することができたが、上質ワインは深刻な痛手を受けた。

ニなどの生き残ったワイナリーは生産を再開することができたが、永久に再開されずに消えていったワイナリーも多くあった。上質ワインのための葡萄畑は激減し、ワイナリーには、古びた、埃まみれの、不衛生になった設備が放置されたままだった。大恐慌がこれに追い打ちをかけ、投資する余力を持つ生産者は皆無に近かった。いずれにしろ、アメリカ中の上質ワインに対する市場が消えかかっていた。およそ15年間、アメリカのワイン愛好家の大半が、安酒で我慢したり、蒸留酒に切り替えたりした。1930年代の消費者は、甘口の酒精強化されたワインを求めていたようで、ワイナリーもそれに応えた。シェリーやポートのようなスタイルの、そしてマスカットを使ったワインが、1960年代後半まで主流を占めた。

単品種ワインは、依然として市場の片隅を占めるだけで、規模の大きなワイナリーは、マティーニのマウンテン・レッドのような製法特許のブレンド・ワインを主力商品にした。言うまでもなく、ヴィンテージ、単品種、単一葡萄畑などのワインは、見向きもされなかった。当時も、そのようなワインを飲むことはできたかもしれないが、上質ワインが市場を見出すために必要とされるある種のワイン文化がカリフォルニアで醸成されるまでには至らなかった。ワイン愛好者としてとどまった人々は、カリフォルニアではなく、ヨーロッパの方に目を向けた。

## 復活への道

暗闇の中にも、かすかな光明があった。カリフォルニア大学デーヴィス校のワイン醸造学部は研究を続け、カリフォルニアに適した品種と酵母の選別を行っていた。1936年には、ロシア生まれのアンドレ・チェリチェフがボーリューにやってきて、アメリカの誇る歴史的極上ワインであるジョルジュ・ド・ラトゥール・プライベート・リザーヴを造った。そのワインは素晴らしいものであったが、このワインメーカーの功績は、狭いラザフォードの枠内にとどまることはなかった。彼は数多くのワインメーカーを育て、80ものワイナリーのコンサルタントを務め、最新技術をカリフォルニアに導入した。彼はまた、温度管理された発酵技法を導入し、カリフォルニアで最初にマロラクティック発酵の重要性を説いたワインメーカーの1人でもあった。チェリチェフは1973年にボーリューを辞めたが、その後も90歳台までコンサルタントとして助言を続け、1994年に惜しまれな

がら亡くなった。生産ラインの出口側では、ワイン輸入商のフランク・スクーンメイカーが、ラベルに生産地名と葡萄品種を載せるようにワイナリーを説得した。彼は1940年代を通して、カリフォルニアから生み出される極上ワインのための販路をアメリカ全土に築き、その品質の高さを全国に知らしめるために尽力した。

　その他、少ない人数であったが、信念を持つ人々が上質ワインの砦を守り続けた。1936年にポール・マッソンを買ったマーチン・レイもその1人で、ハーフボトルのワインだけがラベルに品種を記載することが求められていた時代に、単品種ワインを造るべきだと主張した。その他、ハンゼルのジェームズ・ゼラーバック、ストーニー・ヒルのフレッド・マックレア、スーヴェランのリー・スチュワート等が上質ワインを造り続けたが、その量は限られていた。大手生産者としては、協同組合とガロなどの企業があった。実際1952年にガロは、ナパ協同組合ワイナリーが製造したワインをすべて購入したが、その協同組合は、ナパ・ヴァレーで生産されるワインの約半分を占めていた。ソノマでは、古くからのイタリア系ワイナリーであるフォピアノ、セバスチャーニ、ペドロンチェリ、シミーなどが上質ワインの生産を続けていた。イースト・ベイではウェンテとコンキャノンが禁酒法時代を生き延びることができた。

## 戻ってきたカリフォルニア

　1960年代になって、ナパはようやく不景気から脱出することができた。栽培面積は増え、それも上質ワインのための品種が多く植えられた。ナパの葡萄畑面積は4000haに戻ったが、それでも1890年代の約半分に過ぎなかった。1960年には、ナパ・ヴァレー全体で25のワイナリーしかなかったが、新しいワイナリーが続々と創設された。しかもシュラムズバーグやハイツ、フリーマーク・アビィー、マヤカマス、スターリングなどの小規模のワイナリーだけではなかった。大手の飲料会社もナパ・ヴァレーに興味を示し始め、1969年には、ヒューブライン社が伝統あるボーリュー・ワイナリーを買収した（そして後にほぼ破壊した）。イングルヌックも売りに出され、同じくヒューブライン社のものになった。同社は、古くから親しまれ尊敬されていた名前のワインを400万ケースも売りさばいたが、それにはナパ・ヴァレーからの葡萄はほとんど使われていなかった。

　葡萄畑の拡大は続き、ナパだけにとどまらなかったが、同時に市街地の拡大も続いた。葡萄畑と住宅地の開発は両立せず、通常は葡萄畑の方が敗北した。サンタローザの葡萄畑が活気に沸いていた時代を知る人は、現在コンクリートで舗装されている場所に、かつては素晴らしい畑があったと当時を振り返る。サンタクララの葡萄畑も、シリコン・ヴァレーの膨張に伴って後を追った。サンフランシスコから車で1時間ほどの、市街地から離れた場所にある葡萄畑やワイナリーの所有者も、その小さな谷間がすぐに同じ運命を辿り、葡萄畑が取り潰され住宅地になるのも時間の問題だと覚悟していた。不動産開発業者は葡萄栽培農家に、農地を手放す誘惑に抵抗できないほどの高い買値を提示した。しかし、ナパの戦いは1968年に終結した。ナパが農業保護区域に指定されたのである。それによって市街地開発は規制され、葡萄畑は投機屋の餌食にならずにすんだ。それ以降、ナパ当局は、観光客を招くために必要なホテル、レストラン、テイスティング・ルーム、リゾート施設などの充実と、ヴァレーの経済の基盤である葡萄畑の存続の間にうまくバランスが取れるように、地域の発展を見守っている。

　ナパからおよそ10年遅れで、ソノマも再生への道を歩み始めた。1970年代半ばには、資金力の豊富な投資家によって、ジョーダン、シャトー・セント・ジーン、マタンザス・クリークなどの上質ワインを造るワイナリーが相次いで設立された。その頃には、サンタクルーズ、リッジ、マウント・エデンでも、歴史に名を残すワインが生み出されるようになった。北部沿岸地域から離れたモントレーのサリナス・ヴァレーのような土地でも、葡萄畑の開発が行われたが、こちらは基本的に節税対策という色合いが濃かった。農業よりも資産運用に詳しい人々のなかには、誤った投資を実行した人もあったが、最終的にはモントレーの栽培家は、適した場所に適した品種を植樹させることに成功した。サンタバーバラでも葡萄畑の拡張が進んだ。温暖なサンタ・イネズ・ヴァレーでは、ファイヤーストーン・ワイナリーが成功を収め、冷涼なサンタマリア・ヴァレーでは、オー・ボン・クリマなどのワイナリーが、ブルゴーニュ品種の栽培に成功した。

## シャルドネ・ブーム

　ナパとソノマではシャルドネの人気が徐々に高まり、シャトー・モンテリーナとハイツは、カリフォルニアではまだほとんど知られていなかったこの品種で、大きな地歩を築いた。1950年代後半には、ジェームズ・ゼラーバックが、彼

のソノマ・ヴァレー・エステートで、ブルゴーニュの白に似たハンゼルを造り上げた。そのワインの人気が急速に高まると、シャルドネを生産する葡萄農家の数がいっきに増え、1980年代には、白ワインと言えばシャルドネと言われるまでになった。その傾向があまりに強くなりすぎたため、今度はそれに反発する、やや気取った風潮、すなわちABC——Anything But Chardonnay（シャルドネ以外なら何でも）——運動が起こった。

　1960年代後半から70年代にかけて、カリフォルニア全域でワイナリーが雨後のタケノコのように芽を出したが、その中でも飛び抜けて重要な意味を持つのが、1966年に設立されたロバート・モンダヴィの新しいワイナリーである。モンダヴィ家は1930年代からワイン製造を行ってきたが、ロバートと弟のピーターの間には口論が絶えなかった。ロバートは一家から離れ、外部の投資家から大きな援助を受けて、彼自身のワイナリーをオークヴィルの中心地に創設した。ロバート・モンダヴィは根っからのカリフォルニア人であったが、自分の造るワインが常にフランスの高級ワインと比較されていることを自覚していた。完全性の追求という持ち前の気質に突き動かされて、モンダヴィは、葡萄栽培とワイン醸造の最先端の考えをスタッフに注入した。彼はまた、樽の研究——樽材の産地、製造業者、焼き具合など——にも多大な時間を費やした。特筆すべきは、彼と彼のチームは、そこから得られた知見を独占しようとせず、逆に他の業者と分け合うことに幸せを感じたということである。こうして、カリフォルニア全体の競争力が向上した。

## パリでの審判

　1976年の有名なパリ・テイスティング事件についてはすでに多くが書かれているが、それは本当に書物では表されないほどの重要性を持つ出来事であった。快活なイギリス人で、パリでフランス人に向けてフランス・ワインについて講義するほどの熱烈なフランス・ワイン愛好家であったスティーヴン・スパリエは、カリフォルニアとフランスの極上ワインをいっしょにテイスティングすることを思いつき、実現させた。常に人々の意見に耳を傾けていた彼は、カリフォルニアから素晴らしい、どこにもひけを取らない極上ワインが生みだされていることを知っていた——少なくとも聞いていた。何度も語られてきたことであるが、著名なフランス人鑑定家たちは、彼らが選んだワインのなかにフランス・ワインの精髄であるフィネスを感じたと述べ、その後それが

カリフォルニアから来たワインであることを知らされて、大恥をかいてしまった。一言でいえば、フランス・ワインは完全に敗北した（2006年にもブラインド・テイスティングが行われ、それには私も参加したが、私も他の審判者と同様に、いくつかのカリフォルニア・ワインに最高得点を付けた）。そのテイスティングの場にたまたまタイム誌のパリ特派員ジョージ・テイバーがいなければ、その事件は関係者以外に知られることはなかったかもしれないが、面白い話を嗅ぎつける嗅覚に優れたテイバー記者のおかげで、スパリエの素晴らしい思いつきとその結果は、たちまち大きな国際的反響を呼び起こした。

## 新しいゴールドラッシュ

　パリ・テイスティングの意義は、カリフォルニア・ワインがボルドーの第1級よりも優れていることを劇的に示したということにあるのではなく、カリフォルニア・ワインはもはやボルドーに対して卑屈になる必要はないということを示したことにある。その結果は当然、そのテイスティングで選ばれたリッジのポール・ドレイパーや、スタッグズ・リープ・ワイン・セラーズのウィニアスキーらを喜ばせたが、カリフォルニアの他の投資家やワインメーカーにも大きな勇気を与えた。彼らは、カリフォルニアの葡萄樹とワインの潜在能力に自信を深めた。

　そのような投資家のなかには、ヨーロッパに本拠地を置くものも多くいた。南フランスのスカリー家は、ナパに大規模なサン・スペリー・ヴィンヤーズ＆ワイナリーを開いた。デーヴィス校の卒業生でもあるリブルヌのクリスチャン・ムエックスは、ヨーンツヴィルにドミナスを創設した。また、ラ・ミッション・オー・ブリオンのウォルトナー家も、短期間ではあったが、確かにハウエル・マウンテンに現れた。ドイツのラッケ家はカーネロスのブエナ・ヴィスタを買い取り、日本のメルシャンは1988年に、ナパ・ヴァレーのマーカムを買収した。ベリンジャー、シャトー・サン・ジーン、メリディアンは、すべてオーストラリアのフォスター・グループのものとなった。スイスの大富豪ドナルド・ヘスは、クリスチャン・ブラザーズ・ワイナリーを買収し、そこに自分の名前を付けた。とはいえ、これらは少しも人々を驚かせることはなかった。なぜなら、それ以前に、ワイン世界の両巨頭——バロン・フィリップ・ド・ロートシルトとロバート・モンダヴィ——によって、オーパス・ワンという前例が築かれていたからである。1978年に最終的な合意に達した

上：ステンレスタンクや瓶のラベルに描かれているオーパス・ワンのロゴマーク。アメリカとヨーロッパの両巨頭が対等な立場で手を組んだことを表現している。

オーパス・ワンの意義は、とてつもなく大きかった。なぜなら、それは2人の対等な立場の人間による合弁事業であると見なされたからである。ラベルに描かれた2人の男の横顔がそれを鮮明に浮かび上がらせている。またそれは、フランス人の恩着せがましい行動と受け取られることもなかった。なぜなら、オーパス・ワンのための最初の数年間の葡萄は、モンダヴィ自身の葡萄畑に実ったものだったからである。

## 大学教育

カリフォルニアのワイン産業の興隆には、デーヴィス校と州立大学フレズノ校における、葡萄栽培および醸造学部門の教育課程が大きな役割を果たした。カリフォルニア大学デーヴィス校の教授たちは、積算温度単位（一日の平均気温とある標準温度との差を一定期間積算した値）に基づく測定値を算出し、葡萄樹が受ける太陽光線の量に従って、カリフォルニアを5つの区域に分けた。後に、それはかなり粗雑な方法であることが判明したが、どの場所にどの品種を植えるべきかを決定するための確かな第1歩を踏み出したことに変わりはなかった。1970年代に葡萄畑が数多く拓かれるなかで、その知識は非常に有益なものであった。

デーヴィス校における教育は、ワインづくりをある種の芸術と考えるワインメーカーを輩出するためのものではなく、技術的な専門家チームを必要とする大企業のための人材を育成することに重点を置いたものであるという見方は、ある程度正しい。実際デーヴィス校では、管理するのが難しい"ナチュラルな"発酵ではなく、安全で制御しやすい発酵法を選ぶように教え、清澄な果液を得るために、遠心分離機を使い、濾過を行うことを勧めている――それは最も個性のないワインを造るための方法だと批判する人も多い。ある熟練したワインメーカーが私に、新入りのワインメーカーが入ってきた時に最初にやらなければならないことは、彼らがデーヴィス校で習ってきたことをまず一度捨てさせることだ、と言ったことがある。とはいえ、カリフォルニアで最も傑出した、先頭を行くワインメーカーの多くが、デーヴィス校の卒業生である。デーヴィス校で教えられた堅固な技術的な基盤がなければ、彼らは独自のワインづくりの技法を生み出す勇気を持てなかったであろうというのは、ある意味正しい見方かもしれない。

人材育成とは違う別の面でも、大学は大きな貢献をした。それが、ウイルスに対する耐性のあるクローン苗の育成と供給である。それらのクローンの多くは、彼らが造りたいと思うワインのスタイルや質ではなく、生産性の高さと、病害に対する抵抗力で選ばれ、育苗されたものであるが、それは当時のヨーロッパの多くの研究機関や育苗業者でも同じであった。

## フィロキセラの再度の来襲

　しかしながら、デーヴィス校は、ある1つの大きな過失を犯した。フィロキセラに対する耐性が十分に証明される前に、AxR-1という台木の使用を奨励したことである。1980年代にフィロキセラが再度来襲すると、その台木を使った葡萄畑はまたたく間に壊滅させられたが、あまり推奨されなかったセント・ジョージ台木は、壊滅を免れることができた。

　多くの葡萄畑が再植樹を余儀なくされ、フィロキセラの再来による経済的損失は計り知れないものがあったが、それは他方では、葡萄栽培と醸造を最初から立て直す良い機会を与えたということもできる。葡萄栽培家たちは、その場所に適した品種に植え替え、より賢明に幅広いクローンの中から最適なものを選ぶことができ、株間と棚造りに関する新しい考え方を取り入れることができた。フィロキセラの災難から立ち上がった新しい葡萄畑は、あらゆる面で、世界のどの地域からもひけを取らない強力なものとなって蘇った。

## 拡大と合併

　1990年代を通して、州の全域で、ワイナリーが続々と新設された。1966年には27しかなかったワイナリーの数は、1995年には800を超えるまでになった。その中には、他のワイナリーにワインを売るよりも、自分のところで瓶詰めして売り出した方が儲けになると考えて、ワイン生産農家が新設したものも多くあった。またすでに多くの財を成した富裕な人々が、優雅な引退生活を送るために作ったワイナリーもあった。夢のある事業に投資したいと望む多くの人々が、シリコン・ヴァレーから巨額の資金を持ってやってきた。彼らが造り出すワインには、毎年行われるチャリティー・イベントのナパ・ヴァレー・ワイン・オークションでしか見ることができないラベルもいくつかあった。そのイベントで、アメリカのワイン愛好家たちは、大衆の好奇と羨望のまなざしの中で、コレクションのためのワインに大金を投じることを鼓舞された。また、ナパのメドウッド・リゾートのオーナーであり、自分自身の名前を冠したワイナリーとワインを持つウィリアム・ハーランは、新しいコンセプトを持った施設、ナパ・ヴァレー・リザーヴを創設した。それは特別な時間を共有するための、葡萄畑とレストランの複合体である。億万長者の中から選ばれたメンバーは、週末になると自家用ジェットでやってきて、自分の割り当ての葡萄樹を剪定し、値段の付けられないワイン（その中には、リザーヴに常駐のワインメーカーが彼ら自身のために造り、彼らの名前を意匠化した特別なラベルを貼った、特別誂えのワインも含まれる）を飲みながら、豪華な夕食を楽しむ。

　あなたも潤沢な資金があれば、ナパのワイン製造者という、ある種の社会的名誉を獲得することが可能である。良い場所に拓かれた葡萄畑、それもできるならカベルネ・ソーヴィニョンの畑の1小区画を購入し、著名なワインメーカーをコンサルタントに雇いさえすれば良い。そのワインメーカーは、あなたのための特別なワインを造るだけでなく、名高いワイン批評家に鑑定文を書かせるように仕向けることができ、おごそかに限定生産されたあなたのワインを販売するための顧客名簿を用意することができる。優秀なカベルネの畑名と、醸造スタッフのリストの最上段に有名なワインメーカーの名前がありさえすれば、まず高得点が得られることは間違いない。するとそのワインは、高い値を付けることが正当化され、愛好家によって探し求められる選ばれたワインになることができる。ワイナリーを作る必要もない。ヴァレーには、ワインづくりの場所と設備を貸す施設（カスタム・クラッシュという）が無数にあり、ワインメーカーと相談するための樽貯蔵庫も数多くある。

　しかし葡萄畑の拡大にも限度があり、2000年には、ナパ・ヴァレーにはもはや葡萄樹を植える土地は残っていなかった。特に、水資源保護と渓谷の浸食防止のために導入された環境保護のための規制によって、起業家が新たに土地を購入し、葡萄畑を拓くことがますます難しくなった。カリフォルニアの他の地域には、ワインのラベルに自分の名前を載せたいと願う資産家のための土地は多く残されていたが、どこもナパほどの名声を獲得してはいなかった。2008年の経済危機によって、こうした空虚な営みに歯止めがかかった。裕福なワイン蒐集家や愛好家の数が減少していくなかで、1本150ドル以上もするワインのための市場は収縮し、特に、何の歴史もなく、ただ1人か2人の批評家の高得点だけで売れていたようなワインのための市場は消えていった。

　同じ時期、ワイン業界の合併や吸収の動きが慌ただしくなった。歴史あるワイナリー——モンダヴィ、レイヴェンズウッド、シミー、クロ・デュ・ボア、フランシスカン——が次々に、強大なコンステレーション・グループに吸収された。ベリンジャー・ブラス社（この会社自体も、後にオーストラリアのフォスターズ・ワイン・グループの所有となる）は、ベリン

ジャー、メリディアン、スーヴェラン、シャトー・セント・ジーンなどの有名ワイナリーを傘下に収めた。こうした吸収合併が質の低下を招いたかといえば、少なくとも最高のランクのワイナリーに関していえば、それはなかった。合わせて4000haもの広大な葡萄畑を擁するジェス・ジャクソンは、ワイナリーを次々に買収し、それらを一群の"ファミリー・エステート"としたが、各ワイナリーにはかなりの自主性を許した。カンブリア、アロウウッド、ストーン・ストリート、エドミーズ、マタンザス・クリーク、ハートフォード、ラ・カルマなどのワイナリーである。ジャクソンはまた、特殊なスタイルのワインや、単一畑ワインなどに特化した限定生産ラベルを創設した。ヴェリテ、アタロン、ロコヤなどのラベルが有名である。こうした動きを要約すると、カリフォルニアも、他の成熟したワイン生産地域と同様の道を歩み、多くの個人所有の小規模ワイナリーが、市場競争力では決して太刀打ちできない大手企業の傘下に収まり、存続の道を見出しているということである。しかしその一方で大手企業は、規模は小さいが良く管理され、理想の高い完全主義者のワインメーカーが造り出すワインが獲得してきたような名声を、その新しいブランドで確立することがなかなかできないでいる。

## 危機を乗り越える

2008年と2009年の経済危機を経験したが、カリフォルニアのワイン業界は生き残るであろう。国内市場の消費は堅調で、カリフォルニア・ワインの愛好者は、全世代を通じて広がりを見せている。消費者は自分の好きなワインをよく知っており、有名なラベルやワインには、それ相応の金額を支払う用意ができている。高いレベルにおいては、カリフォルニアのワインが秀逸であることを疑う人はいない。それが、価格相応の価値を有しているか、あるいはそのスタイルが好きかどうかは、個人的な問題である。幅広い種類のワインが用意されており、あらゆる種類の消費者——甘口のゲヴュルツトラミネールに目がない気取らない人から、流行に敏感で、最近評判のピノを賞味したがる人まで、あるいは、あまりワインを口にすることはないが、自分のワインセラーの中に有名なラベルを揃えておきたいと望む超リッチな人まで——が、自分にあったワインを探しだすことができる。バーゲン会場に並ぶためのワインも数多く出されており、私も先日、"2ドルのチャック"の愛称で親しまれているワインをテイスティングしたが、そのシャルドネは飲めないことはなかった。その一方で、最高級のカリフォルニア・ワインは今や世界的な古典になっている。これ以上望むことがあるだろうか?

# ワイン民主主義

　カリフォルニアは、ワイン民主主義の土地である。ワイナリーは、市場の気まぐれによって、繁栄することもあれば、同じ理由で衰退することもある。流行が、材木伐採業よりもワイン業界の方で、素早く移り変わるというのは当然のことだが、ここではそれが極端な形で現れる。楽しく見られたが内容の深い映画『サイドウェイ』が、ピノ・ノワールを礼賛し、メルローを後退させた時、メルローの畑を何千エーカーも所有していた葡萄栽培農家は大きな痛手をこうむった（幸いにもアメリカのワイン法は、ピノのワイン生産者に、15％以内ならメルローを含む他の品種をブレンドすることを許していたので、行く先の決まらなかったメルローの幾分かは吸い上げられた）。批評家が高得点を与えれば、去年はまったく無名であったワイナリーが一夜にしてスターダムにのし上がり、売り上げと利益が急上昇することもあれば、それまで注目を集めていたワイナリーが、徐々に見向きもされなくなり、数年前まで輝いていた星が見えなくなってしまったかのような観を呈することもある。

　まれに極度に不幸な結果を招くこともあるが、このようなワイン民主主義は歓迎すべきことである。民主主義の土壌の下では、生産者も、そして地区全体としても、はるか昔に色あせてしまっている栄光だけを元手に生産を続けることは難しい。カリフォルニアのワイナリーは、AOC（フランス）やDOC（イタリア）、QmP（ドイツ）などの、行政当局が与える御墨付きの下に隠れることはできない。消費者に好まれるワインであるのか、そうでないのか、ただそれだけが問われるのである。ヨーロッパでは、大手のネゴシアンを除き、ほとんどのワイン生産者が自分の畑を所有している。そのため、市場の動向に合わせて素早くギアを切り替え、品種を変えるということが困難である。葡萄畑の品種構成を変えるには数年かかり、コート・ドールやラインガウのように単品種に依存している地区では、一時的な流行が通り過ぎるのをじっと待つしかないのである。

　ここカリフォルニアでは——そして新世界のもう一方の地域と同様に——、構造は大きく異なっている。葡萄畑を所有しているワイナリーは少数にとどまり、大半のワイナリーが、外部から葡萄を仕入れる。品質を重視するワイナリーは、優秀な葡萄栽培農家と契約を結んでいる。多くの契約と同様に、この契約も更新されるが、ほとんどが、供給される葡萄の質にワイナリーが満足し、受け取る代金に葡萄栽培農家が満足するならば自動延長される。それに代わるもの、あるいはそれを補完するものとして、スポット市場が存在する。毎年発行される『クラッシュ（葡萄果汁という意味）・レポート』によって、どの地区のどの品種の市場価格はこれこれであるという情報が示され、ワイナリーは、品質の階層序列に従って、必要な果実を購入することができる。

　スポット市場の存在によって、かなり柔軟に、ワイナリーは状況に対応することが可能になる。ある農家からの供給量が不足すれば、他の農家から購入することができる。サンジョヴェーゼを100トンほど割安な価格で売りたいという電話が入れば、そのワイナリーはレパートリーに新しい銘柄を付け加えることもできる。その反面、契約の取り消しや決裂が生じ、長い間主力商品としてきたビエン・ナシドのシャルドネが入手できないといったことが起きると、ワイナリーは顧客に謝らなければならなくなる。こうして、一方での柔軟性は、他方での不安定さにつながっている。幸いなことに、多くの消費者はそれほど長く記憶を維持しているわけではなく、前の年に、何という畑の果実から造られたワインを飲んだかを正確に記憶している消費者はほとんどいない。それゆえワインのラベルに突然新しい葡萄畑の名前が追加されたとしても、そのワインが以前のワイン同様に美味しければ、市場には何の問題も起こらない。

## 国内市場に依拠して

　カリフォルニアはまた、背後に大きな国内市場を持っているという点でも、世界の他のワイン地域と異なっている。南アフリカやチリもワインを大量に生産しているが、販売量に占める国内市場の割合は非常に小さい。これらの諸国の生産者にとっては、輸出が、ブランド名を確立し、利益を上げる鍵を握っている。そのためワイナリーは、輸出商社に支払う手数料や、国際ワイン品評会に参加するための費用など、国際市場を有利に導くための支出を見込んでおかなければならない。しかしこれは、新世界のワイナリーだけに限られたことではない。シャブリも、その生産量の90％をフランスの外で売ることができなければ、すぐに崩壊してしまう。

　カリフォルニアでも、多くのワイナリーが輸出を増やそうと努力している。しかし大手企業を除き、輸出は死活問題

右：変化とスピードが特徴のワイン文化を象徴するような荒野の道を楽しむマーク・ピゾーニ。

4 | 法律と規制

# カリフォルニア・ワインの定義

カリフォルニア州の葡萄畑地帯は、北のメンドシーノから、南のメキシコとの国境近くのサンディエゴまで、南北に長く分布している。そのため、同じ州内でも、気候、土壌の種類、標高、海洋の影響などの品質決定要因に関して、かなりの違いがある。それゆえ、ヴィンテージを単純な数字で評価した一覧表を作成することは無意味である。ソノマの偉大な年が、サンタバーバラでは平凡な年であり、その反対の年もある。経度もまた重要な要因である。沿岸部から内陸部に入るに従って、どんどん暑くなるからである。

## アメリカ政府承認葡萄栽培地域（AVA）

地区を定義するときに最も多く使う単位は、郡（カウンティ）——ナパ、モントレー、サンタバーバラなど——である。郡内で出来た葡萄だけを使って造られたワインであれば、郡のアペラシオンを名乗ることができる。ただし、ナパ郡のオークヴィルや、モントレー郡のカーメル・ヴァレーのように、境界の定められた地区の葡萄を多く使っている場合は、その地区の名前を名乗ることができる。この境界の定められた地区が、1978年から導入されたアメリカ政府承認葡萄栽培地域（AVA）である。AVAは、法律によって定められており、郡の半分の面積を占めている場合もあれば（ソノマ・コースト）、極めて狭い範囲の場合もある（メンドシーノ郡のAVAコール・ランチの面積は24haで、ワイナリーは1つもない）。AVAは地理的な地域であるが、同時に、政治的な地域ともいえる。1人の生産者あるいは1つの生産者グループであれ、州政府に請願し、認証されれば成立する。AVAを制定させる動機は、そうすることによってある特別な地区とそのワインの存在を強く消費者に訴え、より具体的にワインをイメージしてもらえるからであろう。しかし時に、その動機が何だったのかはっきりしないAVAもあり、あまり意味がないので、ほとんどラベルに表示されることがないものもある。

## AVAはどのように制定されるか

請願が州政府によって受け入れられるためには、ある地区に、何らかの地理的あるいは地形学的なまとまりがなければならない。必要な関係書類を作成し、それに土壌学の専門家、歴史学者、気象学者の意見を添付し、弁護士も雇う必要がある。認証されるまでに数年かかる場合もある。たとえば、サンタバーバラ郡のサンタ・リタ・ヒルズAVAは、以前はサンタ・イネズ・ヴァレーAVAに含まれていたが、その地区の生産者は、サンタ・リタ・ヒルズは気候的に特殊であり、範囲の広いサンタ・イネズ・ヴァレーから独立する資格があることを証明し、独立することに成功した。この時生産者は、その地区のワインが、それ以外の地区よりも上質であることを証明する必要はない。AVAとワインの品質は無関係なのである。そのワインが、その地区からの葡萄で造られたものでありさえすれば、いかにワインの質が低かろうと、ラベルにそのAVAを表示することができる。この点で、アメリカのシステムは、フランスのAOCやイタリアのDOCなどのヨーロッパのシステムとは大きく異なっている。このシステムの目的として掲げられていることは、「消費者が、購入するワインをより識別しやすくなるように、そしてワイン生産者が、その製品を他の地区で製造されたワインと区別しやすくなるように」ということである。曖昧すぎる、と思う人も多くいるだろうが、それは意図されたことである。AVAの役割は、葡萄品種、葡萄の等級、栽培方法、ワインのスタイル、これらを特定することではない。AVAは地理的区分以上の何ものでもないのである。

## 論争の基盤

AVAが多く作られるようになると、その地区に立脚していないにもかかわらず、その地区名を利用しているワイナリーは、苦境に立たされた。その地区の葡萄を一粒も使っていないにもかかわらず、ナパやラザフォードなどの有名な地区名をワイナリーの名前の一部に使っていたワイナリーが多くあった。AVAができる以前には、それに対して正面から文句を言うことは難しかった。しかしAVAが一度制定されると、消費者は、ラザフォード・ハイツという名前のワイナリーは当然ラザフォードAVAにあると思ってしまう。一方、随分前から使ってきて、消費者にも浸透しているブランド名を、法律の規定に従って嫌々ながら変更せざるを得なくなったワイナリーもある。このような状況の中で、行政当局との間で一連の妥協案を引き出す法律家の出番が多くなる。

右：ワイン生産地域を統制する法律は全国に適用されるが、細部の規制は州政府に任されている。

カリフォルニア・ワインの定義

請願の方法自体を問題視する人々も多い。スタッグス・リープAVAの創設に関して論争が生じた時、境界線をどこに引くかで激しい対立があった。その新しいAVAは、想像できるように、その名前をラベルに載せたワインに新しい"付加価値"をもたらすため、多くの生産者がその枠内に入りたがった。しかし、かりに渓谷の葡萄畑がその地区境界内に含まれるようなことになると、せっかくのその名誉ある名前の威信が損なわれてしまう。提示された境界に近接している谷床の生産者は、そこに入ることができるように境界線の変更を強く申し出た。このように、AVAの創設は、疾風怒濤(シュトルム・ウント・ドランク)の混乱なしには進まないのである。

さらに、あるワインが2つのAVAからの葡萄──たとえば、ルシアン・リヴァー・ヴァレーとドライ・クリーク・ヴァレーのブレンド──から出来ているとしたら、そのワインは、1段大きなAVAであるソノマ・カウンティという地名しかラベルに載せられないことになる。また、2つの郡からの葡萄で造られているワインは、さらに大きな地理的範囲であるカリフォルニアというアペラシオンを名乗らなければならなくなる。

## 境界線をあいまいにする

混乱に拍車をかけているのは、他のAVAから独立していないAVAを有する郡があるという事実である。たとえば、グリーン・ヴァレーというAVAは、ルシアン・リヴァー・ヴァレーというAVAの中に含まれていて、生産者はどちらでも好きな方のAVAをラベルに表記することができる。しかしそのルシアン・リヴァー・ヴァレーAVAも、今度はもっと広いノーザン・ソノマAVAに含まれる。このノーザン・ソノマというアペラシオンは、元々は、ソノマ郡北部のまったく特異な地区からの葡萄をブレンドしたワインのために作られたもので、その方が一般的なソノマ・カウンティというアペラシオンよりも強い印象を消費者に与えられるのではないかという予想──その予想は間違っていたようだ──に基づき、ある有力なワイナリーが申請し制定されたものである。こんなに複雑な内容を覚えている消費者は1人もいないはずだ。

本書では、各地区の解説ページの中で、主要なアペラシオンの名前を挙げ、紹介していく。北のサクラメントから南のベーカーズフィールドまで延びるセントラル・ヴァレー地区には、多くのアペラシオンが含まれているが、そのアペラシオン名がラベルに記載されることはめったにない(なぜな

上：AVAは基本的には地理的区分であるが、ロックパイルAVA(2002年制定)のように、ワイン用語として深い意味を持つ名前のAVAもある。

らセントラル・ヴァレーは、カリフォルニアの樽売りワインの産地だからである)。そのため、本書の目的に合わないので、それについては解説を省略した。

とはいえ、新たなAVAが制定されていくにつれ、探究心旺盛なワイン愛好家は、それらからいくつかの有益な情報を入手することができるようになった。たとえば、ナパ・ワイン愛好家の多くが、マウント・ヴィーダーやダイアモンド・マウンテン、ハウエル・マウンテン、スプリング・マウンテンなどの標高の高いAVAのワインは、オークヴィルやオー

クノールの渓谷や河岸段丘のワインと違う独特の個性を持っていることに気付くようになった。このようにAVAが、消費者が自分の好みをよく知るのに役に立つ場合もある。とはいえ、あまりにも多くのAVAが簡単に認可されており、これといった特徴のないAVAが乱立しているというのが現状である。こうなると消費者にとっては、AVAの存在自体が邪魔に感じられるようになる。

## 法律的規制

　ワイン製造とマーケティングに関係するその他の法律的規制には以下のものがある。ラベルにAVAを記載する場合、そのAVAからの葡萄を85％以上含まなければならない。ワインのラベルに、郡名アペラシオンだけを入れる場合（たとえばソノマあるいはモントレーなど）は、少なくとも75％はその郡からの葡萄を使わなければならない。また、ラベルに葡萄畑名が"特定"される場合――たとえばリッジ・モンテベロ――は、その畑からの葡萄を95％以上含まなければならない。ヴィンテージ・ワインを名乗る場合は、95％のワインがそのヴィンテージに生産されたものでなければならない。単品種名をラベルに記載する場合は、その品種からのワインを75％以上含んでいなければならない。ワインのラベルに、"エステート・ボトルド（自家瓶詰め）と記載するためには、そのワイナリー所有の、あるいは管理下の葡萄畑が入っている単一AVAからの葡萄だけを使い、そのAVA内で瓶詰めするものに限られる。ワイナリーが、その所在地以外のAVAに葡萄畑を所有している場合は、"プロプライエタリー・グロウン（ワイン生産者栽培）"または"ヴィントナー・グロウン（醸造者栽培）"という用語を使用しなければならない。

　これらの規制はかなりゆるやかなものだが、以前は無意味なほどにさらにゆるやかだった。数十年前までは、単品種ワインを名乗る時でも、その品種を50％含んでいればよかった。とはいえ現在でも、たとえばルシアン・リヴァー・ワイナリーがパソ・ロブレスからシラー種の葡萄を買い、それを自社のピノ・ノワールにブレンドしても、15％以内ならラベルにそれを記載する必要はない。これは決して架空の例ではない。

　アメリカの法律はまた、アルコール濃度に関しても、かなり無頓着である。商品のラベルに、健康のために注意するようにと記載することを厳しく要求するアメリカ社会にあって、これは驚くべきことである。ワインのアルコール度数が14％以下なら、ワイナリーは1.5％の幅を持って記載することが許され、14％以上なら、1％の幅しか許されない。こうなると、今から飲むワインの本当のアルコール濃度はいくらなのかを知りたいと思っている消費者にとって、ラベルの表示はほとんどあてにならないということになる。

## メリタージュのメリット

　ワイン生産者は、数年の間、ボルドー・ブレンド（メリタージュという）をどのように売り出していけば良いかについて迷っていた。カベルネ・ソーヴィニョンの単品種ワインを造るよりも、ボルドー・スタイルを真似することが流行になった時代があり、5品種もの葡萄を使う生産者も現れた（ケイン・ファイヴなど）。ワイナリーは、ブレンドを自由に決めることができる独自の商標名で売り出すこともできたし、メリタージュという、格式あるが、規制の厳しい名前で売り出すこともできた。というのは、その名前を使う場合は、ブレンドに2種以上のボルドー品種が含まれ、しかも1品種が90％以上占めていないこと、という条件があった。この基準は、白のグラーヴ・スタイルのブレンドにも適用された。結局、メリタージュという概念は流行せず、多くの生産者が、インシグニア（フェルプス）やオプティマス（ラヴァンチュール）などの独自の商標名を使って売り出した。

## リザーヴ（保留）された判断

　よく見かけるラベル表示の中には、何の法律的規制もないものがある。たとえばリザーヴという用語には、そうでないものよりも優れている、という意味が込められている。しかしその優秀さをどのように規定するかは、ワイナリーの判断に任されている。消費者は当然、リザーヴ・ワインは低収量の葡萄を使い、より長い時間熟成させ、あるいは少なくとも上質の新樽を使い、最上の樽からのワインをブレンドしたものと思い込む。実際そうである場合も多い。また、確かにカリフォルニア北部は古樹が多い。しかしここでも、この"古樹"という用語の使用は法律的に規制されていない。"ジンファンデルの古樹"と書かれている場合、消費者は当然、少なくとも樹齢30歳を超える葡萄樹から造られていると思い込む。実際、もっと古いジンファンデルが使われている場合もあるにはある。生産者は、そうしたいと思うなら、もっと多くの情報を裏ラベルに記載することができるのだが。

# カリフォルニアの特殊性

19世紀から20世紀初めにかけて、カリフォルニアでは、葡萄樹はごくわずかな例外を除いて、立木仕立て、カリフォルニアの用語を使えば、ヘッド・プルーニングで仕立てられていた。それらの畑の多くが現在も残っているが、機械化が難しいため経済的ではないと考えた所有者もいたかもしれない。今でも、メンドシーノ、ソノマ、ナパ、パソ・ロブレス、シエラ・フットヒルズに、ジンファンデルとプティ・シラーの古樹の植わった小さな畑がかなりの数残っており、また初期の葡萄栽培家が好んだ混植畑も残っている。当時、混植することで、開花不良や病害などの自然要因による作柄不良に対する防御策となるという考え方が広まっていた。カリニャンが良くないとしても、アリカンテ・ブーシュやジンファンデルは、芳醇で健康な果実を実らせることができるかもしれない。

これらの初期の栽培家は、ほとんど本能のおもむくままに植樹した。彼らの多くが移民であったが、どのような条件の場所に、どの品種を植えれば良いかという知恵を、先祖から代々受け継いできていた。GPSマッピングはいうまでもなく、土壌分析などまったくない中で、彼らは畑にする予定の土地で昼夜数日間を過ごし、風の向き、降雨の傾向、気象の日変化などの情報を取得した。また樹木の太さで、表土の厚さを知った。そうして拓かれた葡萄畑の多くが今も健在であるのは、最初の所有者がこれらの要素を熟知していたからだろう。

## 禁酒法撤廃後の機械化

禁酒法が撤廃され、それに続く大不況が終わりを告げると、新たな植樹が、まったく異なった方法で始まった。葡萄栽培も、他の農産物の生産と同じ考え方、方法に従うようになった。こうして、葡萄畑に簡単にトラクターを入れられる道を作る必要が生じた。その結果、植栽密度は、現代的基準でいえばかなり低くなり、株間は8フィート(2.5m)、畝間は12フィート(3.5m)で、1エーカー当たり475本(1ha当たり約1188本)であった。葡萄樹は樹木のように着実に成長し、樹冠は広く生い茂っていた。収量は多かったが、果実にはフレーバーが欠けていた。1970年代になると、葡萄樹の上から散水するスプリンクラーや、地面にホースをはわせるドリップ・イリゲーション(点滴灌漑)なども広く導入され、果粒の成熟と糖の蓄積が促進されたが、依然としてフレーバーは欠けていた。

## 葡萄の品質管理

1980年代になると、広い畝間、低い植栽密度、ジャングルのように繁茂させた樹冠からは、質の良い葡萄が採れないということが知られるようになった。ヨーロッパからの投資家が植栽密度をさらに高める実験を行っている時、カリフォルニア大学デーヴィス校では、マリマー・トーレスが教授から、植栽密度を高くするなど気違い沙汰だと教えられていた。しかしその時彼女は、それにより、果粒の小さい、質の良い葡萄が得られることを知っていた。1エーカー当たりの葡萄樹の数が増やされ、1葡萄樹当たりの房の数は、前述の8×12フィートの植栽密度の時よりもかなり少なくなったが、葡萄樹の数の多さで、その減少分は補われ、土地の生産性は上がった。しかしこれには欠点もあった。というのも、アメリカのトラクターが狭い畝間に入って行けるほど小型ではなかったからである。

1990年代初めに行われたオーパス・ワンの初期の植樹では、ボルドー様式の植栽密度が採用された。するとすぐに、そのような植栽密度が、ナパ・ヴァレーという、ボルドーとは条件が大きく異なる場所に適用できるのかという問題が生じた。またオークヴィルの沖積層の肥沃な土壌は、ポイヤックの小丘の砂礫土壌とは異なっていた。こうしてまもなく、ボルドーの植栽密度はカリフォルニアには高すぎ、葡萄樹が土壌の状態に元気よく反応しすぎて、樹冠を繁茂させ、日光の当らない陰の部分を多く作りだし、その結果成熟を阻害し、葡萄果実を病害にかかりやすくするということが認識されるようになった。リトライのテッド・レモンはこれを次のように言う。「カリフォルニアの葡萄樹を腐れやウドンコ病の餌食にするためのシステムを開発するのは簡単だ。フランス流の高い植栽密度にしさえすればいい。」その上、そのような植樹を行うための費用は高くつき、その支出に見合うようにワインの価格を高くしなければならなかった。カリフォルニアの伝統的なジョン・ディアー(当時葡萄樹の間を住き来したトラクターの名称)用の畝間の葡萄樹よりも高い植栽密度の葡萄樹からの方が、質の良い葡萄が採れることが一般に認められるようになったが、植栽密度は、個々の葡萄畑の条件に合わせて細かく調整しなければならないということも認識されるようになった。

株間を狭くすることから生じる問題を解消するために、

左:多くの作業がまだ手作業で行われている。しかし、収穫を冷涼な夜間に行うなどの現代的手法が、葡萄栽培を大きく変えている。

6 | 葡萄品種

# カベルネからジンファンデルまで

この章の目的は、カリフォルニアで栽培されているすべての葡萄品種について解説することではない。いくつかの重要品種を見ていくなかで、現在葡萄栽培家とワインメーカーが直面している問題を浮き彫りにすることが目的である。カリフォルニアのワイン生産者が実際に使用している品種は限られているという通説に反して、実際には、アレアティコ、ネグレット、クーノワーズ、フレイザなどの、あまり聞きなれない名前の葡萄からもワインが造られている。しかもそれらの品種の多くが、ヨーロッパの同種の葡萄とほとんどつながりがない。とはいえ、そのようなワインの多くは、無名なワイナリーが注目を集めるために造る特殊なワインという性格が強い。

## カベルネ・フラン

カリフォルニア全体で、1400haを少し超える面積で栽培されている（統計はすべて2008ヴィンテージからのもの）。ブレンド用品種というのが主な位置付けであるが、パソ・ロブレスとサンタバーバラでは、単品種ワインも多く造られている。1923年にカリフォルニアに初めてこの品種を植えたのは自分のところだと、サンタクルーズ・マウンテンのサヴァンナ・シャネル・ワイナリーは自慢している。圧倒的に広いカベルネ・フランの畑を持つのは、ローダイのカウツ家である。ノース・コーストでこの品種の単品種ワインを見ることはまれだが、ナパ・ヴァレーでは、ダッラ・ヴァレのマヤやヴィアディアのプロプライエタリー・グロウン（自家栽培葡萄を使った）の赤などでは、この品種は主役になっている。

## カベルネ・ソーヴィニヨン

1878年にソノマ・ヴァレーに植樹されたというのが、カリフォルニアで最も古いカベルネ・ソーヴィニヨンに関する記録である。その世紀の終わりには、この品種は品質重視のワイナリーの主力葡萄になっていた。フィロキセラ禍とそれに続く禁酒法によってカリフォルニア全体の葡萄畑が荒廃したが、カベルネ・ソーヴィニヨンも、禁酒法が撤廃された時には絶滅状態に近く、80haしか残っていなかった。しかしその後、栽培面積は着実に増えていった。1961年にはまだ200haしかなかったが、1990年には1万3300haまで増え、さらに2008年には3万haまでになった。ナパが最も重要な供給源であるが、ソノマ、サン・ルイス・オビスポ、セントラル・ヴァレーでもかなりの面積を占めている。

クローンの選択に関してはすでに定説ができており、優れた栽培家は各クローンの特性を熟知している。クローン4は、ジャムのような風味になることがあり、クローン6はボルドーの古い優良株から選抜されたものであると言われ、クローン337は、有望な、果粒の小さいボルドー選抜であるなど。

カリフォルニアの主要ワイン地区に多く見られる水捌けのよい段丘が、この品種にとって理想的であり、また山岳地区のやせた土壌の葡萄畑も最適である。カベルネ・ソーヴィニヨンは適応能力の高い品種であり、さまざまな条件下で良く育つが、ナパは完璧に適しており、ソノマ・ヴァレーやアレクサンドル・ヴァレー、そしてサンタクルーズ・マウンテン、カーメル・ヴァレー、パソ・ロブレスでも、多くの優良畑がある。愛好家は、どこどこの畑のカベルネが最高であると楽しく言い合うが、全般的に言って、カリフォルニアのカベルネ・ソーヴィニヨンの品質は高い。

この数10年の間に、カベルネ・ソーヴィニヨンのスタイルに確かな変化があった。1970年代から80年代にかけて、果房はわりと低い成熟度で収穫され、ワインにボルドー風の特徴をもたらした。そのワインは最初ハーブのような風味を示すことがあったが、ボルドーと同様に、多くのものが熟成するにつれて良く統合された。しかし青臭いとしか言いようのない、ピーマンのような風味のワインもあった。1990年代半ばになると、かなり良く成熟するのを待って収穫するのが一般的となったが、そのワインはいろいろな意味で、多くの論議を呼んだ。濃厚なジャムのような果実味があり、構造的にはpHは高く（酸は低い）、アルコール度数は高い。そのため、早くから十分味わえるワインとなり、現代カリフォルニア・カベルネの主流となったが、批評家の中には、飲むには少々骨が折れ、瓶熟もあまり良好ではないと批判するものもいた。しかし、そのために人気が下がるということはなかった。モンテレーナのボー・バレットや、マヤカマスのロバート・トラヴァーズ、ダン・ヴィンヤードのランディ・ダンなどの、ナパの伝統を受け継ぐワインメーカーは、今でも、抑制された、タンニンの強いスタイルのワインを造り続けているが、そのワインが持っている最高の精妙さを発揮するまでには、間違いなくある程度の瓶熟の歳月が必要である。

右：早くも1878年には、カリフォルニアにカベルネ・ソーヴィニヨンが植えられていたが、フィロキセラ禍と禁酒法時代を生き延びることができた葡萄樹はほとんどない。

38

## シャルボノ

　これは謎の多い品種で、現在栽培している畑の総面積は33.5haしかなく、サヴォアのドルチェット種またはドゥース・ノワール種とつながりがあると言われている。なかなか成熟せず、大きな、肉塊のようなタンニンを特徴とするワインとなり、鈍重に感じられる場合もある。ソノマのダックスープ、ナパのサマーズが主要な生産者であるが、両者とも、シャルボノは長く付き合うほどその良さが分かってくる品種であると言っている。

## シャルドネ

　シャルドネは、カリフォルニアの白品種の中で圧倒的な強さを誇っているため、多くの人が、その人気が出だしたのはわりと最近のことだということを知らないでいる。1940年代にデーヴィス校は、カリフォルニアの葡萄栽培家に向かって、この品種は育てるのが難しいから、植えるのはやめた方が良いと説得していた。1961年には120haしかなかったが、1970年代に入ると加速度的に植樹が広がった。とはいえ、それが白のブレンド種であるフレンチ・コロンバールを抜いて、植樹面積で初めて首位に立ったのは、1991年のことだった。シャルドネを最初に植えた先導者は、ストーニー・ヒルのフレッド・マックレー、リヴァーモアのウェンテ、そしてシャローン、ハンゼルなどである。ウェンテは、ラベルにシャルドネとだけ記載したワインを1936年に造ったと言っているが、だとすると、そのワインは当時としては唯一のものだったに違いない。一方、ハンゼルのシャルドネで注目すべきは、フランス産オーク樽で熟成されたということである。これは1950年代としてはめずらしいことであった。

　シャルドネの栽培面積が広がっていった1つの理由は、それが比較的どこでも育てやすい品種であるということにある。現在この品種は、ナパの渓谷のような比較的暑い場所には適さないと考えられており、栽培の中心地は、カーネロス、ルシアン・リヴァー・ヴァレー、モントレー、サンタバーバラなどの冷涼な地区に移っている。しかしメンドシーノなどの地区でも、優れた葡萄が生み出されている。

　ウェンテの古樹が、クローン、あるいはもっと正確には、フィールド・セレクションの穂木の供給源で、オールド・ウェンテと呼ばれていた。それはその後のアメリカ産クローンの主な供給源であったが、それ以外には、マウント・エデン株というのがあった。こちらは1896年に、ポール・マッソンがブルゴーニュから持ち帰った苗木に由来するものである。いわゆるマルティーニ・クローンは、ストーニー・ヒルの苗木から作られたものであるが、ストーニー・ヒルはその後一転して、ウェンテ・クローンを植えた。販売されているウェンテ・クローンには、非常に生産性の高いクローン4とクローン5がある。1990年代にはブルゴーニュ産のクローンが広く使われるようになったが、生育期間の長いカリフォルニアでは、それらのディジョン品種は酸を失うことが多いと報告する栽培家もある。現在、オールド・ウェンテが再度流行し始めているようだ。

　何も装飾のほどこされていないシャルドネは、あまり表現力の豊かなワインではないため、手を加えることの好きなワインメーカーの腕の見せ所となる。実際、シャルドネを醸造する場合、多くの選択肢がある。樽発酵させるか否か、マロラクティック発酵を行うか否か、澱の撹拌を行うか否か等々。カリフォルニア生まれの初期のシャルドネ——ストーニー・ヒル、マヤカマス、モンテレーナ、フォアマン、ファー・ニエンテなど——は、マロラクティック発酵を行っていなかったが、批評家の多くは、マロラクティック発酵により生じる肉厚感、バターのような濃厚さ、芳醇な質感を好んだ。最終的には個人的な好みの問題になるが、現在カリフォルニア生まれのシャルドネの多くが、途中までマロラクティック発酵を行っている。というのは、ワインメーカーの多くが、ワインづくりの公式を当てはめることよりも、果実の自然な性質を引き出すことの方を好むからである。

　1980年代と90年代、そしてそれ以前のものは特に、多くのシャルドネが醜悪なものだった。オーク香が過剰で、締まりがなく、また大半が甘すぎた。モントレーの自家栽培醸造家であるダグ・メドーはこんなことを言っていた。「カリフォルニアのシャルドネを好きになるのは、シロアリぐらいだ。」また、パソ・ロブレスのゲーリー・エバリーは、こうした重く、甘ったるい、フルーツサラダのようなシャルドネを総称して、"カルメン・ミランダ（ブラジル出身の歌手で、甘い歌声で一世を風靡した）症候群"と呼んだ。州で最も多く売れているシャルドネが、ケンダル・ジャクソン・ヴィントナーズ・リザーヴで、かなりの残留糖分であるが、消費者は好んでいる。

　より最近では、まだ限られた範囲であるが、オークを使わないシャルドネが流行し始めている。それは新鮮で爽やかな感じのするワインではあるが、今のところはまだ、ワインメーカーが心に描きお手本としているシャブリには程遠いようだ。秀逸な例としては、メルヴィル、アイアンホース、マリ

マールがある。

オークを使わないシャルドネに対する興味は、まだ周辺部にとどまっているが、シャルドネのスペシャリストと誰もが認めているスティーヴ・キスラーが2009年に私に言ったことがある。「シャルドネに関して今ある程度の一致した見解が出来つつある。それは、全房圧搾を行い、土着の酵母を使い、澱の撹拌は1990年代よりも控えめにし（なぜならカリフォルニアでは芳醇さをさらに加える必要はないから）、マロラクティック発酵は最後まで行い、以前よりも新オーク樽の使用は抑え、濾過と清澄化は行わない、ということだ。」

## シュナン・ブラン

これは1980年代の馬車馬的品種で、当時1万6000haも植えられていた。しかしその人気は衰え、現在では3330haほどしか残っておらず、その大半が、セントラル・ヴァレー産の酸の低い白ワインに新鮮さを添加するために使われている。シュナンを中心にしたワインは、甘く、気の抜けた感じの、低劣な質のものが多いが、辛口のシュナンもいくらか残存している。シャローン、チャペレット、ドライ・クリーク・ヴィンヤードなどだが、どうもこの種は絶滅危惧種になりつつあるようだ。

## ゲヴュルツトラミネール

ほとんどのワイン鑑定家から無視されているが、ゲヴュルツトラミネールは、その柔らかで優雅な、愛撫されるような甘さの好きな愛好家を多く抱えている。ここ数年間、栽培面積は着実に伸び、現在640haになっている。モントレーとメンドシーノのものが最上である。

## グルナッシュ

ラベルに記載されることはめったにないが、グルナッシュはセントラル・ヴァレーの馬車馬的品種で、安価な赤ワインの主力品種である。それにもかかわらず、栽培面積は徐々に減少中で、現在は2800haしか残っていない。グルナッシュからは、いくつかの上質なロゼが造られている。クレイグ・ウィリアムズはフェルプスにいた時、ヴァン・ド・ミストラルを造ったが、それは廉価ワイン用の品種、特にグルナッシュを適正に醸造し、見栄え良く包装したもので、注意書きには、蚤の市用にブレンドして新しいラベルで売り出す場合は適度な量をブレンドするようにと書かれていた。

## マルサンヌ

マルサンヌは一度も人気を博したことがなく、現在37.5haしか栽培されていない。キュペ、タブラス・クリークから上質なものが出されている。

## メルロー

カリフォルニアのワイン産地を舞台にした、心温まる1本の映画が、この主力葡萄品種に瀕死の一撃を加えるとはだれも想像できなかっただろう。しかし、これが映画『サイドウェイ』が大ヒットした後、メルローに実際起こったことであった（とはいえメルローの減少分はピノ・ノワールの増加分となったことが、あとから分かった）。1999年には栽培面積は1万9300haで、2007年には2万200haまで拡大したが、その1年後には1万9100haまで減少した（『サイドウェイ』の公開は2004年）。

メルローの単品種ワインがカリフォルニアに登場したのは1960年代後半で、マルティーニ、スターリングのラベル名が付けられていた。栽培家は最初、メルローはボルドーの粘土土壌で良く育つので、カリフォルニアでも同様だろうと考えていた。しかしこれが間違いであることがわかり、ナパの数少ないメルローのスペシャリストの1人であるダン・ダックホーンは、「乾燥した、岩のごつごつした土壌では、メルローはその持ち前の樹勢の強さが抑えられ、質の良い果粒を生み出すことができる」と主張した。ダックホーン、マタンザス・クリーク、ベリンジャー、クロ・デュ・ヴァルなどがかなり上質なメルローを造り出していたが、メルローの主な産地はセントラル・ヴァレーであり、そこで造られるものは、大半が味気ないものであった。メルローは、開花が不規則であったり、腐れを起こしたり、レーズン化したりする傾向があり、とても育てやすいといえる品種ではない。40年近くの試行錯誤の結果示唆されていることは、カリフォルニアではメルローは、ブレンド用品種として使う場合最高の力を発揮するのではないかということである。

## ムールヴェドル

カリフォルニアではマタロという名前で呼ばれることが多いムールヴェドルは、控え目な成功を収めた品種と言える。栽培面積は1900年の82haから2008年の345haへと、やや増えた程度である。その評判はコントラ・コスタ郡のクライン家の古い葡萄畑に実る葡萄によって築かれ、クライン、リッジ、ローゼンブラムが立木仕立ての果房から秀逸な

ワインを送り出している。その苗は、今世界中でこの品種が最も盛んに栽培されているフランス、バンドールのどの苗よりも古いものである。

## プティ・シラー

かつて粗野な廉価ワイン用の原料としてしか見られていなかったプティ・シラーは、いま脚光を浴びつつある。依然として、その正確な起源は謎のままであるが、DNA検査の結果、ある苗はデュリフ、そして別のものは、ローヌ系土着品種の1つであるプールサンあるいはオーヴァンであることが明らかになった。どうやらプティ・シラーという名前は、19世紀頃から混植した葡萄全般をさす言葉として使われていたようである。

この品種は、その不透明な色のおかげで、濃い色を好む愛飲者向けのワインのためのブレンド用ワインとして重宝がられているが、欠点はタンニンの含有量が多いことである。そのため、この品種の単品種ワインは、極端に収斂性のあるものとなる。またそのワインは、多くが不活性で、熟成させてこなれた味わいにすることが難しく、修飾をほどこすのも容易ではない。つまり、20年経ったワインでも、2年目のワインとほとんど変わらないのである。しかしワインメーカーたちは今、その噛みごたえのあるタンニンを和らげ、この葡萄の濃厚な果実風味を生かす方法を見出しつつある。そのため、この10年で栽培面積は3倍になり、現在は2960haになっている。しかし価格の方は上がっており、上質のプティ・シラーは、かつての廉価ワイン用の葡萄というイメージを払しょくしつつある。

## ピノ・ブラン

アメリカのワイン愛好家にピノ・ブランのことを気付かせたのはシャロン・ワイナリーであるが、その興味は少しずつ失われつつある。1990年に745haあった栽培面積は、現在では182haしかない。多くのピノ・ブランが、実はミュスカデ種の一種であるムロン種であることが判明しても、この傾向は止まらなかった。しかしいくつかの魅惑的なワインが、モントレーなどの地区から生み出されている。

## ピノ・グリ

他の地域と同様に、この白ワイン用品種は、カリフォルニアでも圧倒的な成功を収めつつある。口当たりが良く、くせがなく、どこかイタリア風の上品さを連想させる味わいから、その人気は急上昇している。1999年に450haしかなかった栽培面積は、現在は4860haに達している。そのワインは、ヴェネトやラインヘッセンの白と同様に、くせがなく、飲みやすいものであるが、生産者の中には、オレゴンのピノ・グリ——特徴のないピノ・グリージョ（イタリア）と頭がくらくらするようなアルザス産ピノ・グリの中間くらい——に近い、より重厚な味わいのワインを目指しているものもいる。

## ピノ・ノワール

映画『サイドウェイ』のおかげで、ピノ・ノワールは一躍脚光を浴びた。しかしなぜだろうか？ カリフォルニアの冷涼な地区で、この品種は美しく優美なワインとなることができる。この10年で栽培面積は2倍になり、現在は1万3400haにも達している。すでに1940年代に、ボーリューやマーティン・レイから上質のワインが生み出されていたが、その後1970年代まで、後景に退いていた。腕に自信のあるワインメーカーは、その葡萄をカベルネのように扱い、最終的にタンニンの強い、酸の低いワインを生み出し、評判を落としていた。

1970年代に、ロバート・モンダヴィをはじめとするワインメーカーがこれを真剣に憂慮し、リトライのテッド・レモンなどのブルゴーニュで実地に研修を受けてきたワインメーカーたちは、この品種に合った醸造法を広める努力をした。また、この品種にとっては暑すぎる場所に植えられていたこともわかった。こうして、ソノマのルシアン・リヴァー・ヴァレー、モントレーのサンタルシア・ハイランド、サンタマリア・ヴァレーの冷涼な地区が、ピノ・ノワールの主要な供給減となっていった。カーネロスも同様であったが、カーネロスのピノ・ノワールは個性のないものが多かった。もっと最近では、ソノマ・コーストの高地が傑出した産地と見られており、また、抽出とアルコール度数の高い、評価の分かれるワインが、サンタバーバラ郡のサンタ・リタ・ヒルズで造られている。

ここでクローンについて詳細な説明を加えることもできるが、要約すると、最初マルティーニ、ポマール、スワンなどのデーヴィス・クローンがあったが、それらはディジョン115や828などのディジョン・クローンの導入により、後退した。しかし現在、前者の人気が復活しつつある。その理由は、ディジョン・クローンはデーヴィス・クローンほどカリフォルニアの気候に適していないということが徐々に明らかになってきたからである。しかし、両者のクローンを組み合わせ

葡萄品種

上：ピノ・ノワールについては特にそうだが、最も適したデーヴィスとディジョンのクローンと台木は、カリフォルニア・ワインの重要な基盤となっている。

た葡萄畑から秀逸なワインが生み出されていることは特筆すべきことである。

　ほとんどのピノ・ノワールが、現在ほぼ同じ工程に従って造られている。継続時間はまちまちだが低温浸漬を行い、発酵中に人力により櫂入れを行う、というものである。しかし全房（それゆえ果梗も含む）発酵を行うかどうか、そしてオーク樽による熟成の期間とその強さについては意見が分かれている。かつては、強く焦がしたオーク樽で最長2年間も熟成させていたが、現在は焼きを抑え気味にした、短期間の熟成に変わりつつある。

　アルコール度数が意見の分かれる焦点で、カリフォルニアのピノ・ノワールは、気候と、最近培養された酵母の、糖をアルコールに変える能力の高さによって、ブルゴーニュよりも高いアルコール度数になると説明するワインメーカーもいる。多くのワインが、アルコール度数を飲みやすいレベルまで下げるため、水で希釈したり、スピニング・コーン（回転円錐コーン型分画器）を使用するなどの技法を使う必要がある。

　しかし、アルコール度数が高くなるのは、栽培方法が間違っているからだと主張するワインメーカーもいる。つまり、間違ったクローンを、間違った場所に植えている、もしくは収量が適正でなく、収穫時期も間違っているなどである。アルカディアンのジョセフ・デーヴィスは、購入した小区画で自ら栽培したピノ・ノワールを、14％以下のアルコール度数で売り出し、またルシアン・リヴァーのパシフィック・ワイナリーの近くに葡萄畑を持つロス・コップは、自分は13％以下になるように成熟させることができると私に断言した。

　アルコール度数の低いワインのための必要条件である葡萄の早熟を達成するには、収量を低く抑える必要があるが、これは費用が割高になる。またアメリカの消費者の好みは、アルコール度数の高い、甘みの強いワインへと移りつつある。良かれ悪しかれ、ワイン情報誌では、アルコール度数15％のレーズンのようなピノの方が、抑制された、アルコール度数13.5％のワインよりもしばしば高い点数を獲得している。ジョセフ・デーヴィスは、アルコール度数の低いピノは精妙さを出すまでに時間がかかるが、高いアルコール度数のピノは、飲み疲れを起こすかもしれないが、即時的な果実味を持ち、大衆受けするということを認めている。ピノ・ノワールに焦点を合わせている新しいワイナリーの多くが、高得点を獲得している、色の濃い、力強いワインをモデルにしているのは、当然といえば当然である。

## リースリング

　20年前3400haあったカリフォルニアのリースリングの面積は、今では1200haに減少しているが、それでも堅実に栽培されている。このドイツ生まれの品種は、カリフォルニアにはそれほど適していない——少なくともワシントン州やオレゴン州で成功しているような、すらりとした優美な辛口のスタイルを求める者にとっては。しかしモントレーなどの冷涼な地区でオフドライの上質なワインを造ること、そして多くの場所で豊かな味わいの貴腐ワインを造ることは可能である（時に貴腐を促進するために葡萄樹に散水することもあるが）。たぶん、メンドシーノのナヴァッロがこの種のワインの代表であろう。

43

## サンジョヴェーゼ

　この品種は、カリフォルニアでは苦戦を強いられている。栽培家は、その強い樹勢と生来の強い酸を抑えるのに苦労しながら、この品種の個性を生かそうと努力している。770haの栽培面積を有するが、そのワインがサンジョヴェーゼと認識されることはあまりない。なぜなら多くの場合、オーク香を過剰にして造られることが多いからだ。

## ソーヴィニヨン・ブラン

　この品種を主体にしたワインを造ろうと決断するのは難しい。アメリカの消費者は、ソーヴィニヨンの、酸が強く、ハーブのような風味の、草の香りのするスタイルを好まないし、同時に、オーク樽で熟成させたグラーヴ・スタイルの、重々しく、複雑過ぎるソーヴィニヨンもあまり好きになれない。また、後者を美味しく造るためには、上質のシャルドネと同じくらいの費用がかかるが、売値はその半分も望めないこともある。この中間のスタイルのものが最も成功しているようだ。それはミディアム・ボディで、かすかにハーブの香りがあり、洋ナシやメロンの風味も感じられるもので、かなりの量生産され、控え目な価格（それゆえシャルドネよりもかなり安い）で売られている。このスタイルの代表格がケンウッドである。早飲み用の、ピリッとした風味のあるソーヴィニヨンも年々多く生産されるようになっているが、批評家から好意的に受け止められることはほとんどない。しかしワイン愛好者には、特にテイスティング・ルームで提供される時には、好まれるようで、感動というよりも爽やかな気分になりたい消費者に受けている。最近栽培面積が増えている（6150haまで）のは、そのためかもしれない。

## シラー

　この品種はいま爆発的に伸びている。1990年には139ha、その6年後でも800haしかなかった栽培面積は、今では7700haにまで拡大している。とはいえ、シラーはカリフォルニアでは長い歴史がある。70年以上も前に、メンドシーノの、現在はマクダウェル・ヴァレー・ヴィンヤードの所有になっている葡萄畑に植えられており、1974年にはパソ・ロブレスで大規模な植樹が行われた。同じ頃フェルプスは、この品種から剛健なワインを造り出した。当初、シラーは暖かい場所に植える必要があると考えられていたが、すぐに鋭敏なワインメーカーたちは、冷涼な地区でシラーは個性豊かなワインを造り出すことができるということに気がついた。

　とはいえ、シラーは予想以上に適応能力が高く、州内のどこでも育つことができるということがわかり、シエラ・フットヒルズ、ソノマ、ナパ、パソ・ロブレス、サンタバーバラから傑出したワインが生み出されている。主にシラーを植えている地区のクローンは、大半がフランス産とオーストラリア産のものである。シラーのスペシャリストであるパックス・マーレは、「若樹のシラーは、不良な場所の高齢のシラーよりも上質な果実を付ける」と言う。

　ワインのスタイルは多彩で、葡萄樹が植えられている場所、収量などに応じて、ブルーベリー、プラム、アニス、あるいは黒胡椒のニュアンスが微妙に変化する。高いアルコール度数の、ジャムのようなスタイルを好む生産者もいれば、涼しげな、北部ローヌのような表現を好む生産者もいる。平均してワインの質は高いが、価格が高すぎるのではと思えるものもある。シラーはいま、それ自身の成功の犠牲者になりつつあるようだ。つまり、あまりにも少数の愛好家のために、あまりにも多くのワインが生産されているような気がする。

## ヴィオニエ

　この品種は、カリフォルニアではかなり手こずる品種である。生産者の多くがその栽培方法を知らず、ワインメーカーはその個性をどのように表現すれば良いかを知らない。そして消費者は、それをどう言葉で言い表せば良いかを知らない。アルコール度数が高くなる場合が多く、飲みやすくするためにスピニング・コーン（p.43参照）の使用が必要になる場合もある。収量を少なくすれば、価格が高くなり、消費者を遠ざけてしまうことになる。州内で多くの秀逸なワインが生み出されているが、問題はその品質の一貫性である。現在、栽培面積は1200haほどである。

## ジンファンデル

　1830年代に、マサチューセッツ州で食卓用果物として栽培されたのが始まりと言われているジンファンデルは、クロアチア原産で、イタリアのプリミティーヴォと似ており、カリフォルニアには1850年代に持ち込まれた。果実の成熟の仕方が不均一であるにもかかわらず、成熟すると糖分濃度が高く、理想的な安売りワイン用葡萄となった。またその率直な、「愛さないなら放っておいて」的な性格は、自家消費用にワインを造る人々にも好まれた。しかし粗雑な醸造法

上：ジンファンデルの酒質とスタイルはかなり幅広いものであるが、上質ワインとなるその潜在能力はますます広く認識されるようになっている。

で造られる、粗野で田舎臭いワインが多く出回り、一般消費者から軽蔑されるようになった。1980年代にホワイト・ジンファンデル（ピンク色のやや甘口のワイン）が発明されなかったら、この品種は周辺部にとどまっていたかもしれないが、その発明のおかげで、古い葡萄畑の大半が生き残り、ポール・ドレーパーやジョエル・ピーターソンなどのワインメーカーが、この品種はうまく造れば極上のワインになることを実証した。

ノース・コーストでは、古い葡萄畑の多くが生き残っているが、ナパでは、カベルネの方が3倍の収入になる場合があるので、栽培家はこちらを植えるようになり、絶滅危惧種になりつつある。パソ・ロブレスでもこの品種は上質な実を付ける。とはいえ多くの人が、最上のジンファンデルは、ソノマのドライ・クリーク・ヴァレーのものだと認めている。リッジ、セゲシオ、ノールなどの生産者が高い品質基準を守っている。またルシアン・リヴァー・ヴァレーも、赤果実が感じられる、冷涼な気候ならではの美味しいジンファンデルを造っている。

ピノ・ノワールやシラーと同様に、アルコール度数が高くなることが問題で、1990年代には、ターリーなどのワイナリーが造る怪物のようなワインが一時期人気を博したことがあったが、現在はその人気は衰えている。ジンファンデルは、数日のうちに、未熟から過熟へと移行する場合があり、収穫日の決定が何より重要である。高い価格でも受け入れられている定評のある生産者は、成熟度の不均質さを最小限に抑え、青い果粒やレーズン化した果粒を除くための選択的摘果や選果テーブルに投資することができている。

一般的に言って、ジンファンデルは若い時に愉しむのが良く、その時ジンファンデルの果実味が前面に押し出して来る。しかし極上のものは10年、あるいはそれ以上熟成することができるが、その結果すべてが興趣ある味わいになるとは限らない。またこの品種は多機能品種で、軽蔑されているが同時に親しまれているホワイト・ジンファンデルの他に、収穫を遅らせて造る甘みの強いワインや、秀逸なポート・スタイルのワインにもなっている。

7 | ワインづくり

# スタイル戦争

**19**世紀後半になると、カリフォルニアのワイン生産者たちは、この州が傑出したワインを生産する能力を持っていることに自信を深めた。フィロキセラ禍から禁酒法時代、そして戦後の沈滞ムードへと続く長い冬の時代が明けた時、その間も、ワインメーカーの新しい世代がこの意識を受け継いでいたことが明らかになった。マーティン・レイ、ディック・グラフ、ロバート・モンダヴィ等は、ヨーロッパの極上ワインと肩を並べることのできるワインを造り出そうと心を新たにすると同時に、カリフォルニアでは、気候と土壌の質の違いにより、伝統あるヨーロッパ・スタイルをそのまま模倣することは不可能であることも意識していた。

当時モンダヴィのようなショーマンが、彼のカベルネをボルドーの極上ワインと一緒に並べ、鑑定家に彼のワインを当ててみろとテイスティングを迫ったのは、至極自然なことであった。1976年のスティーヴン・スパリエ主催のパリのテイスティングで、カリフォルニア・ワインが圧倒的な勝利を収めた時、カリフォルニアのワイン業界は大きな歓喜に包まれた。しかし太陽の恵みそのままの、果実味豊かなカリフォルニア・ワインと並べられた時、抑制されたスタイルのフランス・ワインが不利な立場に立たされるのは仕方のないことだったという見方もある。

とはいえ、カリフォルニア・ワインには、スタイルの変遷がつきものである。消費者、そしてワインメーカーは、それまでの大きく豊かな赤に飽きると、今度は、芳醇すぎず、アルコール度数控えめの、食事に良く合いそうな、いわゆるフード・ワインに傾いていった。しかしそのうち、それらのワインの多くが、ただ貧弱で青臭いだけだということに気づくようになると、再度濃厚なワインへの回帰が起こった。モンダヴィやスタグリンのカベルネを年代順に並べてみると、1990年代半ばのある時期に、アルコール度数13.5%のワインが消え、14.5%に置き換えられていることに気づくはずだ。

アメリカ合衆国は、ワイン消費国としてはまだ未成熟である。フランスやイタリアでは、10代の頃からワインを飲み始め、それがどんな香りで、舌の上ではどんなニュアンスを出すかを言葉によって教えられる。これはある種の、ワインのスタイルに関する潜在意識下の教育である。また、ワインをほとんど生産していない北欧諸国でも、数世紀にわたって集積されたワインに関する知識は、世代を通して濾過され、受け継がれて、しっかりした知識を持ったワイン愛好家層が形成されている。反対にアメリカでは、西海岸といくつかの大都市を除いて、そのようなワイン文化は存在しない。ワイン愛好家になると決めた人は、ゼロからのスタートを強いられる。

## 出版業界の力

ワイン出版物は、カリフォルニア・ワインの酒質の基準の確立に大きな影響力を発揮してきた。夕食時に家庭で飲むためのワインを探している人々は、たぶん、ワイン専門誌の推薦記事よりも、地方紙の日曜版のワインコーナーの記事を見て決めるだろう。しかしそれから進んで、ワインをもっと豊かに味わいたいと望み、たとえばランドマークのシャルドネとカンブリアのシャルドネはどう違うのかを知りたいと望む人は、その記事だけでは満足しなくなる。ワイン専門誌や地方新聞のワイン記事では、ワインに点数を付け、それがどのような味わいなのかについて非常に適切な説明を加えている。さらに、国内輸送の発展により、より多くの人々が、より多くのワインの中から、自分の好みと財政事情に合わせて、適切なものを選び、発注できるようになった。

アメリカの消費者は、情報を得ようと思えばすぐに得られるようになり、どのワインを選べば良いかについての手引きも多く提供されている。しかしその手引きは、わりと狭い情報源から発信されている。『ワイン・スペクテーター』誌のジェームズ・ロープとロバート・パーカーが、カリフォルニア・ワインの批評家として最も尊敬されていて、2人の付ける点数が、ヴィンテージの評価を高めたり低めたりしている。両人ともワインに関する卓越した知識と味覚を有していることに異存はないが、2人とも、どちらかと言えば大柄で濃厚なスタイル(ボディ)のワインが好みである。彼らは、自分の好みに合わせて点数を付けているだけなのであるが、高得点を付けられるエリート・ワインの仲間入りを果たしたいと望むワインメーカーや生産者が、そのようなワインを模倣しようとすることは、至極当然なことである。(ここは、100点満点法の功罪を問う場所ではないだろう。しかし、その商品の性質からして、常に変化する生産物に点数を付けるということには本質的な不条理が潜んでいるということは言っておきたい。)

この一握りの個人によってワイン出版界が牛耳られているという状態が、ワインのスタイルの画一化を招くということは、だれもが予想できることだろう。しかし今では、この傾向はやや薄れつつある。ジンファンデルとピノは、今では、あらゆるスタイル、あらゆる大きさの酒躯(ボディ)で登場してき

右:圧搾から始まるさまざまな決断が、ワインのスタイルを決めていく。
次ページ:樽製造とその維持管理の技術は高い。

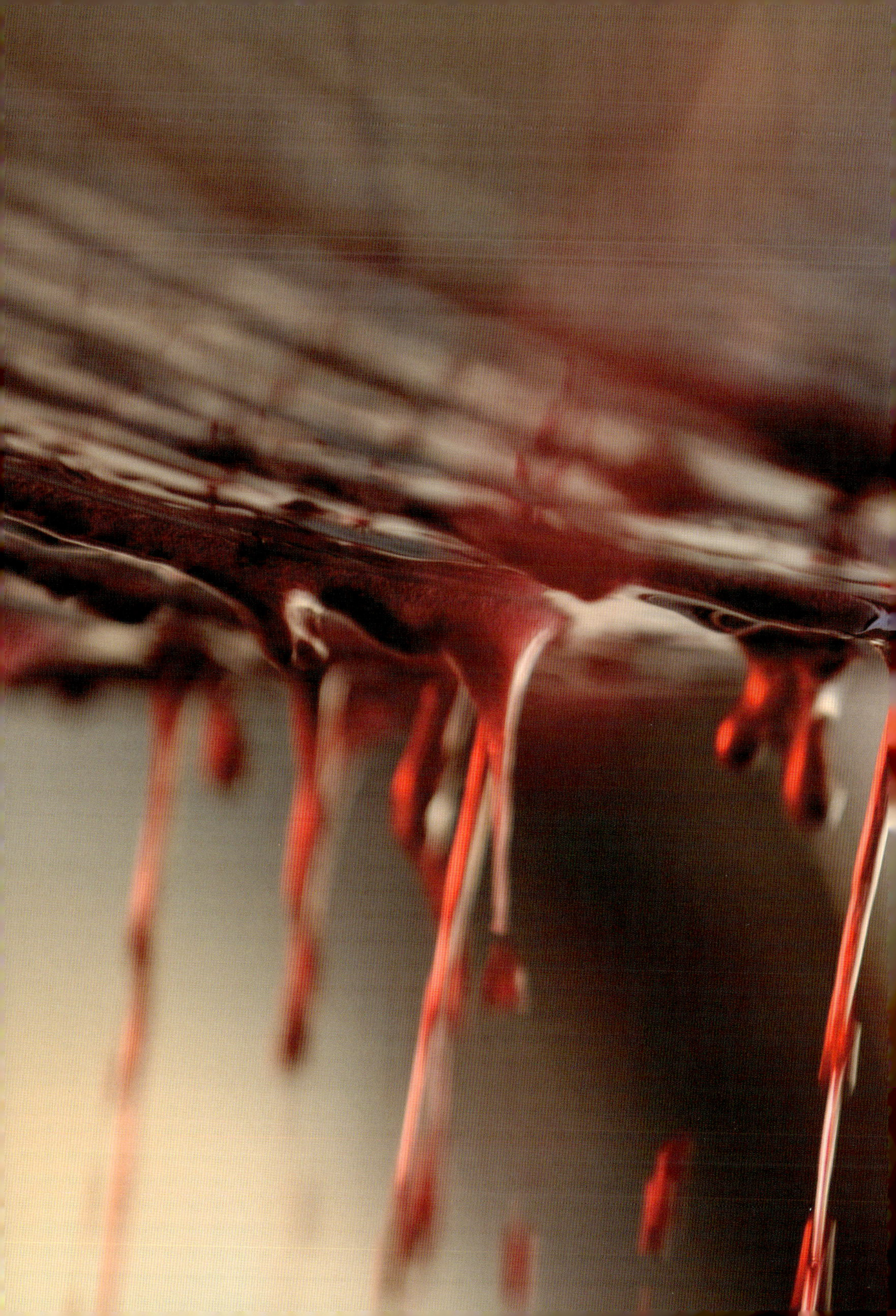

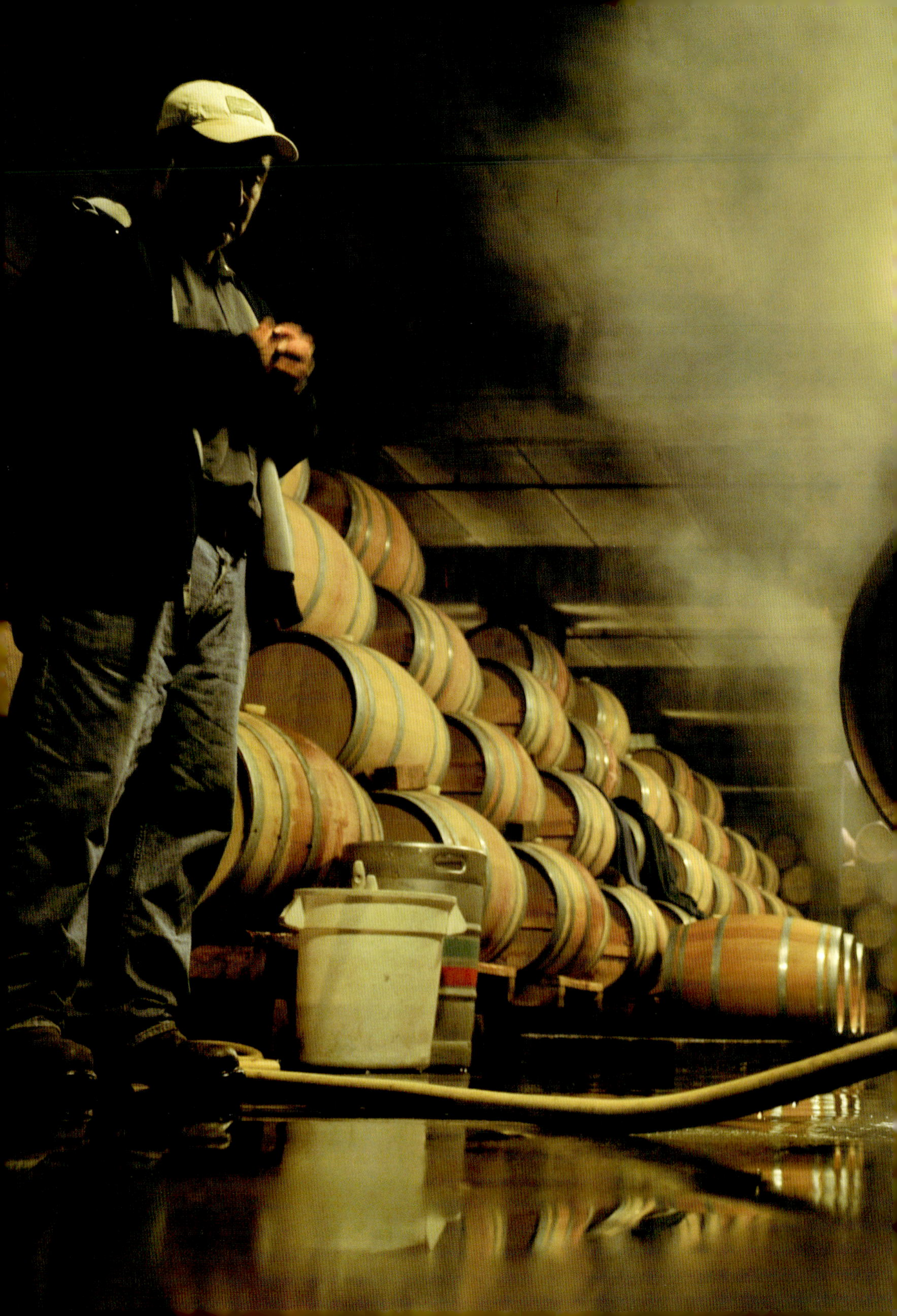

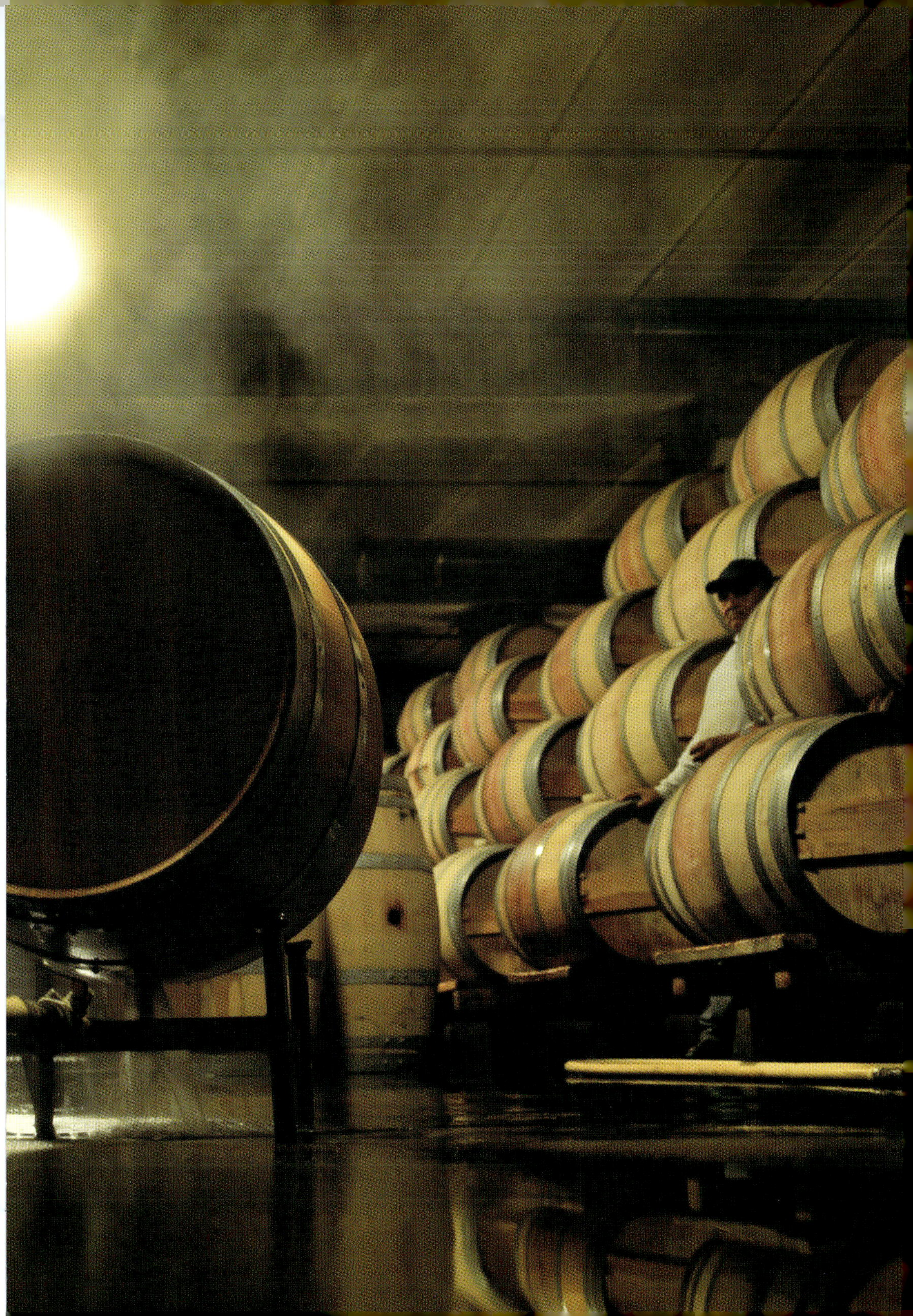

8 | 最上のつくり手と彼らのワイン

# メンドシーノ Mendocino

メンドシーノは、カリフォルニア・ワイン地域の最北部に位置し、その北端はサンフランシスコから145kmほど離れている。つい最近までは、葡萄栽培というよりも、急流でのラフティングや、沿岸部の素晴らしい景観、木材の切り出し、そしてマリファナの栽培で有名であった。アペラシオンの西側は海洋の影響を受けて冷涼であるが、山稜の連なりによって海から隔てられている内陸部では、酷い暑さになることがある。この地に最初に葡萄樹が植えられたのは1850年代で、ゴールドラッシュの金採掘人向けのワインを造るためであった。植えたのは、多くがイタリア人移民で、彼らは渓谷の底の肥えた土地には野菜や穀物を植え、標高の高い尾根近くに葡萄樹を植えた。険しい山岳地帯であることから、他の地域との交易は困難で、葡萄のほとんどは、ソノマ郡アスティの、有名なイタリアン・スイス・コロニーなどのワイナリーに運び込まれた。地域で生産されたワインのほとんどが地域で消費され、1920年に禁酒法が施行された時には、ワイナリーを支え維持させていけるだけの国内ネットワークは出来ていなかった。そのため、禁酒法撤廃まで生き残ることができたワイナリーは、パラドッチだけだった。その後実に1967年までパラドッチはメンドシーノ唯一のワイナリーで、その翌年に、フェッツァーが創設された。

1960年代にワインブームが訪れた時、交通の便はかなり改善されており、多くの葡萄畑が新たに拓かれた。しかしワイナリーの数が増えだしたのは、1980年代に入ってからである。メンドシーノで採れる葡萄の大半が、依然として南の大きなワイナリーに向けて輸送されたが、逆にそれらのワイナリーは、それぞれ自ら所有する葡萄畑を拓き始めた。モンダヴィ、ベリンジャー、ガロが特に積極的であった。より最近では、ケークブレッドやダックホーンなどのナパのワイナリーが、上質のピノ・ノワールを栽培するためにアンダーソン・ヴァレーの土地を購入した。

右：メンドシーノで最も冷涼な小地区、アンダーソン・ヴァレー。ここから内陸部にいくに従って、暖かくなる。

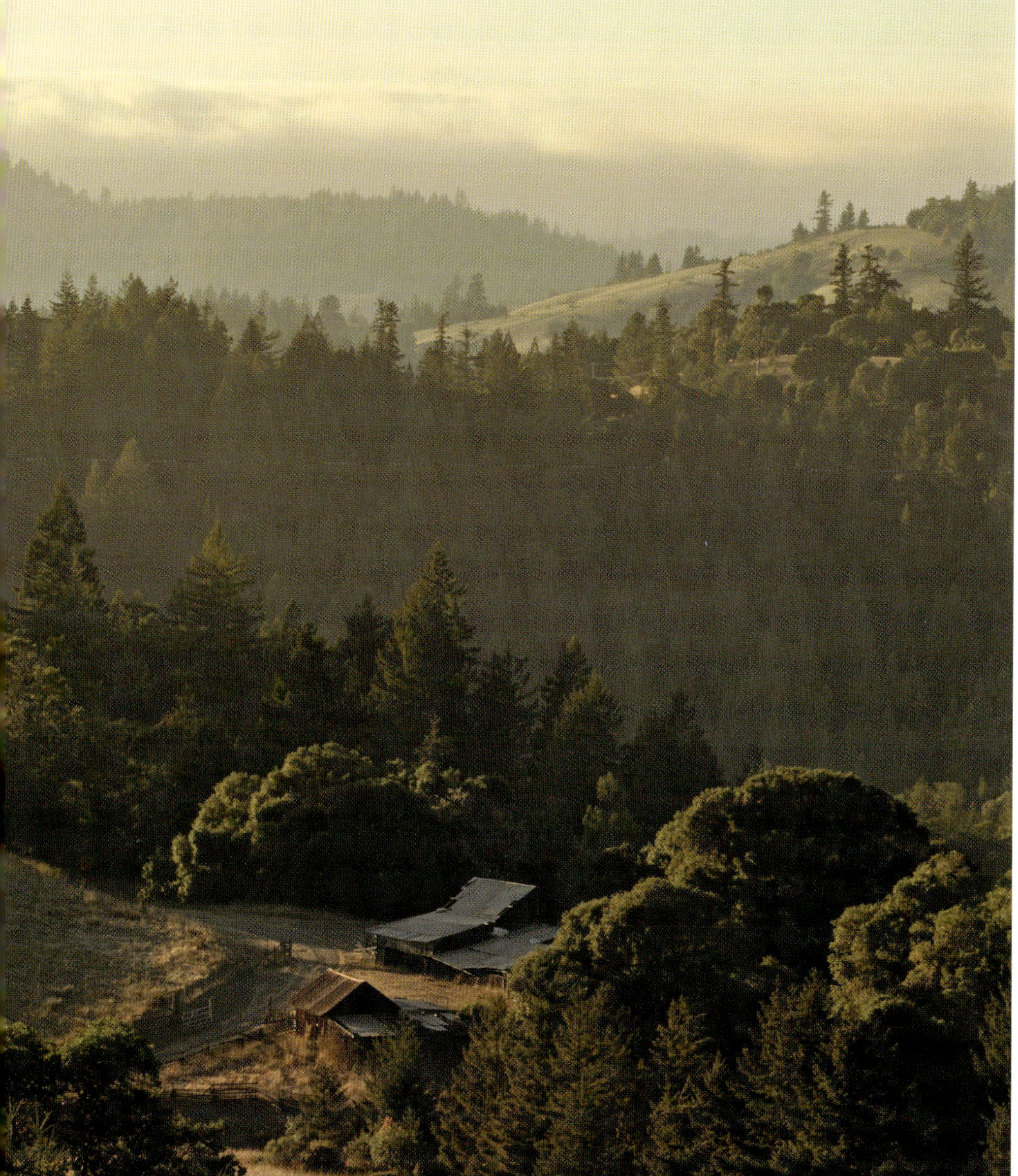

メンドシーノ指折りの大規模自家栽培醸造家であったフェッツァー家は、かなり前にそのワイン・ビジネスすべてをブラウン・フォーマン・グループに売却したが、その影響は今も色濃くメンドシーノに残っている。フェッツァー家は有機農法とバイオダイナミックに非常に熱心で、ポール・ドランやフィル・ハースト等の熟練したワインメーカー——結局2人とも、同社を去ったが——が、同家とともにそれを推進した。その影響を受けて、今でもメンドシーノは有機農法の先進地区で、全葡萄畑の5分の1が認証されている。

メンドシーノの気候と土壌は非常に多様なので、その総面積6900haの葡萄畑のどこかで、ほとんどすべての品種が栽培されている。伝統的な品種は、ソノマと同じく、ジンファンデル、プティ・シラー、カリニャンで、非常に古い、イタリア移民が残した遺産ともいうべき葡萄畑がメンドシーノ・リッジに残っている。海洋の影響を受ける冷涼なアンダーソン・ヴァレーは、アルザス品種とピノ・ノワール、さらにはスパークリングワインのための最高の場所になっている。マクダウエル・ヴァレーは、合衆国の中でも最も早くシラーが栽培された土地である。レッドウッド・ヴァレーとユカイア・ヴァレーの河岸段丘では、シャルドネ、カベルネ・ソーヴィニヨン、メルローが良く育つ。グレッグ・グラチアーノをはじめとする少数の葡萄栽培家は、独力でイタリアン・スタイルのワインの道を切り拓いたが、その中には本当に美味しいものが多い。

## メンドシーノの小地区

近年AVAはさらに細分化されたが、そのうちのいくつかは、小さすぎて意味がないように思える。

**アンダーソン・ヴァレー**　ユカイアの西に位置し、ナヴァッロ川に沿って北西方向に40kmの長さで延び、最後に太平洋岸に開ける。栽培面積は約870haで、半分をピノ・ノワールが占めている。気候は北に行くほど冷涼になる。以前はカベルネとメルローが多く植えられていたが、成熟に問題があり、1970年代に、この地には冷涼な気候の品種が合うという結論が出された。ピノ・ノワールは、ハッシュによって1969年に初めて植樹されたが、1980年代まで葡萄畑の拡大は遅々としていた。ワインメーカーたちは、アンダーソン・ヴァレーに"アシッド・ヴァレー（酸の谷）"というあだ名を付けたが、その名の通り、夜間の冷涼な空気が酸の蓄積を促進した。場所とヴィンテージによっては、ときどき質が低下することがあるが、この小地区は、概してナヴァロ渓谷の切り札的存在である。白ワインは補酸する必要はまったくなく、最も単純な醸造法でも、心地よいキレの良さを有している。しかし、時に腐れが問題になる時があり、生長期の大事な時期に雨が降ることがある。ワインの種類に関しては、この谷は多機能で、特にスパークリングワイン、ブルゴーニュ品種、ゲヴュルツトラミネール、リースリングが秀逸である。

**コール・ランチ**　ユカイアとアンダーソン・ヴァレーの中心地ブーンヴィルの中間に位置する。栽培面積は24haしかなく、そのすべてがエスターリナ・ワイナリーのスターリング家の所有である。葡萄畑は標高300mを超える場所にあり、リースリング、メルロー、カベルネ・ソーヴィニヨン（ここでは理想的とは言えない）、ピノ・ノワールなど多くの品種が植えられている。

**コヴェロ**　ユカイアの72km北の温暖な土地で、0.8haほどの畑がある。

**ドス・リオス**　AVAのもう1つの戯画的存在で、メンドシーノ・アペラシオン北部の岩の多い土壌に2.5haほどの畑がある。

**マクダウエル・ヴァレー**　ホップランドの東に位置し、谷というよりも段丘に近く、葡萄畑は標高260〜300mの砂利のような赤土と火山性の土壌の上にある。ほとんどすべてを、マクダウエル・ヴァレー・ワイナリーが所有し、ワインを造っている。シラーをはじめとするほとんどすべてのローヌ系品種を栽培している。

**メンドシーノ・リッジ**　1997年までアンダーソン・ヴァレーの一部であったが、独立を勝ち取った。アンダーソン・ヴァレーと太平洋の間の、標高360m以上の尾根伝いに葡萄畑はある。そのため、フォグ・ラインの上に位置し、寒冷なアンダーソン・ヴァレーよりも多く日光の恩恵を受けている。

ジンファンデルとカベルネ・ソーヴィニヨンが主体だが、栽培面積は30haしかない。

**ポッター・ヴァレー**　ユカイア市から北東に20kmほど行ったところにあり、葡萄畑は標高300〜360mの場所に広がっている。海洋の影響はほとんどないが、夜間は冷涼で、時に霜が降りることがある。ソーヴィニヨン・ブラン、シャルドネ、リースリングに適している。栽培面積は約400haで、果実の多くは、ナパなどの他の地区に販売される。

**レッドウッド・ヴァレー**　ユカイア市の北、ルシアン川に沿って延びる大きな栽培地区で、3分の2が赤品種であるが、ソーヴィニヨン・ブランとシャルドネの上質な果実を産するところもある。太平洋からの海風が谷間に侵入し、ユカイアよりも冷涼である。土壌は大半が赤土粘土層で、岩が不均質に散らばっている。ジンファンデルとカベルネ・ソーヴィニヨンの良さには定評があるが、サンジョヴェーゼとシラーも高い評価を受けている。

**サネル・ヴァレー**　ホップランド市の北、ルシアン・リヴァー平地の上に10×3kmで広がる小さな地区で、メンドシーノ・アペラシオンの中で最も暖かい場所。水捌けの

上：メンドシーノで最も注目されている小地区。葡萄畑が高地にあることを、小地区名が強調している。

良い砂利層に、カベルネ・ソーヴィニヨンとメルローが植えられている。

**ユカイア・ヴァレー**　サネル・ヴァレーの北、レッドウッド・ハイウェイ沿いに長く延びる地区で、ルシアン・リヴァーの沖積層に白品種が植えられ、段丘の上はカベルネ・ソーヴィニヨンとジンファンデルが多く植えられている。またこの谷は、イタリアとローヌの品種のための格好の試験場となっている。

**ヨークヴィル・ハイランド**　ソノマのアレクサンダー・ヴァレーとブーンヴィルの間にある興味深い地区である。谷底は霜に襲われやすいため、葡萄畑はすべて高地にある。昼間はアンダーソン・ヴァレーよりも暖かいが、夜はもっと冷涼になることがある。ソーヴィニヨン・ブラン、ピノ・ノワール、メルローなどが良く育つ。

MENDOCINO

# Navarro Vineyards ナヴァッロ・ヴィンヤード

フィロとナヴァッロの中間、370haの広大な牧羊場の中にこの美しい葡萄園はある。ワインメーカーのテッド・ベネットとその妻のデボラ・カーンがこの牧羊場を買ったのは、1973年のことである。ベネットは、シャルドネとピノ・ノワール以外にも、リースリング、ゲヴュルツトラミネール、ピノ・グリなどのドイツ産とアルザス産のクローンも試し、原料と栽培方法について、常に最適なものを求めて飽くことがない。1990年代には、標高360mのディープ・エンドという名前の葡萄畑にピノ・ノワールを植えたが、その結果は満足のいくものだった。彼は、標高の高い場所では昼間の気温は下がるが、夜の気温は穏やかで、谷床に近い畑にくらべ、比較的温和な気候であると見ている。1年のある時期、霜の心配があるが、必要な場合に備えて、樹冠の上にはスプリンクラーが設置されている。

ナヴァッロは有機栽培ではないが、除草剤と害虫駆除剤の使用は最小限に抑えている。アンダーソン・ヴァレーでは、除葉は欠くことのできない基本作業と考えている人もいるかもしれないが、ベネットは行っていない。理由は、昼間の気温が上がりすぎる時もあるかもしれないが、除葉によって果房が日焼けするおそれがあるからである。収量を調整するために8月にグリーンハーヴェストを行っており、また雑草と被覆作物を食べさせるために飼っている羊は、葡萄樹の葉と吸枝も大好物である。

ベネットのアルザスとドイツに対する愛情は葡萄畑だけにとどまらない。彼と、彼の古くからの共同作業者であるワインメーカーのジム・クラインは、ワインを普通のバリックで熟成させずに、フランス産とドイツ産の大樽(カスク)で熟成させる。しかしピノ・ノワールに関しては、しっかりと火入れしたフランス産オーク樽で熟成させることを好む。

ナヴァッロのアルザス・スタイルのワインには定評があるが、シャルドネもまた上質で、なかでもオーク樽で発酵させ、澱と撹拌しながら熟成させるプレミア・リザーヴは秀逸である。そのための葡萄樹は、25年前にアレクサンダー・ヴァレーのロバート・ヤング農場で選抜されたクローンをここに植えたものと、その後に植えたディジョン・クローンの混合である。

アルザス・スタイルのワインの基本となるブレンドは、エデルツヴィッカー・ブレンドといわれるもので、2008年は、ゲヴュルツトラミネール42％、リースリング32％、ピノ・グリ

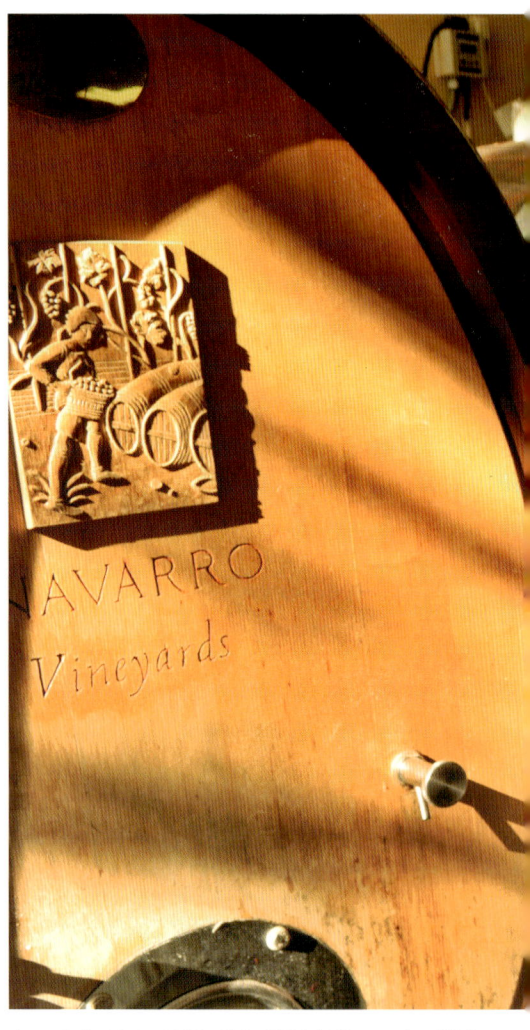

上：アルザスとドイツの品種の熟成に最適な大型カスクの前で微笑む、オーナーのテッド・ベネットと妻のデボラ・カーン。

26％、それにマスカットをほんの少々であった。残存糖分含有量は16g/ℓで、試飲した時少し甘過ぎると感じる人もいるかもしれないが、このワインはわりと安価な、がぶ飲み用のワインで、夏の清涼飲料として愛好家が多いということ、そして後味がとてもさっぱりしていることを考えると、こ

ワシントン州のサン・ミッシェルは置いておくとして、西海岸のワイナリーの中で、
このワイナリーほど、芳醇な蜂蜜のような果実味と、
非常に魅力的な爽やかな酸の間に精妙なバランスを達成しているものはない。

れはこれで良いのではないだろうか。
　ゲヴュルツトラミネールの葡萄樹の中には、樹齢30歳を超えるものもあり、そのワインは、古い大型の卵型の大樽で8ヵ月熟成させる。ピノ・グリも同様である。カリフォルニアのワインメーカーは、ピノ・グリを一般受けするイタリア風のピノ・グリージョ風に造る多数派と、アルザス・スタイルに近いものを造る少数派に分かれているが、ナヴァッロはその中間を行く。そのワインは、アルザスのものよりも酸が強く、生き生きとしているが、イタリアのワインを模倣したものによくある特徴のなさというものもない。一方辛口のリースリングはモーゼル・カビネットに似ていなくもないが、残存糖分含有量は10g/ℓと、モーゼルのものよりも低い。しかしもちろんアンダーソン・ヴァレーの葡萄は、高い成熟度を達成している。
　赤ワインについては、カベルネ・ソーヴィニヨンとシラー

NAVARRO VINEYARDS

の多くは、葡萄栽培家から購入したものである。ラベルにメンドシーノとだけ書かれているワインは、近隣の葡萄畑からの葡萄を原料としたものであるが、キュヴェ・ア・ランシエンヌとディープ・エンドはエステート・グロウン（醸造者栽培）である。標高の高い葡萄畑の葡萄を使ったディープ・エンドは、若い時タンニンの骨格が堅牢であり、数年間の瓶熟を必要とする。一方ランシエンヌは、比較的やすやすと骨格と飲みやすさの間で適度なバランスを達成することができているようだ。

ナヴァッロは幅広い種類のワインを製造しているが、最上のものが、貴腐菌の付いた果実から造られるクラスター・セレクト・リースリングとゲヴュルツトラミネールであることに疑いはない。

ナヴァッロのテイスティング・ルームに
充満している熱気は、人をとりこにするらしい。
ナヴァッロは、常連客に焦点を絞った
稀有なワイナリーである。

ベネットは、ワイナリー開設当初からこのスタイルを掴んでいた。1986年にリリースされた1983レイト・ハーヴェスト・リースリングは、その豊饒さと濃密さでワイン界に衝撃をもたらした。アメリカ国内で開かれるブラインドテイスティングでは、多くのテイスターがそのワインを一口、口に含んだだけで、「ナヴァッロ」とつぶやく。ワシントン州のサン・ミッシェルは置いておくとして、西海岸のワイナリーの中でこのワイナリーほど、芳醇な蜂蜜のような果実味と、非常に魅力的な爽やかな酸の間に精妙なバランスを達成しているものはない。また、そのワインほど甘くも濃密でもないが、レイト・ハーヴェスト・ゲヴュルツトラミネールも秀逸である。

テイスティング・ルームの善し悪しでワイナリーを判断すべきではないが、ナヴァッロのテイスティング・ルームに一歩足を踏み入れると、なぜこのワイナリーが熱烈な支持者を持ち、その非常に適正な価格の製品の大半を直接顧客に販売することができているのかが理解できる。少し窮屈な部屋は騒々しく、テイスティングしている客の大半は、明らかに常連客である。テイスティング料金を取られることはなく（これほど有名なワイナリーにしてはめずらしく）、

客の飼い犬のために水の入ったボールも用意される。接客係はきびきびとしていて、知識も豊富で、親切である。ワイナリーでの応対がどこかよそよそしいヨーロッパから来ると、ナヴァッロのテイスティング・ルームに充満している熱気は、人をとりこにするらしい。多くの顧客が何ケースも買って車に運び入れている。ナヴァッロは、常連客に焦点を絞った稀有なワイナリーである。

## 極上ワイン

(2009〜10にテイスティング)
**Ancienne Pinot Noir 2008**
**アンシエンヌ・ピノ・ノワール 2008**
　濃密なラズベリーの香り。魅惑的で高揚感がある。ミディアムボディだが、よく熟成している。口当たりは滑らかで新鮮。純粋で、心が躍動感で満たされる。

**Dry Gewurztraminer 2007**
**ドライ・ゲヴュルツトラミネール 2007**
　愛らしい花の香り、ライチの実も感じられる。豊潤で堅牢。まだ閉じているが、生命感に溢れ、スパイシーで、辛口の後味が長く続く。

**Dry Riesling 2008 [V]**
**ドライ・リースリング 2008 [V]**
　花のような、リンゴのような香り。口に含むと、かなり豊潤で広がりがあるが、際立った酸もあり、甘酸っぱい感触が心地よい。残存糖分が突進してくるが、胡椒味があり、後味は顕著な辛口である。

**Cluster Select Gewurztraminer 2006 ★**
**クラスター・セレクト・ゲヴュルツトラミネール 2006 ★**
**(残存糖分含有量 197g/ℓ)**
　豊饒なトロピカルフルーツの香り。スイカズラ、マジパンも感じられる。口に含むと、最初上品な味わいだが、凝縮されていて、堅固さも感じられ、ゲヴュルツトラミネールにしては強い酸が感じられる。余韻は素晴らしく長い。

**Cluster Select Riesling 2007 ★**
**クラスター・セレクト・リースリング 2007 ★**
**(残存糖分含有量 201g/ℓ)**
　桃と貴腐のくらくらするような濃密な香り。しかし軽い蜂蜜もよぎる。とても甘くクリーミーな、ねっとりした口当たりだが、しつこく感じさせないように酸が爽やかさを運んでくる。洗練されていて、小気味良く、生き生きとしている。

**Navarro Vineyards**
**ナヴァッロ・ヴィンヤード**
葡萄畑面積：36.5ha　平均生産量：40万本
5601 Highway 128, Philo, CA 95466
Tel: (707) 895-3686　www.navarrowine.com

MENDOCINO

# Roederer Estate　ロデレール・エステート

西海岸で葡萄樹を植える理想的な場所を見つけるのに、ジャン・クロード・ルゾーは長い時間をかけた。地価の高騰により、もはやシャンパーニュ地方に新たな葡萄畑を拓くことは不可能だと悟ったロデレールは、他のシャンパンハウスと同様に、スパークリングワインのための衛星エステートを新たに設立する場所を物色し始めていた。すでにモエ・エ・シャンドンやテタンジェ、マムは、カリフォルニアにエステートを開き、成功していたので、ルゾーは最初、それらのシャンパン・ハウスが葡萄樹の大半を植えているカーネロスを訪れた。しかしそこの葡萄があまりにも標準的で興趣に欠けると感じたルゾーは、オレゴンにも目を向け、またソノマのグリーン・ヴァレーにも気を惹かれた。しかし彼は、それらの土地も、自分の計画を実現するには不十分だと感じた。そうして最後に決断した土地が、アンダーソン・ヴァレーであった。そこで実るシャルドネはアルコール度数11度で成熟し、彼が造りたいと思っているスパークリングワインにとって理想的な葡萄だとわかった。またアンダーソン・ヴァレーは生育期間が長く、ナパでよく見かけるように、8月や9月初めに収穫する必要はなかった。

ルゾーはアンダーソン・ヴァレーに決めた。そこのシャルドネは、スパークリングワインにとって理想的な葡萄であった。ロデレール・エステートのワインは、明らかに北アメリカがこれまで製造してきたワインの最高峰に位置するものばかりだ。

ルゾーは、谷の北側に位置する横に長く延びた土地を購入した。微気象は申し分なく冷涼だった。そこは、以前は牧羊場兼果樹園として使われていた農地で、彼は1982年に葡萄樹を植え始めた。また同じ頃、ブーンヴィルの近くの葡萄畑も1つ買った。そこはフィロよりもやや温暖な土地で、彼はそこに植わっていた葡萄樹をすべて引き抜いた。ロデレールは今も葡萄畑を少しずつ拡張している。また、フィロキセラ禍によっていくらか植替えも余儀なくされた。現在の栽培面積は140haである。

初代のワインメーカーは、モンペリエ大学ワイン醸造学部で博士号を取り、ロデレールで研鑽を積んだミシェル・サルグである。彼は果房のまわりの通気を良くし、太陽光線を浴びさせるために、葡萄樹をリラ型トレリスに仕立てた。収量は1エーカー当たり4〜5トン（10〜12.5t/ha）と、シャンパーニュ地方の平均よりもかなり少なめであった。果房は、普通アルコール度数約11度になるように成熟した段階で摘果されたが、それはスパークリングワイン用の葡萄にしては十分すぎるものであった。サルグの醸造法は、当然ながら、ランス（ロデレールの本拠地）の方法を踏襲したものであった。最初の圧搾で出てくる果液（キュヴェ）だけが使われ、通常はマロラクティック発酵は行わず、特別必要と思われる時だけ行う。どのヴィンテージも、そのうちの20%のワインは、翌年以降のワインとブレンドさせるためにリザーヴ・ワインとして取っておく。ルミアージュ（澱を瓶の口に集めること、動瓶）は機械で行う。

基本となるワインはエステート・ブリュットで、1988年に最初にリリースされた。ブレンド比率はおおよそ、シャルドネ70%、ピノ・ノワール30%である。そのワインは澱とともに約2年半熟成される。ヴィンテージ・ワインはレルミタージュと命名され、1989年に最初に造られた。エステート・ブリュットよりもややピノ・ノワールの比率が高く、ドサージュは普通11g/ℓである。レルミタージュは、澱とともに4年半から5年の間熟成された後、デゴルジュマン（澱引き）される。

ここには2種類のロゼもある。ピノ・ノワール60%（そのうち10%は、スティルワインとして加える）とシャルドネ40%から造られるノン・ヴィンテージと、1999年に初めて造られた限定生産のレルミタージュ・ロゼである。こちらは、普通のレルミタージュを手本としたもので、同様の期間熟成された後、デゴルジュマンされる。

サルグ博士の跡を継いだのは、アルノー・ワイリッチで、彼もカリフォルニアだけでなく、ランスでも経験を積んでいる。サルグの時と同様に、ブレンド比率を決定する会議には、ランスのロデレール本体からもワインメーカーが参加する。ワイリッチも、カリフォルニアのスパークリングワイン・メーカーの多くと同様に、いくつかの発泡しないワインを導入した。そのピノ・ノワールとシャルドネはともに秀逸であるが、やはりスパークリングワインにくらべると、興趣と個性の点で見劣りがする。というのも、そのスパークリングワインが、明らかに北アメリカで造られるもののなかでも五指

に入る逸品だからである。実は、ジャン・クロード・ルゾー
は引退前にこの地のピノ・ノワールを試してみたが、基準
に達しないとしてその計画を封印していたのだった。ス
ティルワインの生産量の増加に、ある種の商業的配慮が関
係しているのは疑いない。

　ルゾーは常々、カリフォルニアにやって来た時、スタイル
については何らの先入観も持ってこなかったと言ってい
た。それにもかかわらず、ロデレール・エステートのワイン
は、どれもスタイル的にシャンパーニュのワインと非常に似
ており、ブラインド・テイスティングの会場でもすぐにそれ
とわかる。なぜなら、シュラムズバーグの最上のキュヴェを
除いて、カリフォルニアのスパークリングワインの大半が、ロ
デレール・エステートのものにくらべ、果実味が前面に出
過ぎていて、味わいにあまり深みが感じられないからだ。

## 極上ワイン

*(2009年にテイスティング)*
**Estate Brut ★**
**エステート・ブリュット ★**
　至高のスパークリングワイン。泡はきめ細かく、香りは静謐で優
美、酵母がかすかに香る。果実味が口一杯に広がるが、酸によって
精妙に編まれている。その酸はワインに柑橘類の高揚感をもたらし、
口当たりは優美で、余韻は長い。

**L'Ermitage 2003**
**レルミタージュ 2003**
　ビスケットの香りがあり、2000ヴィンテージよりも豊かで、広がり
がある。口に含むと、再び豊かで、フルボディ。木の実の風味がある
が、骨格は2000ほど堅牢でなく、レモンの風味も控えめ。後味の余
韻は長く、ジンジャーがかすかに感じられる。

**Brut Rosé**
**ブリュット・ロゼ**
　野生のイチゴのアロマが漂い、花の香りもする。フルボディでコク
があるが、最初の口当たりは上品で、木の実の後味が長く続く。

右：エステートの秀逸なスパークリングワインにスティルワインをブレ
ンドする、ロデレール・エステートの若きワインメーカー、アルノー・ワイ
リッチ。

### Roederer Estate
**ロデレール・エステート**
　栽培面積：140ha　平均生産量：100万本
　4501 Highway 128, Philo, CA 95466
　Tel: (707) 895-2288　www.roedererestate.com

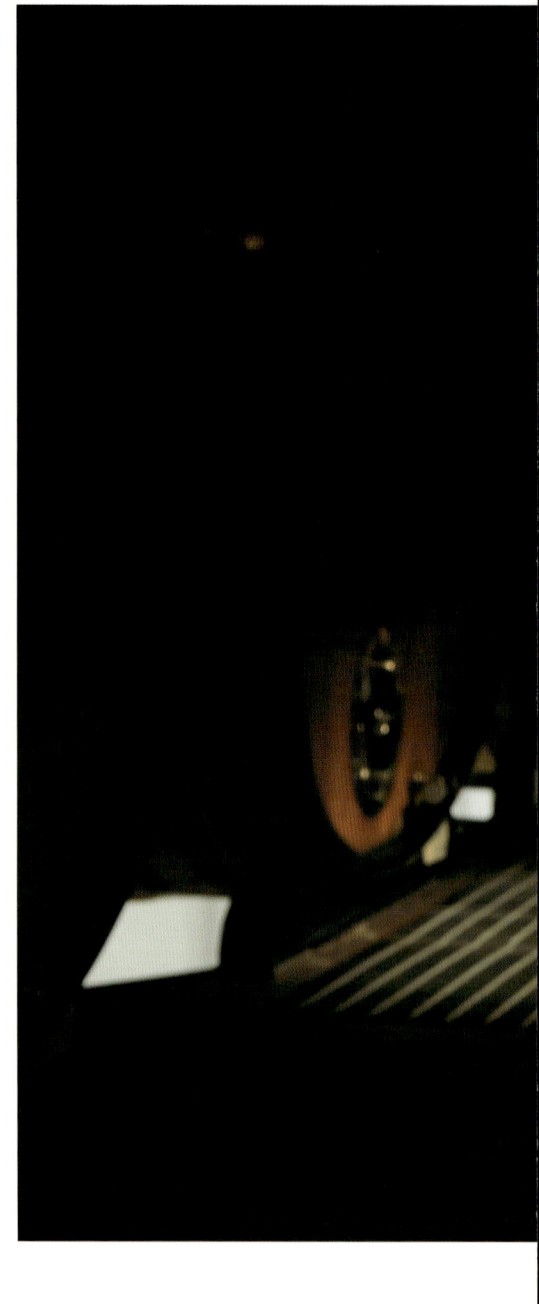

MENDOCINO

9 | 最上のつくり手と彼らのワイン

# ナパ・ヴァレー Napa Valley

カリフォルニア・ワインを愛する人の中には、カリフォルニア・ワインといえばナパ・ヴァレーと、両者をほとんど同義語のように捉える人も多い。ナパ・ヴァレーは、アメリカ・インディアンの言葉で「豊穣の谷」を意味するが、まったくその通りである。その名声はとどまることを知らず、少しでも葡萄樹を植えることができる土地で、買い手がつかない土地は1エーカーもないくらいである。現在、1万9400haの土地で葡萄が栽培されており、ここを本拠地とするワイナリーが400軒前後登録されている。とはいえ、そのすべてが実体のあるものというわけではない。ここでは、葡萄栽培家が葡萄の大半を他のワイン生産者に売り、最上の区画の葡萄だけは自分のラベル用に取っておき、それを"カスタム・クラッシュ"（p.22参照）の設備を使って醸造し瓶詰めするのはめずらしいことではない。つまり、ラベルは存在するが、それを生産するワイナリーはないというワインがここには多く存在している。そんなわけで、ナパ・ヴァレーの増殖しつつあるワイン生産者をすべて記録するのは難しいということは容易に理解されるだろう。この増殖が始まったのは、それほど昔ではない。1965年には、ワイナリーは25軒前後しかなく、1987年でもその倍に過ぎなかった。しかし1980年代末には、その数は200を超えていた。

先にも述べたように、ナパのワイナリー数の爆発的増加には、統計上の見せかけがある。多くの生産者が、年に数100ケースしか生産しない。そしてそれらのブティック・ワイナリーは、ほぼ同じ形態で運営されている。すなわち、好立地のカベルネ・ソーヴィニヨンの葡萄畑の1小区画を購入し、そこの葡萄の質が傑出していることを認知させるために名高い栽培家を雇い、6人前後いる高名なコンサルタント・ワインメーカーの1人と契約する。それはもちろん、秀逸なワインを造るためであるが、もう1つ、影響力のあるワイン評論家に注目してもらうためでもある。そしてワインを高い値で売ることを正当化するために、あくまでも少量しか生産しない。最後に、すべてがうまく運ぶようにと祈る。本書では、これらのラベルの大半を除外することに決めた。なぜならそのようなワインは、ほぼすべてが定期購入者への通信販売で売られるか、競売市場で法外な価格で売買されるかするだけで、一般の愛好者は入手不可能だからである。ここでは、それらのワインの質は問題にしない。1つだけ例をあげると、スクリーミング・イーグルは素晴らしいワインだが、そのカルト・ワインとしての地位は、その酒質の高さだけでなく、その稀少性にも大きく依拠しているのである。

ナパ・ヴァレーは、一見したところ、単一地域のように見える。北から南に向かって50kmほど延びた狭い渓谷で、最も広い場所でも8kmの幅しかなく、多くの険しい丘陵に囲まれている。しかしもちろん、そこは均一どころではない。非常に複雑な地形をしており、気象的にも多様性に富んでいる。その渓谷自体は、海底が隆起したもので、その上を現在は幾層もの堆積層が覆っているが、火山活動の痕跡がいたるところに残っている。渓谷の土壌の種類は100を下らないと言われ、ここでは列挙しないことにする。それよりももっと重要なことは、ナパ・ヴァレーには2つの基本的な区分があるということである。1つは緯度に基づくもの、そしてもう1つは標高に基づくものである。ナパ川がサンパブロ湾に流れ込む渓谷の南側は、カベルネ・ソーヴィニヨンなどの品種を栽培するには冷涼すぎる。また北の端、カリストガ近辺は、夏に灼熱状態になることがある。サンパブロ湾に向かって南向きに傾斜しながら伸びる谷底は、標高が75mを超えることはないが、北側では、山々と、そこに点在する葡萄畑の標高は800m前後に達するものもある。これだけでも、ナパ・ヴァレーの栽培条件が非常に多様であることがわかる。

ナパ・ヴァレーの中心は、歴史的にも、葡萄の質の面でも、谷底である。谷の中央部は、どちらの川岸でも、肥沃すぎる場合があるが、谷底から向かって西側には、山から流れ出る小川の急流に運ばれた岩屑が堆積して出来た沖積扇状地が連なっている。地質学的には、それらの沖積扇状地は、岩と砂礫、シルト、そして厚さの異なる沖積堆積物によって構成されている。これらの扇状地は、山麓段丘と呼ばれることもあり、特にカベルネ・ソーヴィニヨンのための理想的な土壌となっており、またナパで最も有名な葡萄畑——ナパヌック、ト・カロン、ルビコン——のあるところでもある。その段丘は、19世紀の代表的なワイナリー——ベリンジャー、イングルヌック、ボーリューなど——が、本拠を

右：ナパ・ヴァレーの谷底にあるワイナリー。"豊穣の谷"という名前の通り、可能なところにはすべて葡萄樹が植えられている。

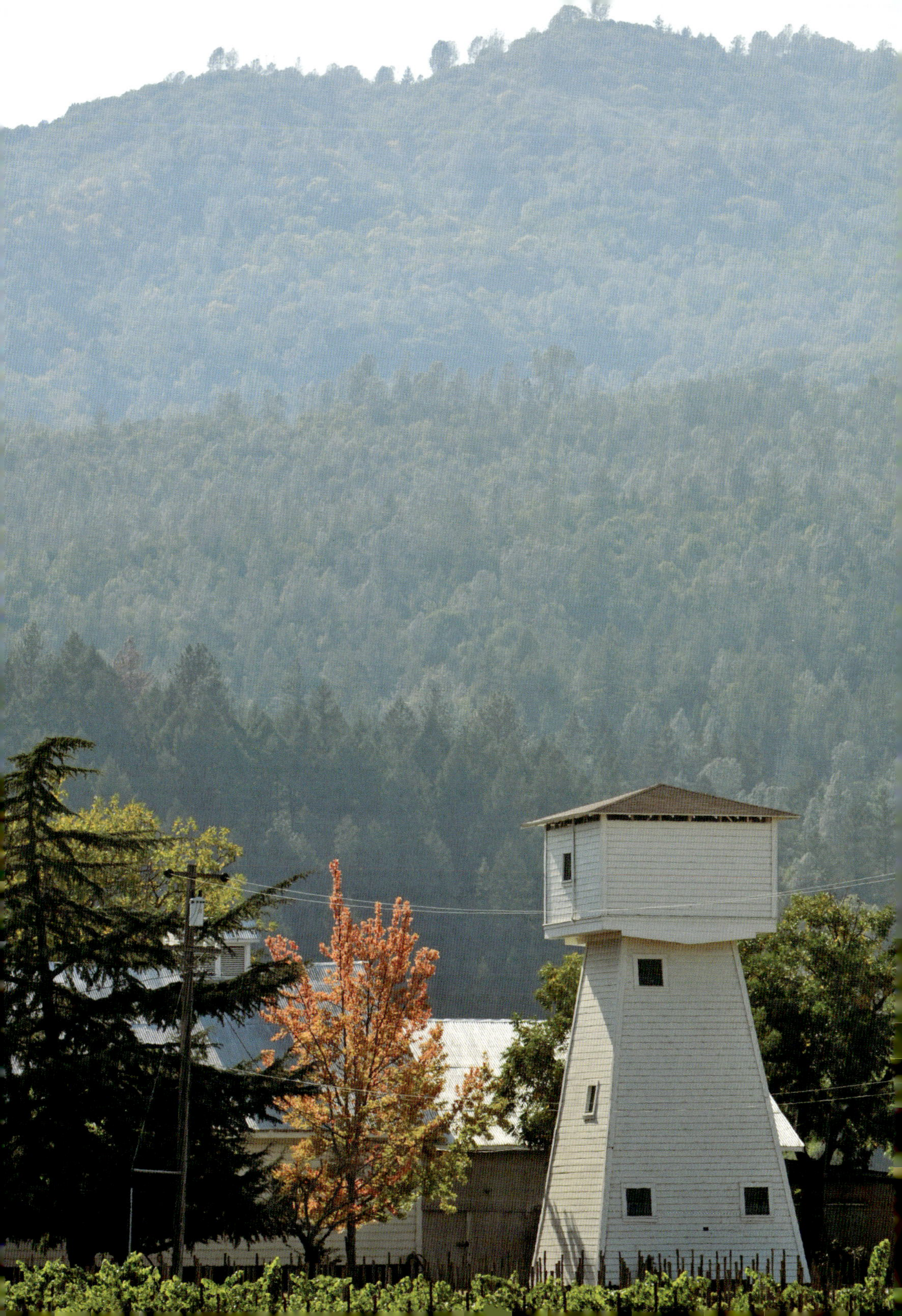

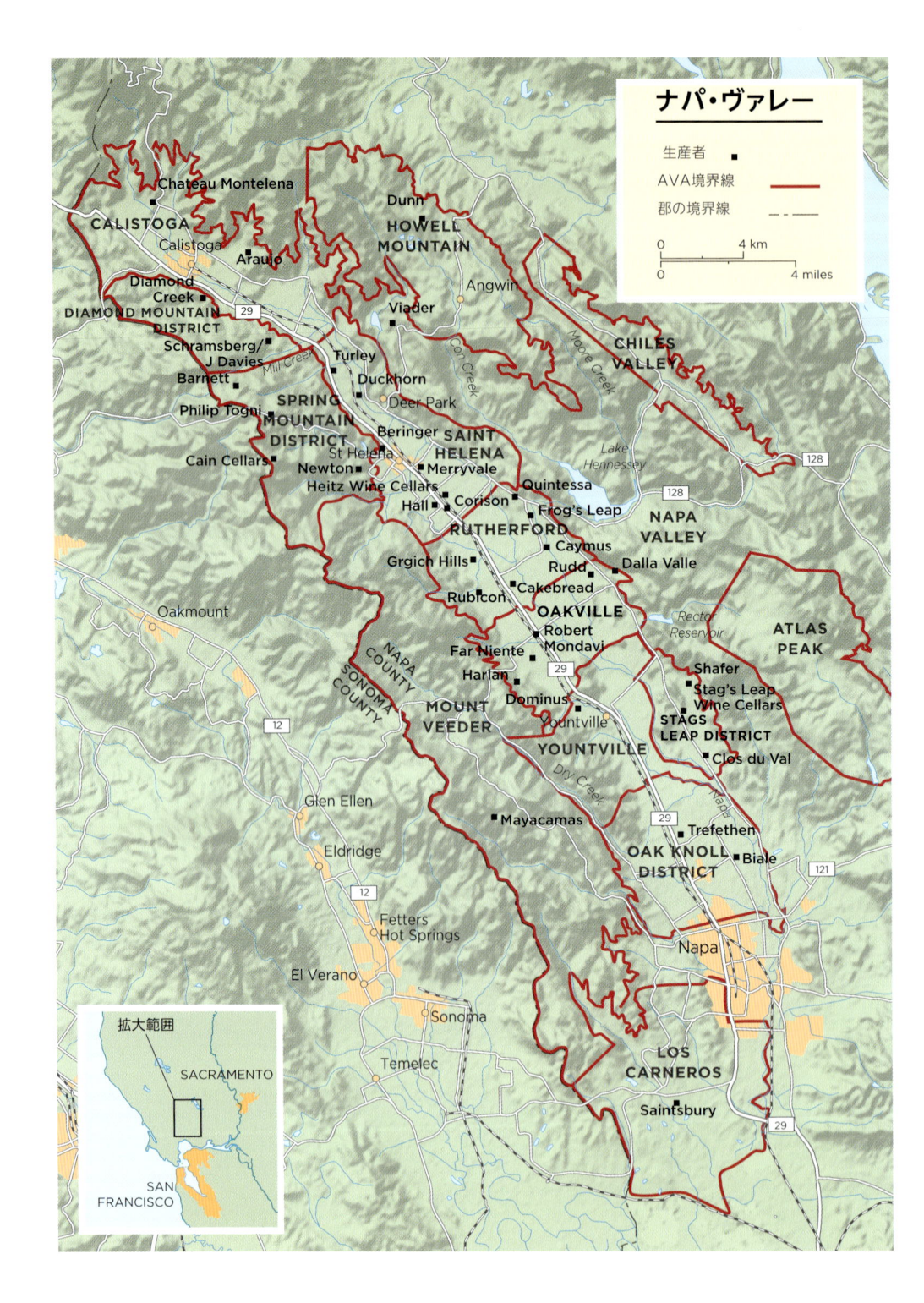

## ナパ・ヴァレー

生産者 ■
AVA境界線 ―――
郡の境界線 -----

0　　　　4 km
0　　　　4 miles

定めたところでもあった。また、財産はないが、葡萄栽培に対する感覚の鋭いグスタフ・ニーバームなどの職人的自家醸造栽培家は、山に分け入っていった。彼らの多くがドイツとイタリアからの移民であったが、彼らが険しい斜面に葡萄樹を植えたのは至極当然なことであった。その場所は、排水が良く、毎日のように谷底を覆う霧によって太陽光線がさえぎられる心配もなかったからである。

谷の西側に陣取っているのがマヤカマス山地で、それは南から北に向かって、マウント・ヴィーダー、スプリング・マウンテン、ダイアモンド・マウンテンの3つの地区に区分される。谷の東側にはヴァカ山脈が横たわり、それは南のアトラスピークと、北のハウエル・マウンテンの2地区に分けられる。一般に、山岳地帯の葡萄畑よりも、谷底や段丘の葡萄畑の方が、海洋の影響を強く受ける。冷たい海上の空気は、しばしば霧を生み出し、南のサンパブロ湾から谷底に流れ込む。またチョークヒル峡谷を抜けてソノマから北西に進み、ナパ北部に入り込み、暑熱のカリストガ地区にいくらかの冷却効果をもたらす。山岳地帯の葡萄畑の昼間の気温は、標高が高いことから、谷底にくらべて顕著に低く、その一方で、フォグラインより上に位置する畑では、葡萄は長く太陽光線を浴びることができ、より均一に成熟することができる。また夜間の冷気は、葡萄が酸を保持するのを助ける。全般に山岳地帯の土壌は肥沃からは程遠く、岩だらけのところもあり、その反対に谷底はとても肥沃である。土地がやせているため、山岳地帯の果粒は概して小粒で、果汁が少なく、その結果タンニンのレベルは高い。

世界の他のワイン地域同様に、ナパも気候変動の影響にさらされている。ナパ・ヴァレー・ヴィントナーズ（ナパの指導的なワイン業界団体）の最近の研究では、冬の気温は平均して0.5℃上昇しているが、セントラル・ヴァレーの夏の気温も上昇しているため、そこの気温が上がるにつれて、以前よりも多くの霧と冷気がナパとソノマに入り込んでいる。

各村がそのワインの独自性を主張するに従って、AVAも増えているが、ブラインドテイスティングで、オークヴィルとラザフォードのワインを、また、マウント・ヴィーダーとスプリング・マウンテンのワインを識別するには、よほど鋭い味覚を持っていなければならない。確かに顕著な違いがある場合もある——森林の多いマヤカマス山地は、より乾燥したヴァカ山脈よりも雨が多いなど——が、それがどのようにワインのスタイルに反映されているのかは、まだそれほど明確に表現されてはいない。他の有名なワイン地域同様に、それ以外の多くの要因がワインの質に大きく影響しているからである。ヴィンテージの特徴、収量、そしてもちろんワインメーカーの腕など。

とはいえ、ナパの小地区について、ある程度の説明はしなければならないだろう。以下、南から北に向かって解説していく。

アメリカン・キャニオン　AVAではないが、カーネロスの斜面から東西に広がる冷涼で爽やかな地区。最近シャルドネで評判を上げつつある。

**ロス・カーネロス**（1983年からAVA）　サンパブロ湾に近い冷涼な地区。ソノマ・カウンティAVAと重複している。ナパ市側は起伏が多い。元来シャルドネとピノ・ノワールが栽培されている土地であったが、最近はその冷涼な気候を生かすためにメルローやシラーを植えるところも多くなっている。この地区で育つ葡萄はスパークリングワインに適しており、カーネロス産のスパークリングワインとして消費者にも定着しており、それによって生産量は高く維持されている。

**マウント・ヴィーダー**（1990年からAVA）　ナパ市の北西、マヤカマス山地の中にあり、葡萄畑は標高150mから800mまで斜面を登っている。表土は薄く、痩せていて、非常に変化に富んでおり、砂岩、火山灰、頁岩、そしていくらかの粘土がさまざまに混ざり合っている。葡萄畑の多くが、霜害のない東向きの斜面にあり、主にカベルネ・ソーヴィニヨン、シャルドネ、ジンファンデル、メルローが植えられている。

**オーク・ノル・ディストリクト**（2004年からAVA）　ナパ市のすぐ近くにあり、最も南側の谷底の小地区。栽培面積は1300haほど。土壌は、西側は砂礫が多く、川に近い平地はシルトやローム層が多い。海洋の影響が強く、ワインは酸が強いことで知られている。リースリングが上質で、カベルネ・ソーヴィニヨンも冷涼さを生かした個性を出して

NAPA VALLEY

# Robert Mondavi Winery
ロバート・モンダヴィ・ワイナリー

　ナパ・ヴァレーを何度も訪れたことのある人なら、オークヴィルにあるスペイン植民地時代風のロバート・モンダヴィ・ワイナリーの景観に慣れっこになっており、たいした感慨もないまま通り過ぎるだろう。しかし1960年代半ばに建てられた時、この建物は人々に大きな衝撃を与えたに違いない。ロバート・モンダヴィは謙虚さを装うような男ではなかったので、自分のやろうとしていることがいかに大きなことであるかを周囲に印象づけるために、何年もかけて、このナパで最初の大規模なワイナリーを建設した。

　彼の父セザールが、サクラメントからそう遠くない、言い換えるとナパ・ヴァレーの有名な葡萄畑からは遠く離れたロディでワインづくりを始めたのは、1923年のことであった。セザールはその後1937年に、セント・ヘレナでサニー・セント・ヘレナという名前のワイナリー──現在のメリヴェイル──を開いた。ところがロバートはそれに満足せず、父親を説得して、1943年に、歴史あるチャールズ・クリュッグ・ワイナリーを買わせた。2人の息子、ロバート（1913年生まれ）とピーターは熱心に家業に精を出し、ピーターがワインづくりを、ロバートが販売と市場開拓を担当した。1960年代初め、ロバートはヨーロッパのワイン地域を視察する旅行に出かけたが、その時彼は、カリフォルニアのワイン産業が、酒質の面でも、技術の面でも、ヨーロッパからはるかに遅れを取っていることを痛感した。帰国後ただちに彼は家族に向かって、もっと質の高いワインを目指すべきだと主張した。しかし当時チャールズ・クリュッグの経営は順調で、ピーターは、何も変える必要はないと反論した。2人の間の緊張関係は高まり、とうとう1965年に、ロバートは事実上追い出されてしまった。彼は自分自身のワイナリーを開くことを決意し、まずオークヴィルの葡萄畑をいくつか買い入れ、その1年後に、ワイナリーを開いた。同時に彼は、彼の弟に対して訴訟を起こした。しばしば忘れられていることだが、この時ロバートは、若造なんかではなく、すでに50歳代の前半に達していた。

　当時ロバートはほとんど資金を持っていなかったので、新しいワイナリーを建て、新規に事業を起こすために、株主を募らざるを得なかった。海外からの投資も加わって、彼

右：ナパを初めて訪れた人は皆、ブファノ制作の聖フランシス像と修道会風のロバート・モンダヴィ・ワイナリーの異観に目を奪われる。

モンダヴィが市場に送り出しているワインの量の多さを考えると、
その質の高さには目を見張るものがある。

はあのオークヴィルの歴史ある、非常に広大なト・カロン葡萄畑を手に入れることができた。1970年代半ばになって、ようやく兄弟間のいざこざに決着がついた。ロバートは法廷闘争に勝利し、ピーターは何百万ドルもの賠償金をロバートに支払わなければならなかった。その金でロバートは他の株主の持ち分を買い取り、1978年にようやくモンダヴィ・ワイナリーを全面的に支配することができるようになった。その費用は非常に高額——およそ2000万ドル——だったが、それだけの価値があると彼は確信していた。そのワイナリーも、チャールズ・クリュッグと同様に、ファミリー・ビジネスであった。最初息子のマイケルが醸造長を務めたが、彼の才能はどちらかといえば営業向きであることがわかり、1974年に弟のティムと交代した。

ロバート・モンダヴィに初めて会った人は皆、すぐに、彼が野心によって突き動かされている人物だと感じた。しかしその野心は、ワインの質を高めるという情熱と分かちがたく結びついていた。彼は長年の経験から、ナパには真に偉大なワインを生み出す潜在能力があることがわかっていた。そしてそれにもかかわらず、1960年代から70年代のワイナリーの中には、酒質に焦点を絞って努力しているワイナリーがほとんどないことに歯痒い思いをしていた。ロバートは不屈の精神で、率先して、ワイナリーでは費用のかかる複雑な実験を重ね、葡萄畑ではさまざまな仕立て法を試した。1993年にはNASAの協力を得て、葡萄畑の土壌と微気象の分析を可能とする空撮画像分析システムを開発した。

彼はまた、最上のワインを熟成させるために、フランス産の最高級オーク樽を輸入するだけでは満足せず、ナパの葡萄と最も良く融和することの出来るオークの産地、森、樽製造者、火入れ具合を探るために倦むことなく実験を重ねた。彼はヨーロッパのライバルとのブラインド・テイスティングでも少しもひるむことなく彼自身のワインを出品したが、その相手には、ボルドーの格付け第1級も含まれていた。ここで再度強調しておきたいことは、モンダヴィ・チームはその研究の過程で得られた重要な結論を、彼ら自身だけのものとして独占せずに、それに興味を示す他のワイナリーに惜しむことなく教えたということである。モンダヴィは、ゲームで一人勝ちするならそれは一時的に莫大な収入になるかもしれないが、彼の成功例を真似するように他の生産者を説得することができれば、それはナパの名声自体の輝きを高め、ナパ全体の格上げにつながると信じていた。2000年代初めに彼は多くの資金を投じて、動力を使わずに果醪やワインを移動させる自重式送り込み方式ワイナリーを建設したが、そこには極上ワインのための木製発酵槽も備えられていた。

彼は発明家でもあった。1966年にはグラーヴの上質白ワインを大まかに模倣したワインに、フュメ・ブランという名称を付けて販売し、成功をおさめた。1971年には、有名なカベルネ・ソーヴィニヨン・リザーヴの最初のヴィンテージを造った。彼はまた各品種に合った醸造法の開発にも熱心に取り組み、たとえば、ピノ・ノワールをカベルネやプティ・シラーと同じように扱ってしまっては、その品種の個性とフィネスを台無しにしてしまうことを実証した。葡萄の供給源を多様化するため、彼はカルネロスとスタッグス・リープにも葡萄畑を買った。ロバートはがむしゃらに会社の拡大を図り、ロディにもウッドブリッジ・ワイナリーを開いた。そのワイナリーは堂々とした経営で、安価だが丁寧に造られたワインを毎年700万ケースも市場に送り出した。ワインの質の高さを保証したのは地元の葡萄栽培家との良好な関係で、彼は上質な葡萄を卸してくれる栽培家には相応の報酬で報いた。

事業の拡大はとどまることがなかった。セントラル・コーストから新しいワインが生み出されたが、それらはモンダヴィならではの生き生きとした魅力からは程遠いものであった。またイタリア品種から造った一連のワインをラ・ファミリアのラベルの下に売りだしたが、それは短命であった。またサンタバーバラのバイロンやソノマ・ヴァレーのアローウッドなどのワイナリーも次々に買収した。トスカナの名門、フレスコバルディ家との合弁事業からは、ルーチェなどの大成功を収めたワインが生み出され、チリのエラスリスとの合弁事業ではチリを代表するワイン、セーニャを誕生させた。(モンダヴィが2004年にコンステーション・ブランズに買収された時、これらの合弁事業と葡萄畑の持ち分は売却された。)

しかしロバート・モンダヴィの名前を世界に広め、ワイン界に大きな衝撃を与えた事業といえば、やはり1979年の、バロン・フィリップ・ロートシルトとの合弁事業であるオーパス・ワンの創設であろう。それはラベルに描かれ

上：モンダヴィの樽貯蔵庫では、別の聖フランシス像が、おびただしい量の熟成中のワインを優しく見守っている。

た横顔が示しているように、大西洋の両岸の、ワイン界の両巨頭が対等な立場で造り上げた同盟であった。1990年代には、ロバート・モンダヴィはすでにナパの長老的立場にあり、誰からも、好かれてないにしろ、尊敬される人物となっていた。新禁酒法主義者の軽蔑的態度にもめげず、彼は、時には同様に精力的な妻のマーグリット・ビーヴァーを同伴して、本書の読者なら誰もが賛成するであろうメッセージを広めるキャンペーンを続けた。すなわち、上質ワインの、十分な説明が与えられたうえでの適度な消費は、人生の質を損なうどころか、高めさえすると。彼は80歳になっても世界中をまたにかけてさまざまなイベントに出席し、この言葉を精力的に広めて回った。彼はまた、ナパ市の中心地に建設された、ワインと美食と芸術のための複合施設であるCOPIAの設立と運営のための資金援助を惜しまなかった。それは2008年にいったん閉館されたが、2010年または11年に再開される予定だ。

　こうした見かけ上の成功とは裏腹に、ますます複雑になっていく事業と組織には難問が山積し、それに呼応するように家族内の確執が続いた。確かにロバート・モンダヴィは、いっしょに事業をやっていくのに楽な相手ではなく、ましてそれが自分の強圧的な父親ならなおさらである。ワ

イナリーは1993年に公開会社になってはいたが、実権はすべてモンダヴィ家が握っていた。2004年、会社は大規模な再建策を実行に移した。モンダヴィ家の資産は増えたが、会社を支配する力は喪失した。モンダヴィ家以外の株主は、ワイン業界からではなく、金融界からやってきていた。彼らはこの業界では長期的な視野が必要なことを理解せず、まもなく役員会は、中核的なワイナリーと葡萄畑を売却することを決定し、大規模生産のウッドブリッジ・ワイナリーを主体にやっていくことに決めた。マイケル・モンダヴィは会社を辞め、1年後にはティムも続いた。2004年11月、会社は巨大なコンステレーション・ブランズのものとなった。こうしてモンダヴィ家は、彼らの名前を冠した会社と最終的に縁が切れてしまった。ロバート・モンダヴィは2008年5月に94歳でこの世を去った。

　外見的には何も変わってないように見える。モンダヴィのワインメーカーは私に、勝利の方程式を変えるつもりはないと言明した。1990年代から主席ワインメーカーの職にあるジュヌヴィエーヴ・ジャンセンズは、そのままの職にとどまり、何十年もこの会社と共に歩んできた他の多くのワインメーカーも残留した。ロバート・モンダヴィによって始められた、ワインの奥深さと有益さを大衆に知らせるための

啓蒙活動は引き続き行われており、ワイナリーは何万人という観光客を受け入れ、施設を見学させ、レストランでもてなし、ワインについての文化的な祭りを開催している。

　会社の名前は世界中に知れ渡っているが、それが成し遂げた成果についてはまだ十分には知られていないと私は思う。ロバート・モンダヴィと息子のワインメーカーのティムは、ワインは食事と一緒にたしなまれるべきものだと強く信じていた。ヨーロッパの読者にとってはこれは自明の事だが、北アメリカでは事情が少し違う。アルコール度数の高いテーブルワインがよく売れている背景には、そのようなワインが食前酒として飲まれているという事情があるようだ。夕暮れ時にマティーニやマンハッタンをたしなむことに慣れている人にとっては、アルコール度数15度のカベルネ・ソーヴィニヨンは少し物足りないのだろう。しかしイタリアの伝統に忠実なモンダヴィ家にとっては、上質なワインの最高の出番は、昼食か夕食の食卓であるということに疑問の余地はなかった。だから、特にティム・モンダヴィは、適度なアルコール度数の、食事によく合うワインを造ることに徹したのであった。

　しかしそのことで彼は、アメリカのワイン出版界からあまり芳しくない評価を受けたり、批判を浴びたりした。『ワイン・スペクテーター』誌の2001年7月号で、ジェームズ・ローブは次のように書いた。「カリフォルニアの最も優秀なワインメーカーたちが、より熟した、より豊かな、より印象深いワインを造ろうと努力しているときに、モンダヴィは逆の方向を向いているようだ。（中略）ティムは補正をかけ過ぎたようだ。彼のワインは、神経質になりすぎ、その骨格の正確性は、酒躯（ボディ）と質感の喪失を引き換えに手に入れたもののようだ。」こうした批判が、会社の評判に影を落とした。いくつかのワイン——特にフュメ・ブラン——が、栄養不良で、魅力に乏しいワインであったことは否めないが、彼らのワインの大半、特に1980年代から90年代にかけて造られたカベルネ・ソーヴィニヨンが、美しいバランスを持ち、優美に洗練されていたことは間違いない。その多くが、今飲んでも美味しい。ロバート・モンダヴィが1966年に初めて造ったカベルネ・ソーヴィニヨンは、2009年でも驚くほど新鮮だった。

　モンダヴィが市場に送り出しているワインの量の多さを考えると、その質の高さには目を見張るものがある。小さくとも、良い立地にある葡萄畑から、少量の優れたワインを生み出すことはそれほど難しいことではない。しかし毎年毎年4万ケースもの非常に質の高いワインを造り続けることはまさに偉業であり、企業所有になった今日でさえ、モンダヴィの功績と一貫性は高く称賛されるべきだと、私は思う。

上：20年近くも主席ワインメーカーを務めてきたジュヌヴィエーヴ・ジャンセンズは、モンダヴィの酒質の高さと一貫性を守ってきた1人である。

## 極上ワイン

　シャルドネとシャルドネ・リザーヴは、例外的に優れているというよりは、まずまずの出来という程度。また、フュメ・ブランとフュメ・ブラン・リザーヴの形式で出したソーヴィニヨン・ブランの方が、それらよりも個性的であるというのも素直にうなづけない。主力商品であるナパ・ヴァレー・カベルネは、生産される量の多さを考えると、顕著に高い酒質を維持しているということができる。このワイナリーがナパ全域にわたって所有している葡萄畑の広さ、多様性が、このワインの秀逸さの1つの源泉であることは間違いない。主にト・カロ

ンの葡萄から造られるオークヴィル・カベルネもあるが、スタッグス・リープ・カベルネは常時造られるというわけではないようだ。もちろんこのワイナリーの最上のカベルネは、リザーヴである。それは極めて高い水準を一貫して保っているワインで、新オーク樽で熟成されているにもかかわらず、それが表面に出ることはまずない。そのワインは1980年代にくらべると若干アルコール度数が高くなっているが、バランスは相変わらず良く、優美である。その他ヴィンテージによっては、フュメ・ブランと、ト・カロンの古樹から造られるカベルネの、両方の単一葡萄畑ワインが出される時もある。最近テイスティングしたカベルネ・リザーヴの中で印象深かったのは、1987、1990、1991、1993、1996、1997、1998、1999、2001、2004、2005、そして2006である。言うまでもなく、他のワインも同様に上質である。

単一品種ワインでは、20年前はモンダヴィが傑出したピノ・ノワールを出す先駆者であったにもかかわらず、ピノ・ノワールだけが時々落胆させるが、その他の品種は良い。最近出されたピノ・リザーヴには、アルコール度数が極端に高いものがあった。また、普通のカルネロス・ピノ・ノワールは好ましい印象を受ける。

Robert Mondavi
ロバート・モンダヴィ

栽培面積：ナパとカルネロスに525ha。
平均生産量：360万本（ナパだけで）
7802 St. Helena Highway, Oakville, CA 94562
Tel: (707) 963-7777
www.robertmondaviwinery.com

NAPA VALLEY

# Diamond Creek Vineyards
ダイアモンド・クリーク・ヴィンヤーズ

ダイアモンド・マウンテンにあるこの美しい葡萄園の創設者、故アル・ブラウンスタインは、訪問客をゴルフカートに乗せて案内するのを楽しみにしていた。パーキンソン病を患っていることは誰の目にも明らかだったが、彼は猛スピードで園内を駆け回り、ブレーキ操作を誤ったふりをして客をハラハラさせ、一人豪快に笑っていた。しかしそのちょっとしたドライブは、それだけの価値のあるものだった。なぜならこの葡萄園は、ナパでも並ぶもののないほどの美しさを誇っているからである。向きも形状も違うさまざまな斜面の上に、葡萄樹が整然と並び、自然の植生をそのまま保存している場所や、反対に、バラ園や、人工池、橋など人の手による造作もあり、それらが渾然一体となって美しい景観を作りだしている。なかでも特に目を惹くのが、ブラウンスタインが入念に計画して作らせた一連の滝である。ゴルフカートから身を乗り出して彼がスイッチを入れると、樹木の間の岩陰から水が溢れ出て、豪華な滝の競演が始まる。夜には照明が当てられ、滝の周りに咲くユリの花が金色に輝く。

当時カリフォルニアには、"テロワール"や微気象について考える人は誰もいなかった。しかしブラウンスタインは確かにそれについて考えていた。彼は3つのキュヴェを造ったが、それらは3つの異なった土壌からの葡萄を別々にワインにしたものだった。

そんなことはワインの質とは無関係だと言われるかもしれないが、それらはブラウンスタインの、そして他の山岳地区の葡萄畑の、苦難と栄光の歴史を物語っているのである。彼らは巨岩や巨木に邪魔されながら、人を寄せつけない斜面を切り拓き、やがてそこを葡萄の楽園にすることに成功した。アル・ブラウンスタインは、自らブルドーザーを操作し、マヤカマス山地の斜面を、ケイパビリティー・ブラウンやハンフリー・レプトン（2人とも有名な英国の造園家）の造ったものに劣らない美しい景観に仕立て上げた数少ない自家栽培農家の1人であった。

ブラウンスタインは、1960年代にセバスティアーニの販売代理店をやっているときにワインの虜になり、ロサンゼルスでワイン・テイスティングの講座を修め、次いで、ソルボンヌ大学でもいくつかの講座を履修した。またリッジでは実際に摘み手にもなった。1960年代が終わる頃、彼は自分がナパ・ヴァレーでワインを造りたがっているということに気づいた。彼の心の中には、いくつかの決心があった。カベルネを栽培すること、そしてそれも丘の斜面の上で、等々。彼はルイス・マティーニ、ジョー・ハイツなどのナパで実績を上げているワインメーカーに相談した。彼らは、彼を落胆させるような答えを返した。しかしシュラムズバーグのジャック・デイヴィーズと、アンドレ・チェリチェフの答えは違っていた。2人は、ダイアモンド・マウンテンの斜面には、大きな可能性があると保証してくれた。こうして1967年、ブラウンスタインはこの土地を購入した。

彼はボルドーの格付け第1級のシャトーから苗木を買ったと公言していたが、当時そのような苗木を輸入することは法律で禁じられていた。しかし彼は自家用飛行機を所有しており、それを自ら操縦してティフアナ（メキシコのアメリカ合衆国との国境の町）を行ったり来たりした。その助手席には、いつも違ったガールフレンドが同乗していた。税関は彼を、遊興目的の不法出入国者とみなしたが、その飛行は、彼が以前私に言っていたように、「純然たるビジネス」だった。こうして手に入れた彼の苗木は、うまくナパ・ヴァレーに適応し、さらに幸運なことに、後に病害に強いことがわかった。

苗木を植える前に、まず整地しなければならなかったし、水を確保するために井戸も掘らなければならなかった。彼はすぐに、彼の土地には3つの異なった土壌があることに気づいた。当時カリフォルニアには、"テロワール"や微気象について考える人は誰もいなかった。ブラウンスタインは確かにそれについて考えていた。彼は出発点から、3つのキュヴェを造ったが、それらはその3つの異なった土壌からの葡萄を別々にワインにしたものだった。ヴォルカニック・ヒル（3.2ha）、レッド・ロック・テラス（2.8ha）、グラヴェリー・メドー（2ha）である。その後4番目のレイク（0.3ha）と呼ばれるキュヴェが加わったが、それは特に良い時だけ個別に瓶詰めされ、それ以外の時はグラヴェリー・メドーとブレンドされる。初代のワインメーカーはジェリー・ルー

右：夫であった故アル・ブラウンスタインが樹立した原理に則ってダイアモンド・クリークを経営するブーツ・ブラウンスタイン。

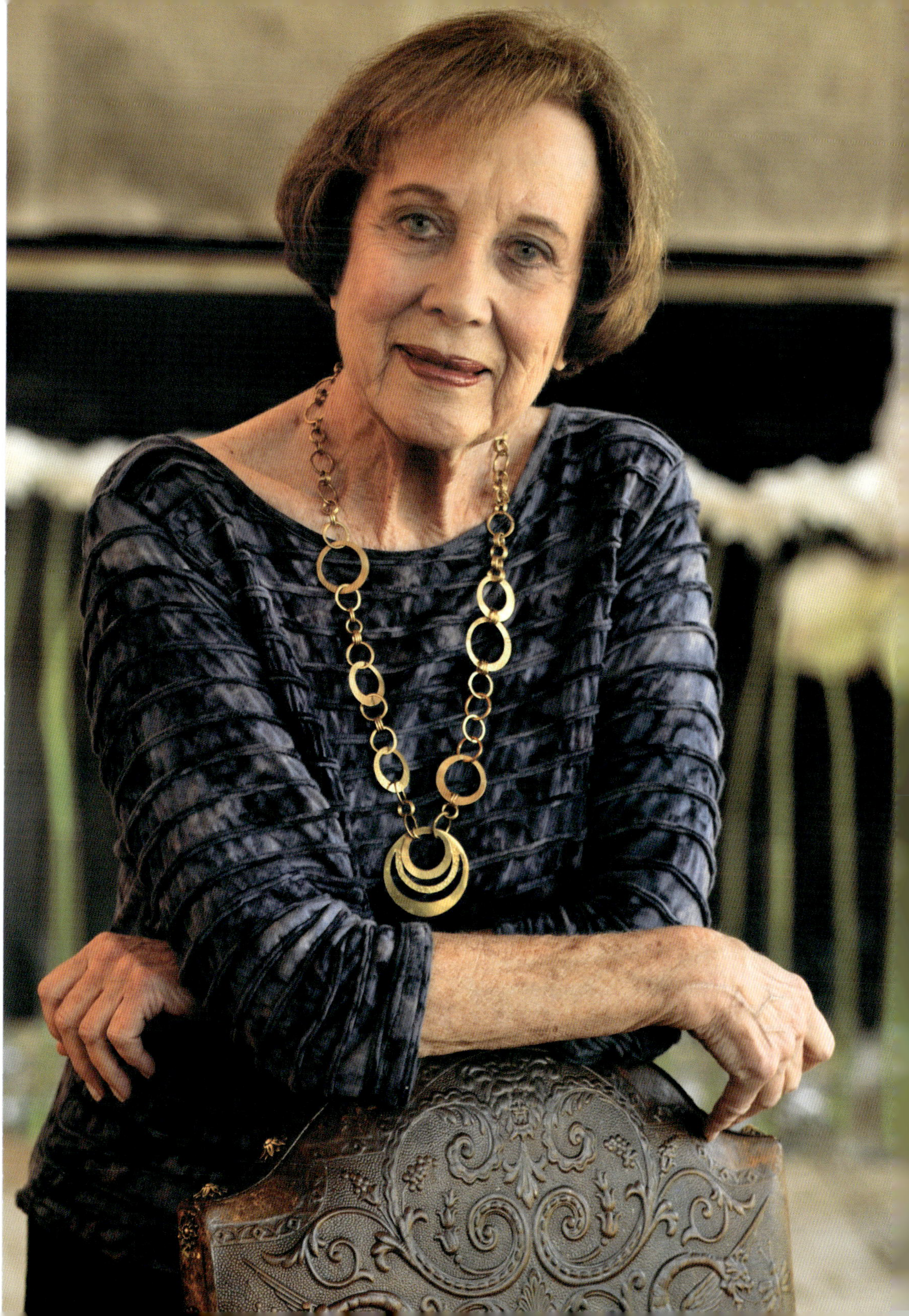

NAPA VALLEY

# Dominus Estate　ドミナス・エステート

クリスチャン・ムエックスといえば、リブルヌでの伝統あるネゴシアン業とポムロールやサン・テミリオンのいくつかのシャトーの所有者兼総支配人として、またその明敏で温和な人柄ゆえに、ワイン好きなら知らぬものはいないほどに有名な人物である。しかし多くのフランス・ワイン界の大立者と異なり、彼はカリフォルニア大学デーヴィス校で学位を修めた。だから彼がカリフォルニアで葡萄畑を所有することになったのは、ある意味自然なことであったと言えるかもしれない。しかしそれは、ナパでポムロールの複製品を造るためではなく、彼が以前言っていたように、ワインづくりに関してそれまで彼が持っていたフランス的固定観念を一から再考するための個人的挑戦のためであった。

　幸運にも彼は、ヨーントヴィルの由緒ある葡萄畑を手に入れることができた。そのナパヌック・ヴィンヤーズは、1836年に創設され、その後イングルヌックのジョン・ダニエルのものとなり、彼の娘たちによって承継されていた。かつてその畑は、ラザフォードの葡萄畑と並んで、偉大なイングルヌック・カベルネの源泉となったこともあった。ムエックスは姉妹と会い、1982年に協力関係を結んだ。その後1995年に、単独所有者となった。（姉妹のうちの1人、ロビン・レイルは現在、彼女自身のラベルで秀逸なワインを造っている。）ナパヌック・ヴィンヤーズは1980年代のフィロキセラ禍を無事生き残ることができたが、それはセント・ジョージ台木を使用していたからであった。それにもかかわらずムエックスは、葡萄畑の大半をフランス産とカリフォルニア産の両方の苗木を使って、以前とは比べものにならないほどの植栽密度で植え替えた。

　最初のヴィンテージが造られたのは、1983年であった。それはナパとボルドーの緊密な協力体制の下で造られ、ムエックスの伝説的な醸造家であるジャン・クロード・ベルエが最初から大きく関与した。カリフォルニア在住のワインメーカーとしては、1996年から98年までをデイヴィッド・ラミーが、そしてその後2007年までボリス・チャンピーが引き継ぎ、現在は、チリのアルマヴィーヴァを数年間経営してきたテッド・モステロが、技術監督として就任している。

右：ヘルツォークとド・ムーロンの設計によるドミナスのワイナリーは、大胆で独創的であるだけでなく、実用的で、周囲の自然と完全に融合している。

ナパ・カベルネの古典的名品と比較すると、ドミナスは依然として旧世界のワインらしい厳しさ、特に堅牢なタンニンを保持していると言えるかもしれない。
しかしここ10年で、そのワインはより芳醇になり、口あたりはより滑らかになった。

上：2007年から技術監督を務めるテッド・モステロは、ワインの芳醇さを高め、より洗練されたものにする方向性を継承している。

　クリスチャン・ムエックスは名画蒐集家として有名であるが、ここドミナス・エステートでは、スイスの建築家ジャック・ヘルツォークとピエール・ド・ムーロンの設計による稀有なワイナリーの建設に最初から大きく関わった。鉄とプレキシグラス（強化アクリル樹脂で航空機の風防などに使われる）で造られた建物本体は、金網の中に粗い玄武岩を詰め込んだ壁に覆われている。その岩の壁は多くの機能を果たしている。自然光が建物の中に入り込むのを遮るが、空気は循環させ、岩が熱を吸収することから、空調設備の使用を抑えることを可能にする。この巨大な黒い覆いは、目立たず、背後にある丘と自然に調和し、ワイナリーの存在に気づかずに通り過ぎていくドライバーも多くいる。ムエックスはこの自然と一体化した建築に心底満足している。ナパが全体として反対方向に進んでいるだけに、その思いはなおさらである。

　その葡萄畑は、ナパの偉大な葡萄畑の多くがそうであるように、沖積層扇状地の上のなだらかな斜面にあり、地下には水脈があるため、灌漑設備を必要としない。樹冠は葡萄樹全体を覆う傘になるように管理されているが、それはこの地の大きな問題である秋の暑熱による葡萄樹の脱水症状を防ぐためである。葡萄畑は有機栽培とは認定されていないが、2007年からは積極的にバイオダイナミックの手法を取り入れている。多くの木を植え、小川を整備して花をつける植物を繁茂させ、天然の害虫捕食昆虫が生息できるようにしている。また、自然のままでは旺盛になりすぎる樹勢を抑制するため、列間に被覆植物を植えている。

NAPA VALLEY

カベルネの古典的名品と比較すると、ドミナスは依然として旧世界のワインらしい厳しさ、特に堅牢なタンニンを保持していると言えるかもしれない。しかしここ10年で、そのワインはより芳醇になり、口あたりはより滑らかになった。ムエックス・スタイルを踏襲したそのワインは、わりと穏やかな温度で発酵させ、3分の1のワインだけをオークの新樽で熟成させ、アルコール度数は14度前後に抑えられている。

### 極上ワイン

*(2006年以降にテイスティング)*
**2006** 不透明な赤色。豪華なブラックカラントとブラックベリーのアロマの競演。悠々とした土味が感じられる。濃厚で重厚、よく熟して肉厚、今はまだ非常に緊密で殻に閉じこもっている感じがするが、魅惑的な果実味の甘さを持ち、味わいはとても長い。
**2005★** 非常に深い赤色。ブラックカラントの果汁の香り、かなりのフィネスを感じる。肉付きが良く、フルボディで、黒果実のフレーバーがある。タンニンのきめは細かく、エレガントさの極致で、長い。
**2004** 深い赤色。甘く豊かで燻製のような香り。よく熟しており、オークも感じられる。力強く、やや厳しめだが、豊かで肉厚、重厚さもある。しかしドミナスにしてはやや量塊的で、少しフィネスに欠けるよう。いまはまだ堂々としたワインにとどまっている。
**2002** 非常に深い赤色。2006と同様にアロマが豪華に広がるが、驚くほどの凝縮感もある。口に含むと思った以上に優美で飲みやすく、スパイスも感じられ生き生きとしている。しかしこのワインは驚くほどまだ全然衰えていず、今後長い間もっともっと良くなるだろう。優美な味わいが長く続く。
**2001** 非常に深い赤色。芳醇な黒果実の香り。口に含むと果実味が素晴らしく、とても良く凝縮されているが、タンニンの厳しさはない。滑らかな口あたりだが、しっかりした味わいが感じられる。長く熟成するように造られている。偉大なドミナス。
**1994** とても深い赤色。甘くスパイシーな香り。甘草や丁字も感じられる。よく熟れているが、焼けた感じはない。滑らかで良く凝縮され、調和が取れており、バランスも良い。官能的だが、きめの細かいタンニンに裏打ちされ、毅然としている。
**1991** 非常に深い赤色。とても豊かな香り。ブラックベリーや甘草が感じられる。口に含むと、よく熟しており、ミントも感じられ、酸もまだ健在。直観的で長い味わい。今が飲み頃。

### Dominus
ドミナス

栽培面積：48.5ha　平均生産量：14万5000本
2570 Napanook Road, Yountville, CA 94599
Tel: (707) 944-8954　www.dominusestate.com

ムエックスは、最初の数年間のヴィンテージが良くなかったことを認めている。収量は多く、圧搾ワインを多く取り入れ過ぎ、ブレンド中のメルローの比率を高くしすぎた。さらに果粒はブリックス糖度計の23度で収穫したが、それはボルドーでは適正な成熟度だったかもしれないが、ナパ・ヴァレーではやや低く、ヴィンテージによっては、ハーブのような風味となり、タンニンも堅固すぎる場合があった。初期のヴィンテージのいくつかは批判されたが、ある程度うなづけるところもあった。というのも、それらのワインは、収斂性があり、カリフォルニアのワインを無理やりボルドーの型にはめ込もうとしたところがあったからである。

1980年代末にムエックスは微調整を完成させ、ワインの質とスタイルに満足することができた。1996年にラミーとムエックスはセカンドワインとしてナパヌックを導入したが、そのことによってドミナスの酒質はさらに高まった。ナパ・

NAPA VALLEY

# Harlan Estate　ハーラン・エステート

　ビル・ハーランは実業家として社会人生活を始めたが、それは今も続いている。しかし彼はただの実業家ではなく、若い時から、ナパでボルドーの格付け第1級ワインに匹敵するワインを造るという断固とした決意を胸に秘めていた。彼は、ある時はポーカーの達人、ある時はローン会社の社長、そしてある時は不動産業の大立者と、波乱に富んだ人生を歩んできたが、1979年、まず手始めとして、ナパのシルヴァラード・トレイル（ナパを通る有名な道路）の上手のメドウッド・カントリー・クラブを購入し、それを現在の豪華なリゾート施設に変えた。バークレー校の学生であった若い時、彼はよくナパを訪れ、いつか自分もここに葡萄畑を持ちたいという夢を持った。1966年、ロバート・モンダヴィが何十年ぶりかでナパに新しいワイナリーを開いた時、ハーランは、夢はかなうものだと感激した。

*ビル・ハーランはただの実業家ではなく、若い時から、ナパでボルドーの格付け第1級ワインに匹敵するワインを造るという断固とした決意を胸に秘めていた。*

　資金さえあれば！　彼には実業家としての才能があり、すぐに大きな財産を築くことができた。1980年にロバート・モンダヴィとともにフランスへ渡り、ボルドーやボーヌのワイン業界を視察した時、彼のワインへの興味はさらに大きく膨らんでいった。1983年、彼はメリヴェイル・ヴィンヤーズを設立したが、そこへ、現在もハーラン・エステートのワインメーカーを務めているボブ・レヴィーが加わった。そして1985年、彼はついに夢を実現することができると確信できる土地を発見した。

　その土地はオークヴィルのすぐ西の丘の上、ファー・ニエンテの上の馬蹄型の土地で、オークヴィルかラザフォードに近いこと、丘の中腹にあること、これがハーランが頭に描いていた理想的な葡萄畑の基準であったが、その土地はまさにぴったりだった。しかしやらなければならないことが多くあった。森を切り拓き、道路を建設し、葡萄樹が植えられるように整地しなければならなかった。その費用は膨大なものだった。そのうえ、最初に植樹した分は、フィロキセラの餌食となった。しかしビル・ハーランは挫けるような男ではなかった。その標高の高さ──100～160m──は理想的であり、斜面がいろいろな方向を向いているのも気に入っていた。彼は葡萄畑の美観にも気を使い、森の一部をそのまま残し、電線や電話線は土中に埋設した。栽培方法は基本的に有機農法だが、ハーラン・エステートはバイオディーゼル・オイル（使用済み食用油を原料にしたディーゼル・オイル）をナパで最初に使い始めたワイナリーの1つでもあった。

　葡萄畑の整備を最優先としていたため、それが達成された2002年に、ハーランはワイナリーを建設した。それは普通のワイナリーとは少し違い、ベランダで囲まれた丸太小屋といった感じで、木立の中に隠れて目立たないように建てられている。

　収穫は4週間もの長い時間をかけて行い、ワインメーカーのボブ・レヴィーは60もの異なったキュヴェを処理しなければならない。選果は偏執狂的なほどに入念におこなわれ、ハーランとレヴィーを満足させることが出来なかったキュヴェは、セカンドワインのメイデン行きとなる。1989年からミシェル・ローランをコンサルタントとして招いているが、それは彼のブレンド技術を見込んでのことであると同時に、彼の国際的影響力を考えてのことであった。レヴィーは1987年からハーラン・エステートでワインを造っているが、最初の3ヴィンテージには満足できなかった。そのため、その3ヴィンテージはすべてリリースされていない──ここにもハーラン・エステートの完全主義が現れている。最初に売り出されたヴィンテージは1991であるが、それも実際に市場に出されたのは1996年で、なんと、エステートが設立されて11年後のことである。

　レヴィーは土着の酵母を使って発酵させ、櫂入れとポンプ・オーヴァー（ポンプによる果液循環）を優しく行いながら、長い時間浸漬させることを好む。2001年からは、ステンレス・タンクを補助する形で木製槽を数基使用している（5年ごとに新しいものと取り換える）。ワインは新オーク樽で24ヵ月以上熟成させるが、ブレンドは1年後に行う。圧搾ワインはまったく使用せず、すべて他のワイナリーに売却されるが、ハーランの名前を出さないことが売却条件となっている。

右：ありふれたナパの住人の格好をしているが、ビル・ハーランは、ボルドー格付け1級に匹敵するワインを造るという夢を実現させた稀有な存在である。

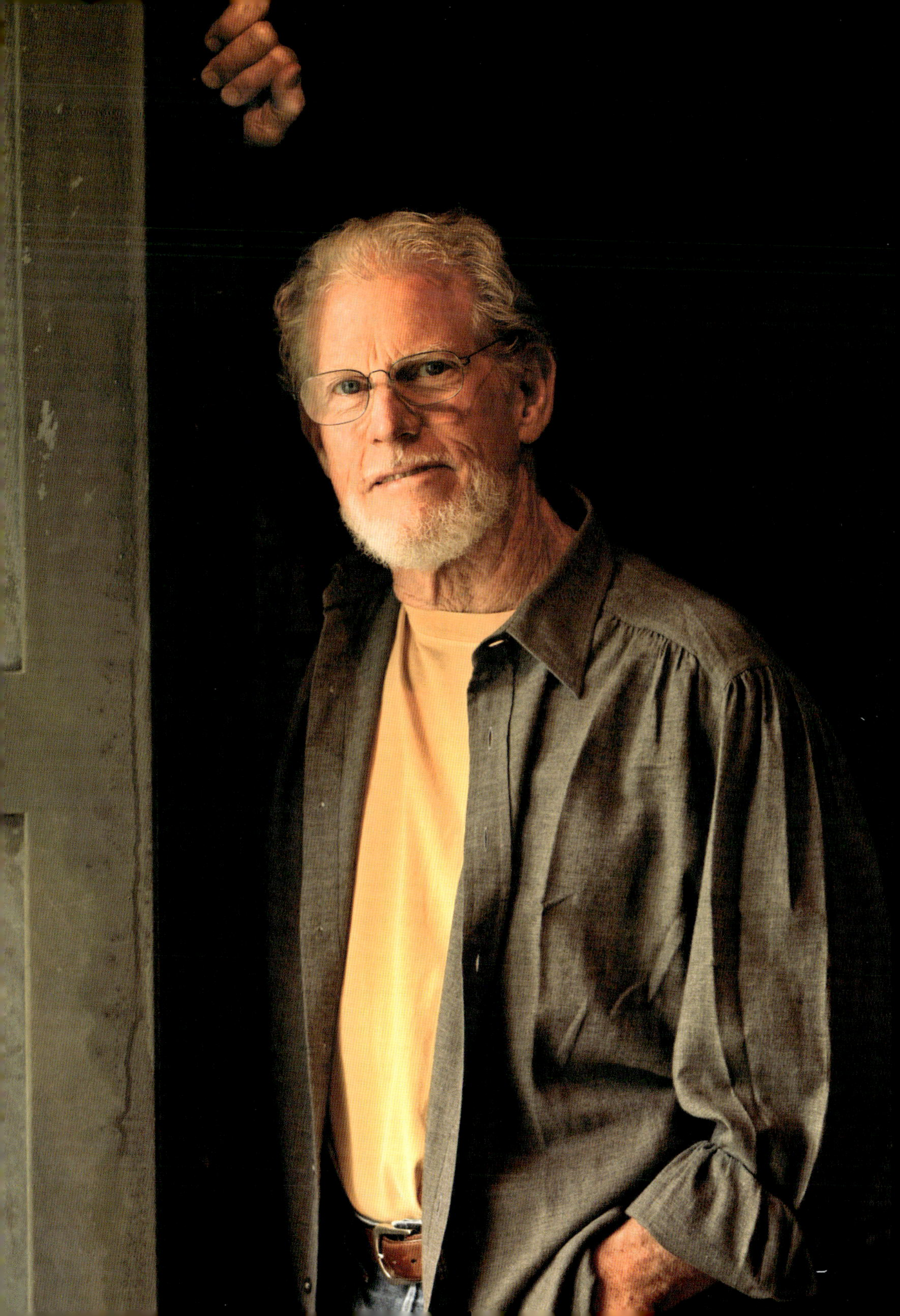

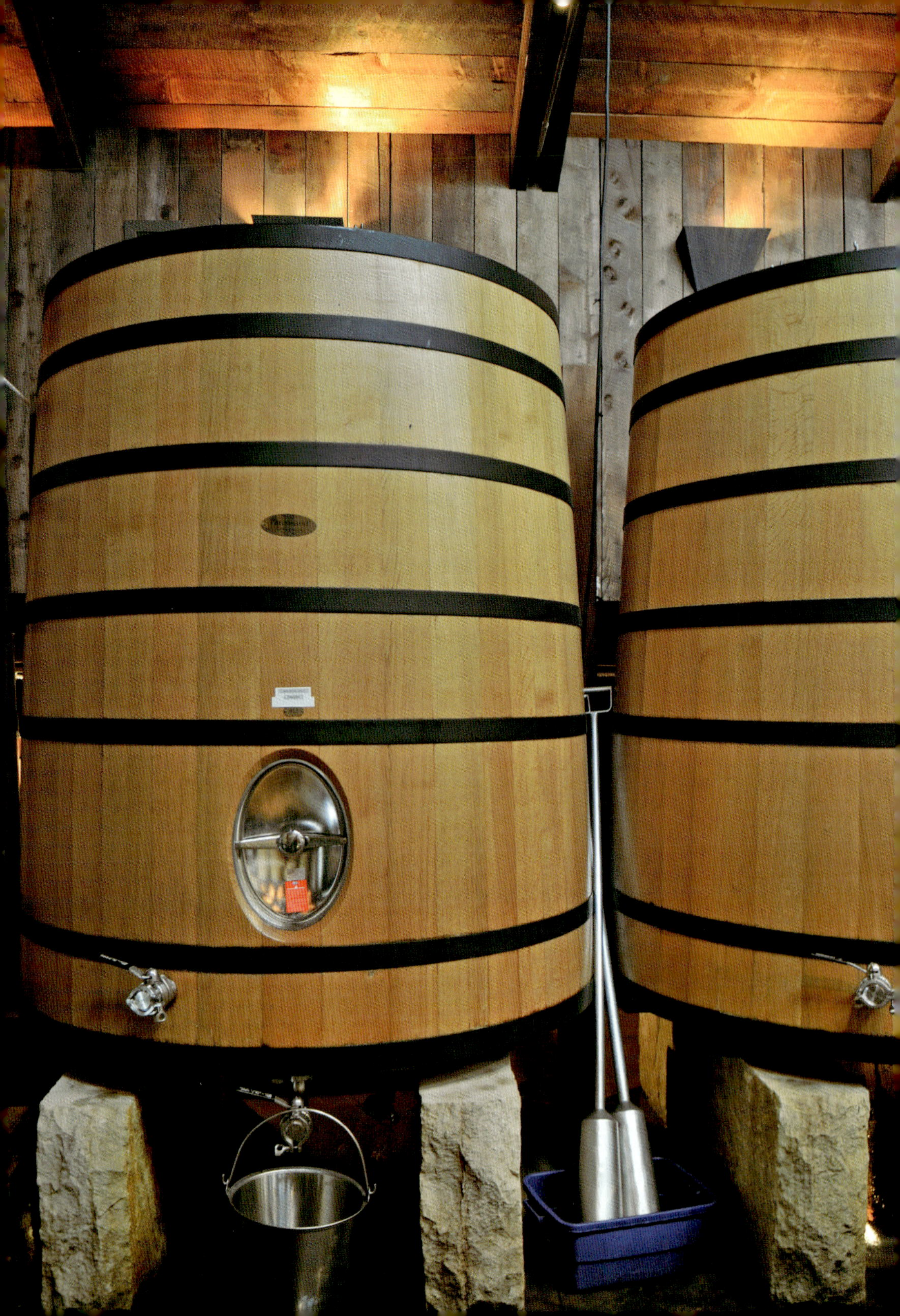

ワインの大半は顧客名簿を通じて販売され、たいていは数日間で売り切れるが、その間もオークション市場では、その価格の2～3倍、時には驚くほど高い値で取引される。そのワインには忠実な信奉者が多くいるが、アメリカのワイン出版界にいる多くの人が、その中に含まれている。またロンドンで開催されたインスティテュート・オブ・マスターズ・オブ・ワイン主催のナパ・カベルネ・テイスティングでは、ハーランの1994年は最も注目を集めたワインの1つであった。

しかしハーラン・エステートを批判する者もいる。南アフリカの革命的醸造家であるアンドレ・ヴァン・レンスバーグは、そのワインのための果実は過熟のレベルに達した段階で摘み取られており、葡萄自体のタンニンの欠乏を新オーク樽で補わなければならなくなっていると指摘する。またアメリカの批評家マット・クレイマーは、そのワインの滑らかな口あたりを評価するが、オークが過度に前面に出すぎていると批判する。私自身の限られた経験から言うと、そのワインはきめ細かく、実に良く造られており、その長熟能力に疑問を持つ人は間違っていると思う。

ハーランとレヴィーは、ボンドというラベル名で出す一連のワインも平行しながら造っているが、その名前が示すように、そのラベルは、葡萄栽培家とワイナリーの間の"絆"を象徴している。それらのワインは基本的にはネゴシアン・ラベルで、ここではレヴィーは、エステート・グロウンではない葡萄を使っている。メリヴェイル時代に彼とハーランは、自らワインを造りブランドを創設する意志はないが、傑出した葡萄を育てている葡萄栽培家から葡萄を購入していた。彼ら葡萄栽培家は、ハーラン・チームが葡萄栽培に精通していることを歓迎し、彼らが造るワインの商業的成功の一部を還元してもらえる契約を喜んで受け入れた。各ボンド・ワインは葡萄畑の名前で売り出されるため、葡萄畑の所有者の名前は秘密のままとなっている。その5つの葡萄畑は、どれも3.5ha以下と小さく、それぞれの葡萄は独自の個性をもっており、どれも同一価格（高価）で売り出される。ワインづくりの方法は、基本的にハーラン・エステートと同様だが、レヴィーはここではいくつかの実験的試みを行っている。たとえば、その1つでは樽による発酵を試している。生産量は1葡萄畑当たり800ケース以下で、その選別に漏れたワインは5つの葡萄畑分すべて集められ、ブレン

ドされて、セカンドワインのメイトリアークとなる。ボンドは5種類とも故意に似せたラベルを用いているにもかかわらず、いずれも大きな成功をおさめ、高い価格を呼んでいるが、それでもハーランそれ自体の価格には遠く及ばない。

## 極上ワイン

*(2006年以降にテイスティング)*

**2005** チョコレート、プラム、フルーツケーキの落ち着いた香り。非常に凝縮されているとまではいかないが、フレーバーは濃密で、酸は上品。タンニンのきめは細かく、驚くほどエレガントで長い味わい。

**2004** 濃厚な初香。うっとりする香りで、タールの微香もある。口に含むと、初香よりも新鮮で生き生きとし、非常に熟れているが、軽いタッチも感じられる。かすかにハーブの風味もあるが、完全に熟している。

**2003** 贅沢な黒果実の香り。ミントの爽快感もある。フルーツケーキのようだ。非常に豊かで、良く凝縮されている。かすかに革の風味があるが、酸は上質で、味わいは極めて長い。

**2002★** 不透明な赤色。熟れているが、トースト香が強い。大きなワインを感じさせるが、スパイシーさと活力も感じられる。力強さとタンニンが上質の酸によってうまくバランスが取れている。味わいは非常に長い。

**2001** 筋骨たくましい、力強さのある黒果実の香り。しかし純粋さも感じられ、わざとらしさのかけらもない。豪華でオーク香が強いが、タンニンはしなやかで、上質な酸が、長く壮大な後味を生み出している。力強いがバランスの取れたワインである。

**2000** 香りの芳醇さで1999よりも劣るが、とてもエレガント。口あたりは、滑らかな継ぎ目のないシルクのようである。限りない深さを持ったワインとまではいかないが、調和が取れ、味わいは長く、押しつけがましいところはみじんもない。

**1999** チェリー、ブラックカラント、甘い新オークの香りが一面に広がり、官能的。肉付きが良く、超熟だが、ジャムのような感触はまったくなく、上質の酸が新鮮さを維持させている。精妙で非常に長い味わい。

**1998** (100%カベルネ) 芳醇な香り、オークも感じられる。しかし微かにハーブ香も感じられる。口に含むと、やはりオークが感じられ、かすかに攻撃的で、肉厚感とボディーは少し欠けている。非常に良く凝縮されているが、それほど精妙さは感じられない。しかし後味は長く、初香よりも甘く感じられる。このヴィンテージにしては良い出来である。

### Harlan Estate
### ハーラン・エステート

栽培面積：16ha　平均生産量：3万本
PO Box 352, Oakville, CA 94562
Tel: (707) 944-1449　www.harlanestate.com
www.bondestates.com

左：自然素材が醸し出す職人的雰囲気からは、このワイナリーの背後にある巨額な投資、熱情、完全主義をうかがい知ることはできない。

NAPA VALLEY

# Chateau Montelena Winery
## シャトー・モンテリーナ・ワイナリー

ナパの歴史に輝かしい1ページを刻んだシャトー・モンテリーナ・ワイナリーは、カリストガの北の丘の懐に抱かれている。この葡萄園を最初に拓いたのは、アルフレッド・トゥブスというロープ商で、1882年に100haの土地を購入し、そこに葡萄樹を植え、次いで豪勢なシャトーを建てた。セラーの大半は地下に造られたが、それは当時としてはめずらしいことだった。初代のワインメーカーはジェローム・バルドーというフランス人で、業績は順調に伸び、1896年にはナパ・ヴァレーで7番目の生産量を誇るワイナリーとなった。1897年にトゥブスが死ぬと、息子のウィリアムが後を継いだが、彼は破壊的なフィロキセラ禍や禁酒法と戦わなければならなかった。禁酒法時代、ワインづくりは中断されたが、ウィリアムの息子のチャピン・タッブズが1933年に再開した。しかし1958年、一家は葡萄畑とシャトーを売りに出した。

新しいオーナーとしてフランク家がやってきたが、彼らはこの土地を、引退生活を楽しむためのもの以上には見ていなかった。彼らは景色を楽しみ、湖にボートを出して、ここでの生活を楽しんだ。その湖は、いまでも野生動物のための聖域となっている。モンテリーナは1968年にふたたび所有者を変え、リー・パシッチがオーナーとなった。彼の目的は、葡萄畑を植え替え、ワイナリーを再建することで、そのために数人の共同経営者を引き連れていた。その中には弁護士のジェイムズ・バレットもいた。

モンテリーナの最初のヴィンテージは1972であったが、それは他の葡萄栽培家から購入した葡萄をもとに造られたものだった。40haあった既存の葡萄畑には、アリカンテやカリニャンなどの品種が植えられていたが、新しいオーナー達はそれらの品種には興味がなく、その多くがカベルネ・ソーヴィニヨンに植え替えられた。しかしその葡萄樹がワインに出来る葡萄の実を付けるまでには数年間を要した。1973年にバレットはクロアチア出身のワインメーカー、マイク・ガーギッチを雇った。彼はボーリュー・ヴィンヤーズでチェリチェフの下で働いたことがあり、またモンダヴィの下でも働いたことがあった。1976年のパリの審判で勝利した1973年シャルドネを造ったのが彼であった。その

右：1981年からモンテリーナの支配人をしているボー・バレット。先任者が作り上げた由緒あるナパ・エステートの伝統を今もしっかりと守っている。

86

そのワインは、オールド・ファッションとも呼べるような古典的な方法で造られ、pHはかなり低く、アルコール度数も14度を超えることはめったにない。
バレットは、葡萄畑の個性を反映したワインを造りたいと考えており、
ワインメーカーの人為的操作が前面に出るようなワインは造りたくないと考えている。

NAPA VALLEY

# Opus One　オーパス・ワン

　この有名なワインの最初のヴィンテージが造られてから30年経った今では、このプロジェクトを実現させるためにどれほどの苦労があったかを想像するのは難しい。オーパス・ワンはムートン・ロートシルトのバロン・フィリップ・ド・ロートシルトと、モンダヴィ・ワイナリーのロバート・モンダヴィの共同経営で始まったが、モンダヴィ・ワイナリーがコンステレーション・ブランズに買収された後は、その持ち分はこの巨大企業によって買い取られた。バロンがモンダヴィに話を持ちかけたのは、モンダヴィが自身のワイナリーを持ってまだ4年しか経っていない1970年のことだった。バロンがいかに先見の明があったかがよくわかる。この時点では、両人とも、まだそのような野心的な計画を実行に移す機は熟していないことを認識しており、1978年になってようやく契約が取り交わされた。それはボルドーの重鎮が、ナパ・ヴァレーでもメドックの格付け第1級と比肩しうる世界最高水準のワインを造り出すことができる、ということを公式に認めた歴史的な瞬間であった。それはまた、大西洋を挟んだ2人の異端児の、稀有な協力関係であった。

　この個性の強い2人の経営者とそのチームの間で、さまざまな役割を分け合うことは、容易なことではなかった。ロートシルト側は、植栽密度の高い葡萄畑を造るために葡萄畑管理者を派遣し、一方モンダヴィは、オーパス自体の畑が成熟するまでの間、葡萄の大半を供給することになった（らしい）。ワインを造ったのはモンダヴィ・チームだったが、ムートンの醸造家も定期的にやってきて、意見を述べた。ワイナリーの費用は、そして利益が上がれば利益も、長期にわたって分け合うことになっていた。

　1991年にようやくワイナリーが完成したが、ワイナリーと葡萄畑は最初から難問が山積していた。ワイナリーはロサンゼルスに本拠を置くスコット・ジョンソンの設計になるもので、小高い丘の上に建てられ、樽貯蔵庫は地下深くに置かれた。しかし土壌の温度が思ったよりも高く、問題が発生し、その問題を解決するために費用のかかる空調設備を導入しなければならなかった。そのワイナリーには18世紀のアンティークやミロの絵画などを飾った豪華なパブリック・スペースがあり、その一方で作業スペースは現代的で機能的である。ひときわ目を引くのが、巨大な円形樽貯蔵庫で、そこでは1000基の樽がすべて平積みで保管されて

上：小丘の上に立つ独特の偉容を誇るオーパス・ワン・ワイナリーの全景。巨大な円形樽貯蔵庫とワイナリーは地下深くに隠されている。

いる。オーパスは何もかもが強い印象を与えるように設計されており、トイレのペーパータオルにも、あの有名なロゴマークが入っている。

　初期のヴィンテージは、モンダヴィのト・カロン葡萄畑からの葡萄を使ったもので、モンダヴィ自身のカベルネ・リザーヴも大部分その葡萄を使っていた。1984年にオーパスの葡萄が植えられたが、その大部分が1989年に植え替えられた。最初の取り決めでは、ティム・モンダヴィとムートンのルシアン・ショニュー（1985年からはパトリック・レ

オーパス・ワンは現在、羨ましがられるくらいやすやすと調和とバランスを達成しているように見える。最近のヴィンテージは一貫して秀逸で、ナパで最も高価なワインにふさわしい酒質を身に付けつつある。

オン）が、オーパス・ワンのためのすべてのキュヴェを共同でテイスティングし、ムートン側のワインメーカーがオーパス・ワンに適していると思われるすべてのキュヴェを選択することができ、もしモンダヴィ側がそれをモンダヴィ・リザーブに欲しいと言えば、両方で分け合う、ということになっていた。実際にはそのような事態はめったに起きなかった。もちろん今では、オーパスは独自の葡萄畑を持っている。大半がワイナリーの周囲にあるが、ハイウェイ29号線を跨いだマーサズ・ヴィンヤーズの隣に1区画、そしてコンステレーションからオーパスに譲渡されたト・カロンの20haもある。当初からオーパス・ワンの植栽密度は高

かったが、2009年に植え替えられた畑では、その密度はさらに高く、8200本/haとなっている。それは葡萄葉の表面積を広げ、葡萄樹1本当たりの房の数を減らし、普通の糖分蓄積量の下で完全な成熟を達成させるためである。

どれほど友好的な関係でも、共同事業には困難がつきものである。誰がワインを造っているのかがはっきりせず、お互いが作業を譲り合い、同時に責任を押し付け合う。そんな中、2001年にマイケル・シラッチがワインメーカーに就任した。彼はカリフォルニア大学デーヴィス校とボルドー大学の両方の学位を修め、スタッグス・リープ・ワイン・セラーズで数年間ワインメーカーを務めた経験もあった。

上：ボルドー大学とUCデーヴィス校の両方の学位を修め、オーパス・ワンのワインづくりを指揮するのに理想的な資質を有するマイケル・シラッチ。

　彼はワイナリーの仕事だけでなく葡萄畑の仕事についても精通しており、彼をワインメーカに選んだのは素晴らしい選択であったことがすぐに明白になった。彼は排水を改善するために土壌分析地図を作成させ、無灌漑農法に切り替えた。また夜間摘も導入した。
　シラッチは、ムートン・グループの技術監督であるフィリップ・ダルアンと、長い間モンダヴィでワインメーカーを務めてきたリッチ・アーノルドの助言は聞くが、最終的な決断は自分で下す。彼は、ムートンの醸造家のエリック・トゥルビエがボルドー大学時代の同級生であったことにも助けられている。トゥルビエはシラッチの判断が信頼に足るものだということを知っているからである。しかし彼は難しい立場にあり、何か必要が生じたときに直談判する単一のオーナーがいないため、機転を利かせる必要がある。そしてモンダヴィの身売りは、ワインの販売戦略にも影を投げ

かけた。以前は、フィリップ・ド・ロートシルトやティム・モンダヴィといった大物が直接世界中を回り、垂直テイスティングなどの催しを開催することができた。今でも、ロートシルト男爵夫人は影響力があり、その意志もあるが、コンステレーション側は、役員の一人を彼女に同伴させたがっている。しかしそのことによって、プレゼンテーションのカリスマ性が弱まるのは否めない。

シラッチは、自らの役割は、葡萄畑とヴィンテージを忠実に映し出すワインを造ることだと考えている。彼はその1点に焦点を絞っている。オーバーチャーなるセカンドワイン的なものがあるもののオーパスには正式なセカンドがないので、建前では彼は、満足できないキュヴェをすべて他のワイナリーに売却して良いことになっている。しかしどのヴィンテージでも、排除できるワインの量には限りがある。彼のワインづくりは古典的だ。収穫の後、選果が行われ、除梗された果粒は自重式送り込み装置でタンクに入れられ、低温浸漬が行われる。発酵は土着の酵母と培養酵母の2種類を使い、出来たワインはすべて丁寧な手作業で取り扱われ、最終ワインに十分な豊かさと酒躯(ボディ)をもたらすために、熟成はすべてフランス産新オーク樽で行われる。

ワインのスタイルに関していえば、シラッチは、彼自身の個性をワインに刻印するのを極力避けている。オーパス・ワンの御手本は常にボルドーの格付け1級であるが、彼はそれらの偉大なワインの複製品を造ることはできない、あるいは造るべきではないと考えている。また彼は、アメリカのワイン愛好者の大半が好む、大柄のジャムのようなナパ・カベルネを造りたいとも思っていない。というのもオーパス・ワンの生産量の3分の1は世界中に輸出されるからである。彼の目標は、バランスのとれた、彼の言う、自然なワインづくりである。すなわち、酸を添加せず、果酸を水で希釈せず、脱アルコールも行わないワインである。

オーパス・ワンを批判する批評家もおり、当然ながら良いヴィンテージもあればそれほどでもないヴィンテージもある。また長い間には、たとえば1994のようにマルベックを加えるといったブレンドの変更や、オーク樽の使い方にも変更があった。初期のヴィンテージでは、今ほど長い時間浸漬を行わず、そのかわり今よりも長く樽熟成させていた。またラッキングの回数は以前に比べ少なくなり、2004年からは清澄化は行っていない。さらに重要なことは、自社の葡萄畑とそれ以外の葡萄の供給元に大きな変化があったことだ。しかしオーパス・ワンは、スタイルと酒質におけるある種の安定性を達成している。もちろん、シラッチと彼のチームは常に微調整を行っている。

概して酒質は、オーパスがまだ進むべき道を模索していた頃にくらべ随分高くなっている。以前のワインにはある種の厳しさと角ばったところがあったが、現在のワインにはそれは見られない。オーパス・ワンは現在、羨ましがられるくらいやすやすと調和とバランスを達成しているように見える。最近のヴィンテージは一貫して秀逸で、ナパで最も高価なワインにふさわしい酒質を身に付けつつある。

## 極上ワイン

*(2009年にテイスティング)*
**2007** （瓶詰めの少し前にテイスティング）重厚な黒果実の香り。茎のような香りもする。しかし口に含むとまったく違い、芳醇で、フルボディ、大らかで、みずみずしく、豊かなブラックベリーが感じられ、酸は気品があり、味わいは長く続く。
**2006** 豊かな、めまいのするような大胆な香り。黒果実の個性が強く感じられる。フルボディで頑健だが、いつものオーパスのフィネスに欠ける。しかしこれは長熟用のヴィンテージだ。非常に良く凝縮され、しっかりとした骨格を持っている。スパイシーで精妙。味わいは長い。
**2005** 華麗な香り。チェリーやブラックカラントが鮮明で、ミントの微香もある。ミディアムボディで、愛らしい酸のおかげで、口いっぱいに広がる果実のみずみずしさがある。ほっそりとしているがとても洗練されたワインで、凝縮されているが過度ではなく、現在はまだ後味にタンニンがしっかりと感じられる。
**2004★** 濃密だが洗練された黒果実の香り。オークが明瞭で、ユーカリの微香もある。シルクのような触感で、凝縮されているが、多くの2004ほど押しつけがましくなく、それでいてタンニンはしっかりしている。甘い果実の芯があり、酸は上質で、エレガントさと味わいの長さをもたらしている。傑出したワイン。
**2001** 新オークの香りがまだ健在だが、フィネスと純粋さもあり、ブラックベリーやブラックカラントなどの果実が感じられる。良く熟しているが、ミディアムボディで、タンニンのきめはとても細かい。かすかにジャムの感じがするが、タンニンの堅牢な骨格がそれを支えている。とても長い味わい。

**Opus One**
オーパス・ワン

栽培面積：69ha　平均生産量：32万本
7900 St. Helena Highway, Oakville, CA 94562
Tel: (707) 944-9442　www.opusonewinery.com

NAPA VALLEY

# Rubicon Estate　ルビコン・エステート

　ルビコンは、栄光あるラザフォードのイングルヌック・エステートの生まれ変わりである。そのエステートは長く複雑な歴史を歩んできた。フィンランド人船長と紹介されることの多いグスタフ・ニーバームは、実はそうした単純な肩書には収まらない人物である。彼は毛皮の取引を行う実業家で、1879年にナパ・ヴァレーにやってきたときは、巨額の資金を携えていた。彼はその一部でWC・ワトソンから400 haの土地を買い入れ、それをイングルヌック・エステートと命名した。ニーバームはその新しいエステートを非常に気に入り、ヨーロッパの最高のシャトーと肩を並べることができる存在にしようと決意した。彼は、大衆的な大口生産用の品種も植えたが、ソーヴィニヨン・ブランやリースリング、そしてボルドーの赤品種やピノ・ノワールなどの上質ワインのための葡萄も植え、その作付面積では、他の追随を許さないほどの広さを誇った。

　今も広大な敷地を支配しているワイナリーが完成したのは1886年のことで、ハムデン・マッキンタイアーの設計によるものである。当時ほとんどのワインは、サンフランシスコの酒商に卸され、そこで瓶詰めされていたが、イングルヌックは始めて生産者元詰でそのワインを売り出した。ニーバームは1908年に他界し、未亡人のスザンヌは、経営を姪の夫のジョン・ダニエルに委ねた。20世紀の最初の数10年、イングルヌックの名声に陰りが生じ、禁酒法がそれに追い打ちをかけた。禁酒法撤廃と同時にワイナリーは再開し、ジョン・ダニエルJrが父から経営を引き継ぐと、名声は一時復活した。1935年から1964年まで、彼とともに歩んだワインメーカーは、ドイツ出身のジョージ・ドイヤーであった。ドイヤーは造ることよりも飲むことの方が好きな人間であったが、彼の造るカベルネが偉大であることに異議を挟むものはなく、それらのいくつかはいまでも十分飲める。葡萄果実はラザフォードともう1つの自家所有の葡萄畑、ヨーントヴィルのナパヌック（現在のドミナス）からのものであった。

　ドイヤーは、非常に原始的なものではあったが、温度管理装置を手作りした。それはホースを発酵タンクのまわりに何重にも巻き、そこに冷水を流して冷やすというものである。ワインは通常、ドイツ産の大樽で熟成された。イングルヌックはシャルボノとピノ・ノワールも造ったが、何といっても名声を復活させたワインはカベルネ・ソーヴィニヨンである。その品質基準は非常に厳格であった。普通のワインは、最初はエステートというラベルで、その後はクラシック・クラーレットというラベルで売り出され、特に傑出したヴィンテージには、ブレンドしない単一樽ワインが造られ、ラベルにもそのように表示された。これらの基準に達しないワインは別のラベルで売り出された。それでも全生産量は5000ケースほどであった。

　1964年、ダニエルはワイナリーを売り出した。買ったのは、巨大なアライド・グレープ・グロワーズ協同組合の傘下にあるユナイテッド・ヴィントナーズであった。しかしその2年後、エステートは今度はヒューブライン社に1200万ドルで売られた。売却に当たってダニエル家には、品質を維持すること、特に最高級のカベルネはその酒質を落とさないことが約束されたが、彼らはヒューブライン社が、ワインの種類を増やし、知らぬ間にブランドを変質させる気でいることが見抜けなかった。ジョン・ダニエルはコンサルタントとして留まっていたが、1966年に引退した。ワインの醸造は、セント・ヘレナのより近代的な設備に移され、ニーバーム・ワイナリーは主に貯蔵を担うことになった。1970年代には、ヒューブライン社は年に400万ケースも売り出すようになり、その大半がセントラル・ヴァレーの葡萄を使ったものだった。こうしてナパの偉大な名前であったイングルヌックは、屑同然にされた。

　1979年、ヒューブライン社は方針転換を行い、ラザフォードの葡萄畑を植え替え、歴史あるワイナリーも修復し、ラザフォードの葡萄から造るリユニオンという名前のワインを売り出した。しかしその頃イングルヌックの名前は地に墜ち、1993年、ヒューブラインはとうとうそのエステートを手放すことに決めた。映画監督のフランシス・フォード・コッポラは、当時すでにイングルヌックの経営に参画していた。彼は1975年に、ニーバーム家の住居といくつかの葡萄畑を購入していた。1994年にはワイナリーも買い入れたが、彼はすでに1978年から、このワイナリーで、ニーバーム・コッポラという名前のワインを造り、販売を始めていた。彼は幸運にも、ダニエルの下で1952年から葡萄畑の管理を行ってきたラファエル・ロドリゲスの協力を得ることができた。ロドリゲスはヒューブライン社が葡萄畑

右：かつてのイングルヌック、現在のルビコンの中心に立つ歴史的な1886ワイナリーは、フランシス・コッポラの手によりかつての栄光を取り戻しつつある。

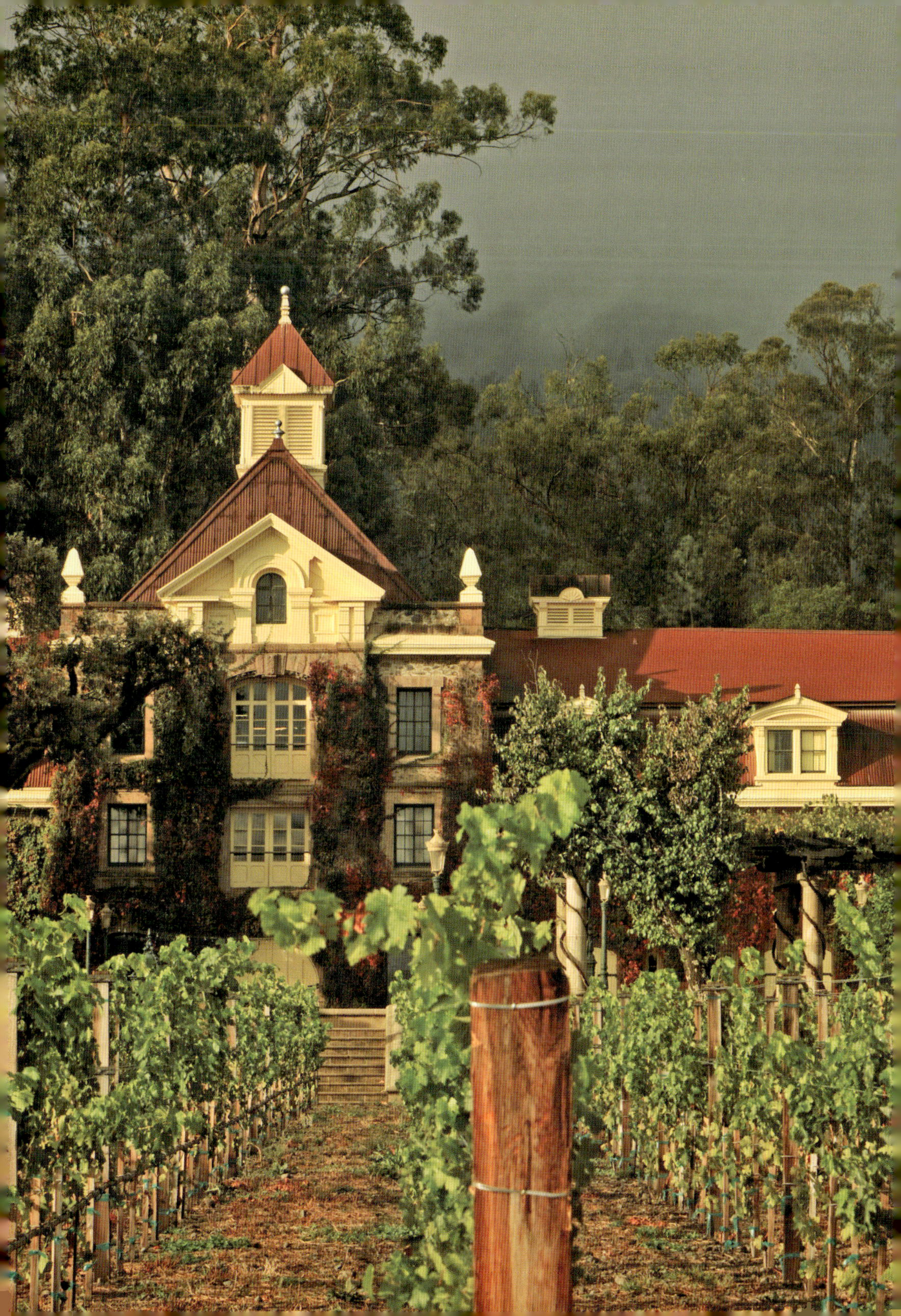

に害虫駆除剤を撒くことに決めたとき、辞表を叩きつけていた。コッポラは彼を説得し、1976年に復帰させることに成功した。彼は今でもルビコン・チームのかけがえのない一員として活躍している。彼は50haの葡萄畑を、自分の掌のように熟知しており、マサルセレクションなどの重要な栽培上の課題について決断を下している。コッポラの所有している葡萄畑は、ワイナリーとマヤカマス山麓の間にあり、土壌は排水の良い砂利層である。そこでは、灼熱の午後の陽ざしは遮られ、葡萄はゆっくりと均一に成熟していく。

1994年にワイナリーを買ったとき、コッポラは歴史的な葡萄畑のうちの1区画24haも購入していた。その後2003年には、コーン家からさらに22haを購入したが、その購入価格は、当時の記録を塗り替えるものだった。コッポラはそれまでにイングルヌック時代の葡萄畑の大半を再統一することに成功していたが、コーン葡萄畑は排水が悪く、全区画の植替えと修復に多大な費用がかかった。2002年にめずらしいカベルネのクローンが発見され、1880年代にボルドーから持ち込まれたものと考えられたが、コッポラはそのクローンをコーン葡萄畑の植替えに使った。その葡萄は2006ヴィンテージからブレンドに加わっている。

修復されたワイナリーは、現在観光コースの目玉となっている。そこでは、ワインに関するものと、コッポラの映画に関するものの両方の展示が行われている。そこはまた、このエステートの最高級ワインであるルビコンのためのワイナリーとなっている。2005年に、ワイナリーの背後の山麓にワインを貯蔵する地下蔵がが完成した。それは、ニーバームも彼のワインを熟成させるために造りたがっていたものであったが、トンネルの安全性に問題があることがわかり断念したものであった。現在では、科学技術と経験に支えられて、このような横穴が安全に掘られるようになった。

コッポラは数多くの種類のワインを、趣向を凝らしたさまざまな名前で企画した。ダイアモンド・コレクション、ペニーノ、コッポラ・プレゼンツ、ディレクターズ・カットなどである。そのため、最高級ワインであるルビコンは、主に他の葡萄栽培農家から購入した葡萄で造るそれらの安価なワインの名前に埋もれてしまっているような感があった。それらのワインは、ここを訪れる観光客の御土産用の手頃なワインとして用意されたものであった。というのも、ルビコンは簡単に手が出せるような値段ではないからである。2007年、コッポラはさらに、ソノマのアレクサンダー・ヴァレーのシャトー・スーヴェラン・ワイナリーを購入し、それをフランシス・フォード・コッポラ・ワイナリーと改名した。そこにはさらに多くのコッポラの映画に関する品々が展示され、観光客の第2の目的地となっている。過去には、エステート・グロウンのワインと、それ以外のワインの間の違いはそれほど明確ではなかったが、現在2つのワイナリーが違う郡に造られ、両方ともが訪問者に開放されていることによって、その違いがより明確にわかるようになった。

ボルドー・ブレンドのルビコンが依然としてフラッグシップ・ワインであるが、セカンドワインのカスク・カベルネもそれに準じてボルドー・ブレンドである。ラザフォード葡萄畑からは、ローヌ・スタイルの、ブランカノウというややぎごちない名前のブレンド白ワインや、少量のエステート・カベルネ・フラン、同メルロー、同シラーも生み出されている。エステートの中核商品がルビコンであることに変わりはないが、それはすぐに好きになれるようなワインではない。というのもそれは非常によく抽出されたスタイルで、フランス産新オーク樽100%近くで、約2年間熟成させたワインだからである。初期のヴィンテージでは、その後さらに大樽で補足的な熟成まで受けた。ワインが若い時、タンニンは警告を鳴らすかのように並はずれてグリップ力が強く、そのためヴィンテージから8年経ってようやく市場に出されるほどである。その時でもまだ硬すぎることもある。2002年以降は、ワインはすべて新オークのバリックで、20〜24ヵ月熟成されている。

1995年に導入されたセカンドワインのカスク・カベルネは、多くが若樹の葡萄から造られ、概してルビコンよりも飲みやすいワインとなっている。それは容積500ℓのアメリカ産オークのバリックで、28ヵ月熟成されるが、その樽は3年間かけて自然乾燥させたオーク板から造られる。ルビコンと比べると骨格が弱く、セラーで長く熟成させるためのワインではない。

もう1つの主要なエステート・グロウン・ワインであるブランカノウは、1999年に最初に造られ、最初はかなりの割合のシャルドネと、ローヌ品種で造られていたが、2004年からはシャルドネはブレンドに入らず、ルーサンヌ主体のワインとなった。その最初のヴィンテージは新オーク樽で熟成されたが、2005年以降は、微細な澱とともにステンレスタンクで熟成され、より厳しさのある、しかし同時によりエレガントさのあるワインとなっている。

アメリカの最優秀ソムリエの1人であるラリー・ストーンが、2006年から2010年まで総支配人を務めた。彼の役割は、ブランドの広告塔的なもので、彼は世界中をめぐって、コッポラ・ワインのテイスティング会を主催した。その時代に彼が断行した衝撃的な決断の1つが、2008年にコンサルタントとしてステファン・デュルノンクールを招いた

上：50年以上にわたってルビコン（イングルヌック）の葡萄畑を管理してきたラファエル・ロドリゲス。その経験と手腕は何物にも代えがたい。

ことであった。これはまさに的を射た考えであった。というのもエステート・ワインは、そのどれもが秀逸であるにもかかわらず、もう少し軽さが欲しいところだったからである。ルビコンは偉大なワインではあるけれども、たとえばレオヴィル・ラス・カスのように、気まじめすぎるところがある。また、ルビコン・エステートは確かにカリフォルニアでも屈指の素晴らしい葡萄畑を所有しているが、その真価を完全に発揮しているとはまだ言えないのではないだろうか？

## 極上ワイン

(2006年以降にテイスティング)
**Rubicon**
**ルビコン**
**2005** 濃密でスパイシー、濃厚なブラックチョコレートの香り。非常に凝縮され、力強く、躍動感にも溢れている。同時に官能的な触感もあり、フレーバーの深みもある。しかしやや重すぎて、まとわりつくような感じもある。もう少し酸をうまく使えば後味に新鮮さが加わったのでは。
**2004★** 燻香やジャムの香り。巨大で、豊か。豊潤で、スパイシーで、非常に良く凝縮されているが、驚くほど新鮮で、このヴィンテージにしては後味のバランスが良い。
**2003** 繊細なブラックカラントの香り。凝縮された贅沢な味わい、しかし過度な抽出感はない。よく熟した黒果実の風味があり、バランスも良く、洗練されている。味わいはかなり長い。
**2002** 濃密で精妙な香り。ブラックチェリー、肉、革、インク、オークが感じられる。壮麗でフルボディ、生気に溢れている。タンニンは洗練され、バランスは秀逸で、味わいは非常に長く、エレガントな余韻がいつまでも続く。
**2000** チェリーや赤果実の落ち着いた香り。新オークが明瞭。どことなくほっそりして、ハーブの風味があり、触感も硬い。酸がある程度のエレガントさをもたらしているが、これはこのワインにしてはめずらしい。
**1996** 甘く濃厚なチェリーの香り。ミントやヒマラヤスギの微香もある。ミディアムボディが良く凝縮され、依然として驚くほど生き生きとしている。まだ硬く、鮮明で、味わいは長く持続する。
**1992** 重厚な香り。しかし軽やかな花の微香もあり、黒果実やミントも感じられる。流線型の無駄のないワインで、タンニンの骨格はまだしっかりしているが、よく統合されている。贅沢なスタイルでも、興奮させられるワインでもないが　甘い果実味と滑らかな質感が心地良い。

**Rubicon Estate**
ルビコン・エステート
栽培面積：95ha　平均生産量：30万本
1991 St. Helena Highway, Rutherford, CA 94573
Tel: (707) 963-9099　www.rubiconestate.com

NAPA VALLEY

# Stag's Leap Wine Cellars
スタッグス・リープ・ワイン・セラーズ

**1960**年代半ば、趣味で時々ワインづくりをやっていた1人の若い政治学の講師が、妻とまだ幼い2人の子供を車に乗せてシカゴからナパ・ヴァレーへやってきた。彼の名前は、ウォーレン・ウィニアスキーという。彼はそれ以前に何度もヴァレーを訪れ、マーティン・レイなどの当時のワインメーカーの話を聞き、ここで新しい人生を始めようと決意したのだった。彼はまず、ソノマ郡のスーヴェラン・セラーズでワイナリーの下働きの仕事に就いた。その後、新しく開設されたばかりのロバート・モンダヴィ・ワイナリーで2年間働いた。さらにその後数年間、多くの経験を積み、その間に葡萄畑を買うための資金も貯めた。1970年、彼はついに18haの土地を手に入れたが、それが今のスタッグス・リープ・ディストリクトである。ウィニアスキーはそこに葡萄樹を植え、その畑をスタッグス・リープ・ヴィンヤーズ（SLV）と名付けた。品種はカベルネ・ソーヴィニヨンとメルローで、最初のヴィンテージは1972年であった。

　翌年も1800ケースのワインを造ったが、そのワインは、軽めの焼きのフランス産新オーク樽で21ヵ月熟成させたものだった。当時彼は、偉大なワインメーカー、アンドレ・チェリチェフの助言を得ることができるという幸運な立場にあった。その時チェリチェフは、ボーリュー・ヴィンヤーズを辞めたばかりであった。当時ウィニアスキーは、チェリチェフの助言をそれほど価値のあるものとは考えていなかったが、その1973年カベルネは、1976年パリ・テイスティングのためにスティーヴン・スパリエによって選ばれたカリフォルニア・ワインの1つとなった。そしてその時、樹齢わずか3歳の葡萄から造られたスタッグス・リープのワインは、ムートン・ロートシルトやオー・ブリオンを抜いて最高得点をマークしたのだった。当初は誰もその事件を重大なことと考えていなかったが、たまたまテイスティング会場に居合わせたタイム誌の記者ジョージ・テイバーがそれを記事にすると、…そのあとは歴史が語る通りである。

　ウィニアスキーは、隣接する葡萄畑、フェイ・ヴィンヤーズからのワインも素晴らしいことに気づいていたが、1986年にそこも買い入れることができ、1990年に最初のヴィンテージを出した。彼はナザン・フェイが造りだすワインをテイスティングし、彼がその畑からとても秀逸なワインを造りだしていることを知っていたのだった。SLVにはメルローも少し植えられていたが、フェイはほとんどすべてカベルネで、それ以外にはプティ・ヴェルドーが数列あるぐらいだっ

上：1970年にウォーレン・ウィニアスキーが購入しスタッグス・リープ・ヴィンヤードを築き上げた土地の背後に控える雄大な山麓。

た。ワイナリーはそれ以外にも多くのワインを出し、特にいくつかのシャルドネは有名であるが、やはりこのワイナリーの主力は、この2つの葡萄畑から生み出されるカベルネである。実際、スタッグス・リープ・ディストリクトの中でも特にこの地区は、カベルネを栽培するための土地としてカリフォルニアでも最上の場所の1つと言える。

　共に無灌漑農法で栽培されるこの2つの葡萄畑の土壌構成は、かなりよく似ている。パリセーズ山地の山腹に向かって火山性土壌が続き、その山腹と、西側のワイナリーがある小丘との間の平地は、沖積層土壌になっている。低地

ワイナリーはそれ以外にも多くのワインを出しているが、
やはりこのワイナリーの主力は2つの葡萄畑から生み出されるカベルネである。
実際、スタッグス・リープ・ディストリクトの中でも特にこの地区は、
カベルネを栽培するための場所として、カリフォルニアでも最上の場所の1つと言える。

の沖積層土壌からは、柔らかで新鮮なワインが生まれ、斜面を登った土壌の異なる場所からは、しっかりと凝縮されたワインが生み出される。ウィニアスキーは毎年、彼のワインの中にこの2つの要素をうまく調和させようと努力してきた。元々哲学的性向のある彼は、その過程をよく、火山性土壌から燃え上がる炎が沖積層土壌の柔らかなグローブで覆われる過程と、比喩を用いて語った。確かにスタッグス・リープのワインには、味覚を掴むグリップ力とみずみずしさの絶妙なバランスが見られる。

土壌構成が似ているにもかかわらず、ウィニアスキーは2つの葡萄畑は異なった個性を持っていることに気づいている。24haのフェイからは、香り高く繊細で、しなやかな質感を持つワインが生まれる。その一方で、14.5haの火山性土壌の比率が高いSLVからは、壮健で、骨格のしっかりとしたワインが生まれる。2つの畑とも、多くの区画に分かれ、それぞれ別々に摘果され、醸造される。こうしてワイン醸造チームは、最終的なワインを組み立てるための多くの積み木を手に入れることになる。

ここには従来のナパ・ヴァレーというラベル表示のワインに代わる、アルテミスと呼ばれる第3のカベルネがある。こちらは3分の1が自家葡萄畑からのワインで、残りが買い入れた葡萄からのワインをブレンドしたものである。

偉大な1974ヴィンテージの時、ウォーレン・ウィニアスキーはとても気に入ったキュヴェを見つけ、それを別個に

上：ウォーレン・ウィニアスキーが売却した後も、ワイナリーの一貫性を守っている、1998年からチーフ・ワインメーカーを務めるニッキ・プラス。

瓶詰めした。それはカスク23と命名された。その後それはエステートの1つの伝統となり、最良のヴィンテージには、そのヴィンテージを最も良く表現するブレンドとして造られるようになった。もちろんその残りを使って、フェイとSLVのそれぞれの畑の個性を生かした単一葡萄畑ワインが造られる。カスク23は、それにふさわしいと考えられる年に、1000～2000ケースの間で造られる。私は以前ウィニアスキーに、その名誉あるブレンドよりも単一葡萄畑ワインの方が良いヴィンテージがあったのではないかと尋ねたことがある。彼は、確かにそのような年もあった、と答えた。

彼は、セラーで長く寝かせるためのワインを造るつもりはないと言っているが、彼の造る最上のワインが、長く熟成することができることはすでに明らかである。そしてそれは、そのワインのバランスが良いことが大きな要因である。2006年に行われた、1974年パリ審判のリターンマッチとも言うべきブラインド・テイスティングでは、その伝説の1973年カベルネはまだ十分健在だった。

2007年、ウィニアスキーはもうすでに80歳近くになっていたが、会社を売却することにし、理想的な買い手を見つけた。トスカーナのアンティノリとワシントン州のシャトー・サン・ミッシェルの共同事業体である（両者はすでにワシントン州で、コル・ソラーレというワインの共同制作で実績を上げていた）。ウィニアスキーは現在も敷地内に住み、ワインづくりに積極的に参加している。とはいえ、彼がスタッグス・リープでワインづくりの指揮をしていた時から数年が経ち、1998年からはその役割をニッキ・プラスが引き継いでいる。ニッキ・プラスの前任者は、現在オーパス・ワンのワインメーカーとなっているマイケル・シラッチであったが、ウィニアスキーはそれにもかかわらず、最終的なブレンド比率の決定に参加したがった。

良く熟成したカスク23のグラスを傾けながら、ウォーレン・ウィニアスキーは私の方を見てつぶやいた。「人はよくワインは生き物だと言うが、それは間違っている。葡萄を摘み取り、それを破砕した時から、ワインは死につつある存在になっている。しかし偉大なことは、それが化学的な意味で衰退していくに従って、より良くなっていくということだ。」

# 極上ワイン

(2006～9年にテイスティング)
**Fay Vineyard**
**フェイ・ヴィンヤード**
　このカベルネは、若い時、特に取り立てて良いと言うほどではないこともあり、その控えめな骨格が比較テイスティングで見逃されることもしばしばあった。しかし最近のヴィンテージは感動的だ。
**2005**　トースティーな香り。タールの微香も感じられるが、スパイシーで生き生きとしている。贅沢な味わいで、精妙さもあり、酸が際立ち、奥行きが深い。まだ緊密で、味わいは長い。
**2003**　プラムやモカの香り。雄大だが優美。酸は穏やかだが持続し、タンニンはほとんど知覚できない。控え目な後味。
**2001**　ほっそりとしたオークの香り。芳香性のある洗練されたチェリーの果実も感じられる。ミディアムボディーで非常に引き締まっており、タンニンのきめも極めて細かく、生き生きとした爽快な後味。
**1998**　濃厚だが、花のような華やかな香り。フルボディーでスパイシー、ドライフルーツが感じられ、酸は生き生きとしている。中盤に少し空間があるが、みずみずしく、まっすぐな、長い味わい。

**Stag's Leap Vineyard**
**スタッグス・リープ・ヴィンヤード**
　こちらの方が頑強なワインと言われているが、ブラインド・テイスティングで、フェイとSLVの違いを言い当てるのは難しい。特に若い時はそうである。というのも、SLVがその頂点にある時、フィネスに欠けると言うことはなく、またフェイも同じく骨格が弱いということはないからである。
**2005**　よく熟れた官能的な香り。控え目なオークの香りが、ブラックベリー果実をくるんでいる。ミディアムボディーで、ほっそりとしているが、上質な酸が際立つ。大きな印象のワインではないが、エレガント。果実味の重厚さがもう少しあればと感じる。
**2003**　控え目な香り。プラムやコーヒーが感じられる。口に含むと、再びプラムが感じられ、みずみずしく、良く凝縮されている。フェイよりもタンニンの骨格はしっかりしている。しっかりとした骨格で味わいは長い。
**2002**　芳醇な香り。オークが際立つ。贅沢な味わいで、堅牢だが粗くないタンニンがそれを支えている。力強いが優美で、精妙で、味わいは長く持続する。
**2001**　抑制された香り。ブラックチェリーとブラックカラントが感じられる。タンニンはしっかりしており、濃厚で、力強く、比類ない噛みごたえがある。フェイほど洗練されてはいないが、重厚さと味わいの持続性が際立つ。
**2000**　豪勢な香り。贅沢なチェリー果実が感じられる。フルボディで、かすかに土味が感じられ、精妙でバランスが良い。酸がやや弱い感じもするが、口いっぱいに風味が広がり、味わいは長い。
**1992**　繊細な燻製の香り。酸化の兆しが少し感じられる。しなやかで、良く凝縮され、スパイシー。甘い果実味に上品な酸がバランスを取っている。流線型のかなり長い味わいで、後味に軽いタンニンが感じられる。今が飲み頃。

**Cask 23**
**カスク 23**
　極上のシュークリームの味わい。しかし選ばれた特別な存在にもかかわらず、いつもフェイやSLVに勝っているとは限らない。
**2005★**　生気に溢れ、オーク、ブラックベリー、甘草の香りが広がる。上品で、煌めくようで、良く凝縮されている。しかしタンニンはまだ少しざらついた感じがする。酸は控えめだが、スパイシーで、引き締まっている。まだ幼年時代にある。
**2004**　かすかにジャム、トーストの香り。豊かでまろやかな味わい。タンニンは巨大だが、やや元気と新鮮さに欠ける。ミディアムボディで、味わいは長い。
**2001**　燻香、革、ヒマラヤスギの香りがし、進化の兆しが感じられる。口に含むとシルクのようで、オークはいまだ健在。しかし上質な酸が爽やかさをもたらす。特別豊かかというわけではないが、スパイシーで精妙。味わいは長い。
**1999**　コーヒー、タバコの進化した精妙な香り。爽やかさもある。控え目な味わいで、力強いというよりは、濃密。タンニンのきめは細かく、酸はピリッとしている。繊細な赤果実のスタイル。
**1997**　控えめだが豊潤な香り。落ち着きがあり優美。酒躯(ボディ)は頑健で、重厚感があり、タンニンもしっかりしている。生き生きとした酸が長い後味をもたらす。しかしやや温かみも感じる。
**1995**　控え目なタバコ箱の香り。ハーブの微香が感じられるが、芳香性がある。ミディアムボディで非常に柔らかな触感で、繊細。後味に酸が突出する。今が飲み頃。
**1994**　ヒマラヤスギの香り。非常に優美で落ち着いている。良く凝縮され、シルクのような触感で、しっかりしたタンニンが果実味を支えている。バランスの良さが際立ち、味わいは長く、後味は洗練されている。
**1992**　控え目な初香。タバコ、革、丁字が感じられる。落ち着いたスタイルで、繊細なチェリー果実の味わい。濃密で、きめが細かく、酸が上質な後味をもたらす。
**1991**　熟れたチェリーの香り。燻香やモカの微香もある。非常に精妙な味わい。ミディアムボディだが酸が際立つ。きびきびしているが、噛みごたえもある。特別精妙というわけではないが、若々しく、ピリッとした味わい。
**1985★**　甘い、肉のような贅沢な香り。口に含むと、柔らかで、甘く、濃密。タンニンのきめは細かく、継ぎ目なく良く統合されている。バランスが良く、味わいは持続し、後味にモカが感じられる。
**1984**　かすかにパンを焼いた時のような香り。依然として豊かで、堅牢。タンニンがまだ健在。筋肉質で、壮健。
**1977**　豊かなプラムの香り。口に含むと、再びプラム、ブラックカラント、ブラックベリーが華やかに広がる。フルボディ。量塊感と凝縮感があり、かすかにコーヒーの味もする。甘い果実の塊のようだが、ジャムのような触感はない。長い味わいで、後味は新鮮。
**1974★**　贅沢で、悠々とした魅惑的な香り。豊潤な黒果実が感じられる。しなやかでみずみずしく、しかしまだ鮮明で、肉厚感がある。ズシンとくるようなワインではないが、新鮮さが際立ち、活力に満ちている。バランスは秀逸で、果実味に魅了される。

**Stag's Leap Wine Cellars**
**スタッグス・リープ・ワイン・セラーズ**
　栽培面積：57ha　平均生産量：85万本
5766 Silverado Trail, Napa, CA 94558
Tel: (707) 944-2020　www.cask23.com

NAPA VALLEY

# Araujo Estate Wines アラウホ・エステート・ワインズ

**1990**年に元住宅建築業者のバート・アラウホと妻のダフネが買うまで、この葡萄畑について知っているものはほとんどいなかった（ようだ）。しかしエイゼルは古くからある葡萄畑で、19世紀にジンファンデルとリースリングが植えられたという記録が残っている。前のオーナーのミルトとバーバラのエイゼル夫妻がこの畑を購入したのは1969年のことで、それ以前は、葡萄は地元の協同組合に卸され、最終的にガロの安売り用ワインになっていた。1972年と73年には、ロバート・モンダヴィがここの葡萄をいくらか買い入れ、それを彼のカベルネの中にブレンドした。1974年には、コーン・クリークがその葡萄を買い入れ、傑出したワインを造った。このように、本当はエイゼルには輝かしい歴史があった。

最初アラウホは、前のオーナーのやり方を引き継ぐつもりだった。つまり、葡萄を栽培して、売る。しかしすぐに彼は、その葡萄畑から彼自身のワインを造ってはどうかと勧められた。こうしてジョセフ・フェルプスに葡萄を販売する契約は打ち切られた。アラウホは、フェルプスが築いた高い基準を維持するという強い意志を持っていたので、その目標を達成することができる最上のスタッフを雇った。葡萄畑の大半を植え替えるために、監督として、葡萄畑コンサルタントのデヴィド・アブレイユを招いた。またスポッツウッドの前の醸造コンサルタントのトニー・ソーターもワインづくりに参加した（後にミシェル・ロランに代わった）。常駐のワインメーカーとして、スタッグス・リープ・ワインセラーズとエチュードで経験を積んだフラン人醸造家のフランソワ・ペションを雇った。1994年には、ナパで一番のワイン貯蔵用地下蔵の掘削業者アート・バートルソンにワインを熟成するための横穴の掘削を依頼した。

1997年にアラウホ夫妻は、隣接する2haの葡萄畑を購入することができた。その時のオーナーが馬用の放牧場にする前までは、そこにはカベルネが植えられていた。2人はそこに葡萄樹を植え、葡萄畑を拡張することができた。以前のエイゼル葡萄畑の最も古い葡萄樹は、1964年に植えられたものだったが、アラウホ夫妻は、もはやその樹にはワインにすることができる葡萄は実らないと判断し、1990年代末にそれを引き抜き、新しい葡萄樹を植えた。その時、ソーターの助言を受けて、カベルネ・フランとプティ・ヴェルドーが加えられたが、コンサルタントであったロランが当初から薦めていたメルローも植えた。

アラウホ夫妻は、カベルネ・ソーヴィニヨンがこれまでも、そして今後も、このワイナリーの中核をなすものと考えているが、それ以外の品種からもワインを造りたいと考えていた。ソーターはソーヴィニヨン・ブランに熱を上げていたので、両ソーヴィニヨンとヴィオニエも植えられた。彼らはまた、敷地内に1978年に植えられたシラーが残っていることに気づいていたので、その品種もいろいろなクローンを使用して増やした。またサンジョヴェーゼも試してみたが、それは思い通りの結果を生まなかったため、グルナッシュに変えた。葡萄畑とワインの質の改善は止むことなく続けられ、2007年には葡萄畑に多くの穴が掘られ、詳細な土壌分析が行われた。また2000年からは、葡萄畑はバイオダイナミックの方向に向けて栽培されている。

その葡萄畑は、数マイル南のスタッグス・リープのパリセーズ山に似た断崖の前に広がっている。そこは火山性の沖積層扇状地で、岩が非常に多いため、排水は良好である。何世紀にもわたって続いてきた小川の氾濫によって、激流が葡萄畑のある土地を洗い流し、表土の大半が底から取り除かれている。カリストガはナパ・ヴァレーの中でも最も暑い場所と言われているが、現在のワインメーカーのマット・テイラーは、その葡萄畑は、夏にはナイツ・ヴァレーから流れてくる微風のおかげで、800mほど離れたシルヴェラード・トレイルよりも冷涼であり、そして冬はかなり暖かいと言う。アラウホは、かなり独特の微気象を有している。

ミシェル・ロランはまた、いくつかの微調整も導入した。現在葡萄は夜間に収穫され、選果は、除梗の前と後の2回行われる。またいくつかの区画は、新しい小型のコンクリート槽で発酵される。ロランはできる限り遅くブレンドすることを好むため、20ものキュヴェが別々に熟成される。約3分の1のワインが、ブレンドから脱落するが、それはそのワインの質が悪いからではなく、その質感とタンニンの構造が全体のバランスを乱すと見なされるからである（1999年から、セカンドワインのアルタグラシアが造られるようになった）。ワインは新樽比率約80％のフランス産オーク樽で約22ヵ月熟成される。バート・アラウホは、葡萄畑では過熱

右：最高の葡萄畑に細部まで行き届いた注意を向けることによって、誰もがうらやむほどの名声を確立したダフネとバートのアラウホ夫妻。

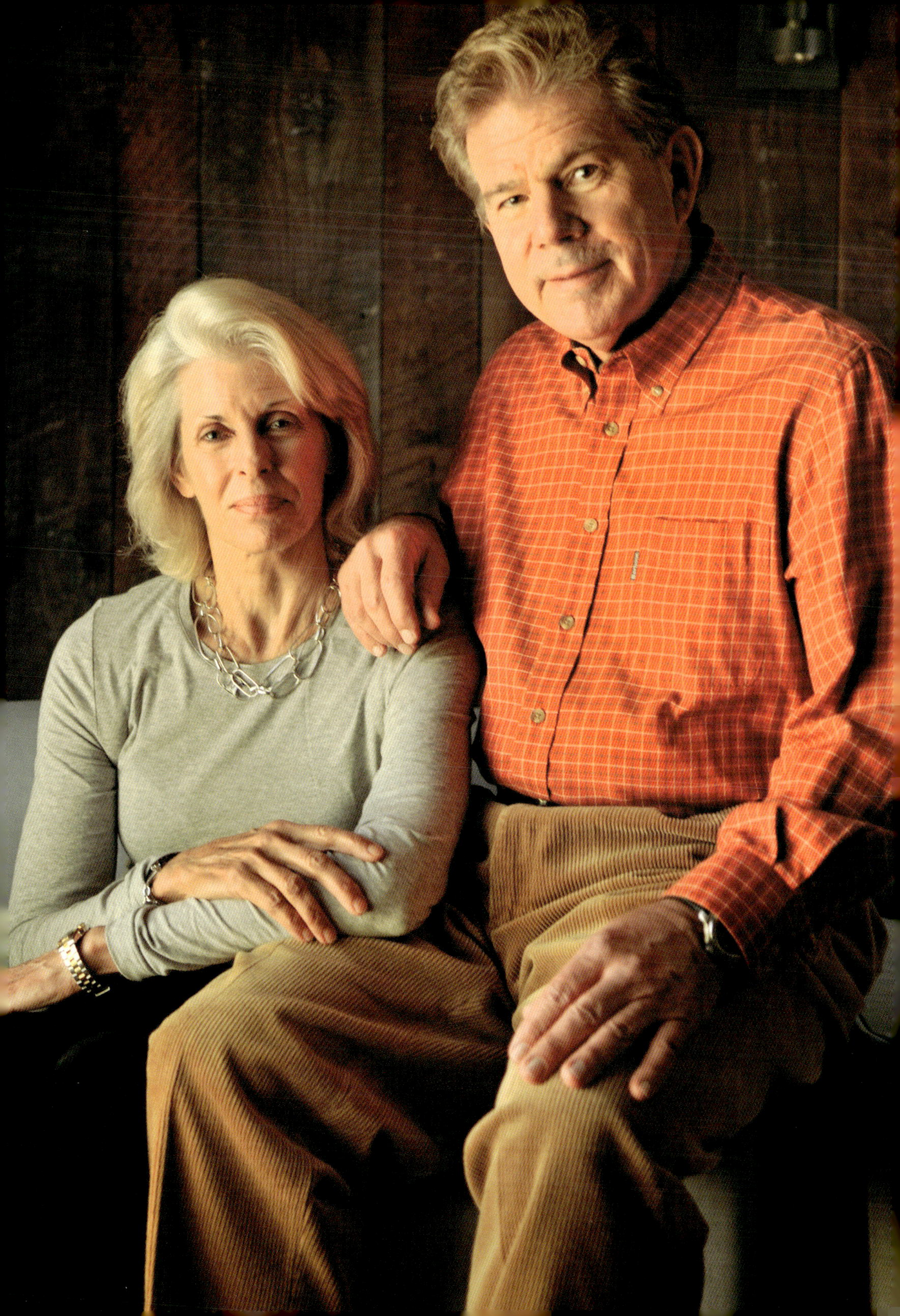

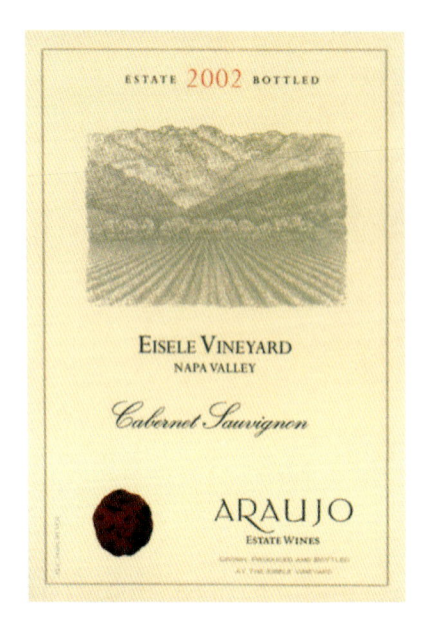

にならないように注意しているし、ワインも同様だと言う。というのも、彼はワインのエレガントさを最重要視しているからだ。しかしナパ・ヴァレーの温暖な気象条件の下でこれを達成するのは容易なことではない。

ソーヴィニヨン・ブランは、カベルネが成熟するのが難しい北向きの斜面に植えられている。その多くがモスク・クローンであるが、それはエキゾチックなアロマとフレーバーをもたらす。トニー・ソーターはワインの新鮮さを保つため、多くをステンレス樽で、そして少量をバリックの新樽で熟成させるのを好んだ。マロラクティック発酵は行わず、ヴィオニエが少量ブレンドされる。それもまた、ワインにもう1つのエキゾチックな風味を加える要素である。そのワインは通常、贅沢でクリーミーな触感で、トロピカル・フルーツのフレーバーがある。しかし時にいくつかのヴィンテージでは、少し重くなるきらいがある。ここにはまた、ヴィオニエの単一品種ワインもある。

開放発酵槽で櫂入れを行いながら造られるシラーもまた秀逸であるが、残念なことにカベルネのようなフィネスに欠ける。そのかわり、より肉厚で、タールのアロマもあり、タンニンとアルコールの度合いが高い。ここはシラーの自然栽培の北限に当たる場所だが、その味わいはそんなことをまったく感じさせない。

言うまでもなく、このワイナリーの主力ワインは、カベルネ・ソーヴィニヨンである。それは大変高価なワインであるが、その葡萄畑は、その価格にふさわしい質を有していることを何十年にもわたって証明してきた。ここではすべてにわたって細部まで注意が向けられ、ワインは精妙そのもので、黒果実、黒オリーブ、チョコレートのアロマとフレーバーを身にまとい、しっかりした骨格を持ち、触感は非常に滑らかである。そのカベルネ・ソーヴィニヨンはあらゆる称賛に値する。

## 極上ワイン

*(2010年にテイスティング)*
**2009 Sauvignon Blanc**
**2009 ソーヴィニヨン・ブラン**
　柔らかな草の香り。西洋スグリの微香もある。シルクのような質感で、良く凝縮され、洗練されている。上質の酸が豊かさとバランスをもたらしている。長く持続する味わい。

**Cabernet Sauvignon**
**カベルネ・ソーヴィニヨン**
**2007**　濃厚な香りで、並はずれた力強さがある。肉厚で重量感があり、果実味の甘さが際立ち、骨格もしっかりしている。豪華さがあるが、同時に優美で、味わいは長い。
**2006★**　控え目な、オーク、ブラックカラントの香り。かすかにガムドロップも感じられる。しなやかだが濃密で、躍動感もある。良く凝縮され、タンニンが堅牢であるにもかかわらず、重くなく、後味は実に長い。
**2005**　濃密で重厚なブラックカラントの香り。ミディアムボディーで静謐で、しなやか。中盤に甘さが感じられ、後味の新鮮な酸が心地良い。滑らかな質感の、フランス産赤ワインを思わせる1本。

**2007 Syrah**
**2007 シラー**
　オークの香り、ブルーベリーやスミレも感じさせる。芳醇だが、押しつけがましくなく、みずみずしく、躍動感のある味わい。しかし2005や2006にくらべて精妙さやピリッとした風味ではやや劣る。

### Araujo Estate Wines
**アラウホ・エステート・ワインズ**

栽培面積：15.5ha　平均生産量：5万本
2155 Pickett Road, Calistoga, CA 94515
Tel: (707) 942-6061　　www.araujoestatewines.com

NAPA VALLEY

# Beringer Vineyards ベリンジャー・ヴィンヤーズ

ハイウエイ29号線を通ってナパ・ヴァレーを抜ける時、セントヘレナの町のすぐ北にある、1884年に建てられた石と赤い木で出来たよく目立つライン風の建物に気づかずに通り過ぎることはまず無理だろう。ベリンジャー葡萄畑は1875年に、フレデリックとジェイコブのドイツ人移民兄弟によって拓かれた。そしてその10年後、2人はこの緩やかな森の斜面に原始的な自重式送り込み装置付きのワイナリーを建てた。彼らは中国人労働者を雇い、ワイナリーの裏手の岩だらけの斜面に横穴を掘らせ、ワイン熟成のための地下蔵を設けた。そこは今も実際に使われている。ここはナパ・ヴァレーで最も長く操業を続けてきたワイナリーということができる。というのは、禁酒法時代も聖餐用のワインを造り続け、操業を止めなかったからである。ベリンジャー家の住宅も敷地内に建てられ、1971年まで一家は住み続けた。

*ここはヴァレーで最も長く操業を続けてきたワイナリーということができるが、理由は、禁酒法時代も聖餐用のワインを造り続け、操業を止めなかったからである。*

その純粋な血統にもかかわらずベリンジャー・ワインの質は、1960年代に少し期待を裏切るようになった。その後1971年に、ベリンジャーはネスレによって買収され、同社が1995年まで所有していた。ネスレは経験豊富なワインメーカーのマイロン・ナイチンゲールを雇い、ワイナリーの古い体質を一掃させ、ワインの質を改善させた。しかしナイチンゲールは古い世代のワインメーカーだったため、カリフォルニア・ワインの最近のめざましい発展のスピードについてゆくことができなかった。そのため、彼よりもずっと若い、助手のエド・スブラジアが主体になって、より洗練された一連のプライヴェート・リザーヴが造られた。とはいえナイチンゲールには冒険家的な側面もあった。彼はセミヨンを中心にした貴腐ワインを造ったが、それは摘果した果実を湿度を高くした冷温の貯蔵庫に保管し、それにボトリティス菌の胞子を散布して貴腐状態にしたものを原料にして造られたものだった。その結果生まれたワインは、目を見張るほどに素晴らしいものだった。ベリンジャーはその後

も時々そのスタイルのワインを造っている。1984年にナイチンゲールは引退し、その後を継いでスブラジアがチーフ・ワインメーカーとなった。

1995年、ベリンジャーは、前ベリンジャーの会長マイケル・ムーンを代表とする共同事業体、シルヴェラード・パートナーズによって買い取られた。その5年後、ベリンジャーは今度は、オーストラリアを拠点とするミルダラ・ブラス・グループ（その後ベリンジャー・ブラス・グループと改名）の傘下に入った。しかしそのグループは、オーストラリアのビール醸造業者フォスターズに吸収され、そのトレジャリー・ワイン・エステーツの一部となった。その時ベリンジャーはすでに、ナパ・ヴァレーに730ha、ソノマ郡のナイツ・ヴァレーに240ha、カルネロスに48.5haと、広大な葡萄畑を持っていたが、それ以降は、パソ・ロブレスのメリディアンなどの、グループ内の他の生産者からも葡萄を供給してもらえる体制が整った。ところがベリンジャーがナパ・リッジという名の安価なワインを造った時、問題が生じた。というのも、そのワインにはナパで栽培された葡萄がまったく入っていなかったからである。ナパ・ヴァレーの中でも特に有名なナパ・リッジという地名を汚した罪は免れず、しかもそれを犯したのがナパでも最有力のワイナリーであったことから、これは大事件になった。結局ベリンジャーは、そのブランドをブロンコ・ワイン・カンパニーに売却した。

ベリンジャーは現在800万ケースものワインを生産しているが、その大半は、カリフォルニアというアペラシオン名で売られる安価なワインである。またブラッシュ・ジンファンデルという膨大な生産量のワインも製造している。それ以外にも、ストーン・セラーズとか、アペラシオン・コレクションといかう名前の安売りワインを次々に売り出しているが、それらをいちいち挙げればきりがなく、もとより本書の読者の興味の外にあるものばかりである。いくらか興味を引くものとしては、ナパ・ヴァレーやナイツ・ヴァレーというアペラシオン名で出されるソーヴィニヨン・ブランやジンファンデルで、それらは良く造られ、割安感のあるワインである。

とはいえ、本書にベリンジャーを含めるのを正当化するワインは、エド・スブラジアが造るプライヴェート・リザーヴである。彼は2007年に、チーフ・ワインメーカーの座をローリー・フックに譲り、彼自身のワイナリーを創設するために故郷のドライ・クリーク・ヴァレーに引っ込んだ

105

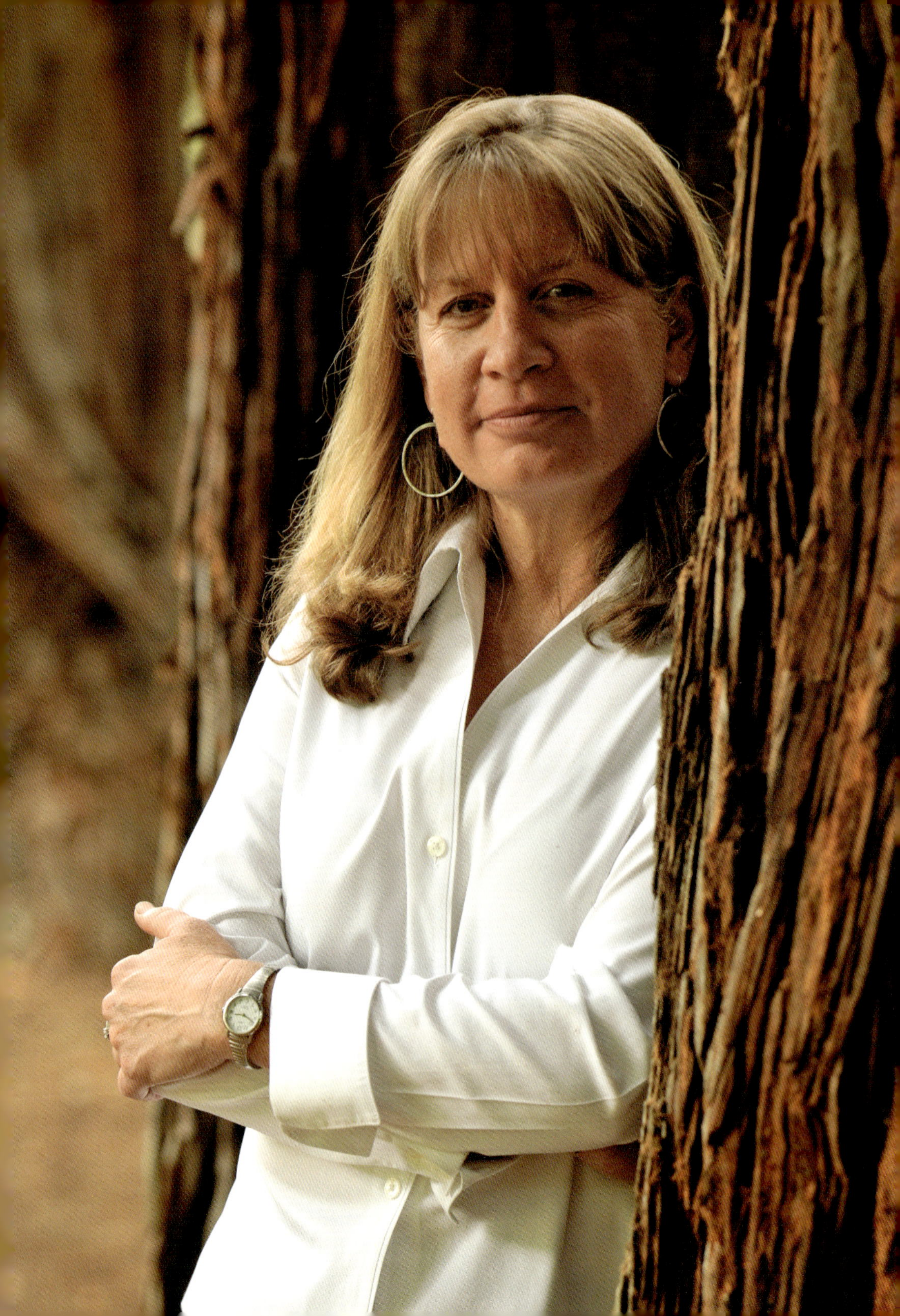

が、名誉ワインメーカーという地位を与えられ、今でもベリンジャーの最高級ワインの酒質に目を光らせている。ローリー・フックはデーヴィス校の卒業生で、1986年にベリンジャーに醸造家として入った叩き上げの人物である。ところでスブラジアは以前から、プライヴェート・リザーヴの高い酒質は、何十年間も葡萄畑を管理してきたボブ・スタインハウアーの存在がなければ維持できなかったと言っていたが、スタインハウアーも現在は引退している。

プライヴェート・リザーヴ・シャルドネは、通常ナパの6つの葡萄畑から造られる。葡萄は大半がバリックで発酵させられ、14週間澱入れされ、マロラクティック発酵を最後まで行わせた後、新樽比率70％で熟成される。そのスタイルは、ナパ・シャルドネでも踏襲されている。それは非常に熟れた味わいで、量塊的で、バターのような質感で、オーク香がはっきりしている。ノースコーストのワインメーカーの多くが、オークの影響があまり表に出ないエレガントなシャルドネを造る傾向にあるが、それがベリンジャーのスタイルになったことはない。スブラジアは、人によっては手を加え過ぎと感じられるワインを造ったが、その熱烈な愛好家も多い。

1977年に最初に造られたプライヴェート・リザーヴ・カベルネ・ソーヴィニヨンは、カベルネの名前で売り出されているワインの中でも最も重量感のあるものの1つで、スタイル的に一貫しており、概して酒質は非常に高い。スブラジアは、ベリンジャーの畑の中でも最高のナパ・カベルネを使ってこのワインを造った。ヨーントヴィルのステート・レーン・ヴィンヤーズ、スプリング・マウンテンの下側の斜面のホーム・ランチ、セント・ヘレナの東の端のシャボー、ハウエル・マウンテンのバンクロフト・ランチなどの畑である。ブレンドには、カベルネ・ソーヴィニヨンが90％以上含まれている。1970年代後半から1980年代初めにかけてのヴィンテージには、タンニンがよく統合されていないものがいくつかあったが、中程度の火入れの新オーク樽100％で熟成させるようになった1990年代半ばからは、このプライヴェート・リザーヴは非常にバランスが良くなった。スブラジアは、最も良く熟した年が必ずしも最も長熟に適した年になるとは限らないと言っているが、同時に、この頑健なワインの長熟能力には自分でもいつも驚かされるとも言う。

同様に成功を収めているのが、プライヴェート・リザーヴ・メルローで、その葡萄はすべてハウエル・マウンテンのバンクロフト・ランチからのものである。そのワインはカリフォルニアでも最高のメルローと自慢することができるほどのもので、山岳育ちの葡萄が、骨格の堅固さよりも新鮮さ

左：カリフォルニア大学デーヴィス校を卒業して1986年にベリンジャーにやってきたローリー・フック。2007年からチーフ・ワインメーカーを務める。

で知られているこの品種に、しっかりした骨格とグリップ力を付与している。

それほど有名ではないが、かなり興味深いワインが、アラヴィウム・ブランというワインである。それはナイツ・ヴァレーの葡萄から造られる白ワインで、グラーヴ・スタイルの白ワインを造る何度かの試みの後ようやく成功したものである。問題は生産コストが高いということ、そしてそのソーヴィニヨン・ブラン主体のワインに、シャルドネ並みの代金を支払う消費者が少ないということである。アラヴィウムは、樽発酵させたソーヴィニヨンとセミヨンをほぼ同量でブレンドしたもので、少量のシャルドネとヴィオニエがブレンドにエキゾチックな風味を添えている。

## 極上ワイン

*(2009年にテイスティング)*
**Private Reserve Chardonnay 2007**
**プライヴェート・リザーヴ・シャルドネ 2007**
　豊満なトロピカルフルーツの香り。特にパイナップル。フルボディで良く凝縮され、甘さもある。酸も少し感じられるが、全体としてキャラメルの風味で、かなり鈍い後味。

**Private Reserve Cabernet Sauvignon 2005**
**プライヴェート・リザーヴ・カベルネ・ソーヴィニヨン 2005**
　甘く熟れた香り。非常に控えめで、繊細。チェリーやブラックカラントの果実の純粋な表現。口に含むと、特に凝縮されているという感じではないが、エレガントさとある種の新鮮さがあり、またタンニンは軽く、素晴らしい躍動感もあり、飲みやすい。味わいは長いが、やや壮大さに欠ける。

**Private Reserve Bancroft Vineyard Merlot 2004**
**プライヴェート・リザーヴ・バンクロフト・ヴィンヤーズ・メルロー 2004 ★**
　よく熟成した燻製の香り。プラムとコーヒーのアロマも感じられる。口に含むと豊かで、肉感的で、ふくよかさを感じる。凝縮され力強いが、タンニンはよく制御され、甘草、丁字の2次的フレーヴァーが精妙さと味わいの持続性をもたらしている。

**Nightingale 2006**
**ナイチンゲール 2006**
　(70％セミヨン、30％ソーヴィニヨン・ブラン) 黄金色。軽いキャラメルとバタースコッチの香り。ミディアムボディで筋肉質。良く凝縮され、新鮮さもあり、アンズと桃の融合したような味わいで、バタースコッチも感じられる。残存糖分含有量120g/ℓの表示が示すほど甘く感じない。味わいはとても長いが、精妙さからは程遠い。

**Beringer Vineyards**
**ベリンジャー・ヴィンヤーズ**
　栽培面積：4050ha　平均生産量：9500万本
　2000 Main Street, St. Helena, CA 94574
　Tel: (707) 963-4812　www.beringer.com

NAPA VALLEY

# Cain Vineyard & Winery
ケイン・ヴィンヤード＆ワイナリー

　ス プリング・マウンテンの標高600mの斜面に立ち、美しい等高線を描く葡萄樹の列を眺めると、誰もが、このような急峻な斜面に一体どうやってこれほど整然と葡萄樹を植えることができたのかと感心するだろう。谷を越えた向こう側のハウエル・マウンテンやアトラス・ピークは台地状になっており、そこに葡萄樹を植えるのはそれほど困難ではないだろう。しかしここスプリング・マウンテンの斜面は急だ。ここに葡萄樹を植えるのは、困難であるだけでなく、費用がかかる。実際それが、1980年にケイン・ヴィンヤードを開く時の主な後ろ盾であった電機業界の大立者のジェリー・ケインとその妻のジョイスが、1991年にその持ち分を共同出資者のジムとナンシーのミードロック夫妻に売った理由かもしれない。現在もミードロック夫妻が単独オーナーとなっている。

　このように20年近くこの葡萄畑とワイナリーのオーナーは代わっていないが、ワインメーカーもこの20年間一度も替わっていない。1990年からケインを指揮してきたクリス・ハウエルで、彼は現在も敷地内に住んでいる。クリスは実地訓練を受けてきたワインメーカーであるが、知的な面も併せ持っており、彼と一緒に過ごす夜の時間は、いつも知的好奇心を多いに駆り立てられる。彼は南フランスのモンペリエ大学で醸造学を学び、ムートン・ロートシルトで実地教育を受けた。その後ナパとソノマのさまざまなワイナリーで経験を積み、ケイン・ワイナリーに腰を据えることになった。

　1981年から1990年まで足かけ10年をかけて、スプリング・マウンテンの高地にある220haのマコーミック・ランチの敷地の中の34haに葡萄樹が植えられた。葡萄畑は円形劇場のような斜面に段々畑状に造られている。土壌は火山性というよりは堆積性で、砂岩と頁岩が多く、また良好な水分貯留を約束する十分な粘土も含まれている。ハウエルは、この山腹の斜面は向きがバラバラなので、ここに植えられているカベルネは、成熟とフレーバーの両方の面でさまざまに異なった表現をすると考えている。常にワイナリーの最終目標は、ボルドー5品種のブレンドを造ることに焦点が絞られているが、それ以外にも少量のソーヴィニヨン・ブランとシラーも植えられている。葡萄畑は1996年以降、フィロキセラに耐性のある台木に植え替えられた。

右：1990年から一貫してケイン・ヴィンヤード＆ワイナリーを運営してきたクリス・ハウエル。彼は知性的で、経験も豊富だ。

現在植え替えられた葡萄樹が成熟の段階に達しつつあり、
エステート・グロウンとしてのケイン・ファイヴの復活によって、ハウエルと彼のチームが、
この傑出した葡萄畑の複雑さと雄大さを最大限表現できる日は近い。

主力ワインであるケイン・ファイヴは、1985年に初めて造られた。ただのケインというラベルで出された初期のヴィンテージは、他所から購入した葡萄を使ったもので、またケイン・ファイヴとなってからも、エステートの葡萄から出来たワインを、谷底の葡萄畑から購入した葡萄で造ったワインとブレンドしたものを長い間市場に出していた。そして時には、特に1991年から94年が有名であるが、純粋なエステート・グロウンのワインとして出したこともあった。しかし2007年以降は、すべてエステート・グロウンのワインとなっている。ハウエルは、どちらかといえば早めに収穫するが、収穫期間は長く、6週間にわたる場合もある。また各品種ごとに別々に醸造し、発酵には土着の酵母を使う。浸漬期間の長さなど、ワインづくりに関するさまざまな決定は、テイスティングしながら決める。ブレンドは、各ワインが樽で約3ヵ月を過ごした時期に行われ、その後新樽比率約75％のフランス産オーク樽で22ヵ月熟成させ、通常卵白による清澄化は行うが、濾過は特別な場合を除き行わない。5品種のブレンドの割合は、ヴィンテージごとに決めるが、ナパ・ヴァレーの他の多くのボルドー・ブレンドのように、カベルネ・ソーヴィニョンが圧倒的に多くを占めるということはめったにない。2005年の比率は、カベルネ・ソーヴィニョン60％、カベルネ・フラン16％、プティ・ヴェルドー14％、メルロー8％、マルベック2％であった。

1993年にセカンドワインのケイン・キュヴェを導入したが、それはケイン・ファイヴから脱落したワインばかりを集めて造られたといった性質のワインではなく、他のナパ・アペラシオンからのワインも多く含まれていた。まもなくそのワインは、2つのヴィンテージのブレンドという他に例を見ないワインとなったが、それはハウエルが、そうすることによってワインに更なる複雑さを付け加えることができると考えたからであった。このセカンドワインは、ケイン・ファイヴよりも飲みやすく、抽出は軽めで、オークも控えめにするというコンセプトで造られている。生産量は多く、より安価な値段で販売されている。

その後、第3のワイン、ケイン・コンセプトが創造された。このワインは、かなり長い間の熟考の後、概念が定まったようだ。というのも、それはケイン・ファイヴに用いたすべての技法を踏襲しているが、それをまったく異なった特徴を持つ葡萄に適用しているからである。ケイン・コンセプトのための葡萄の大半は、オークヴィルとラザフォードの谷底の段丘で栽培されたものである。その果実の質は非常に高いが、そのワインはケイン・ファイヴの約半分の価格

で提供されている。そのためケイン・コンセプトは、とてもお買い得なワインとなっている。以前ケイン・ワイナリーは、ケイン・ムスクという非常に評判の良い、贅沢で快楽主義的なソーヴィニョンも造っていたが、ハウエルは2000年代初めにその製造を止めてしまった。理由は、ワイナリーの中心的関心からあまりにかけ離れ過ぎているからということであった。

ケインのワインづくり戦略の変遷には、どこか人を混乱させるところがあったかもしれない。特に、ブレンドが違っているにもかかわらず、似たような名前のワインが多かったからである。しかし、それらのワインの質は間違いなく非常に高い。現在植え替えられた葡萄樹が成熟の段階に達しつつあり、エステート・グロウンとしてのケイン・ファイヴの復活によって、ハウエルと彼のチームが、この傑出した葡萄畑の複雑さと雄大さを最大限表現できる日は近い。

## 極上ワイン

*(2009年にテイスティング)*
**Cain Five**
ケイン・ファイヴ

**1999** エステートの葡萄を65％に、スプリング・マウンテンのヨーク・クリーク・ヴィンヤーズと、オークヴィルのト・カロンからの葡萄を加えて造られた。非常に深奥な色だが、やや老化の兆しも感じられる。熟れた魅惑的で肉厚な香り。苔の微香もあるが、それは1年前にはなかったような気がする。ミディアムボディで、骨格はナパ・カベルネというよりは、ボルドー・ブレンドに近い。グリップ力は依然として強いが、タンニンはしなやかで、ズシンとくるようなワインではない。味わいはしっかりしており、ミネラルが感じられ、長く持続する。

**2005★** 豊かな燻製やタバコの香り。とても芳醇。ミディアムボディで、まだしっかりと引き締まっている。ミネラルがとても印象的で、厳粛さもあり、果実味を前面に押し出したスタイルからは程遠い。グリップ力、持続性、スパイシーさ、それらを支える元気の良さが感じられる秀逸なワイン。まだとても若々しい。

**Cain Concept**
ケイン・コンセプト

**2005** 贅沢なオーク、ブラックベリーの香り。口に含むと、最初筋肉質の感じがするが、やがて肉感的になり、生き生きとし、上質の酸が喉に心地良い。後味は良い意味で厳格で、まぎれもなく長い。

**Cain Vineyard & Winery**
ケイン・ヴィンヤード＆ワイナリー

栽培面積：34ha　平均生産量：25万本
3800 Langtry Road, St. Helena, CA 94574
Tel: (707) 963-1616　www.cainfive.com

NAPA VALLEY

# Cakebread Cellars　ケークブレッド・セラーズ

「みんなでケークブレッドを食べよう！」大人げないようだが、私は南ラザフォードのこの瀟洒な木造ワイナリーの前を車で通り過ぎる時、ついこう叫んでしまう。ケーキとブレッドは、このワイナリーの自己宣伝の中でも大いに活躍している。というのも、一家は食物に関するさまざまな事業も展開しているからだ。料理教室を開いたり、食事とワインの組み合わせに関する講習会を開いたり、ついには一家のコックの下で小さなレストランを開いたり等々。テイスティングルームでは、ワインだけでなく、ワイナリーの庭で栽培された野菜も買うことができる。

ジャック・ケークブレッドはオークランドで自動車修理工場を経営していたが、1971年にラザフォードの8haの土地を購入した。2年後ワイナリーを建て、1976年にジンファンデルとソーヴィニヨン・ブランを植えた。ワイナリーが送り出した最初のワインは、1973年シャルドネで、その翌年には最初のカベルネ・ソーヴィニヨンを出した。それから15年経った時、ケークブレッドはついにオークランドの事業に終止符を打ち、ワイナリーと葡萄畑に集中することができると感じた。現在エステートの経営は、2人の息子のブルースとデニスが引き継いでいる。ブルースがワインづくりを担当し、デニスが販売を担当している。ブルース・ケークブレッドはUCデーヴィス校でワインづくりを学んだ後、このエステートでワインメーカーを務めてきたが、2002年に一線から手を引き、会長職に就任した。現在の常駐のワインメーカーは、彼の助手を務めていたジュリアン・ラクスである。

ジャックが最初に購入した葡萄畑は、オークヴィルとラザフォードの境界にある。それ以降、一家は葡萄畑をかなり拡張させることができたが、それらはナパ・ヴァレーのさまざまな地区の廃業する葡萄栽培家の畑を買い入れたものである。現在、ワイナリーのまわりの24haの他に、カルネロスに66ha、ハウエル・マウンテンに11ha持ち、最近ではメンドシーノのアンダーソン・ヴァレーの、シャルドネとピノ・ノワールが植えられている18haの畑を買い入れた。ケークブレッドの葡萄畑の大半がフィロキセラの犠牲となり、1994年以降植替えが行われた。それらの畑からの葡萄で足りない場合は、葡萄を買い入れて補っている。

ケークブレッドは、カベルネ・ソーヴィニヨンだけでなく、ソーヴィニヨン・ブランでも、数10年前から良い評判を得ている。その葡萄の大半は、ワイナリーのまわりの葡萄畑で採れたものである。ワインは古い樽とタンクで発酵させられるが、そのうち15%は今でもステンレス槽である。そのワインのスタイルは芳醇さを強調したもので、メロンのようなアロマが漂い、酸は穏やかだがハーブの風味はない。ナパ南部とカルネロスの畑の葡萄から造られる通常のシャルドネも、オークの要素を介入させないが、リザーヴは大半が新しいオーク樽で樽発酵させる。

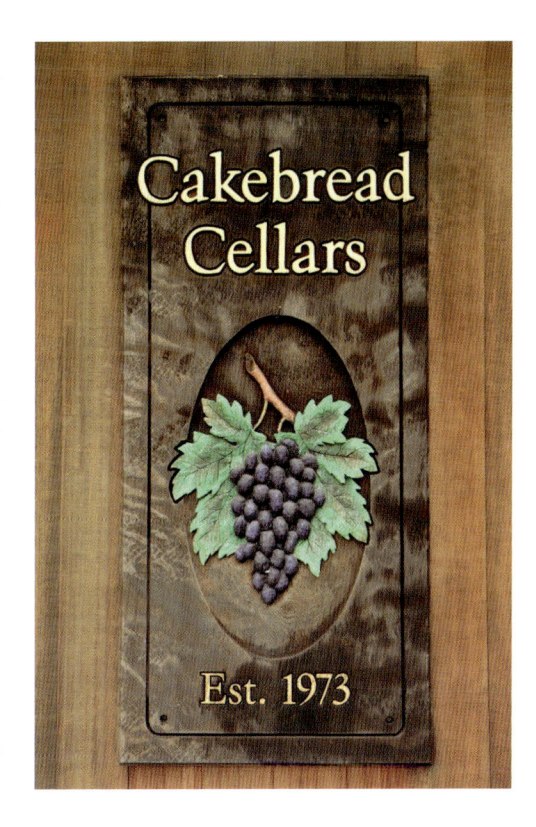

とはいえ、やはり主力はカベルネ・ソーヴィニヨンである。通常のカベルネは特に精妙というわけではないが、ナパ・スタイルの古典的な表現となっている。その他にも、ナパの小地区に焦点を絞った限定生産のワインも造っている。ヴァン・ヒルは、ヨントヴィル村の西にある段丘の、よく手入れされたヨントヴィル葡萄畑の葡萄から造られる骨格のしっかりしたワインである。3分の2が新樽でおよそ2年間

111

熟成される（ケークブレッドは樽熟成ワインにはフランス産の樽だけを使っている）。ベンチランド・セレクトにも、ヴァン・ヒルで使われた葡萄が入っているが、こちらの主力はラザフォードの段丘からのものである。最初の1年間、そのワインは大部分新樽で熟成され、その後ラッキングされて、新樽比率3分の1でさらに熟成される。2002年にケークブレッドは、ダンシング・ベア・ランチというキュヴェを導入した。それはすべてハウエル・マウンテンからの葡萄を使うもので、こちらは他の最高級カベルネよりもわずかだが新樽比率が低い。

ブルゴーニュ品種に関していえば、最高級シャルドネは何といってもカルネロス・リザーヴである。しかしアンダーソン・ヴァレーも期待を裏切らない。一方、ほっそりとしたスタイルの燻製の香りのするアンダーソン・ヴァレー・ピノ・ノワールは、飲みやすいカルネロス・ピノ・ノワールとは対照的に、精妙なワインである。

これは特に表明されていないことだが、ここの葡萄畑の両カベルネはアルコール同数が高く、15.5度前後ある。ブルース・ケークブレッドはこれをよく自覚しており、ジュリアン・ラクスとともに、収穫時の糖分濃度を下げるために栽培方法を変えることができないかどうか検討している。2人は仕立て法を変え、最も暑くなる時期も、葡萄樹がシャット・ダウン（活動を停止する）しなくて済むように、そしてそれによって成熟をさらに推し進めることができるようにする灌漑システムを考案してきた。しかしブルースは、それはまだ完成には程遠いことを認めている。

良く訓練された訪問客に対するテイスティングの勧め方、食事とワインの組み合わせに関する説明、その他の料理に関する活動など、ケークブレッドは谷底のワイナリーの中でも洗練された顧客戦略を展開している。ナパの単一品種ワインというだけで、実質よりも高く売れるワインもあるが、ここのリザーヴをはじめとする特別ワインは真に傑出している。ワイナリーの規模の大きさにもかかわらず、ワインの質は全体として非常に高い。しかしそのカベルネは、頭に戴いた月桂冠に満足していない。ブルースと彼のチームは常にワインの幅を広げようとしており、同時にその酒質のさらなる高みを目指している。

## 極上ワイン

*(2009年にテイスティング)*

**(Cabernet Sauvignon)Napa 2005**
**(カベルネ・ソーヴィニヨン)ナパ 2005**

豊潤でスパイシーなブラックカラントの香り。ユーカリの微香も感じられる。とても豊かで凝縮された味わい。しかし上質な酸に支えられた生き生きとした口あたり。後味に贅沢なブラックチェリーが現れる。特に精妙というほどではないが、味わいは長い。

**Vine Hill 2005**
**ヴァン・ヒル 2005**

濃厚なチョコレートの香り。みずみずしさも感じる。非常に良く凝縮されたしなやかな口あたり、しかし同時に新鮮さも生気も感じられる。タンニンは堅牢だがスパイシーさもあり、重々しい感じはない。味わいの長さが心地良い。

**Benchland Select 2005**
ベンチランド・セレクト 2005 ★
　壮麗で、豊潤で、類稀なブラックチェリーとプラムの香り。口あたりはフルボディで生気に溢れ、みずみずしい果実味が広がる。タンニンは堅牢だが、全体的な新鮮さでバランスが取られ、調和したワインとなっている。味わいは長い。

**Dancing Bear Howell Mountain 2005**
ダンシング・ベア・ハウエル・マウンテン 2005
　豊かなプラムの香り。他のキュヴェよりもドラマチックで、深さと力強さがある。豊かで官能的だが、凝縮されすぎているという感じはない。タンニンはしっかりしているが、硬さの気配はみじんもない。

上：子供たちに経営を任せたジャック・ケークブレッドは、今情熱を別の分野に注いでいる。

かすかにジャムの風味があるが、後味の生き生きとした胡椒味でバランスが取られている。

**Cakebread Cellars**
ケークブレッド・セラーズ
　栽培面積：180ha　平均生産量：180万本
　8300 St. Helena Highway, Rutherford, CA 94573
　Tel: (707) 963-5221　　www.cakebread.com

NAPA VALLEY

# Dalla Valle Vineyards ダッラ・ヴァレ・ヴィンヤーズ

何世代も前からイタリアでワインづくりを営んできた一家に生まれたグスタフ・ダッラ・ヴァレは、スキューバダイヴィングの器具の生産で財をなし、1982年にオークヴィルの小さな葡萄園（2ha）を購入した。いくらか葡萄樹が残っていたが、それを全部引き抜き、ボルドー品種に植え替えた。1986年にワイナリーが完成したが、その建物と植えられている木々や花々には、どこかトスカーナの空気が感じられる。葡萄畑はスタッグス・リープ・ディストリクトのすぐ北120m、シルヴェラード・トレイルの東側にあり、赤い岩がごろごろした火山性の土壌である。葡萄畑は西向きで、午後の陽ざしを十分に受けることができるため、成熟はやや早めである。しかも葡萄樹は通常フォグラインの上にあり、全体として真下の谷底の葡萄畑にくらべ温暖である。また海からの微風が吹いてくることもあり、それによって酸が良く維持される。明らかにここのテロワールは例外的なほど優れているが、欠点といえば収量が非常に少ないことである。

確かにそのワインには少し厳しさが感じられるが、
ヨーロッパ人の舌の感覚からすると、
大半のナパ・カベルネの砂糖をまぶしたような
ワインにくらべればはるかに好ましいものである。

1986年に造られた最初のワインはカベルネ・ソーヴィニヨンで、その2年後には、エステートの名前を一躍有名にしたマヤを送り出した。そのワインはカベルネ・フランが多く植えられている2.5haの区画から生み出された。最初のコンサルタント・ワインメーカーはハイジ・ピーターソン・バレットであったが、グスタフ・ダッラ・ヴァレが他界すると、彼の未亡人であるナオコは、彼女に替えてミア・クラインをコンサルタントに招いた。クラインはその後10年間その職にとどまり、2006年にアンドリュー・エリクソンと交代した。同じ年、ナオコ・ダッラ・ヴァレは彼女のチーム・コンサルタントとしてミシェル・ローランを迎えた。ナオコは日本の神戸生まれで、実家は酒造りを営んでいた。そのためナオコは、ワインづくりに慣れるため少しギアの入れ替えをする必要があった。ナオコは非常に精力的に経営に取り組んでおり、年間を通じて重要な決断は彼女自身が下している。

ダッラ・ヴァレは今、少し困難な時期を通過している。葡萄畑は葉巻ウイルスにやられ、植替えを余儀なくされた。1990年代、エステートはピエトロ・ロッシという名前の上質なサンジョヴェーゼを造っていたが、2001年に消えてしまった。2000年代半ばには生産量は年間たったの400ケースまで落ち込み、マヤはまったく造られなくなった。植替えは2007年に完了し、巨額の費用がかかったが、より適した台木を選択することができ、株間と樹列の向きも変更することができた。同じ頃ミシェル・ローランがコンサルタントとして着任し、ワインづくりに関するいくつかの微調整を行った。彼は選果テーブルを導入し、発酵前低温浸漬の時間を長くさせた。

15%以下のカベルネ・フランを含むカベルネ・ソーヴィニヨンは、新樽比率60%で熟成され、濾過を行わずに瓶詰めされる。マヤはそれとは大きく異なっている。45%近くカベルネ・フランを含み、フランス産の新樽の比率は75%近くまで引き上げられている。マヤが生み出される畑の広さからして、そのワインは多くても500ケースしか生産できない。確かに、多く含まれているカベルネ・フランがこのワインに躍動感と新鮮さを付与している。というのも、このエステートのカベルネ・ソーヴィニヨンは、堅牢すぎて一枚岩のようで、タンニンも過剰であると批判されているからである。これは確かに初期のヴィンテージについては言えるかもしれないが、私の経験では、1994年以降のものはとても良いバランスを有しているようだ。確かにそのワインには少し厳しさが感じられるが、ヨーロッパ人の舌の感覚からすると、大半のナパ・カベルネの砂糖をまぶしたようなワインにくらべればはるかに好ましいものである。

このエステートのワインは、約3分の1が顧客名簿による販売（数年前に締め切られたまま）で売れてしまうため、入手が困難かもしれない。しかしナオコ・ダッラ・ヴァレは販売商社を通じて販売するルートも開いたので、探す意志のある愛好家は、新しいヴィンテージをリリースと同時に手に入れることも可能になっている。

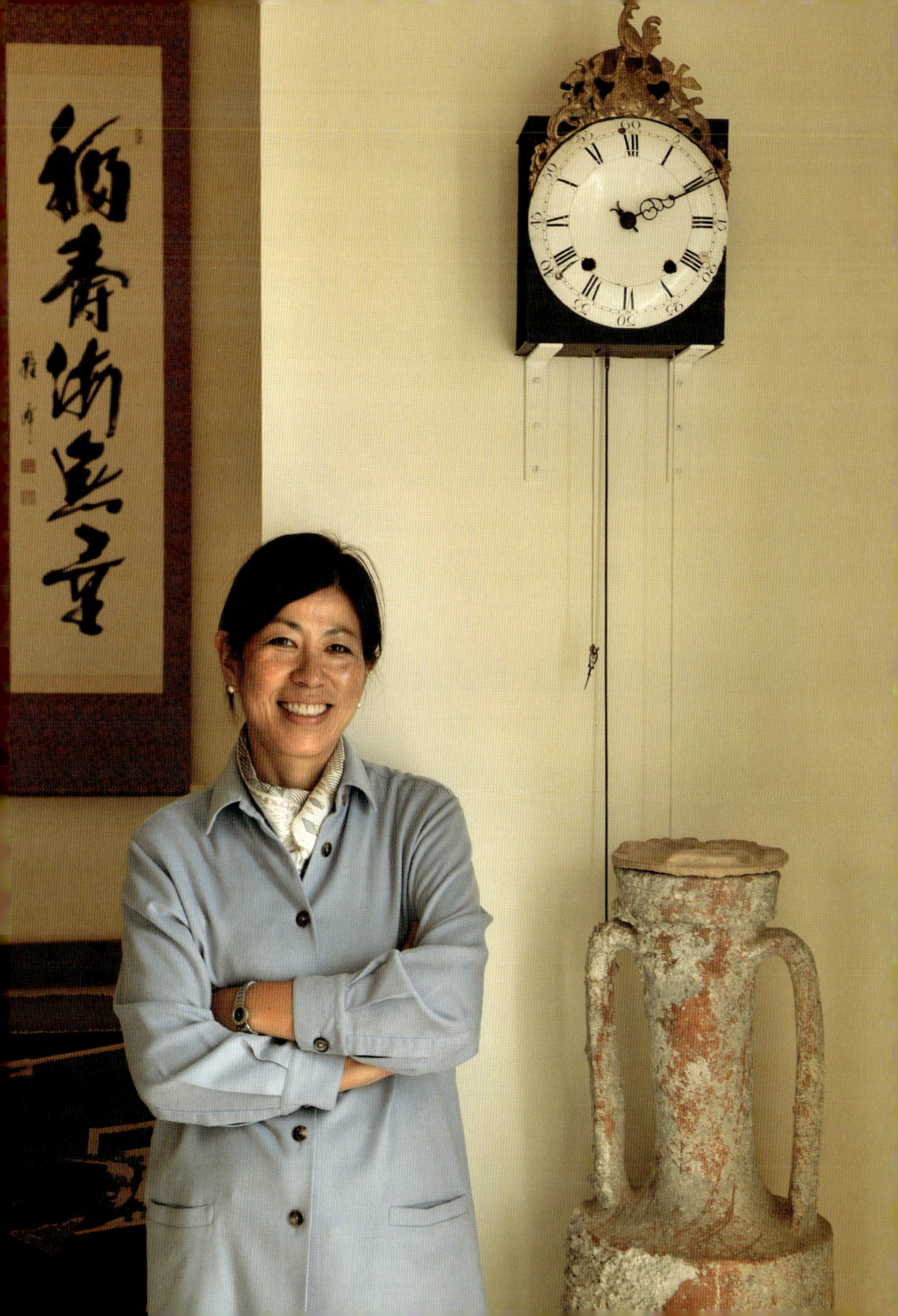

## DALLA VALLE VINEYARDS

前ページ：酒造りを営む実家からやってきたナオコ・ダッラ・ヴァレは、今オークヴィルのワイナリーの経営に手腕を発揮している。

上：壁の装飾にグスタフ・ダッラ・ヴァレの故郷であるイタリアが感じられる。彼の一家は3世代にわたってワインづくりを行ってきた。

### 極上ワイン

*(2007年にテイスティング)*

**Cabernet Sauvignon　カベルネ・ソーヴィニヨン**

**2005**　瓶詰めする直前にテイスティング。香りはまだ閉じていて燻製の香りが目立ったが、ブラックカラントのアロマがあった。最初の口あたりはとても強烈で、酸が上質。しかしきめの細かい肉厚のタンニンもある。ブラックカラントの果実の純粋さがあるが、それは常にダッラ・ヴァレの品質証明である。同じくこのワインならではのオーク由来の軽いコーヒーの微香があり、味わいは非常に長く、非常に洗練されている。

**1999**　まだ不透明な赤色。非常に豊かな燻香。ブラックチェリーとプラムの超熟のアロマがあるが、ジャムのような感じはまったくなく、微かなみずみずしささえ感じられる。口に含むと華麗で贅沢な黒果実の味が広がる。良く凝縮され、タンニンはしっかりとしているが、甘く（決してべとついていない）、精妙な、洗練された後味で、優雅にバランスが取れている。

**Maya　マヤ**

**2005★**　瓶詰めする直前にテイスティング。アロマは控えめ。非常に豊かで凝縮されているが、新鮮で、スパイシーで、生気に溢れている。タンニンは堅牢だが良く熟れている。肉厚で重量感もあるが、新鮮さは犠牲になっていない。バランスが素晴らしく、味わいは長い。

**1999**　不透明な赤色。濃厚で芳醇な香り。根底に果実の甘さがあり、ミントの微香も感じられる。濃密で噛みごたえのある口あたり、タンニンはとても力強い。カベルネ・ソーヴィニヨンよりもチョコレートを強く感じるが、それでもまだ厳しさを感じる。長い味わい。

### Dalla Valle Vineyards
ダッラ・ヴァレ・ヴィンヤーズ

栽培面積：8.5ha　平均生産量：3万5000本
7776 Silverado Trail, Oakville, CA 94562
Tel: (707) 944-2676
www.dallavallevineyards.com

NAPA VALLEY

# Duckhorn Vineyards　ダックホーン・ヴィンヤーズ

温和なダン・ダックホーンは、経営の側面からワインに関わるようになり、1970年代には葡萄畑管理会社を経営し、1976年には、当時ナパで権勢をふるっていたヒューブラインのコンサルタントとなり、歴史的なボーリュー・ワイナリーの拡大に深くかかわった。ダン・ダックホーンと妻のマーガレットは、1976年に最初の自分たちの小さな葡萄畑を購入したが、事業の財政的安定を図るために、他の家族からも出資を募った。1978年に最初のヴィンテージが生まれた。

とはいえ、1994年までは、ダックホーンのための葡萄の大半が栽培農家から買い入れたものであった。2人はその後葡萄畑の取得に乗り出し、1999年には113haを擁するまでになった。その大半がナパの7つの地区に含まれているが、メンドシーノのアンダーソン・ヴァレーにもある。最初ダックホーンは、それらの畑からのワインを、かなり折衷主義的に数種類のソインにまとめていたが、1990年代末には、それらの畑の個性を重視して多くの種類のワインを造るようになった。夫妻は、それらの葡萄畑を結合して1つの経営の傘の下にまとめるのではなく、ワイナリーを分散化する方向を選んだ。旗艦ワイナリーはセント・ヘレナのシルヴェラード・トレイルの傍にあるワイナリーであった。主力ワインは、パラドックスという名の赤のブレンドであったが、そのワインのための特別なワイナリーとワインメーカーが用意された。アンダーソン・ヴァレーのピノ・ノワールを中心にしたワイン、ゴールデンアイにも同様の措置が取られた。

その後ダックホーン夫妻は離婚することになり、株主間の複雑な駆け引きの後、最終的に民間の投資会社のGIパートナーズが株式の過半数を取得することになった。日常的なワインづくりと経営は2人の手を離れたが、ダックホーン元夫妻は今でも名義上はその会社の代表になっている。

ワイナリーの切り札的存在は、ずっと前からメルローになっている。というのも、1977年にサン・テミリオンとポムロールを視察したダン・ダックホーンは、メルローにすっかり心を奪われたからである。ボルドーの右岸を旅行し、メルローを造ることにしたと言えば、誰もが肥沃な粘土層に育つメルローの果実を買い入れることを想像するが、ダックホーンは岩の多い沖積層に育つメルローを買い入れることに決めた。その方がより個性的なワインが造れると考えたからだ。メルローの最初のヴィンテージが1978年に出された。当時メルローはまだ一般的ではなく、そのようなメルローを手に入れることはたやすいことではなかった。ダックホーンの初期のヴィンテージは、ハウエル・マウンテンのビーティー・ランチ、スタッグス・ディープ・ディストリクトのステルツナー・ヴィンヤーズ、そしてスリー・パームズ・ヴィンヤーズからの葡萄で造られた。最後の葡萄畑からは、その後すぐに、単一葡萄畑ワインとして有名になったワインが造られた。ダン・ダックホーンは、メルローに焦点を絞ったのは決して商売上の理由からではなく、単純に自分がそのワインが好きだったからだ、といつも言っている。

現在ニュージーランド出身のビル・ナンカロウの下で、3種類のメルローが造られている。基本的なワインが、ナパ・メルローである。1995年に立ち上げられたエステート・メルローは、セント・ヘレナとカリスタガの葡萄畑のメルローから造られ、新樽で20ヵ月熟成される。ダックホーンのワインの中で最も有名なスリー・パームズは、ナパ・ヴァレーの北東側の、岩の多い、排水の良好な沖積層扇状地からの葡萄で造られ、こちらもオークの新樽で20ヵ月熟成される。以前は、オークヴィルのヴァン・ヒル・ヴィンヤーズとハウエル・マウンテンの葡萄からも造られていたが、それらは現在は造られていないようだ。

メルローの評判が良すぎるため、このワイナリーが第1級の上質なカベルネ・ソーヴィニヨンも造っているということが目立たなくなっている。特に、エステート・カベルネとセント・ヘレナの町のすぐ西側の優れた畑から造られる単一葡萄畑ワインのパチマロ・ヴィンヤーズ・カベルネ・ソーヴィニヨンは秀逸である。しかし数年以内に、エステート・メルローとエステート・カベルネは消えてしまうだろう。というのは、ナンカロウは現在、ディスカッションという名の新しいボルドー・ブレンドを造っているからだ。そのワインは、この2つのワインの長所を融合させたものになると考えられている。その他にも、とても信頼できるソーヴィニヨン・ブランも造られている。これは20%をオークの新樽で、それ以外は普通のタンクで発酵させたものである。

先にも述べたように、ダックホーンは1994年にパラドックスというきわめて独創的な赤のブレンドワインを創造した。それはジンファンデルを主体にし、それにカベルネがバランスを取ったワインで、時にはメルローも少量加えられた。フランス産とアメリカ産の両方の樽が使われ、新樽比

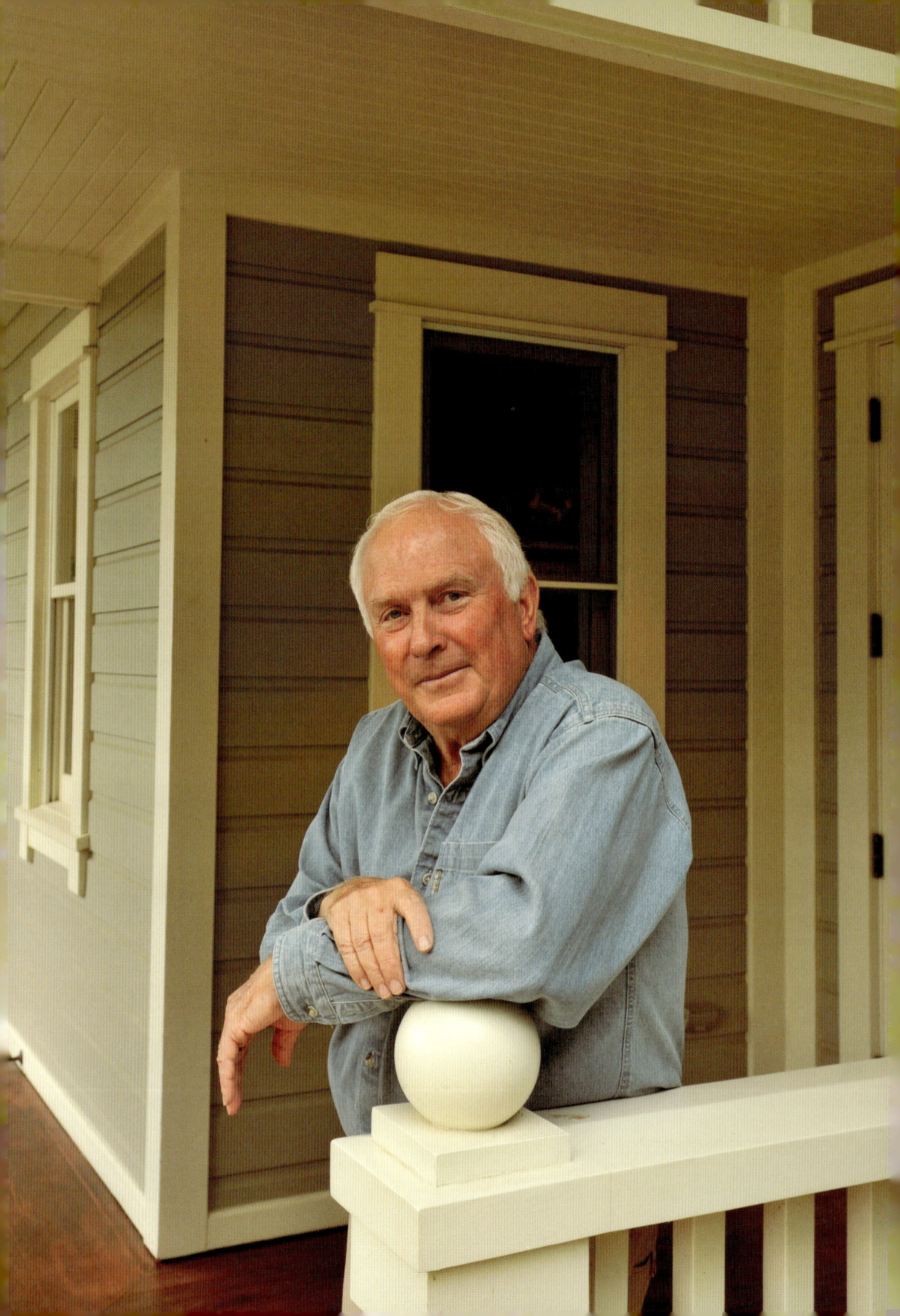

率は約50%である。ラベルのデザインが美しいそのワインは、果実主導の飲みやすいワインで、大成功を収めた。その後パラダックスは、専用のワイナリーで、専門のワインメーカー（デヴィッド・マルケージ）によって造られるようになり、消印のラベルの付いた限定生産のワインへと進化した。2004年には、ダックホーンはキャンバスバックという名の新しいワインも出した（アヒルのイメージの展開には限りがないようだ）。それはハウエル・マウンテンからの葡萄によって造られるローヌ・スタイルのブレンドワインだが、年間400ケースしか生産されない。

　ピノ・ノワールで成功したナパの多くのワイナリーが、その葡萄の供給源をカルネロスに求めるのに反して、ダックホーンは賢明にも、1996年にアンダーソン・ヴァレーの土地を買った。そこは以前オベスターが所有していた土地だった。そこには良好な葡萄樹が植わっていたが、ダックホーンは思い切ってすべて植え替え、2001年には5つの葡萄畑を持つ、全部で60haにもなる広大な葡萄園を造り上げた。そこにはピノ・ノワールの19種類のクローンが11種類の台木の上に植えられている。1997年に、少量であるが最初のヴィンテージが出された。選別は最初から非常に厳密で、脱落したワインは、セカンドワインのマイグレーション行きとなる。2004年には、さらに4種類のワインが戦列に加わった。単一葡萄畑ワインの、コンフルエンス、ザ・ナローズ、ゴーワン・クリークと、10基の最上の樽のブレンドであるテン・デグリーズである。ザック・ラズムソンが造るそれらのワインは、どれも深奥なワインで、高価で、批評家から絶賛されている。パラダックスが独り立ちしたように、セカンドワインのマイグレーションも独り立ちし、2009年からはそのワイン専門のワインメーカー、ネイル・バーナルディによって造られている。

　これらすべてが示しているように、ダックホーンはもはや単一のワイナリーと呼ぶことはできず、異なった焦点を持つワイナリーの複合体のような形になっている。誰もが、ワイナリー、ワインメーカー、そしておそらくは販売と市場戦略のこのような重複性は、一見不要と思える複雑さを生じさせているのではないかと考えるだろうが、当然ダックホーンの経営陣もそれらのことを十分考え抜いている。そしてそれは今のところうまく機能しているように見える。ワインは非常に上質であるが、ナパの歴史あるワイナリーの多くと同様に、まだ低くしか評価されていないように思える。ここは、市場戦略においてと同様に、ワインづくりにおいてもダ

左：今は巨大企業となったワイナリーの代表に前妻と共に名前を連ねるダン・ダックホーン。

# NAPA VALLEY

イナミックな企業で、しかも少しの手抜きもない。パラダックスは幾分軽薄なワインに見られているが（それはなぜだろうか？）、飲んでいて楽しいワインである。ナンカロウと彼のチームは決して現状に甘んじることなく、企業は常に進化を続けている——予測できない仕方で。それは企業の強さであって、決して弱さではない。

## 極上ワイン

*(2009～2010年にテイスティング)*
**Duckhorn　ダックホーン**
**2005エステート・カベルネ・ソーヴィニヨン★**
　優美なブラックカラントとブラックオリーブの香り。凝縮されて贅沢な味わいだが、たるんだところはまったくない。酸は上質で、味わいは長く、後味に黒果実が感じられる。
**2005パチマロ・ヴィンヤーズ・カベルネ・ソーヴィニヨン**
　燻製やブラックカラントの香り。黒く焦げたオークも感じられる。非常に凝縮されているが豊潤で、タンニンは良く統合され、生き生きとした躍動感と爽快感があり、味わいは長く続く。
**2007スリー・パームズ・ヴィンヤーズ・メルロー**
　肉厚なオークの香り。ブラックベリーとミントが感じられる。非常に良く熟しているが、だらけた感じはなく、タンニンは良く統合され、十分な新鮮さもある。味わいは長く、後味にチョコレートを感じる。
**2006 Paraduxx**
**2006パラダックス**
　鮮やかで新鮮なチェリー、キイチゴの香り。バニラの微香もある。新鮮で、シルクのような口あたりで、果実味が主導し、みずみずしく生き生きとして煌めいている。精妙ではないがとても美味しい。
**Goldeneye　ゴールデンアイ**
**2004ザ・ナロー・ピノ・ノワール**
　甘く濃密でオークも香る。キイチゴとビートも感じられる。強烈で印象の強いワイン。アルコールが少し高く感じられるが、生き生きとした甘さがあり、ピリッとした風味もある。
**2005ゴーワン・クリーク・ピノ・ノワール**
　くらくらするような濃厚な香り。チェリー果実とかなり強いオーク香がある。濃密で、良く熟した口あたりで、少し焼きつくような辛さもある。ほっそりとしているが、主張があり、赤果実のフレーバーが際立っている。
**2006ピノ・ノワール**
　引き締まっていて優美なチェリーの香り。ミディアムボディだが、シルクの質感で、良く凝縮されている。タンニンは良く熟れており、緻密で、エレガントな味わいが長く続く。

**Duckhorn Vineyards**
**ダックホーン・ヴィンヤーズ**
　栽培面積：ナパ113ha、メンドシーノ60ha
　平均生産量：240万本(ナパ)、24万本(メンドシーノ)
　1000 Lodi Lane, St. Helena, CA 94574
　Tel: (866) 367-9245
　www.duckhornvineyards.com

NAPA VALLEY

# Dunn Vineyards　ダン・ヴィンヤーズ

　不揃いの口ひげ、鼻声訛りの声、今は白くなった髪の上に載っている使い古されたストローハットなど、ランディー・ダンはどう見てもカリフォルニアで最も尊敬されているワインメーカーというよりは、テレビでよく見かける典型的なアメリカの農場主のように見える。彼は1975年にUCデーヴィス校を卒業すると、1970年代半ばから1980年代初めまで

ケイマスで最初の実践経験を積んだ。そして早くもその間に、自分自身のワイナリーも持った。彼は気取ることが嫌いな男で、ナパ・ヴァレーの伝統を心から愛し、現代の通俗的な考え方を軽蔑している。

*ランディ・ダンは、ハウエル・マウンテンの高い標高と赤い火山性の土壌が、彼のワインに独特の性質を付与していると確信している。*

　彼自身のワイナリーと自宅はハウエル・マウンテンのアングウィンにあるが、隣人には絶対禁酒主義のセブンスデイ・アドヴェンチスト派の信者が多くいる。彼は5.5haの畑から始め、1979年にカベルネを500ケース造ったが、その畑は1982年まで拡張されることはなかった。彼はその時期も、そして現在も、パルメイヤーなどの他のワイナリーのコンサルタント・ワインメーカーとしての仕事を続けている。1982年以降、彼は少しずつ畑の拡張を進め、以前はリッジが借地契約をしていたパーク・マスカティーン・ヴィンヤーズなどの区画を買い入れた。現在は12haの畑を所有し、そのうち標高640mの地点にある10haの畑にカベルネ・ソーヴィニヨンを植えている。その葡萄が彼のハウエル・マウンテン・カベルネ・ソーヴィニヨンの主体となっている。それ以外にも、栽培農家から買い入れた葡萄を使って、ナパ・ヴァレー・カベルネ・ソーヴィニヨンも造っている。ダンは果実の供給源については柔軟な考えを持っており、彼自身の葡萄の一部を売ることもあれば、優秀な質を持つと考える葡萄を購入することもある。彼のナパ・カベルネは、谷底のワインではない。なぜならそのワインには、ますます多くハウエル・マウンテンの葡萄が使われており、最近では85％を占めるまでになっているからで

ある。現在彼のナパ・カベルネは、事実上多かれ少なかれワイナリーのセカンドラベル的な存在になっており、その酒質はその上に立つ極上ワインのハウエル・マウンテン・カベルネに非常に近づきつつある。

　ランディ・ダンは、ハウエル・マウンテンの高い標高と赤い火山性の土壌が、彼のワインに独特の性質を付与していると確信している。葡萄畑はフォグラインよりもかなり上にあるため、夜は谷底よりも温かい。そのため、発芽は遅いが、カベルネ・ソーヴィニヨンの成熟は真下の谷底よりも早い。全般に気候は、谷底の葡萄畑よりも冷涼で、風が吹くことが多いため、萌芽は遅い。しかし、雨が降った時は果房を出来るだけ早く乾燥させることが緊急の課題となるが、ここではその微風が有利に作用する。そのためここでは腐れが問題になることはめったにない。ダンは1エーカー当たり4トン（約10t/ha）ぐらい収穫したいと思っているが、通常は2.5トン（6.25t/ha）以下である。5月に新芽の剪定を行い、必要ならば夏の間にグリーン・ハーベストを行う。摘果は選択的で、成熟の時期に合わせて区画ごとに別々に行われる。成熟が早いことの利点は、糖分の蓄積が抑制され、適度なアルコール度数になるということだ。

　ワイナリーは、掘っ立て小屋とあまり変わらないが、その目的は十分果たしている。ハイテク機器はまったく使われておらず、働いているのは、ランディ・ダンと妻のローリ、そして子供のクリスティーナとマイクで、それ以外に人手を雇うことはほとんどない。しかしダンは、非常に費用のかかる横穴式貯蔵庫には投資を惜しまなかった。彼はそれを20年前に完成させた。そのため彼のワインは、温度と湿度が一定の落ち着いた環境の中で熟成を行うことができる。ワインづくりは簡潔である。葡萄は除梗され、破砕されて、培養酵母で発酵させられる。低温浸漬も長いマセレーションも行わない。ダンはその理由を、それらの工程は長熟できる能力を持たせたいと思っているワインを柔弱にし、同時に最初の発酵の後にワインを貯蔵するための余分なタンクを購入する必要が生じるからだ、という。熟成はフランス産のオーク樽だけを使うが、新樽比率はヴィンテージの葡萄

右：現代の通俗的な知恵を軽蔑し、ナパの伝統を重んじる、率直な語り口のランディ・ダン。

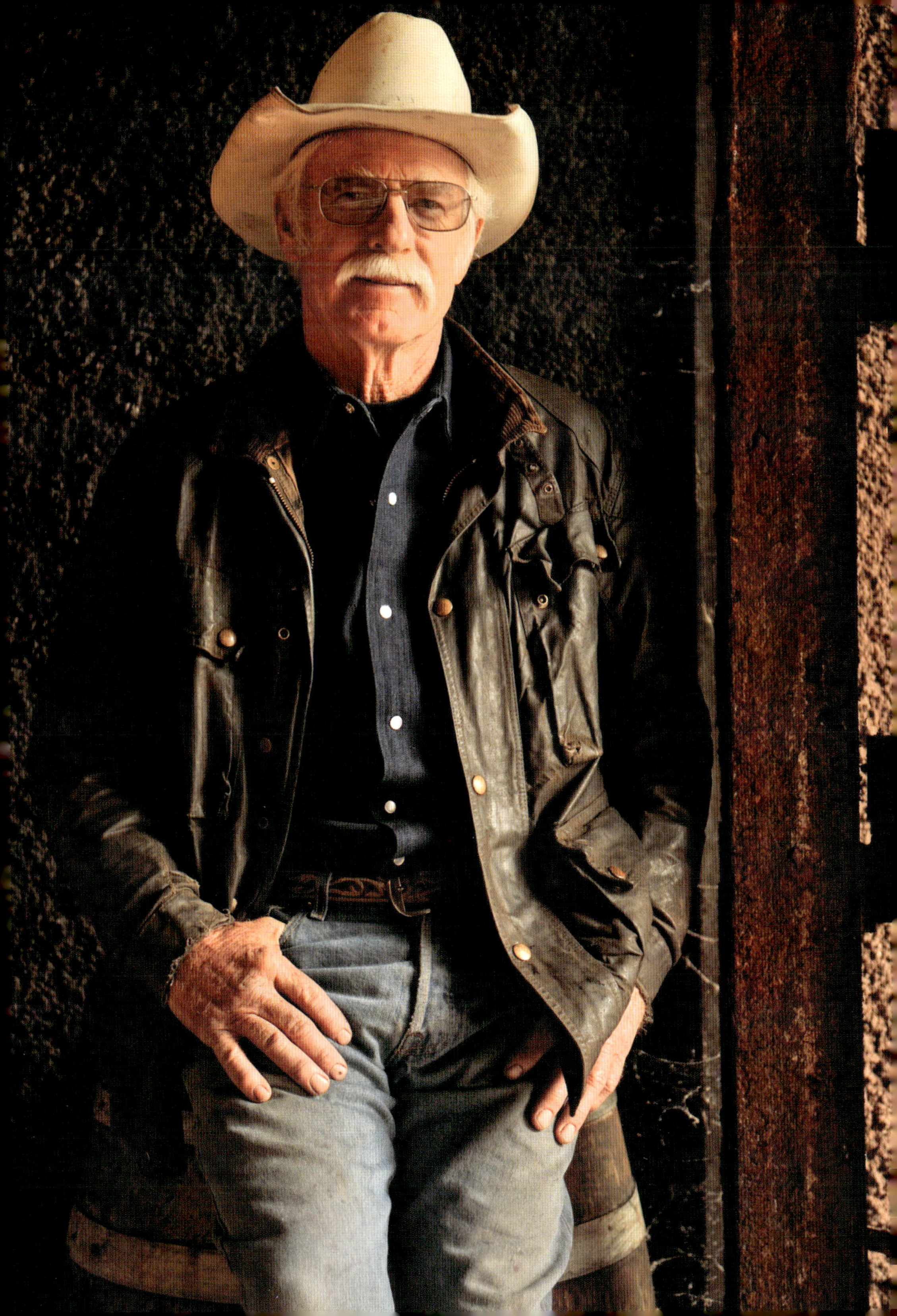

上：標高が高く、収量の低いハウエル・マウンテンの典型的な小さな果粒。ダンの深奥なスタイルの源。

の性質に合わせて40〜75％の間で調整している。ワインは約30ヵ月熟成され、瓶詰め前の濾過は行うが清澄化は行わない。

　マヤカマス・ヴィンヤーズのカベルネと同じく、ダンは早飲み用のワインを造りたいとは思っておらず、そのワインは20年前後熟成させた時に、最も精妙になり、最も美味しくなると信じている。彼は、過熟に向かう現代の傾向に批判的で、簡潔にこう語る。「種が茶色になるまで収穫を延ばすなんて、気違い沙汰だ。」その結果、彼のワインは全般的に、カリフォルニアの基準からすればアルコール度数は抑え気味—— 13.3〜14％——で、若い時は厳しく感じられる。これが彼の望むスタイルであり、彼の顧客は、そのワインはセラーで長く寝かせるためのワインだということを知っている。

　生産量は長い間一定しており、ダンは増やしたいとは思っていない。彼は生産のすべての工程に目が届くことを望んでおり、ワイナリーを商売にしたいとは思っていない。

なぜなら、そんなことをすれば、もっと長い時間事務所や営業のための車中で過ごさなければならなくなるからである。彼は1つのこと——カベルネ・ソーヴィニヨンを造る——に満足している。しかしその仕事は、まさに超絶している。

### 極上ワイン

*(2007〜09にテイスティング)*
**Howell Mountain**
ハウエル・マウンテン
**2004**　落ち着いた香り。ミントや甘草の微香も感じられる。豊かで、フルボディで、口中を満たす。タンニンは良く成熟しているが、とくに噛みごたえがあるというほどではない。調和の取れた味わいで、甘くしっかりした後味。ほど良い長さ。
**2003**　落ち着いた濃厚なプラムの香り。非常に豊かで、フルボディ。タンニンも堅牢だが硬くはなく、口いっぱいに広がる芳醇さがある。非常に飲みやすいが、他のヴィンテージほどの味わいの長さはない
**1999★**　愛らしい香り、甘く熟れたブラックカラント果実の純粋さと濃密さの両方が感じられる。非常に良く凝縮され、タンニンも良く熟れており、しなやかな質感。ダンにしてはめずらしく果実味の甘さが感じられる。上質の酸が心地良い味わいの長さをもたらしている。
**1993**　控え目なブラックカラントの香り。口に含むと上品な味わいで、非常に良く凝縮されているが、まだ緊密で、若々しい。純粋さと上質の酸が際立ち、味わいの長さは秀逸。
**1988**　色は明るくなり、やや老化の兆しも見える。革やハーブの精妙な香り、しかし果実は健在。豪華でフルボディで、まだすこぶる若い。口中をフレーバーが満たし、後味にスパイスがたっぷり感じられる。味わいはとても長い。

**Napa**
ナパ
**1999**　甘く熟れたブラックカラントの香り。特にオーク香が目立つということもなく、果実味が輝いている。口に含むと素晴らしく豊かなブラックベリーの果実が感じられ、酸は新鮮で、タンニンは熟れている。質感はきめ細やかで、バランスと長さは秀逸。

**Dunn Vineyards**
ダン・ヴィンヤーズ
栽培面積：12ha　平均生産量：5万本
805 White Cottage Road, Angwin, CA 94508
Tel: (707) 965-3642　www.dunnvineyards.com

NAPA VALLEY

# Far Niente　ファー・ニエンテ

オークヴィルの山麓段丘の小高い場所に隠れるように佇む、このショーケースのように美しいナパのワイナリーは、アザレアとハナミズキの5haの海に漂うガレオン船のようだ。このスレート葺きの石造りのワイナリーが建てられたのは1885年のことで、その後禁酒法時代に放置された。1979年に、オクラホマ出身の実業家ジル・ニッケルが購入し、多額の費用をかけて修復した。彼はワイナリーの壁にファー・ニエンテ（イタリア語で「日々憂いなく」の意味）と彫られているのに気づき、このワイナリーに名前があったことを知った。

ニッケルは総支配人にラリー・マグワイヤーを雇い、1983年にはワインメーカーとしてダーク・ハンプソンを招いた。彼らはファー・ニエンテのための戦略を練り、それは今でもほとんど変わっていない。すなわち、シャルドネとカベルネ・ソーヴィニヨン、そしてソーテルヌを御手本とした甘口ワインのドルチェの3本柱でやっていくということである。ハンプソンはUCデーヴィス校を卒業した後、ラインガウのシュロス・フォルラーツ、ムートン・ロートシルト、ブルゴーニュのネゴシアン、ラブレ・ロワなどで働き、ワインづくりの豊富な経験を積んでいた。

ニッケルは育苗業者として実業家の道に入り、石油・ガス業界に参入して財を築いたが、ファー・ニエンテに関しては資金を出し惜しむことはまったくなかった。彼は、ナパ・ヴァレーでそれが当たり前になるずっと前の1980年代に、かなり大がかりな横穴を掘らせた。またワイナリーに隣接して大規模な娯楽施設も造った。石造りの建物の中に並べられているタンクは、その古めかしい外見とは裏腹に、自重式送り込み装置付きで、太陽光発電によって電力が供給されている。ファー・ニエンテは当初から奢侈品としてのブランドを掲げ、高価なワインを意図して造られており、その基本方針と焦点が揺らぐことはない。セカンドラベルもなく、選別に脱落したワインは、他所へ売られる。

葡萄果実の大半は、オークヴィル段丘の近くの、ニッケル所有の40haのスターリング・ヴィンヤーズから来たもので、それ以外にもナパ南部にシャルドネの大半を供給している畑を所有している。それ以外の葡萄畑も、借地契約し、ファー・ニエンテが栽培管理しているもので、葡萄栽培家から葡萄を買うことはまったくない。

ハンプソンは、シャルドネに関しては、豊かでオーク香があるが、同時に複雑で熟成できるワインを造りたいと思っている。彼は、そのワインはヴィンテージ後の3〜6年の間に飲まれるのが理想的であると見ている。発酵はステンレスタンクで始められるが、最後はブルゴーニュ産の新樽比率50%の樽で締めくくられる。その後、時おり攪拌されながら澱とともに10ヵ月間熟成される。ハンプソン（現在はワイン醸造監督）と、現在のワインメーカー、ニコール・マルケージは、すぐに飲めるバター風味のワインを造ろうとは思っていないので、マロラクティック発酵は中断する。ハンプソンは、その結果ワインはリリース時は無口で、ワイン批評家からはあまり良い点数をもらえないのが欠点だと、冗談めかして言う。しかしそのワインは瓶熟とともにゆっくりと開花し、精妙さを増していく。

カベルネの初期のヴィンテージは、タンニンの堅固さが非常に目立っていたが、現在ハンプソンは、より柔らかなスタイルを目指している。葡萄はワイナリーで選果され、除梗された後、ポンプ・オーバーを受けながら発酵される。浸漬をかなり長く行い、ブレンドされた後、大部分新樽で約16ヵ月間熟成される。ハンプソンが目標としているのは、ムートン――芳醇でエレガントなブレンド――だが、初期のカベルネは、その品種の特徴を出し過ぎてやや量塊的であったことを認めている。現在そのワインは、以前にくらべて、良く熟れており、より甘く、質感もより滑らかになっている。かつてブレンドにはメルローが含まれていたが、ハンプソンはそれは全体のスタイルにほとんど貢献していないと見なし、ブレンドから外した。しかしカベルネ・フランとプティ・ヴェルドーは、そのまま合わせて10%ほどブレンドしている。

ファー・ニエンテは甘口ワインに格別の自信を持っているが、実際カリフォルニアでこのスタイルのワインを造っているところはほとんど見当たらない。そのワインは、毎年造られるというわけではなく、上質のボトリティス菌が付着した年にしか造られない。ソーテルヌと同じく、主体となる品種はセミヨンで、ソーヴィニヨン・ブランがそれにバランスを付与している。セミヨンは、ナパの町の東、クームズヴィルのある畑からのものである。そこは冷涼な地区なので、ボトリティス菌が増殖するのは生長期の終わり頃になってからであるが、その時期はほとんどの朝が湿った霧に覆われ、ボトリティス菌の増殖が促進される。樹冠を大きく広

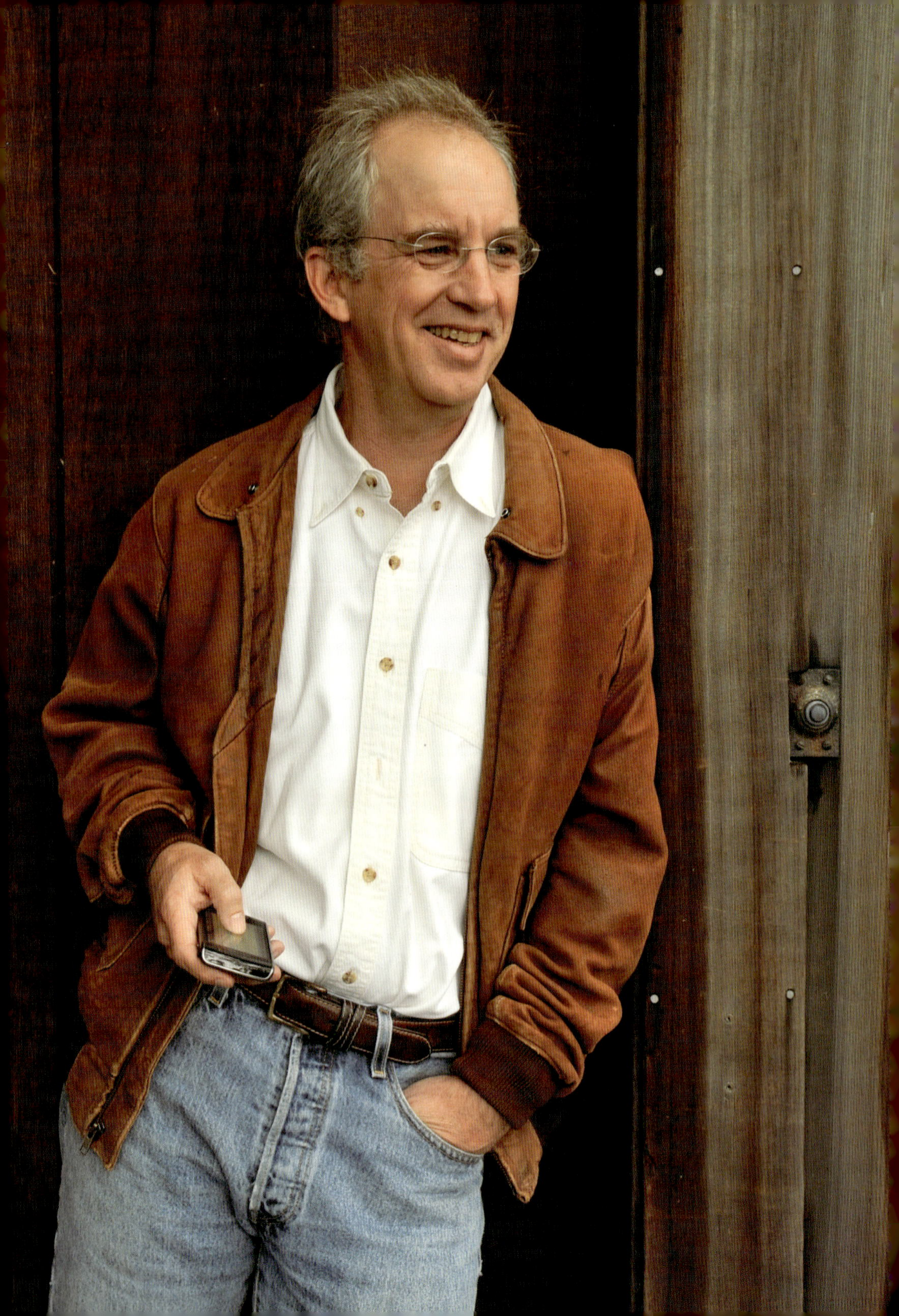

げさせているが──現在のカリフォルニアではめずらしい──、それは葡萄樹の通気を抑制し、貴腐菌の増殖を促進するためである。しかし残念なことに、それは一方では成熟過程を阻害し、そのため収穫時期が遅くなっている。ソーテルヌ同様に、葡萄果粒は選択的に収穫される。ワスプ（蜂の一種）の被害は、よくあることで、その時はボトリティス菌が付いた果房をすべて摘果し、被害を受けた部分を入念に切り落とす。成熟はブリックス糖度計で28〜40度とまちまちで、平均が34ぐらいである。ソーヴィニヨン・ブランの方は借地契約の0.6haの畑からのもので、その葡萄はブリックス糖度計で25度を超えることはめったにない。

そのワインは樽発酵させ、新樽で32ヵ月発酵させる。イケムが当初からの目標であるが、その結果はそれとはかなり異なったワインに仕上がっている。ハンプソンは、日照の強いカリフォルニアの気候の下では、かなり性質の違う甘口ワインができるのは仕方のないことだと認めている。生産量は300〜3000ケースと、ヴィンテージによって大きく変動する。1989年以降ドルチェは、ファー・ニエンテ内に独自のワイナリーを持つようになり、特別なブランドとして進化している。またグレッグ・アレンという専門のワインメーカーが付いているが、彼はマサチューセッツ工科大学の医学研究者という異色の前歴を持つ。

ドルチェは生産コストが非常に高く、時には、その質に不相応な高い値札がつけられていることがある。新オークの香りが目立ち、重々しくなりすぎ、ピリッとした風味に欠ける場合がある──それはハンプソンが認めているように、日差しの強いナパの気候によるものだ。

ジル・ニッケルは2003年に他界したが、彼の家族はワインづくりを継続している。ファー・ニエンテ以外にも2つのワイナリーがある。1つはニッケル＆ニッケルで、そこは自社所有のあまり広くない葡萄畑と、常時葡萄を買っている葡萄畑に焦点を絞った高品質の単一葡萄畑ワインを出している。現在約18のラベルが揃っている。もう1つは、ルシアン・リヴァー・ヴァレーにあるアン・ルートというワイナリーで、その最初のヴィンテージは2007年ピノ・ノワールである。このように、ファー・ニエンテはすでに実績を上げている既定路線に満足しているように見えるが、ニッケル家自体はダイナミズムを失ってはいない。

## 極上ワイン

### Chardonnay　シャルドネ

1988ヴィンテージを最初にテイスティングした時、このワインは、"手綱で制御された芳醇さ"を持っていると感じた。これは今もファー・ニエンテのスタイルを正確に言い当てているように見える。ほっそりしたヴィンテージもあれば、オークが突出したもの、ブルゴーニュのグラン・クリュの偉大さを目指しすぎたのではないかと思われるヴィンテージもあった。しかし2000年代に入ると、ヴィンテージはより一貫性のあるものとなり、印象がより鮮明になってきた。2007は、バナナやリンゴの複雑なアロマを持ち、オークは繊細で、洗練されている。ミディアム・ボディで、トースティーな香りが広がり、粗野なバター風味というよりは、スパイスのきいたリンゴのフレーバーが感じられた。後味はとても生き生きとして清澄。

### Cabernet Sauvignon　カベルネ・ソーヴィニヨン

1980年代から1990年代にかけて、このワインは全体としてタンニンが粗いのが欠点であった。とはいえ、1985のようにバランスの良いヴィンテージもあった。しかし1990年代半ばからは、明らかに改良の跡がみられ、ワインはより芳醇になり、よりフィネスが感じられるものになった。そしてそれは現在のヴィンテージでも失われていない。ブラインド・テイスティングで私は、2002、2003、2004、2005を非常に高く評価した。最近のヴィンテージ2006は、同様に上質で、ブラックカラント、ブラックチェリーのアロマが鮮烈で、口に含むとミディアムボディで、肉厚で良く凝縮されていて、その年に特有の、ある種の筋肉質も感じられた。

### Dolce　ドルチェ

2009年に、ワイナリーで多くのヴィンテージをテイスティングする機会を得た。1998は少し野菜のようなアロマを感じた。口に含むとまだ新鮮で、ほっそりとしていて、後味にある種の元気の良さを感じたが、少し地味すぎると感じた。1999はハチミツのような、芳醇な香りが広がり、キャラメルも感じられた。豊かでベルベットのような口あたりで、光沢もあるが、かなり重々しく、オークが強すぎ、後味の新鮮さが足りないように感じた。2005は控えめなアンズのアロマがあり、かなり繊細。口に含むと、核果類果実のフレーバーが広がり、良く熟れた感じを受けるが、すべすべした感じや躍動感はあまり感じられない。

### Far Niente
### ファー・ニエンテ

栽培面積：100ha　平均生産量：42万本
1350 Acacia Drive, Oakville, CA 94562
Tel: (707) 944-2861　www.farniente.com

左：1983年からワインメーカーを、そして現在はワイン醸造監督を務めるダーク・ハンプソン。豊かな経験からくる自信が感じられる。

NAPA VALLEY

# Frog's Leap フロッグス・リープ

19世紀頃、セントヘレナの町のすぐ北に、食用ガエルの養殖場があった。1975年にラリー・ターリーとジョン・ウィリアムズがこのワイナリーを開設するとき、2人はその歴史に敬意を表して、フロッグス・リープという名前を付けた。ターリーは1974年にこの土地を買っていたが、ほどなくしてジョン・ウイリアムズという名の1人の青年が、ナパをバイクで旅行中に、ここにテントを張った。近くの州立公園で一夜を過ごすためのお金がもったいなかったからである。彼は1本のワインを持っていたが、ターリーに見つけられたとき、彼をなだめるためにそのワインをさし出した。2人はバイクという共通の趣味もあって、すぐに意気投合し、チームを組むことに決めた。2人ともバイクをお金に替え、それを元手に、出発点となるワイナリーを建てた。しかしウィリアムズは、しばらくの間はお金を稼ぐために働かなければならず、最初はウォーレン・ウィニアスキーの下で、次にニューヨーク州のグレノラ・エステートの設立に手を貸し、最後にはスプリング・マウンテンでワインメーカーになった。その後2人は葡萄畑を拓いたが、フロッグス・リープのための葡萄の大半は、近くの葡萄栽培農家から買い入れた。

最初の数ヴィンテージは良く言えば職人的で、今では伝説となっているが、ラリー・ターリーは1980年カベルネを彼のバスタブで発酵させた。最初に市場に出されたヴィンテージは1981で、ソーヴィニョン・ブランとジンファンデルを合わせて700ケース造った。1985年には、シャルドネとカベルネ・ソーヴィニョンが続いた。最初から、2人は楽しみながらワインづくりをやろうと決めていたようだ。そのラベルは、カエルが優美に跳躍している、簡潔だがとても印象的なデザインだったが、そのカエルは、良く知られているカーミット（『セサミストリート』）に出てくるカエルの名前）にどこか似ていなくもない。コルクには"Ribbit（カエルのグワッという鳴き声）"という文字が刻印され、ワイナリーの自己紹介文には、ワイナリーのモットーは「ハエを捕まえている時が一番楽しい（訳注：原文はTime's fun when you're having fliesであるが、これはTime flies when you're having fun.ということわざををもじったもの）」であると書かれてあった。私が2人と最初にあったのは、遅摘みのソーヴィニョン・ブランをテイスティングするためだったが、当然そのワインの名前はレイト・リープ（「遅い跳躍」）であった。その一見洗練されたラベルは、生意気にもイケムのラベルに似せていたが、王冠はカエルの頭に載っていた。

しかしフロッグス・リープは1994年には、食用ガエルの農場を偲ばせるのどかな田園地帯のワイナリーというイメージからは、かけ離れたものに成長していた。そしてその頃、2人は別々の道を歩みたいと考えるようになり、ついに会社を分割した。確かに2人の好みは違っていた。ターリーは、大きく、力強いワインを好んだが、ウィリアムズは、軽くエレガントなスタイルのワインを造りたがった。ラリー・ターリーはそこにとどまり、ターリー・ワイン・セラーズを設立した。ジョン・ウィリアムズはラザフォードに土地を買い、フロッグス・リープのラベルを受け継ぐことになった。その土地には、1940年代にクルミやプラムを貯蔵していた大きな納屋があった。ウィリアムズはそれを少しずつ修復して、立派なワイナリーに作り変えた。1990年代に、多くの葡萄畑を買い求め、それらを有機栽培に切り替えていった。現在彼の葡萄畑の多くは、認証されてはいないが、バイオダイナミックで栽培されている。ウィリアムズはまた、既存の葡萄樹を無灌漑農法で栽培することに決め、2009年にすべて完了することができた。その目的は、根が水と養分を求めてさらに深く張るように促すことである。

彼のワインづくりは簡潔で、発酵には土着の酵母だけを使う。そして新樽はほんの少しの割合しか使わない。シャルドネの場合、80%だけを樽発酵させるが、そのうち新樽は10%しか使わない。カベルネの場合も同様である。そのワインは約16ヵ月樽発酵させるが、大部分古くも新しくもない樽を使う。しかし最高級品のラザフォードだけは、新樽比率25%で熟成させる。そのワインは、葡萄の大半がラザフォード段丘からの葡萄であることを考えると、とてもお買い得である。フロッグス・リープのワインの最も大きな特徴は、アルコール濃度が決して14%を超えることがないということである。というのも、ウィリアムズは、葡萄をブリックス糖度計で23〜24度の間で収穫するようにしているからである。その結果、ワインは、とりわけ赤ワインは、ナパの赤ワインによく見られる、豊かさと重量感だけが取り柄といったような単純なワインではなく、バランスのとれた長く瓶熟させることができるワインとなる。彼はまた、多くのメルローも造っているが、かつて私にこう言ったことがある。「メルローも素晴らしいが、カベルネこそがワインだ。」そして私も、それに同意したい気持ちはある。その他、新鮮さが好ましいジンファンデルや、少量の上質のプティ・シラーも造っている。

フロッグス・リープのワインは今流行りのワインではないが、レストランで食事とともに愉しみたいワインである。それ

右：現在のフロッグス・リープ・ワイナリーは、元の食用ガエル農場のあった場所からは離れているが、その名前とシンボルは変わっていない。

126

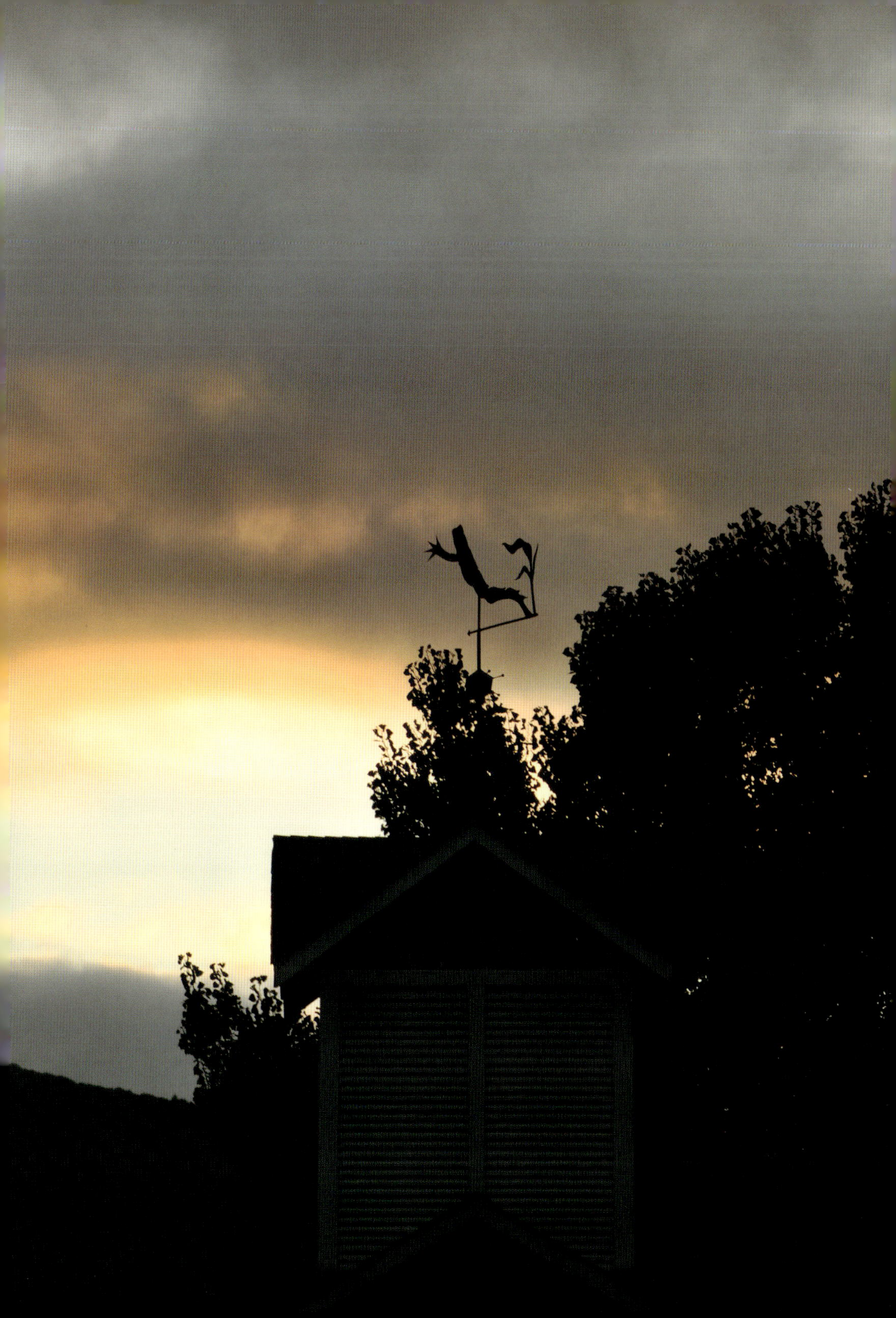

上：今もユーモアの精神を忘れずにいるジョン・ウィリアムズ。しかし彼は、エレガントなスタイルの自然で表現力のあるワインを造る。

は非常に丁寧に造られ、調和が取れてバランスが良く、価格も手頃だ。すこしハーブが感じられるかもしれないが、それもこのワインの個性であり、それは少しも生っぽくなく、青臭くもない。ウィリアムズは今の品揃えに満足しているが、数年かけて新たな商品開発も進めている。彼は今でも、少しおどけた雰囲気のあるワインを造りたいという気持ちをなくしてはいない。リープフロッグミルッヒはシュナン・ブラン主体の低アルコール・ワインであるが、3年造られた後、造られなくなった。最近ではフロッゲンベーレンアウスレーゼという、これもドイツ・ワインをもじった名前のTBA（トロッケンベーレンアウスレーゼ）スタイルのリースリングを造っている。そのワインは、ラザフォードの貴腐菌の付いた葡萄から造られる。そしてこのワインに関して最も驚かされることは、ウィリアムズがこの雄大なナパ・アペラシオンで、樹齢70歳にもなるリースリングを育てているということだ。

### 極上ワイン

**2008 Sauvignon Blanc [V]**
**2008 ソーヴィニヨン・ブラン[V]**
　メロン、柑橘類、白桃の引き締まった香り。生き生きとして新鮮で、微かにハーブも感じる。酸が秀逸で、躍動感を感じる。柑橘系の後味が長く続く。

**2007 Zinfandel　2007 ジンファンデル**
　控え目なチェリー、クランベリーの香り。新鮮さが良く凝縮されていて、タンニンは軽め。白コショウも感じられる。複雑な味わいというよりは、繊細で魅力的。

**2006 Cabernet Sauvignon★**
**2006 カベルネ・ソーヴィニヨン★**
　かすかにハーブを感じるブラックカラントの香り。フィネスがある。かなり豊かだが、過抽出の気配はなく、骨格のタンニンと上質の酸が新鮮さを保たせている。深速というよりはエレガントで、バランスが取れていて、味わいは長い。

**2005 Rutherford Cabernet Sauvignon**
**2005 ラザフォード・カベルネ・ソーヴィニヨン**
　甘く濃密な香り。オークも感じられる。ミントが際立ち、ハーブの微香もある。芳醇だが、上質の酸が躍動感をもたらしている。土味も感じられ、グリップ力がある。エレガントで落ち着いていて、長い味わいのワイン。

**Frog's Leap Winery**
**フロッグス・リープ・ワイナリー**
栽培面積：56.5ha　平均生産量：70万本
8815 Conn Creek Road, Rutherford, CA 94573
Tel: (707) 963-4704　www.frogsleap.com

NAPA VALLEY

# Grgich Hills Estate　ガーギッチ・ヒルズ・エステート

　ミレンコ・グリギッチ（またはマイク・ガーギッチ）は、1923年に、11人兄弟の末っ子としてクロアチアで生まれた。彼の一家は、葡萄やその他の穀物を栽培する小農で、彼は子供の頃から葡萄栽培をやっていた。第２次世界大戦が終わり、将来のことを考えなければならなくなった時、彼はザグレブで本格的に葡萄栽培を学ぶことを決意した。共産主義政権下のユーゴスラヴィアの抑圧的な生活から抜け出して、自由に葡萄栽培の勉強をしたいと考えた彼は、西ドイツでの留学プログラムに応募した。そこで勉強している間に、北アメリカに移民することを決意した。1958年、彼はカナダ経由でカリフォルニアに辿り着いた。そこでガーギッチはワインメーカーの仕事に応募し、スーヴェラン・セラーズの有名なリー・スチュワートの下で働くことになった。こうして彼のカリフォルニアでの生活が始まった。

　しかしガーギッチはスチュワートとうまくやって行けず、別の職場を探した。クリスチャン・ブラザーズ・ワイナリーに行き、その後ボーリューに移ったが、そこでは当時最も尊敬を集めていた醸造学者のアンドレ・チェリチェフが指揮を取っていた。彼はチェリチェフから多くのことを学び、1968年には、ロバート・モンダヴィへ、そして1972年には、シャトー・モンテリーナへと移った。

　彼はそこで、大きな幸運に恵まれた。彼の造った1973年シャルドネが、1976年のパリ・テイスティングでの審判に勝利したのである。こうして彼のキャリアは離陸を始め、1976年に彼は、ラザフォードに8haの土地を手に入れることができた。その時ワイナリーを建てるだけの余裕はなかったが、幸運にも、コーヒー製造で有名な一族出身の、オースチン・ヒルズと共同経営を組む話が持ち上がり、ガーギッチとヒルズは、1977年に半々の出資で新しいワイナリーを建てた。このワイナリーを訪れる多くの人が、ガーギッチ・ヒルズという名前は、牧歌的な雰囲気を出すために付けられた名前と思っているようだが、実際は２人の設立者の名字を合わせただけのものである。最初のヴィンテージが1977年に出された。

　1980年代、ガーギッチは多くのカリフォルニアのワイナリーが進む道を踏襲した。さまざまな葡萄栽培農家から葡萄を買い入れながら、自分の畑も拡張させた。彼はジンファンデルの古樹が好きだったが、その葡萄はソノマ郡のヒールズバーグの近くのソーサル・ヴィンヤーズから買い入れた。またソーヴィニヨン・ブランはポープ・ヴァレーから買い入れ、その葡萄で酸の強い個性あるワインを造りだした。カベルネ・ソーヴィニヨンは1980年に初めて市場に送り出し、その10年後、彼は樹齢50歳の無灌漑栽培の葡萄樹から、ヨーントヴィル・セレクション・カベルネを造り始めた。その他にも自家栽培の葡萄から造る、プティ・シラーとジンファンデルもある。

　当然のことながら、シャルドネがガーギッチ本人が最も深く関与したワインであり、それは常にナパで最上のシャルドネという評価を得た。彼はマロラクティック発酵を中断させることを好み、1980年代には、そのワインは大部分リムーザン・オーク（フランス、リムザン地方のオークから造られる樽、タンニンが豊富なことが特徴）で熟成された。これはハイツでも同様であった。1990年代に彼はさらに、ウェンテのクローンから造られる、精妙なカルネロス・セレクション・シャルドネを商品構成に加えた。また彼は時折、ヴィオレッタ（娘の名前ヴィオレットから取った）という名前の甘口ワインも造っているが、それはリースリング、ソーヴィニヨン・ブラン、ゲヴュルツトラミネールというあまり例を見ないブレンドである。また最近では、ソーヴィニヨン・ブランから、エッセンスというワインも造っている。

　1990年代に入ると、ガーギッチ・ヒルズはマニュアル化されたワイン造りに切り替えたように見えた。ワインの酒質は良好で、ひょっとすると1980年代よりも良かったかもしれない。しかしワイナリーには、わくわくさせる雰囲気がなくなっていた。そんな時、ガーギッチの曾甥がやってきたことによって空気は一変した。1959年生まれのイヴォ・ヘラマスは、ザグレブで工学を学んだ後、1986年にカリフォルニアに移民してきた。彼は助手的な仕事から高度なワインづくりまで、すべて熱心に取り組んだ。マイク・ガーギッチが歳を重ねていくに従って、だんだん多くの責任がイヴォに任されるようになった。

　2003年、イヴォ・ヘラマスはビオディナミの指導者的人物の講演を聞いた。フランス、ロワール渓谷から来たニコラ・ジョリーがベンジガーで講演したのだった。ヘラマスは彼の語る内容のすべてに感動し、それについて大伯父と話し合った。マイク・ガーギッチは、出来るだけ自然に葡萄を育てるという考え方に賛同した。というのも、彼の故郷

129

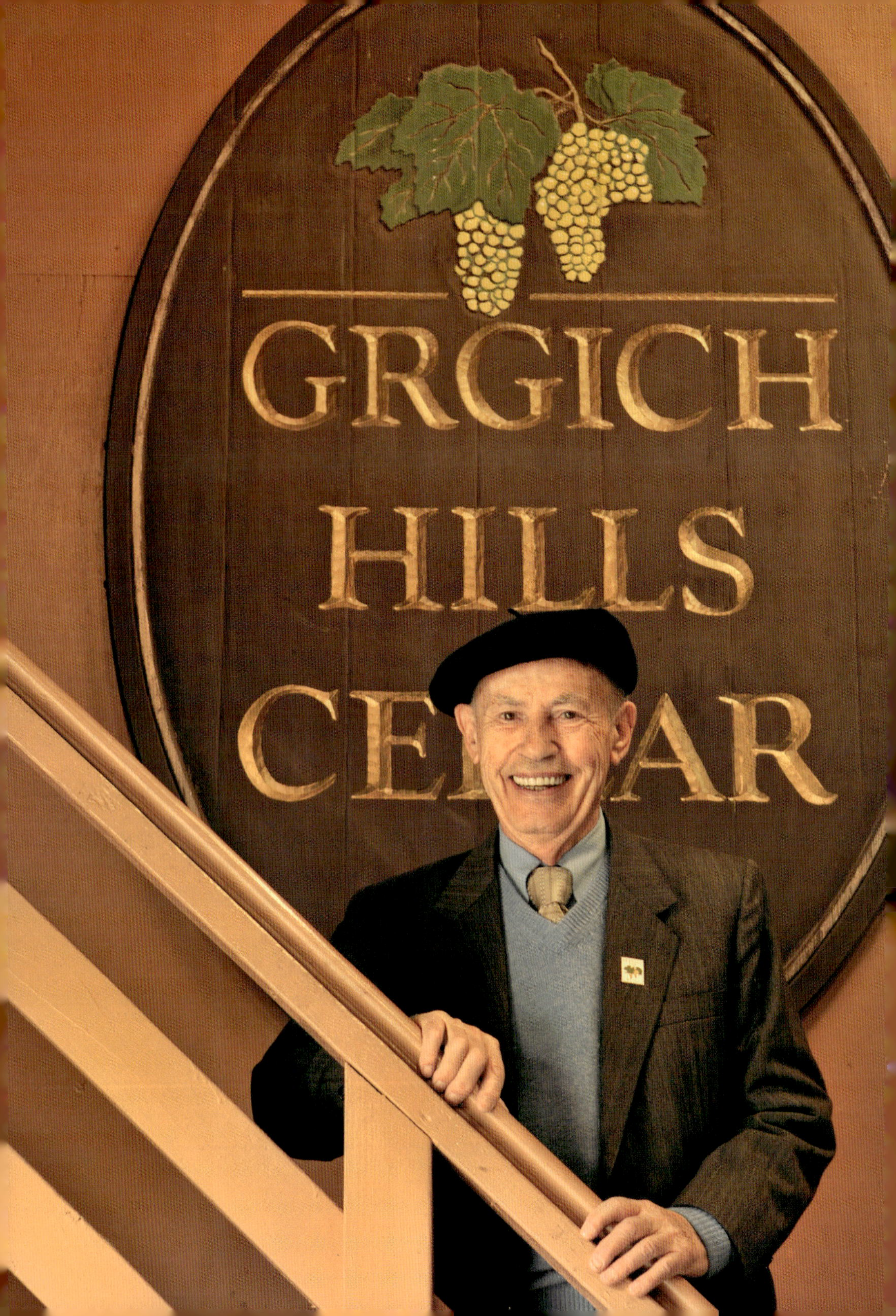
GRGICH
HILLS

クロアチアでは、葡萄樹はそのようにして育てられていたからである。彼はイヴォに、やりなさいと告げた。こうして2006年には、エステートはすべてバイオダイナミックスに変わった。

これはワイナリーの規模を考えると、非常に大胆な挑戦であった。さらに2003年からは、ガーギッチのすべてのワインは、エステート・グロウンになった。すなわち、自家の葡萄が特別ひどい状態にならない限り、他の葡萄農家の葡萄に頼らないで良くなったということである。エステートには5つの葡萄畑がある。ヨーントヴィルの8haのシャルドネの畑、ワイナリーのカベルネをすべてまかなっている、ヨーントヴィルのドミナスの隣の、10haがシャルドネ、17haがカベルネの畑、そしてシャルドネ、リースリング、ソーヴィニョン・ブランが植わっているオリーヴ・ヒルズ、シャルドネを40ha植えているカルネロスの畑、そして最後に、ナパ南部のアメリカン・キャニオンの町にある、1996年に初めて植樹した比較的新しい葡萄畑である。最後の畑は65haもの広さの、風の通り抜ける冷涼な畑で、ソーヴィニョン・ブラン、シャルドネ、メルローが植えられている。

これらの活動のすべてが、ガーギッチ・ヒルズに活気を取り戻させた。さらにヘラマスは現在、バリックから離れる取り組みを進めている。それまで使われていたすべてのオーク樽はフランス製のバリックであったが、彼はフードル（大樽）を導入し始めた。赤ワインのいくつかのキュヴェをそれで熟成させ、ソーヴィニョン・ブランの発酵には、温度調節機能付きのカスクを使っている。またジンファンデルは現在、小さなオーク樽ではなく、容積600ℓの樽で熟成させている。ヘラマスはまた、現在ボルドーで多く見られるようになったオクソライン・ラックを導入した。それは自動的に樽を回転させて、ワインを空気にさらすことなく、すなわち酸化させることなく、澱とワインを撹拌させる設備である。そして2006年から、すべてワイナリーの電力は太陽光発電設備でまかなわれるようになった。

葡萄畑の包括的管理と、ワイナリーにおける微調整という体制が整い、現在ガーギッチは、今後数年以内にかつての名声を取りもどす準備ができた。ガーギッチ本人に関していえば、彼は安易な引退の道は選びたくないと思っている。彼は故郷のクロアチアに戻り、グリギー・ヴィーナを設立した。彼は今そこで、プラヴァック・マリ（ジンファンデルの近縁種と見られているクロアチア原産の葡萄品種）の単一品種ワインを3000ケースほど生産している。

左：今でも精力的な活動を続けるマイク・ガーギッチ。彼の曾甥イヴォ・ヘラマスは、彼のラザフォードのワイナリーに新風を送り込んでいる。

## 極上ワイン

(2009～10年にテイスティング)
**2007 Fumé Blanc**
**2007 フュメ・ブラン**
　豊かな、花のような香り。トロピカル・フルーツも感じられる。ふくよかで、まろやかで、フル・ボディ。やや重く感じるが、後味で高揚感のある酸が締めくくる。

**2006 Carneros Selection Chardonnay**
**2006 カルネロス・セレクション・シャルドネ**
　熟れた甘美なリンゴの香り。口あたりはクリーミーでフルボディ。オークの存在が豊穣なスパイスをもたらし、後味は長く新鮮。

**2006 Zinfandel**
**2006 ジンファンデル**
　かすかに、レーズン、チェリーの香り。ミディアムボディだが良く凝縮され、胡椒味が際立つ。ドライフルーツも感じられる。芳醇というよりは新鮮。後味はとても長い。

**2005 Miljenko's Vineyard Petite Sirah**
**2005 ミレンコズ・ヴィンヤーズ・プティ・シラー**
　控え目でふくよかな香り。豊かで、率直な、スパイシーな口あたり。タンニンは熟れているが、気まじめなところもある。生き生きとして長い味わい。

**Cabernet Sauvignon**
**カベルネ・ソーヴィニヨン**
**2006**　甘く優しいオークの香り。冷たい赤果実を感じる。骨格はしっかりしており、タンニンも堅牢で、やや厳しさと噛みごたえがある。柔らかく開くためにもう少し寝かせた方が良いだろう。しかしグリップ力はあり、凝縮され、ほど良い長さの後味がある。
**2004**　甘く濃密なブラックカラントの香り。芳香性があり、魅惑とフィネスを感じさせる。熟れて、凝縮され、タンニンも堅牢。スパイスと酸が生気に溢れ、他の2004よりもずっと新鮮で若々しい。バランスの取れた味わいの長いワイン。

**Yountville Selection Cabernet Sauvignon**
**ヨーントヴィル・セレクション・カベルネ・ソーヴィニヨン**
**2005★**　熟れて、ずっしりと重いブラックカラントの香り。贅沢で、みずみずしく、滑らかな口あたり。凝縮感もある。洗練されているが、胡椒味も感じられ、長く持続する後味に生き生きとしたグリップ力を感じる。
**2004**　無口な香り。しかしミントや胡椒味の刺激的な香りもある。今はまだ閉じているが、突き刺すような果実味もある。明らかにもう少し時間が必要。味わいはとても長い。

**Grgich Hills Estate**
**ガーギッチ・ヒルズ・エステート**
　栽培面積：150ha　平均生産量：80万本
　1829 St. Helena Highway, Rutherford, CA 94573
　Tel: (707) 963-2784　www.grgich.com

NAPA VALLEY

# Newton Vineyards　ニュートン・ヴィンヤーズ

　　ス プリング・マウンテンの輪郭をなぞるように数多くの美しい葡萄畑が広がっているが、ニュートンの葡萄畑ほど美しい畑はそう多くない。その葡萄畑は、景観の起伏やひねりに合わせて、自然の植生を間にはさみながら、異なった土壌——岩の多いローム層から火山性土壌まで——、異なった向きを持つ多くの区画に分かれている。標高は、150m～500mと、かなり開きがある。葡萄畑の1つには、赤い漆の中国風の鳥居があり、あちこちに置かれている中国風の石灯籠が、この葡萄園の設立者の1人、スー・ホア博士が中国で生まれ育ったことを物語っている。

　彼女の亡き夫、ピーター・ニュートンはカリストガのスターリング・ワイナリーを設立した共同経営者の1人だった。1977年にコカコーラ社がスターリングを買収すると、彼は今度は、その時得た収益の一部で、225haのスプリング・マウンテン・ランチを買った。新しいエステートの1970年代の切り札的存在はメルローであった。ニュートンはその品種を今も上質なワインにしているが、量は過去ほど多くない。ニュートン夫妻はまた、グラーヴ・スタイルの白ワインも造りたいと思ったが、1980年代の初めに数ヴィンテージ造っただけで、1987年には止めてしまった。そのワインは樽発酵のソーヴィニヨンとセミヨンのブレンドで、費用のかかるワインだったが、思ったほどの利益を上げることはできなかった。というのもアメリカの消費者が、ソービニヨン・ブランがなぜシャルドネと同じくらい高い値段で売られているのかを理解しなかったからである。

　その後ワインの品揃えは、シャルドネ、メルロー、カベルネ・ソーヴィニヨン、そしてパズルという名前のボルドー・ブレンドへと集約された。しばらくの間、カベルネ・ブレンドのカベルネットというワインも造られていたが、いつしか消えてしまった。現在、レッド・ラベルという名の一連のセカンドワインが出されている。

　ニュートンが抱える問題の1つに、方向性の欠如がある。このワイナリーはこれまで優秀なワインメーカーばかりを雇ってきたが、彼らは後景に退きたがった。というのも、スー・ホア博士が前面に出てくるからである。最初のワイ

右：常に中心的役割を果たしてきたスー・ホア博士。彼女はLVMHに買収された後も、広告塔として活躍している。

132

スプリング・マウンテンの輪郭をなぞるように数多くの美しい葡萄畑が広がっているが、ニュートンの葡萄畑ほど美しい畑はあまりない。その葡萄畑は、景観の起伏やひねりに合わせて、異なった土壌、異なった向きを持つ多くの区画に分かれている。

NEWTON VINEYARDS

ンメーカーは、スターリングにいたリック・フォアマンだったが、彼はニュートン夫妻と喧嘩し、自分の名前のワイナリーを出すと言い残して出て行ってしまった。1983年、今度はジョン・コングスガードがワインメーカーになったが、彼も同様で、自分の名前のワイナリーを設立した。ルーク・モレが2001年まで務め、現在はクリス・ミラードがワインメーカーである。ワインメーカーが替わるたびに、特別なラベルやキュヴェが創出され、ニュートンのスタイルが一体何なのかがはっきりしなくなってしまった。しかし大きな変化が2001年に訪れた。フランスの高級装飾品最大手のLVMH（モエ ヘネシー・ルイ ヴィトン・グループ）が、会社の経営権を握れるだけの株式を取得したのである。その後数年間、ニュートン夫妻は経営を続けたが、ピーター・ニュートンの健康状態が悪化し、2008年に彼は他界した。その後LVMHは全面的に経営権を握ったが、スー・ホア女史は今でも、ワインの広告塔としての役割を果たしている。

発酵には、かなりの割合で土着酵母が使われ、ニュートンはその最上級ワインをすべて濾過を行わずに瓶詰めすることを誇りに思っている。

赤ワイン用品種の多くは、自社の葡萄畑のものだが、シャルドネはすべてカルネロスの葡萄栽培農家から購入している。山の中腹をくりぬいて造られた横穴式ワイナリーは、温度調節された7つの醸造室に分かれている。そのため、たとえば1つの室ではマロラクティック発酵を促進するために暖房されているが、その隣の室では、貯蔵されているワインを安定させるために冷房されているといったことができる。発酵には、かなりの割合で土着酵母が使われ、ニュートンはその最上級ワインを、ラベルに表示してあるように、すべて濾過を行わずに瓶詰めすることを誇りに思っている。とはいえ、それは15年前ほどめずらしいことではなくなっている。冷え冷えとしたセラーでは、赤ワインとアンフィルタード・シャルドネが約2年間樽で熟成される。

このところずっと、ニュートンのワインの出来はあまり良くなかった。全体としてそのワインには、純粋さがなかった。しかし現在、所有権の問題はしっかり解決され、新しいワインメーカーも定着している。今後酒質が向上し、スタイルの一貫性が確立されるのを楽しみに見守りたい。

## 極上ワイン
(2008～2009年にテイスティング)
### Chardonnay
シャルドネ
　2006アンフィルタードは、贅沢なトロピカルフルーツの香りがあるが、それは明らかにオークに由来するもの。口に含むと、豊かで、広々としており、クリーミーだが、適度な酸とスパイシーさもある。2005はそれよりもバター風味があり、甘く、アルコール度数も高い。あまり長熟しそうにない。

### Merlot
メルロー
　2005アンフィルタードは、くらくらするような芳醇な香りがある。ブラック・チェリー、コーヒー、ナツメグが感じられる。贅沢で、凝縮された口あたりで、ピリッとしたスパイシーさもある。この品種にしてはめずらしく、後味に酸っぱいチェリーが感じられる。2002は少しブレタノマイセス（悪性の酵母）に侵された痕跡が感じられる。

### Cabernet Sauvignon
カベルネ・ソーヴィニヨン
　2005は、タールのような黒果実の香りがある。豊かでフルボディで、贅沢。タンニンもしっかりしているが、酸がちょうどよいバランスを取っている。しかし元気の良さと個性が少し足りない感じがする

### The Puzzle
ザ・パズル
　2005は、カベルネ・ソーヴィニヨン46％、メルロー29％、カベルネ・フラン21％、プティ・ヴェルドー4％。濃厚で、贅沢で、肉のような香り。純粋さを犠牲にした重さがある。非常に豊かなフルボディで、良く凝縮されている。タンニンは堅固で、骨格もしっかりしており、長熟するワインになっている。果実味の芳醇さと量塊的な骨格が、アルコール度数の高さを目立たなくさせている。しかし2002はバランスがあまり良くなく、ミルク・チョコレートの風味があり、果実味の甘さが過度に感じられ、後味も熱い。クラーレットという名のレッド・ラベルも、同様に贅沢な肉のような香りがあるが、それよりも大柄で、はるかに高価な兄弟ワインよりも軽さがある。

### Newton Vineyards
ニュートン・ヴィンヤーズ
栽培面積：50ha　　平均生産量：48万本
2555 Madrona Avenue, St. Helena, CA 94574
Tel: (707) 963-9000　　www.newtonvineyards.com

NAPA VALLEY

# Shafer Vineyards シェーファー・ヴィンヤーズ

イリノイ州に住む典型的な会社役員であったジョン・シェーファーは、1972年、葡萄栽培に乗り出すために一家でカリフォルニアに移住することを決意した。とはいえ、当時の彼はワインの熱烈な愛好家というわけではなく、その移住は純然たる起業家的な野心によるものだった。しかし彼は葡萄栽培に関して本能的な感覚を持っていて、山腹に葡萄樹を植えるべきだとすぐに気がついた。幸運にも、スタッグス・リープに適当な畑を見つけることができた。そこは3年前から売りに出されていた。そこにはすでに葡萄樹が植わっていたが、ジンファンデルやカリニャンなどの品種で、以前はガロに売られ、ハーティ・バーガンディーの原料になっていた。シェーファーは、それではもったいないと考え、それらの葡萄樹を引き抜き、カベルネ・ソーヴィニヨンを植えた。

> 彼は葡萄栽培に関して
> 本能的な感覚を持っていて、
> 山腹に葡萄樹を植えるべきだとすぐに気づいた。
> 幸運にも、スタッグス・リープに
> 適当な畑を見つけることができた。

彼の最初のヴィンテージは1978年で、そのワインは2007年に飲んでもまだ美味しかった。その20haの南向きの段々畑の火山性の土壌の上には、現在カベルネとメルローが植えられている。そこはかなり気温の高い場所だが、幸い夜は冷涼になり、果粒が煮えてしまうようなことはない。その他、チムニー・ロック・ワイナリーの傍のやや重たい土壌にも畑を所有しているが、そこからは非常に元気のよい、ワインが生まれる。またオーク・ノルにも24ha、カルネロスにも27.5haの畑を持っている。1990年から葡萄畑は、列間に草を植え、殺虫剤を使わずに天然の捕食昆虫に頼るようにし、太陽光発電パネルを設置して、持続可能な方法で管理されている。

ジョン・シェーファーは現在80歳代の前半で、依然として壮健であるが、葡萄畑とワイナリーの日々の管理は、息子のダグに任せている。ダグ・シェーファーは、行き当たりばったりで収穫していた頃のことを思い出している。「僕の最初のヴィンテージは1983年だったが、まだカスタム・クラッシュ（ワイナリーを借りてワインを生産する）だったから、葡萄をセント・ヘレナのマーカム・ワイナリーに持っていって発酵させた。その後、カリストガのどこかのワイナリーのアメリカ産のオーク樽で熟成させた。でもそこには適切な温度調節器がなかったので、僕らは電気毛布を使ってマロラクティック発酵を始めさせなければならなかった。どうなったと思う？　そのワインはいま飲んでも最高さ。」

シェーファー家の事業計画には休みがない。その親子は、葡萄畑を最善の状態に保つためにあらゆることをやっている。1980年代半ばには、彼らのジンファンデルに不幸なことが起きたが、2人はすぐにそれを引き抜き、メルローに替えた。1980年には、スタッグス・リープの畑からシャルドネを造ったが、ジョン・シェーファーはそのワインが全然気に入らなかった。その時、1984年からワインメーカーを務め、家族同様に待遇されていたワインメーカーのエリアス・フェルナンデスが、カルネロスに植えればもっと良いシャルドネを造ることができると言った。シェーファー父子はその助言を聞き入れ、こうして1994年、レッド・ショルダー・ランチ・シャルドネの最初のヴィンテージが生まれた。

シェーファー父子はアンティノリのティニャネロを愛飲していたので、サンジョヴェーゼを使ってみようと考えた。その結果生まれたのが、ファイアーブレークである。それはスタッグス・リープとオーク・ノルのサンジョヴェーゼとカベルネをブレンドしたもので、1991年に最初に造られた。ファイアーブレークは、ナパではまずまずのサンジョヴェーゼ・ワインだったが、ダグは2003ヴィンテージ以降造るのを止めた。理由は明らかだ。数少ない愛好者のためにサンジョヴェーゼを造るよりも、カベルネを造った方が利益が上がるからだ。

1999年には、ワイナリーはリレントレス（「無慈悲な」という意味）という名のシラーを導入した。その名前はこのワインにぴったりだ。というのも、それは常にどっしりとした量塊感のあるワインだからである。その葡萄は、オークノルの、岩の多い浅い土壌から採れるもので、それにプティ・シラーが少量ブレンドされている。そのワインは、大部分フランス産の新樽で28ヵ月間熟成される。それはプラムの風味の際立つ、芳醇で、良く凝縮されたワインで、アルコール度数はやや高めである。

しかし何といってもシェーファーの名声を高めているワイ

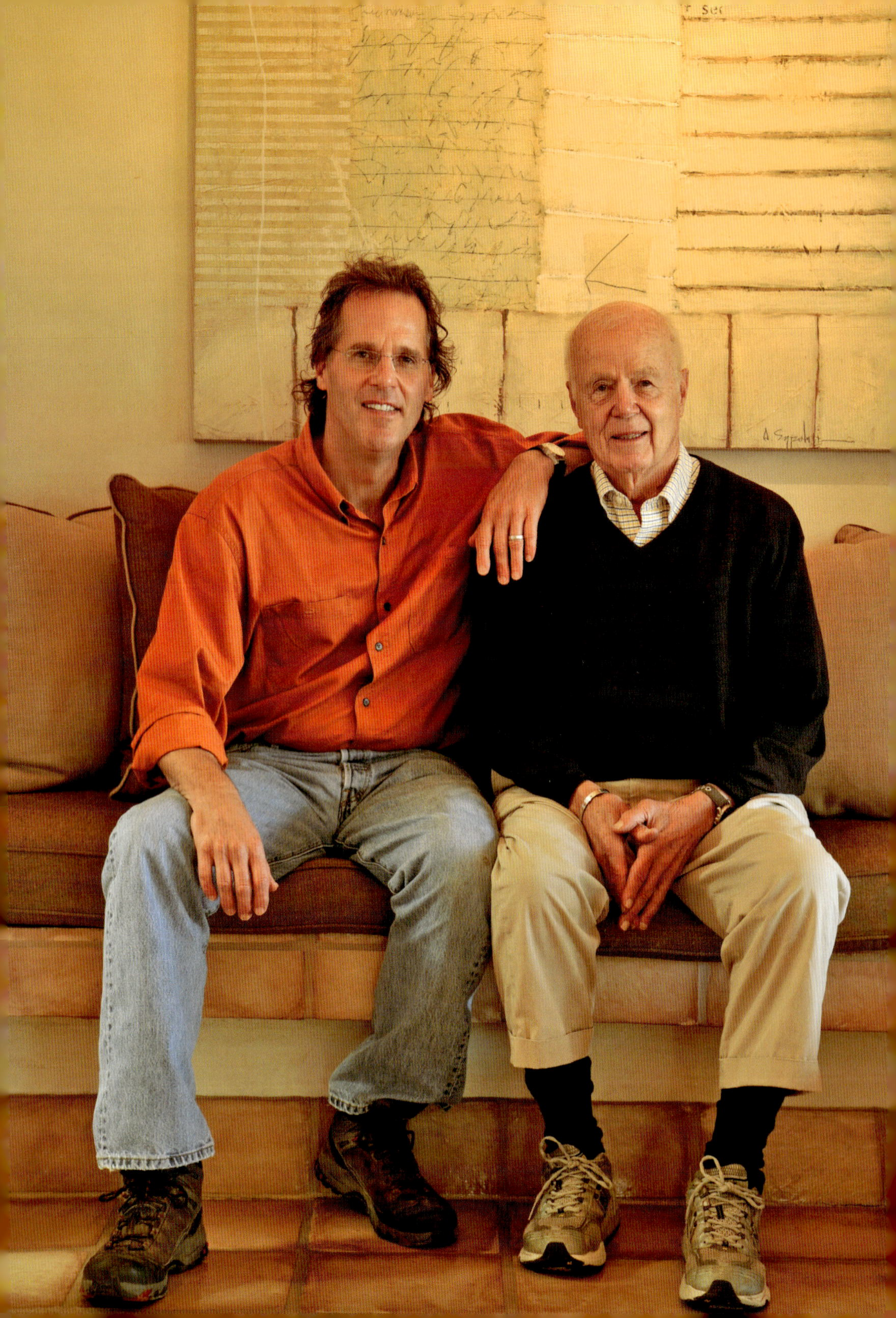

ンは、1983年から造られ始めたヒルサイド・セレクト・カベルネである。そのワインは、山腹の葡萄畑のさまざまな区画に植えられた、さまざまなクローンから造られるものである。どのブロックも日当たりが良く、午後の陽ざしをいっぱいに浴びて育ち、その結果、雄大で頑健なワインとなっている。このワインもフランス産オークの新樽で32ヵ月熟成されるが、これはカリフォルニアでも特に長い熟成期間である。そのワインは、称賛するものもいるが、批判するものもいる。後者は、オークの新樽の比率が高すぎ、あまりにも力強くなりすぎるため、スタッグス・リープの最上の葡萄畑に特有の精妙さが損なわれていると言う。これは理論的には正しいかもしれない。しかしそのワインは、いくぶん堅固すぎると言えるかもしれないが、力強さと豊かさにもかかわらず、常に良いバランスを保っている。

それまで通常のカベルネは、スタッグス・リープ・カベルネのラベルで出され、葡萄の仕入れ先が広がったときは、ナパ・カベルネで出されていた。しかし2004年にダグ・シェーファーは最初からやり直すことに決めた。彼はスタッグス・リープの自家の葡萄畑のうちの2つから、新カベルネを造った。それは大部分カベルネ・ソーヴィニヨンで、ほんの少量メルローがブレンドされている。ワン・ポイント・ファイヴという名のそのワインは、ヒルサイド・セレクトと違い、半分がアメリカ産オーク樽で熟成される。その他、メルローも造っているが、それはナパ・ヴァレーでも最上の部類に入る。

方向性とスタイルに時おり脱線が見られるが、シェーファーは一貫して優秀で信頼できるワイナリーである。過去、レッド・ショルダー・カルネロス・シャルドネは、過度なトロピカル・フルーツの風味、バターのような質感、高いアルコール度数でがっかりさせることもあったが、多くの批評家が高い点数を付けた。2000年代初めから、ダグ・シェーファーとエリアス・フェルナンデスはワインの20%をステンレスタンクで発酵させるようにした。その結果ワインにはより鮮明に新鮮さと生命力が表現されるようになった。それによって私の舌には、より愉しめる、より生き生きとしたワインになっているように思える。

## 極上ワイン

(2008〜09年にテイスティング)
**Hillside Select Cabernet Sauvignon**
ヒルサイド・セレクト・カベルネ・ソーヴィニヨン

左：ナパでも屈指の、優秀で一貫性のあるワイナリーをさらに進化させるため常に努力を続けているジョン・シェーファーと息子のダグ。

**2005** プラム、ブラックカラント、ブラックベリー果実の頑健な香り。良く凝縮されているがしなやかな口あたり。オークは質感が良く穏やか。しかしややフィネスに欠け、後味は熱く胡椒味が強い。

**2004** 贅沢なミント、オークの香り。ブラックカラントの果実も感じられる。良く熟れて凝縮されており、自信に満ちて、ドラマチックで、スパイシー。しかし後味のアルコールが強く感じられるのが惜しい。

**2003** イチゴ、豊潤なブラックカラント、新オークの香り。良く凝縮されているが、アルコールはうまく抑えられている。全体としてエレガントさからは程遠いが、後味はとても長い。

**2002★** 芳醇なオークと黒果実の香り。贅沢な、良く凝縮された口あたりで、タンニンは大きい。燻香の混ざった複雑な味わいで、素晴らしい躍動感があるが、ジャムの触感はない。味わいはとても長い。

**2001** 甘美で官能的なブラックカラントの香り。コーヒーの微香もある。豊かだがどこか柔らかさもある。後味は超熟で平板な感じがするが、度が過ぎた感じはない。味わいはほど良い長さ。

**1999** まだ不透明な赤色。抑制されているが豊かなブラックカラントの香り。バニラの微香もある。口に含むと、良く凝縮された贅沢でスパイシーな黒果実が感じられる。酸は穏やかだが、依然として若々しさを感じる。

**1994** 生き生きとした、オーク、ミントの香り。ミディアムボディだが、良く熟れて凝縮されている。少し味わいの持続性に欠けるが、衰えている感じはまったくない。

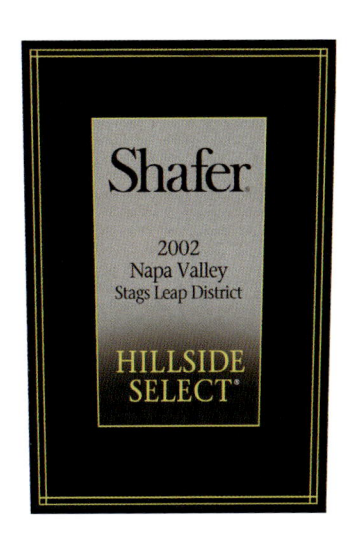

**Shafer Vineyards**
シェーファー・ヴィンヤーズ
栽培面積：80ha 平均生産量：38万5000本
6154 Silverado Trail, Napa, CA 94558
Tel: (707) 944-2877  www.shafervineyards.com

NAPA VALLEY

# Spottswoode Estate Vineyard & Winery
スポッツウッド・エステート・ヴィンヤード＆ワイナリー

セント・ヘレナの町を横断する混雑した幹線道路から数ブロックしか離れていないところに、かなり立派な邸館があり、木々の生い茂った庭の中にどっしりと構えている。それはどこか古い旅館のような雰囲気をたたえている。それもそのはずで、1880年代にドイツ人移民のジョージ・ショーンヴァルトがここにその邸館を建てたとき、彼はモントレーの豪華なホテルを御手本としたのだった。彼の死後この建物は、アルバート・スポッツ夫人などの手を経て、ジャック・ノヴァック博士のものとなった。彼はここが、子供たちを育てるのに理想的な環境だと考えたのである。その土地に葡萄畑が付属していたので、彼は1973年に、前から植わっていたナパ・ガメやコロンバール種を引き抜き、ソーヴィニヨン・ブランとカベルネ・ソーヴィニヨンを植えた（しかし1990年のフィロキセラ禍によって、それらの葡萄樹の大半が植え替えられた）。

スポッツウッドが常に目指しているものは、
熟れてしなやかで、
タンニンや抽出が過剰でないワインである。
そのカベルネはバランスが良く、官能的で、
15年も長く寝かせることができる。

最初その葡萄は、ダックホーンやシェーファーなどの他のワイナリーに売られていたが、ダン・ダックホーンとジョン・シェーファーはノヴァックに、君もワインを造ってはどうかと勧めた。

ジャック・ノヴァックは1977年に44歳の若さで亡くなった。それはまだ年若い残された家族を途方に暮れさせたに違いない。しかし彼の未亡人メアリーは、悲しみの中で少しずつ前に進み、ワインメーカーとしてトニー・ソーター（彼はその後高名なコンサルタントになり、さらにその後、故郷のオレゴンに戻って彼自身の葡萄畑とワイナリーを開いた）を雇った。最初のヴィンテージは1982年で、その3年後にはすべての葡萄畑が有機栽培になった。現在メアリーの娘のベス・ノヴァック・ミリケンが、精力的に、そして誇りを持ってスポッツウッドを切りまわしている。ここには別にフェミニスト憲章のようなものがあるわけではないが、トニー・ソーター以後のワインメーカーはすべて女性である。パム・スター、ローズマリー・ケークブレッド、そして2006年以降は、ジェニファー・ウィリアムズである。

スポッツウッドは3種類のワインしか造っていない。ソーヴィニヨン・ブランと2種類のカベルネ・ソーヴィニヨンである。カベルネはすべて自家栽培のもので、ソーヴィニヨンもいくらか造っているが、それ以外のソーヴィニヨンとセミヨンは、カルネロスやカリストガの葡萄栽培農家から買い入れている。エステートの葡萄畑は、自宅の裏手の、砂利の多いローム層と粘土の単一区画である。生育や収穫量、糖分蓄積量の調整は、ほとんどきめ細かな灌漑の調節で行っている。ここ数年、いくつかの改革がなされた。2005年から、収穫は果粒が熱を持つのを防ぐため夜間に行うようになった。また、主力ワインのエステート・カベルネのための選別をより厳しくするために、セカンドワインのリンデンハーストが導入された。

カベルネ・ソーヴィニヨンは、普通にステンレスタンクで醸造した後、樽でマロラクティック発酵を行い、通常は少量のカベルネ・フランをブレンドする。それは最大70％までの新樽比率で、20ヵ月間熟成される。しかしそのワインがオークに支配されることはめったにない。スポッツウッドが常に目指しているワインは、熟れたしなやかなワインで、タンニンや抽出が過剰でないものである。「ここのテロワールは、カリフォルニアでも最も良くカベルネ・ソーヴィニヨンに適していると思う」とベス・ミリケンは言う。「私たちは葡萄畑を尊重したいのです。だから過度に凝縮された、度が過ぎたスタイルにはしたくないの。」スポッツウッドのカベルネ・ソーヴィニヨンは、バランスが良く、官能的で、15年、あるいはそれ以上長く寝かせることができ、10年前後寝かせた頃に、その秀逸な果実味が最高の表現力を発揮するようだ。

メアリー・ノヴァックのお気に入りのワイン、ソーヴィニヨン・ブランはここでは特別念入りに造られ、ステンレス樽、オーク樽、小型の卵型のセメント製のアンフォラ（取っ手付きの壺）を慎重に組み合わせて熟成される。この方式は何年間も変わることなく行われているが、それによってアロマとフレーバーがメロンのような風味になり、果実味のほど良い重さと上質の酸が醸成され、全般的に繊細で洗練されたワインが生まれるからである。

右：葡萄畑を最優先に、誇りを持ってスポッツウッドを運営し、バランスのとれたエレガントなワインを送り出しているベス・ノヴァック・ミリケン。

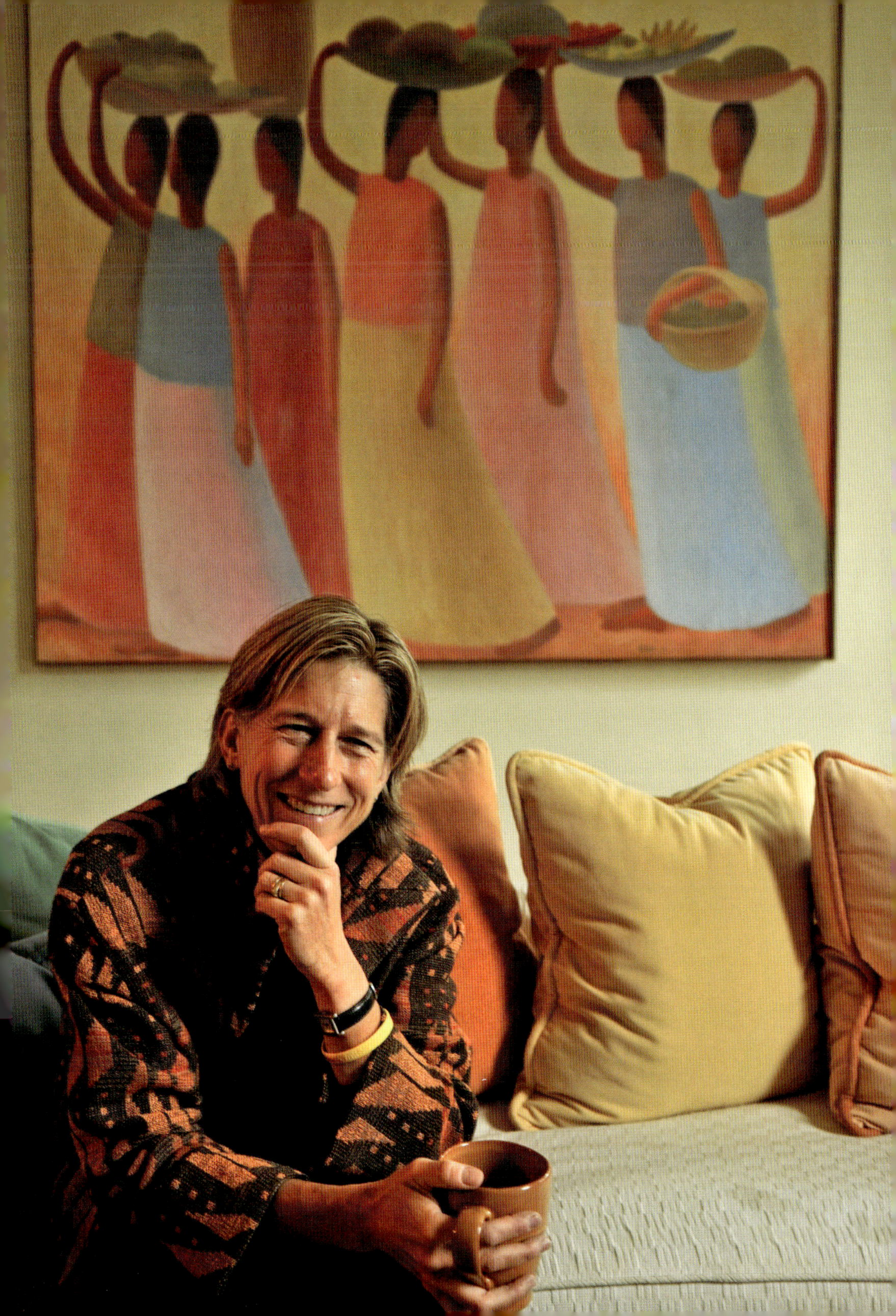

ワイン業界が、ますます多くの大企業と大富豪によって牛耳られるようになり、その多くが現場に足を運ばない所有者で占められるようになっている中で、スポッツウッズのような幸せなファミリー企業の存在は特別光り輝いて見える。最近訪問した時、メアリーとベスの母娘はテイスティングのために私を彼女らのキッチンに招き入れ、ガーデンパーティーにも参加したら、と誘ってくれた。そのパーティーには、ナパの有名人も気取らない服装やスリッパ履きでやってきて、ベスの妹の、現在エステートの販売責任者であるリンディの車をひやかしている光景もみられた。その車には見たことがないほどのアンチ・ハンマー［かつてのソ連の国旗の鎌とハンマーの向きを逆にしたもの］のステッカーが貼られていた。彼らの家庭的な温もりを彼らのワインと結び付けて考えるのは馬鹿げているが、その時私はふと、スポッツウッドのワインの調和とフィネスは、それが造られる場所の雰囲気によって注入されたものではないかと思った。

## 極上ワイン

(2007〜09年にテイスティング)
**Estate Cabernet Sauvignon**
エステート・カベルネ・ソーヴィニヨン

**2006** ミントのようなピリッとした香り。ミディアムボディだが凝縮されていて、シルクのような質感がある。若々しいタンニンが目立つが、酸が際立ち、かなり繊細。大きな可能性を秘めたワイン。
**2005** 控え目なブラックチェリーとミントのアロマ。贅沢なベルベットのような口あたりで、良く凝縮されていて、タンニンのきめは細かく、酸は穏やか。豪華な果実味もあり、みずみずしさも感じる。申し分のない味わいの長さ。
**2004★** 新鮮で生気に溢れたブラックカラントの香り。豊かでフルボディで、とても良く凝縮され、並はずれた重量感と壮大さがある。タンニンは堅牢だが、過度な抽出はない。長い後味に鉛筆の微香が感じられる。

上：モントレーの豪華なホテルを模倣した1880年代の邸館は、今でもファミリー・ワイナリーの心臓部になっている。

**2003** 濃密なプラムの香りだが、特に表現力があるというほどではない。みずみずしく、フル・ボディ。口中に黒果実のフレーバーが広がる。良く凝縮されているが、グリップ力と長さが少しもの足りない。
**2002** 豊かな香りで、オーク香もある。ブラックベリーとブラックチェリーが感じられる。とても良く熟し、凝縮されていて、甘美で贅沢な果実味があるが、やや1次元的なところがある。しかし堅牢なタンニンの骨格に支えられ、味わいは長い。
**1999** 濃厚なキイチゴの香り。タバコの微香もある。甘く濃密で上質な果実味。躍動感も緻密さもあり、酸は上質で、シルクの触感。非常に精妙で味わいは長い。
**1997★** 濃厚だが洗練されていて、豊饒な香り。贅沢な凝縮した口あたりで、繊細。上質な酸が秀逸なバランスをもたらしている。今が飲み頃だが、タンニンが熟れているため、さらに進化するだろう。
**1994** 控え目なブラックチェリーとプラムの香りがかすかに感じられる。凝縮されていてみずみずしく、依然として新鮮である。タンニンは熟れ、バランスは傑出している。すでに飲み頃だが、さらに熟成する。非常に長い味わい。
**1987** 依然として豊かで濃厚で、とても芳醇な香り。口に含むと、またしても濃厚だが、生き生きとして、甘い果実味が口いっぱいに広がり、触感はきめが細かい。この年齢のワインにしてはとても新鮮で、非常に魅惑的で、まだまだ良くなる。
**1982** 深い赤レンガ色。すっかり衰えている。タールの微香もある。ミディアムボディで、しなやか、中盤に空虚さがあり、現在収斂性も少し出てきつつある。果実味が失われ始め、醤油の微香もする。しかしまだシルクのような触感で、濃密。

**Spottswoode Estate Vineyard & Winery**
スポッツウッド・エステート・ヴィンヤード＆ワイナリー
栽培面積：16ha　平均生産量：6万本
1902 Madrona Avenue, St. Helena, CA 94558
Tel: (707) 963-0134　www.spottswoode.com

NAPA VALLEY

# Viader Vineyards & Winery
ヴィアディア・ヴィンヤーズ＆ワイナリー

小柄でとても愛らしいデリア・ヴィアディアは、1980年代半ばにナパ・ヴァレーにやってきた頃とほとんど変わっていないように見える。その美しさから、彼女をナパのトロフィー・ワイフ［成功した男性がそれを誇示するために迎えた妻のこと］と勘違いする人もいるかもしれないが、とんでもない間違いだ。彼女はアルゼンチン出身で、UCデーヴィス校で学んだ後ナパにやってきたが、それ以前にはバークレー校とMITで、哲学の博士号と経営学学位を取得していた。バークレー校に在学中、彼女はナパ・ヴァレーにおけるワインづくりの可能性に興味を持った。そんな時彼女の父親が、退職後の住宅を建てる予定の土地をナパ・ヴァレーに購入した。こうして、彼女がワイン業界に飛び込むための、飛び板が用意された。

ヴィアディアは常に、かなり頑健なワインで、豊潤な果実味が際立ち、谷底や段丘の通常のボルドー・ブレンドにありがちな顕著な肉厚感というものはあまり感じさせない。

1986年、彼女は父親からの資金援助を受け、ハウエル・マウンテンの下の標高300m前後の斜面を買い、そこに葡萄樹を植え始めた。少なくない資金をつぎ込んだその事業は、環境保護主義者団体からの非難を受けた。現在では、山腹斜面の低木地帯を整地し、葡萄畑にするというそのような計画は、浸食の危険性を増大させるとして禁じられているが、彼女の計画は最終的に当局によって認可された。彼女は最初、郡の諮問機関であるナパ管理委員会を説得しなければならなかった。当初委員会は、その計画は実現不可能であると言明していた。問題の政治的側面がどうであれ、ヴィアディアの12haの葡萄畑は壮観である。それは表土の薄い、間違いなく排水の良い、岩の多い火山性の土壌の上を覆うように広がっている。デリア・ヴィアディアは、斜面を段々畑にするのではなく、当時のナパではあまり見かけない垂直植樹の方法を選んだ。ポルトガルのドーロ渓谷を見習ったその方法は、段々畑にするよりも浸食の危険性が少ない。

そのような急峻な斜面で葡萄樹を栽培することは、明らかに危険性が高く、収量も、1エーカー当たり2トン(5t/ha)と低い。すでに有機栽培が行われていたその植栽密度の高い葡萄畑では、バイオダイナミズムへの転換が進められていたが、2008年に、デリア・ヴィアディアの息子で、葡萄畑管理責任者のアランが中止を決断した。それがあまりにも労働集約的になりすぎると判断したからである。

ヴィアディア博士の最初のヴィンテージは1989年で、1200ケース造った。彼女は当初からカベルネ・フランを熱愛したが、それは彼女が、シュヴァル・ブランに対して特別な崇敬の念を抱いていたからである。シュヴァル・ブランのワインも、かなりの割合でカベルネ・フランを含んでいる。最初のワインメーカーはトニー・ソーターであったが、現在はアラン・ヴィアディア自身が葡萄畑とワイナリーを管理し、ミシェル・ローランがコンサルタントを務めている。最高級ワインは、特別に造られた横穴式貯蔵庫で、新樽比率の高いオーク樽で2年間熟成される。

ヴィアディアの名前を有名にしたワインは、単純なヴィアディアという名前で、通常はカベルネ・フランを40％以上含んでいる。シュヴァル・ブランへの敬愛の念はともかく、ブレンド中にそれほど多くカベルネ・フランを含めるのは、火山性土壌に育つカベルネ・ソーヴィニヨンの厳格な性質を和らげるためである。それにもかかわらず、ヴィアディアは常にかなり頑健なワインで、豊潤な果実味が際立ち、谷底や段丘の通常のボルドー・ブレンドにありがちな顕著な肉厚感というものはない。このワインは骨格がしっかりとしており、好感のもてる厳しさもあり、スパイスが豊富である。

ヴィアディアは、量は少ないが、これ以外にも自家生産の葡萄からワインを造っている。シラーは2000年に初めて造られたが、その葡萄はフランスとオーストラリアのクローンからのものである。アラン・ヴィアディアはこの2つのクローンを分けて栽培し、それぞれの果実に合わせて醸造法を変え、その後に2つをブレンドしている。そのワインは、600ℓの大樽で、2年近く熟成される。そうして生まれるワインは、とても良く熟れて、大きな骨格を有し、フランス的というよりはオーストラリア的なスタイルで、フィネスよりも力強さが前面に出ている。このワインが、山育ちのシラーで、育った火山性の土壌を確かに反映しているということは覚えておく必要がある。もう1つの個性的なワインが、Vという名のワインで、50〜70％をプティ・ヴェルドが占め、

カベルネ・ソーヴィニヨンとカベルネ・フランがそれにバランスを取っている。こちらは新樽比率100％のオーク樽で熟成される。それはとても力強いワインで、ときに少し威圧的に感じることもあるが、確かな個性を持ったワインである。これらのワインは、年間500ケース以下しか生産されない。

アラン・ヴィアディアは、名字のヴィアディアを半分にしてもじったデアという名のセカンドラベルも造っている。それは買い入れた葡萄から造る単一品種ワインで、ワイン造りチームの創意が生かされ、彼ら自身が楽しみながら造るワインである。現在、カベルネ・フラン、カベルネ・ソーヴィニヨン、テンプラニーリョ、カベルネ・ソーヴィニヨンで造るロゼの4種類がある。エステート・ワインよりも安価なそれらのデア・ラベルは、ヴィアディア・ワインの素直なスタイルをより身近に愉しむことができる。

ヴィアディア・ワイナリーは、未来に向かって順調に進んでいるように見える。ヴィアディアの評判は相変わらず高く、そのセカンド的なワインも安定した愛好者を持っている。デリア・ヴィアディアはまだ現場に深くかかわっているが、今後の計画を立案し、未来のエステートとワインを構築していくために自由に手腕をふるう役割は、アラン・ヴィアディアに任されているようだ。

### 極上ワイン

(2008〜09年にテイスティング)
**Viader**
**ヴィアディア**

若い時このワインは、タンニンが目立ち、禁欲的にさえ感じられることもある。しかし力強さはあるが、粗野な所はなく、長い後味へと導くエネルギーがある。このワインは、他のワインよりも色濃くヴィンテージを反映しているように見える。2006は、顕著に体格が良く、噛みごたえもあるが、決して過抽出ではなく、良く熟成するはずだ。通常のヴィンテージよりもカベルネ・フランの比率の少ない2005は、芳醇さと骨格の確かさを合わせ持ち、チョコレートの中に黒チェリーが染み込んだようなアロマが特に魅惑的だ。2004は、非常に良く熟れているが、芳香性も高く、量塊的で過熟のワインを多く生み出したヴィンテージにしては、驚くほど繊細である。2003は成功とは言いがたいワインだが、2002、2001、1999、そして1996はいずれも極上である。

**Syrah**
**シラー**

ヴィアディア葡萄畑の火山性の土壌は、葡萄に力強さを与える。そのためこのワインは、内気とか控え目とかいう言葉とは無縁だ。その出発点からこのワインは説得力があり、2000と2001は超熟で、かすかに猟鳥獣肉の香りがあり、果実味も素晴らしい。それでいて、ジャムのような触感やタンニンの過剰さは少しも感じられない。2006は特に精彩のある香りで、プラム、チェリー、胡椒のアロマがある。口に含むと、最初しなやかな感じだが、次にタンニンがその存在を主張し、ややぼんやりとした後味へと続く。2005はそれよりも精妙で、プラム、ベーコンのアロマがあり、力強い骨格の中に豊満で肉感的な口あたりがある。

V

このワインを飲むと、プティ・ヴェルドーがなぜ単一品種ワインとしてよりも、ブレンド用品種として好まれるかがよくわかる。少なくとも若い時、このワインには他のエステート・ワインにはない鈍重さと密度があり、それがこのワインをあまり愉しめないものにしている。ブラックチェリーのアロマの他、2002などのヴィンテージでは、キイチゴのクーリーに似たアロマもあるが、口に含むと、その凝縮感と濃密さにもかかわらず、どこか平板な感じを受ける。最近テイスティングしたヴィンテージでは、2006は焦げたような後味があった。ヴィアディアはこのワインを高く評価し、他の2つのエステート・ワインにくらべ高い価格設定をしているが、それはたぶん単純に、このワインが精妙さとフィネスを醸成させるのに長い時間が必要だからであろう。

上：ハウエル・マウンテンの高台にあるワイナリーに並ぶデリア・ヴィアディアと息子のアラン。
2人は力強いワインを数多く造りだしている。

**ヴィアディア・ヴィンヤーズ＆ワイナリー**
栽培面積：12ha　平均生産量：8万5000本
1120 Deer Park Road, Deer Park, CA 94576
Tel: (707) 963-3816
www.viader.com

NAPA VALLEY

# Robert Biale Vineyards
ロバート・ビアーレ・ヴィンヤーズ

　ビアーレ一家の物語も、カリフォルニアの多くの葡萄栽培農家の物語とよく似ている。ピエトロ・ビアーレはジェノヴァからの移民者で、ナパの町はずれに定住した。そこで彼は混合農業を始め、鶏を飼い、クルミ、プラム、そして葡萄を栽培した――「生きていくために出来ることは何でもした」とピエトロの孫のロバートは言う。ピエトロは他人が所有している葡萄畑の世話をしながら、1937年に自分自身の区画を手に入れ、そこに息子の名前を取って、アルドーズ・ヴィンヤードという名前を付けた。1942年にピエトロは工場での事故で亡くなり、英語を話すことができない未亡人と13歳の息子を後に残した。母と子は必死で土地を守り、さらにいくつかの区画を買い足し、そこに葡萄樹を植えた。アルドーと、その後生まれた息子のロバートも、土地と畑を守り、1980年代には成熟した葡萄樹が育つ葡萄畑のオーナーになっていた。その畑は今、市街地の膨張に伴って、多くの住宅に取り囲まれている。

ビアーレのワインづくりの水準は一貫して高く、各畑のテロワールが存分に表現されるように造られる。ポートワインのように平板になることも、アルコールで焼けるような口あたりになることもない。

　かつて葡萄は、ガロなどの大手のワイン製造会社に売られていた。1970年代にガロは、ジンファンデルを引き抜いて他の儲かる品種に植え替えないかと提案した。しかしビアーレ家はその提案を退け、1991年には自らワインを造り瓶詰することに決めた。宣教師としての活動もしていたロバート・ビアーレは、2人の協力者を雇うことにした。その2人は1999年まで日常的な維持管理の仕事を続けていたが、そのうちの1人、ワインメーカーのアル・ペリーは、2008年までその職についていた。ロバート・ビアーレは、2人のおかげで経営は軌道に乗ったと判断し、新しいワイナリーの建設に取り掛かった。完成したのは2005年で、2008年には、新しいワインメーカーとしてスティーヴン・ホールが着任した。彼はジャーヴィスでワインメーカーとして働いていたが、ずっと前からビアーレ・ワインの愛好者であった。

　現在全生産量の約90％がジンファンデルである。1999年には、ビアーレは他のワインと合わせて8種類のジンファンデルを造っていたが、2007年にはその種類は1ダースに増えた。ビアーレで働くものはみんな、地面に耳をくっつけてジンファンデルの畑の声を聞くことができた。それはあたかも、それらの畑とビアーレ家の間には、神によって祝福された契約があるかのようだ。「今でもジンファンデルを植えている農家はみんな、カベルネに植え替えた方が儲かるということは十分承知している」と、私が訪ねていったときに、ロバートは言った。「彼らが植え替えないのは、ジンファンデルを愛しているからさ。そしてその大半はかなりの古樹だ。われわれが葡萄を買いたいと申し出、葡萄畑の管理を手伝ってやると、彼らは喜んで葡萄を売ってくれる。僕らがジンファンデルから素晴らしいワインを造りだしていることをよく知っているからね。」

　オークノルAVAにある3.2haのアルドーズ・ヴィンヤードで採れる葡萄は、今でもワインづくりに参加している。ビアーレは、モンテ・ロッソ、オールド・クレーン・ランチ、ファレリ、ヴァルセッキなどの葡萄畑から購入した葡萄からもワインを造っている。ロバートはそれ以外にも、樹齢80歳にもなる葡萄樹が植えられているカリストガのバルベーラ葡萄畑や、プティ・シラーの古樹の葡萄畑も買い集めている。また葡萄栽培農家の中には、将来ビアーレに購入してもらうことを見込んで、ジンファンデルの栽培面積をさらに増やしているものもある。とはいえロバートは、それらの葡萄樹から面白いワインができるようになるまでには、10年はかかると見ている。

　ワインメーカーのホールは、品種としてのジンファンデルが持つ透明性が気に入っている。「ジンファンデルは、葡萄畑の地中深くに根を張るんだ。そして驚くほど、その土壌の特徴を明確に表現するんだ。それとは対照的に、カベルネ・ソーヴィニヨンはどこでもわりと同じ表情を見せる。古いジンファンデルは、深く根を張り、土中のフレーバーを吸いとるんだ。だから僕らは新しい契約を取って来るんだ。葡萄栽培農家は、協同組合や大手ワイナリーのやり方にうんざりしているのさ。彼らは僕らと組みたがっている。なぜなら僕らは彼らの葡萄を大切に扱うからね。」事実、ビアーレのチームは、それらの農家の葡萄畑の維持管理に積極的に協力している。

　そのワインを造る時、ジンファンデルはまるでピノ・ノワールのように扱われる。というのも果皮がとても薄いからであ

144

上：ナパの最初の粗末なワイナリーで撮影。故アルドー・ビアーレ(中央)、息子のロバート(右)、協力者のデーヴ・プラマック。

る。醸造は開放型の発酵槽で行われ、果帽は定期的に櫂入れされる。酵母は、土着の酵母と培養酵母の両方を使う。ワインは、ほとんどがブルゴーニュ産のオーク樽で、10〜14ヵ月熟成される。その樽の5分の1が新樽で、ハンガリー産の樽も少量使っている。ビアーレのワインづくりの水準は一貫して高く、各畑のテロワールが存分に表現されるように造られる。アルコール度数は15〜15.5度と高めだが、ポートワインのような平板なワインになることも、アルコールで焼けつくような口あたりになることもない。とはいえ時々、たとえば2008年のように、かすかにレーズンのような風味が出る場合があるが、それはヴィンテージに由来するものだ。

## 極上ワイン

*(2009年にテイスティング)*
**Zinfandel**
**ジンファンデル**
**アルドーズ2007**　穏やかなチェリー果実の香り。赤果実の爽快感と、ボンボンの甘い香りも感じられる。ミディアムボディで、驚くほど繊細。しかし良く凝縮されている。ズシンとくる感じではなく、優美で落ち着いたスタイル。味わいはほど良く長い。
**オールド・クレーン2007**　チェリーの香り、ほこりと土の香りも強い。ミディアムボディで、良く凝縮されているが、過剰な抽出感はない。エレガントだが、やや持続性に欠ける。
**ヴァロッツァ2007**　良く熟れていて純粋。赤果実とチェリーの香り。良く凝縮された贅沢な味わいで、タンニンのきめも細かい。果実味の愛らしい甘さがあるが、ジャムのような触感はまったくない。洗練され、バランスが取れ、味わいは長い。
**モンテ・ロッソ2007★**　豊かだが厳格な香り。果実の深さとかなりの力強さを感じる。熟れたチェリー果実が直接的で、強烈なエネルギーで迫ってくる。力があり、堂々とし、スパイシーさもある——秀逸で長い。この偉大なソノマの葡萄畑の最高の表現。

**Robert Biale Vineyards**
ロバート・ヴィアーレ・ヴィンヤーズ
栽培面積：3.2ha　平均生産量：12万本
4038 Big Ranch Road, Napa, CA 94558
Tel: (707) 257-7555
www.robertbialevineyards.com

NAPA VALLEY

# Caymus Vineyards ケイマス・ヴィンヤーズ

かつてケイマスは、古いスタイルのナパを象徴する存在であった。ワグナー一家はアルザスからの移民者で、1906年にカール・ワグナーがナパで農業を始め、1915年に大きなワイナリーを建てた。彼の息子のチャーリーが、さらに1941年にラザフォードに土地を買ったが、葡萄樹が植えられたのは1960年代になってからである。植えられた品種は、リースリング、ピノ・ノワール、カベルネ・ソーヴィニヨン（苗木はフェイ・ヴィンヤードからのもので、それは現在スタッグス・リープ・ワインセラーズの一部になっている）である。ケイマス・エステートの最初のヴィンテージは1972年であるが、私は1980年代半ばに、チャーリー・ワグナーに親切に接待されて、いろいろなワインをテイスティングすることができた。ジンファンデル、ピノ・ノワール、遅摘みのセミヨンとリースリングの甘口ワインなどである。その時の（そして今でも）ワインメーカーは、チャーリーの息子のチャックであった。チャーリーは2002年に亡くなった。

最初のワインメーカーは、イングルヌックのジョージ・ダウアーであったが、ランディ・ダンが1970年代半ばにその後任になって以降、ケイマスは特に注目を集めるようになった。彼は1986年までその職についていた。ケイマスを最も有名にしたワインであるスペシャル・セレクション・カベルネ・ソーヴィニヨンを造ったのが、彼である。それは1975年に、ラザフォードの5.5haの畑の小区画を選別して造られた。そのワインは、新旧を混ぜたオーク樽でおよそ4年間という長い時間熟成させたものである。しかし1990年代後半からのスペシャル・セレクションは、新樽比率90％前後で、最長でも18ヵ月しか熟成させないようになった。その理由は、ワインが最初の数10年のヴィンテージにくらべて、早く熟成するようになっていることにワグナーが気づいたからである。

純粋な単一品種ワインであるスペシャル・セレクションの評価は、分かれている。それは以前にくらべてかなりアルコール度数が高く、酸は低く、ヴィンテージによっては後味に甘さが残ることがある。それが残存糖分によるものなのかアルコールによるものなのかを言うのは難しい。そのワインは確かに、リリース時に飲みやすいように造られているが、同時に長く熟成させることができる。約1000ケース造られるが、毎年造られるわけではない。そのワインには熱烈な愛好者もいるが、批判する者も多い。

2000年代初めから、品揃えが整理され、ケイマス・ブランドはスペシャル・セレクションとナパ・カベルネの2種類に絞られている。後者は、主に購入した葡萄から造られるワインで、15％ほど自家生産の葡萄を使っている。また多くのカリフォルニアのワイナリーがそうであるように、ケイマスも自家の葡萄の一部を他のワイナリーに販売している。チャック・ワグナーは、セラーで長く寝かせるためのワインにまったく興味がない。彼はそのようなワインは、ハーブ臭さがあり、色も薄く、ケイマス・スタイルにはそぐわないと思っているからだ。ナパ・カベルネは、スペシャル・セレクションのための葡萄よりもブリックス糖度計の低い度数で収穫された葡萄から造られる。というのもワグナーが、前者との明確な差別化を行いたいと思っているからだ。それは新樽比率30％のオーク樽——多くがフランス産で、いくらかアメリカ産の樽も混ぜてある——で、20ヵ月前後熟成される。

ワグナーは、これまでのケイマスのブランドを構成してきたワインの生産を止めるだけの余裕がある。というのも、彼は賢明にも、ナパ以外の葡萄からも新しいブランドを創造することができているからだ。彼はナパに60haの葡萄畑を持っているが、モントレー郡のサンタ・ルチア・ハイランドにも、それよりもかなり広い葡萄畑を持っている。その葡萄畑からは、マー・ソレイユ・シャルドネが造られる。それは非常に人気の高いワインで、鼻にしわを寄せて味わう熱烈な純粋主義者を多く抱えている。そのワインは、堂々と大衆受けすることを狙ったスタイルで、鮮烈なトロピカルフルーツのフレーバーがあり、オークがたっぷりと利かされ、残存糖分はドロップのようだ。その葡萄畑は1988年に最初の植樹が行われ、最初のヴィンテージは1994年である。シャルドネの他、ローヌ品種も植えられている。チャックとチャーリー（マー・ソレイユのワインメーカー）は、さらに市場の変化に合わせて、オークを使わないシャルドネ、シルヴァーや、遅摘みのヴィオニエから造る、シロップのようなレイトも導入した。マー・ソレイユは、もう1つのワグナーのヒットワインであるコナンドラム［「なぞなぞ」という意味］の原料にもなる。それはソーヴィニヨン・ブラン、シャルドネ、ヴィオニエ、マスカット・カネリから造る奇抜なブレンドワインである。ブレンドからわかるように、それが目指しているものは、エキゾチックで、芳香性があり、かすかに甘みがあるワインで、辛口白ワインにはなじめない多くのアメリカ人の舌をとりこにすることである。それは、いろいろな地区からの葡萄のブレンドなので、カリフォルニア・アペラシオンの肩書になっている。ジョン・ポルタがワインメーカーで、年間10万ケースを市場に出している。

ワグナー・エンタープライズはここで止まらない。ワイナ

多くのワインを生産しているが、スペシャル・セレクション・カベルネで最も良く知られているチャック・ワグナー。

リーはベル・グロという名の少量生産のピノ・ノワールを造った。その名前はチャック・ワグナーの祖母の名前から取られたものである。最初のヴィンテージは2001で、サンタ・バーバラのサンタ・マリア・ヴァレーの果実から造られた。その後、徐々に量が増やされ、ソノマ・コーストや、サンタ・ルチア・ハイランドのピノも含まれるようになった。また、これら3つの地区のブレンドで、ワイン初心者向けのキュヴェであるメイオミも造られている。

とはいえ、ケイマスを本書に含める理由となっているのが、ナパ・カベルネである。賛否両論あるスタイルにもかかわらず、スペシャル・セレクションはナパ・ヴァレーを象徴するワインとなっている。それは多くの愛飲者にとって、ナパ・カベルネの持つ最良のものと、最も豊かなものを体現しているワインである。それはそれほどフィネスが感じられるワインでも、洗練されたワインでもない。そしてヴィンテージによっては、たとえば優秀な1994年などでは、非常に長く熟成することができる。フランスのスタイルを真似ようという気持ちなど毛頭ないであろうが、スペシャル・セレクションにボルドーの極上ワインと同じくらいの歴史的ブランドという地位を与えることが、チャック・ワグナーの究極の目標である。そして多くの人の目には、それは成功しているように見える。

### 極上ワイン

*(2009年にテイスティング)*
**Special Selection Cabernet Sauvignon**
スペシャル・セレクション・カベルネ・ソーヴィニヨン
**2004** 非常に良く熟れたプラムとブラックチェリーの香り。オーク香もかなり明瞭。豊かで良く凝縮され、芳醇で、トースティーな風味もあるが、高いアルコール度数が目立ち、非常に長い後味に、レーズンを感じる。
**2006★** 豊かだが控えめなブラックカラント、バニラの香り。チョコレートも感じる。贅沢なベルベットの触感で、依然としてタンニンも堅牢で、過熟のフレーバーもある。低い酸がワインに複雑さとニュアンスをもたらしている。しかし味わいはそれほど長くない。

**Napa Cabernet**
ナパ・カベルネ
このワインは、ヴィンテージの差があまり明確に現れず、スタイル的に一貫性がある。ブラックベリー、チェリー、ブラックカラントのアロマなど豊かな果実の香りが広がる。口あたりはふくよかで、かすかな甘みがあり、スペシャル・セレクションほどアルコールの高さが気にならない。リリース時から飲みやすいが、2004などの優秀なヴィンテージでは、フレーバーの強さがあり、味わいはかなり長い。

### Caymus Vineyards
**ケイマス・ヴィンヤーズ**

栽培面積：60ha
平均生産量：35万本（ナパ）、全体で240万本
8700 Conn Creek Road, Rutherford, CA 94573
Tel: (707) 963-4204　　www.caymus.com
www.mersoleilvineyard.com

NAPA VALLEY

# Clos du Val クロ・デュ・ヴァル

**1972**年に創立された時から、クロ・デュ・ヴァルは、オーナーのジョン・ゴレとワインメーカーのベルナール・ポルテの息の合った連携プレーが光るワイナリーであった。2人ともボルドー出身で、ゴレはネゴシアンの一家に生まれ、ポルテの父はかつてシャトー・ラフィットでレジソワール（支配人）を務めていたことがある。ベルナールと弟のドミニクはシャトー・ラフィットで育ち、弟もゴレのもう一つの新世界ワイナリーであるオーストラリア、ヴィクトリア州のタルターニでワインメーカーになった。

1972年当時は、まだ彼と同じ意見を持つ者はほとんどいなかったが、ベルナール・ポルテは一目見て、スタッグス・リープ・ディストリクトはカベルネ・ソーヴィニヨンにとって最適な生育地になると見抜いていた。彼は、弟のドミニク同様に、ヨーロッパ・スタイルのワインを造りたいと考えていた。ただしそれは、ボルドーの格付けシャトーと同じ品種構成でワインを造るという意味ではなく、食事とともに愉しめるワイン、つまり、しっかりしたタンニンを持ち、アルコール度数は控えめなワインを造るという意味である。それからほぼ40年後、クロ・デュ・ヴァルは当初の目標通りのワインを造っている。

*調和とバランスの良さが
クロ・デュ・ヴァルのワインの真髄である。
しかしそのワインは控え目であるがゆえに、
あまりにもしばしば忘れられることが多い。*

ワイナリーは、初期の頃からずいぶん進化した。カルネロスの葡萄畑の面積は増え、その半分以上をシャルドネとピノ・ノワールが占めている。最初に植えた葡萄樹の大半がフィロキセラにやられ、1980年代の後半に植え替えられたが、それらの葡萄樹が今ちょうど成熟期を迎えている。1999年からは、かつてのローデシア（現在のザンビアとジンバブエ）生まれの柔らかな語り口のジョン・クリューがワインメーカーとなっている。彼はそれまでに、カリフォルニアで豊富な経験を積んでいた。

クロ・デュ・ヴァルは、セミヨンを重視する、カリフォルニアでも数少ないワイナリーの1つである。セミヨンは、栽培するのが難しい品種である。というのは、非常に大きな果房を付ける傾向があり、そのような果房からは個性のないワインができる場合が多いからである。ポルテは1983年からセミヨンという名前のワインを造り始め、1997年にはそれをアリアドネという名のブレンドワインに替えた。そのワインはスタッグス・リープ・ディストリクトで育ったセミヨンが4分の3を占め、残りの4分の1をソーヴィニヨン・ブランが占める。熟成は、新樽比率20%のフランス産オーク樽で、10ヵ月である。このようなグラーヴ・スタイルのワインはカリフォルニアではめずらしく、このワインはその中でも最も成功しているものの1つである。

クロ・デュ・ヴァルのワインには、少しもけばけばしいところがなく、すべて抑制されている。多くの品種がブリックス糖度計で24度以下で摘採されるが、それはクリューが、スタッグス・リープの比較的冷涼な微気象では、中庸の糖度でも十分な成熟が達成できると見ているからである。またここでは、オークの新樽の使い方も、他とはかなり違っている。ピノ・ノワールやカベルネ・ソーヴィニヨンなどの品種は、新樽比率25〜35%で熟成される。とはいえ、リザーヴや最高級品のスタッグス・リープ・ディストリクト・カベルネは50%まで増やされる。リザーヴは例外的な年だけに造られ、その時でさえ、販売はテイスティングルームの売店だけに限られる。

ワインは瓶熟できなければならないというのが、常にゴレとポルテの信条であった。1972年カベルネ（それは1976年のパリ・テイスティングに選ばれた）は、2006のテイスティング時にはいくらか果実味が薄くなり、収斂性も感じられたが、それ以外の、1978年などのヴィンテージは、確かに良く熟成していた。しかもそれらはただ単純にメドックに似ているというだけではなかった。熟れたしなやかな触感と全体的な洗練された姿の中に、非常にナパ的なカベルネの表現がみられた——とはいえ、超熟のカルトワインが跋扈する以前のナパである。調和とバランスの良さがクロ・デュ・ヴァルのワインの真髄である。しかしそのワインは控え目であるがゆえに、ナパの極上ワインのランク付けをするときに、あまりにもしばしば忘れられることが多い。

148

上：旧世界の雰囲気を漂わせるワイナリーに立つ、1999年からクロ・デュ・ヴァルのワインメーカーを務める、柔らかな語り口のジョン・クリュー。

## 極上ワイン

*(2009～10年にテイスティング)*

**2006 Merlot　2006 メルロー**
　ブラックベリーとコーヒーの芳醇な香り。肉厚だがしなやか。タバコや黒果実の微香もある。穏やかなタンニンと酸によって組み立てられ、味わいはとても長い。若い時飲んでも美味しいが、中期間は十分寝かせることができる。

**2006 Cabernet Sauvignon**
**2006 カベルネ・ソーヴィニヨン**
　控え目なブラックチェリーの香り。軽い、決して嫌味ではないハーブの微香もある。良く凝縮され、中庸の豊かさがあり、タンニンは堅牢で酸もほど良い。フルボディだがきめの細かいタンニンに抑制され、まだ寝かせておいた方が良いように思える。

**2005 Stags Leap District Cabernet Sauvignon★**
**2005 スタッグス・リープ・ディストリクト・カベルネ・ソーヴィニヨン★**
　オーク樽で2年間熟成されているにもかかわらず、オークの影響を難なく吸収する豊かさと力強さがある。黒果実とチョコレートの香りがあるが、タール香はない。上品で贅沢な質感で、タンニンはしなや

か。魅力的な軽さもある。骨格の確かさと味わいの長さは申し分ない。2004は、もう少し個性が強く豊潤だったら、2005と同じくらい秀逸だっただろう。

**2007 Carneros Chardonnay**
**2007 カルネロス・シャルドネ**
　控え目なオークの香りで、メロンとアンズのアロマがある。かなり豊かでクリーミーだが、その基底にある酸がほど良く、新鮮で生き生きとした後味も感じる。バランスが取れ、味わいは長い。

**2007 Ariadne　2007 アリアドネ**
　熟れたメロンの香り、芳香性があり新鮮。ミディアムボディで、上質な酸と舌にピリッとくる心地良い刺激もある。持続するメロンのフレーバーと熟れたレモンの風味が、心地良い余韻となって残る。

**Clos du Val**
**クロ・デュ・ヴァル**
　栽培面積：133.5ha　　平均生産量：80万本
　5330 Silverado Trail, Napa, CA 94558
　Tel: (707) 261-5200　　www.closduval.com

149

NAPA VALLEY

# Corison Winery コリソン・ワイナリー

髪を短く切り、飾り気のない眼鏡をかけたキャシー・コリソンは、ナパのワインメーカーというよりは、ニューイングランドの学校の先生のように見える。彼女は純粋さにこだわってワインづくりをしているが、消費者からも、そして批評家からも彼女が絶大な支持を得ているのは、まさにその純粋さ故である。コリソンは、彼女自身が飲みたくなるワインを造るということに徹している。彼女は、フリーマーク・アビー、シャペレ、スタグリンなどで多くの経験を積みながら、1980年代後半に彼女自身のラベルを立ち上げた。ワインメーカー兼コンサルタントの仕事と並んで、彼女自身のワインを造ることが彼女の仕事となった。最初彼女は、醸造設備を借りてワインを造った。ようやく1999年になって、彼女の夫が設計した納屋のようなワイナリーが完成した。それはセントヘレナのハイウェイ29号線沿いに立っている。

> 彼女は純粋さにこだわって
> ワインづくりをしているが、消費者からも、
> そして批評家からも
> 彼女が絶大な支持を得ているのは、
> まさにその純粋さ故である。

少量のアンダーソン・ヴァレー・ゲヴュルツトラミネールの他に、彼女は2種類のカベルネ・ソーヴィニヨンを造っている。1つは、ヴァレーの西側に沿った段丘の畑から採れる葡萄のブレンドで、彼女が20年以上も維持管理してきた3つの近隣の葡萄畑からの葡萄を使っている。彼女とそれらの葡萄畑のオーナーとの間には、握手以上の何の取り決めもない。彼女は毎年、彼女自身の樽セレクション・ワインを造るために、必要以上の量の葡萄を買い入れ、残ったワインは樽売りする。コリソンは比較的早めに摘果していることを否定しないが、それは彼女が、ほど良い糖分濃度で成熟が達成できるように葡萄を栽培しているからである。そのため彼女のワインは、アルコール度数14%を超えることは決してない。葡萄は選果された後、最初は発酵が順調に開始できるように培養酵母を使い、その後土着の酵母がそれを受け継ぎ、完遂する。ワインは新樽比率50%で、約2年間熟成される。彼女は酸を添加するようなことは一切しない。

1995年、コリソンは3.2haのクロノスという名の葡萄畑を購入した。それはワイナリーの背後の砂利の多いローム層に広がっている。最初のクロノス・ヴィンテージは1996年であった。その葡萄畑を彼女が買うまでは、モンダヴィがそこの葡萄を、カベルネ・リザーヴ用として購入していた。前のオーナーは彼女に、その葡萄樹はフィロキセラに侵されやすい台木に接木されていると告げていたが、彼女はそうではないことが分かっており、そのためわりと安い金額でその畑を購入することができた。そこはかなり歴史のある葡萄畑で、葡萄樹は、セント・ジョージ台木の上に、広い株間を取って植えられていた。元の畑は、葡萄樹が灌木状に植えられていたため、彼女はそれをトレリスに仕立てたが、見かけはあまり手を入れられていないように見える。クロノスは有機栽培されているが、葡萄樹の年齢と不均一な着果のせいで、収量はかなり低く、1エーカー当たり1.5トン(3.75t/ha)である。すでに枯れかけている葡萄樹もあり、コリソンは自らそれを植え替え、しっかりと接木されるように手で水やりをする。ここではずっと前から点滴灌漑が行われているが、熱で葡萄樹がやけどをする危険のあるとき以外はそれを使わない。クロノス・カベルネは400ケースしか造られず、普通のカベルネよりもはるかに少ない。

2007年に、2004年から1989年までの垂直テイスティングをすることができたが、それは非常にバランスの良いワインであるだけでなく、抽出もアルコール度数も最適で、かなり長く熟成することができる。とはいえ、酒質が急上昇し始めたのは、1994年からである。クロノス・カベルネの方が深遠で、濃密であるのは明らかだが、普通のカベルネも優雅さと新鮮さがあり、称賛に値するワインである。

## 極上ワイン

*(2009年にテイスティング)*

**Cabernet Sauvignon**
カベルネ・ソーヴィニヨン
**2006** 豊かなブラックチェリーの香り。しなやかでみずみずしく、驚くほど果実味が前面に出てくる。2006の多くのナパよりもタンニンは控えめ。後味は洗練され繊細で、軽いコーヒーの風味がある。
**2005 ★** 豊かな香り。非常に芳醇で、ディル(ハーブの一種)の微香がある。口に含むとミディアムボディでピリッとした刺激がある

150

が、コクやハーブの風味は感じられない。オークとタンニンのバランスがよく、チェリーの甘さが引き立てられている。後味は食欲をそそり、長い。
**2004** 豊潤な黒果実の香り。豊かで堅固だが、他のヴィンテージにある躍動感や新鮮さが感じられない。いつもより酸が少ない、あるいは少なく感じられるせいだろう。味わいはほど良い長さ。

### Kronos Cabernet Sauvignon
クロノス・カベルネ・ソーヴィニヨン
**2004** 鮮明なオーク香。赤果実とミントも感じられる。フルボディで、シルクのような触感で、みずみずしい。基底にある上質の酸が新鮮さをもたらす。後味は清冽で、緻密。赤果実ではなく黒果実のフレーバーがある。
**1998** しっかりした芳醇な黒果実の香り。甘草の微香もある。ミディアムボディだが、良く凝縮され、酸が鋭く、触感はきめ細やか。新鮮で緻密な味わいで、後味は繊細で長い。
**1997★** 強烈な高揚感のある豊かな香り。ブラックベリー果実が

上：深く尊敬されているキャシー・コリソンは、信念を持ったワインメーカーで、彼女自身が飲んで愉しめるワインを造り続けている。

感じられる。豊かで凝縮されているが、鋭い刺激のある酸が、爽快感と新鮮さをもたらし、後味は長く生き生きとしている。
**1996** 芳醇なオークの香り。かすかに茎の香りもする。ミディアムボディでみずみずしく新鮮。純粋さと高揚感がある。繊細で緻密なワインだが、凝縮されたフレーバーがあり、味わいの長さは申し分ない。

**Corison Winery**
コリソン・ワイナリー
栽培面積：3.2ha　平均生産量：3万本
987 St. Helena Highway, St. Helena, CA 94574
Tel: (707) 963-0826　www.corison.com

NAPA VALLEY

# Heitz Wine Cellars　ハイツ・ワイン・セラーズ

今は亡きジョー・ハイツは、時代を象徴する男だった。彼は典型的なカリフォルニアのワインメーカーだったと言えるが、その意味は、自分の仕事は葡萄をワインにすることだと明快に割り切っていた、ということである。第2次世界大戦中、空軍の兵士として任務を果たした彼は、帰国後UCデーヴィス校で学び、その後1950年代はガロやボーリューで働き、1961年に自身のワイナリーを開いた。彼は5000ドルの借金をして、ある葡萄畑を買ったが、そこにはよりによって、グリニョリーノが植えられていた。1964年には、ナパ・ヴァレーの東側のタプリン・ロード沿いにある牧場を買ったが、そこには1898年に建てられた石造りの古いワイナリーが付属していた。

彼は、葡萄を栽培するのは農家の仕事で、それをワインにするのがワインメーカーの仕事だと考えていたが、質の良い葡萄には相応の金額を支払う用意があった。彼はすぐに、その後彼を有名にすることになる2つの葡萄畑と長期的な協力関係を結ぶことができた。ラザフォードのベラ・オークスとオークヴィルのマーサズ・ヴィンヤードである。

カベルネ・ソーヴィニヨンが植えられている7haのベラ・オークス葡萄畑は、バーナード（バーニー）とベルのローズ夫妻が所有する畑で、1971年に植樹された。ハイツは1976年にそこから最初のワインを造ったが、その時多くの人が、ローズ夫妻はハイツの株主、あるいはその反対と思ったが、両者の間にはそのような関係はまったくなかった。ベラ・オークスのワインはマーサズ・ヴィンヤードのワインよりも軽めで、よりフランス風で、ほっそりとしていて、酸が高い。

14haのマーサズ・ヴィンヤードは、1960年代の初めに同じくローズ夫妻によって植樹された畑であるが、1963年にトムとマーサのメイ夫妻が購入した。ハイツはすぐに、その畑の潜在能力に気づいた。それはヴァレーの西側の丘陵地帯沿いの、岩の多い砂利層の段丘にある。その畑は、特に日当たりの良い向きに位置しているというわけではないが、葡萄の生育期間が長いという長所がある。フィロキセラ禍の後、マサル・セレクションによって植替えが行われたが、その葡萄樹からは、果粒の小さい、粒と粒の隙間の広い果房が採れる。マーサズ・ヴィンヤードは、10年前から有機栽培を行っている。その葡萄から造られるワインには、顕著な特長がある。ユーカリのアロマである。多くの人が、そのアロマは畑の境界にあるユーカリの林に由来するものだと信じているが、ハイツ自身は、「ユーカリの林が近くにある畑は多いが、他のワインには、こんなアロマはないだろ」と、その考えを否定している。彼はそのアロマは、そこに植えられている葡萄樹のクローン選抜に関係があると見ている。

ハイツがワイナリーを始めたとき、彼は主にシャルドネとピノ・ノワールを造っていた。彼がカベルネを最初に仕入れたのは1965年で、マーサズ・ヴィンヤードの葡萄だったが、その時はナパ・カベルネのブレンドの1つの構成部分でしかなかった。しかし1966年から、彼はそれを単一葡萄畑ワインにした。1960年代（特に1968）と1970年代初めのヴィンテージは、とても壮大なワインで、ハイツの名前を一躍有名にした。1980年代には、マーサズの新しいヴィンテージの発売日には、熱狂的な愛好者がテイスティングルームの外に列を作って何時間も順番を待った。しかし1980年代末に、ハイツにある問題が起きた。ワインの多くがTCA（p.89参照）に汚染されていたにもかかわらず、ハイツがその問題を認識し、適切な処置を施すまでに数年間を要したのである。（この点に関しては、ハイツだけではなく、世界中のワイナリーが、TCA汚染がセラーとワインに広がっていることを認識するのにかなりの時間がかかっている。）

1989年に、ハイツはカベルネの第3の畑を追加した。シルヴェラード・トレイル沿いにある自身の40haの畑、トレイルサイドである。葡萄樹は有機栽培で育てられ、ワインは新オーク樽で熟成される。価格は、ベラ・オークスと高価なマーサズ・ヴィンヤードの中間である。

ジョー・ハイツは時代に左右される男ではなかった。彼はシャルドネをタンクで発酵させ、マロラクティック発酵は中断した。彼は若い頃造ったグリニョリーノに忠誠を誓い、その後もその品種からポートスタイルのワインを造った。彼は彼のカベルネを、そして時にはシャルドネも、リムーザンのオーク樽（p.129参照）で熟成させた——それは今日まで続いている。彼がリムーザン・オーク樽を買うのは、アメリカ産オーク樽が好きではないからであったが、1960年代当時、フランス産オーク樽を使うところはまだ限られていた。私は以前ハイツに、ほとんどのワインメーカーが嫌うのに、なぜそこまでオークにこだわるのかと尋ねたことがある。「最初、持っているものを使った。そしてそれがうまくいっ

152

た。ただそれだけだ。他の連中が群れをなして別の方向に行っているからといって、どうして方向を変えなければいけないのか？」と彼は答えた。ジョー・ハイツは外交家的な人間ではない。

　ハイツは1996年に脳卒中に襲われ、2000年に81歳で亡くなった。150haまで拡大していた彼の葡萄畑は、一家の下に残され（果実の多くが売られている）、息子のデヴィッドがワインを造り、娘のキャスリーン・ハイツ・メイヤーが会社の社長を務めている。デヴィッドは父親と違い、スポットライトを当てられることが嫌いであるが、彼はすでに1974年からジョーの助手をしていた。あの栄光ある1974ヴィンテージの時、ジョーはぎっくり腰をわずらい、収穫時には入院していた。そのため、その年のワインづくりは大半がデヴィッドが担うことになったが、彼は毎日その日の終わりにベッドまでワインのサンプルを持参し、父の承認を得た。

　1980年代にハイツの名声は下降線をたどったが、今そのワインは完全に回復した。一家の伝統である保守主義にもかかわらず、現在そのカベルネは、1970年代にくらべ、より果実味主導になり、スタイルも現代的になっている。しかしハイツは、現状に満足していない。デヴィッドはつい最近の2007年には、オーク樽を使わないソーヴィニヨン・ブランを出した。キャスリーン・ハイツもそれについて後悔していない。「私たちが古い考え方の持ち主だと見られていることは知っている。しかし私たちは自分たちが正しいと思っていることをやっているだけだ。ナパのワインは今どれも同じようなものになりつつある。だから私たちが他のワイナリーと違うように見えるということは、とてもいいことなの」と彼女は言う。

## 極上ワイン

*(2009年にテイスティング)*

**Martha's Vineyard Cabernet Sauvignon**
**マーサズ・ヴィンヤード・カベルネ・ソーヴィニヨン**

**2004**　とても深い赤色。豊かなキイチゴの香り。丁字、コーヒー、ユーカリの微香もある。フルボディで肉感的だが、タンニンの骨格がしっかりしており、それが強いグリップ力と味わいの長さを生んでいる。

**2002★**　不透明な赤色。深みのある贅沢な燻香。プラムやミントも感じられる。悠々としてスパイシーで、芳醇な果実味もある。良く凝縮されているが、重さを感じさせない。焦点が明確で、バランスが取れ、味わいは長い。秀逸なワイン。

**1999**　非常に深い赤色。芳醇なブラックベリー、ブラックカラントの香り。突き刺すようなミントの香りもあり、清冽な感じを与える。口に含むと、始め上質なしなやかさのある甘さを感じ、タンニンの骨格の下で明確な主張が感じられ、しかも後味に豊潤な果実味が広がる。

**1997**　非常に深い赤色。控え目なブラックベリーの香り。芳醇で良く熟れているが、タンニンはまだ健在で、中盤の肉厚感はない。いまでも素晴らしく鮮烈で、ぎこちないほどの若さがある。

**1992**　非常に深い赤色。グラスの縁に少し衰えが感じられる。焦げたような燻香。革の香りもあり、熟成を感じる。口に含むと、甘く、優しく、熟れて、凝縮しており、おおらかなタンニンのグリップ力を感じる。後味に胡椒味を感じる。元気の良いワインだが、やや精妙さとフィネスに欠ける。

**1974★**　深い赤レンガ色。強い燻香。高揚感と新鮮さもある。ミディアムボディだが、新鮮さと清冽さを感じる。濃密で良く凝縮され、純粋さと躍動感もあり、残存しているタンニンが後味の確かさをもたらしている。良く熟成しているが、まだ強くなりつつある。

**1970**　深遠な赤色。しかし少し褐色がかっている。どちらかといえばポートワインのような香り。熟れた果実の香りの中に、革の香りが時おり現れる。濃密で、タンニンは堅牢、堂々としていて、タンニンは壮健だが甘い。依然としてパワーとエネルギーが充満している。控え目とかエレガントとかいう言葉は無縁なようで、疲れを知らない剛腕なナパ・カベルネの典型のままだ。

**Heitz Wine Cellars**
**ハイツ・ワイン・セラーズ**

栽培面積：150ha　平均生産量：50万本
500 Taplin Road, St. Helena, CA 94574
Tel: (707) 963-3542　www.heitzcellar.com

NAPA VALLEY

# Mayacamas Vineyards　マヤカマス・ヴィンヤーズ

**19**世紀にナパ・ヴァレーに創設された小さなエステートの多くが、谷底は大規模な葡萄栽培農家やワイナリーに譲り、山を登ったところに葡萄畑を開き、ワイナリーを建てた。しかしそれらのワイナリーの中で、マヤカマスのように、現在まで途切れることのない歴史を有するワイナリーは数えるほどしかない。その古い石造りのワイナリーは、1889年にフィッシャー家によって建てられた。その日付が、ワイナリーの入り口のまぐさ石に刻まれている。フィッシャー家はドイツからの移民であったので、おそらく急斜面の上に葡萄畑を築くのに慣れていたのだろう。所有者は何回も替わったが、そのワイナリーはなんとか禁酒法時代を切り抜けることができ、1941年にはイギリス人のジャック・テイラーのものとなった。彼は最初葡萄を売っていたが、1946年にワイナリーを再開し、その背後にあって、ナパとソノマの郡境をなす山脈の名前を取って、マヤカマスと名付けた。テイラーは造れるものはすべて造った——スパークリング・ロゼからベルモット酒まで。1950年代後半のワインメーカーは、フィリップ・トーニである。

*トラヴァースは彼のワインを、
名簿に載っている顧客と
レストランにだけ販売するので、市場が現在の
ナパ・カベルネに期待しているものは
何かについてあれこれ考える必要はない。*

トーニによれば、テイラーがワイナリーを売り払ったのは、後継者がなく、またワインの商売に向いていないことを悟ったからだという。1968年に、サンフランシスコの金融業者のロバート・トラヴァースがそのエステートを買ったが、その時ワイナリーは操業を止めており、設備の一部は放置されていた。彼はワインメーカーにボブ・セッションを雇ったが、彼は4年間在職した後、ハンゼルに移籍した。ボブはその後30年間、ハンゼルに在籍することになる。

郡境に近いその美しい葡萄畑は、標高520〜730mの火山性の土壌の土地に横に広がり、ソーヴィニョン・ブランが植えられている。ワイナリーは葡萄樹の列のすぐ前にあり、住居は火山の火口だったところに建てられている。葡萄畑は無灌漑農法で栽培され、収量は非常に低く、1エーカー当たり1.5トン（約3.75t/ha）を超えることはめったにない。トラヴァースはブリックス糖度計で24度以下で摘果するようにしており、それよりもかなり低い時もある。そのため彼のワインは、若い時厳しさがあり、多くの人がその理由でそのワインを低く評価する。土壌は岩が多く、密度の低いそぼろ状になっているが、トラヴァースはそれが彼の葡萄樹が谷底の樹勢の強い葡萄樹の2倍以上も長生きする秘密だと信じている。シャルドネの最も古い葡萄樹は、1950年のもので、カベルネは1960年代に植えたものである。以前トラヴァースは、ジンファンデルなどの葡萄を近隣の葡萄農家から大量に仕入れていたが、現在はすべての葡萄が自家栽培の葡萄である。

ここのワインづくりは異質である。シャルドネを含むすべてのワインが、開放型のホーロー引きセメント槽で発酵される。ソーヴィニョン・ブランは古いアメリカ産オーク槽で熟成され、マロラクティック発酵も、澱の上で寝かせることも行わない。それは果実味の純粋さと剛性を維持させるためである。シャルドネもほぼ同じ方法で造られるが、こちらはさらに新樽比率25％の小さな樽で熟成される。メルローとカベルネ・フランを合わせて15％含むカベルネ・ソーヴィニョンは、大樽で18ヵ月熟成させ、さらに新樽比率20％以下のフランス産オーク樽で、あと1年熟成させる。ワインは軽く濾過され、リリース前にかなり長く瓶熟される。

トラヴァースは彼のワインを、名簿に載っている顧客とレストランにだけ販売するので、市場が現在のナパ・カベルネに期待しているものは何かについてあれこれ考える必要はない。彼はニコニコしながら私に、過熟や恣意的なエレガントさのない、フランス風のカベルネを造りたい、と語る。彼は、リリース時に飲みやすいワインを送り出したいと思っているが、同時にそのワインに熟成する能力を備えさせたいとも思っている。以前2人で昼食を取る機会があったが、その時彼は25年以上も前のカベルネを注いでくれた。それは彼がその時ちょうど飲み頃だと思っていたワインであった。

もちろん、常に良い年ばかりとは限らない。収斂性のあるヴィンテージもあれば、乾いた味になるワインもあるだろう。しかし私が思うに、ボブ・トラヴァースはそれに一喜一憂していないようだ。というのは、ボルドーの上質ワインの多くがそれと同じだからだ。マヤカマスは今後も、トラ

ヴァースが40年前に打ち立てたスタイルを踏襲していくだろうが（すでに次の世代が引き継ぎつつある）、彼はいつも冒険的な心も持ち合わせていたということは覚えておく必要がある。1970年代、彼はピノ・ノワール・ロゼに手を染めたが（成功とはいえない、少なくとも1977年は）、それ以外にもレイト・ハーベスト・ジンファンデルも造った。そのワインは1984年まで造られていた。1968年に最初に造られた時、それはある意味偶然の産物であった。彼はタンクを設置するスペースがなくて困ったので、葡萄栽培農家にそのジンファンデルの収穫を1週間遅らせてくれと頼んだのだった。その結果、巨大で、口中を満たすようなポートワインが出来上がり、マスターオブワインであるマイケル・ブロードベントなどの批評家から絶賛されることになったのである。

とはいえ、マヤカマスに対する高い評価は、やはり、ソーヴィニヨン・ブラン、シャルドネ、カベルネ・ソーヴィニヨンによるものである。単一品種ワインであるメルローも、新鮮さの際立つ、ピリッとした刺激のあるワインだが、非常に少ない量しか生産されない。ボブ・トラヴァースは現在、生活の半分を南カリフォルニアに移しており、息子のクリスがワイナリーの日常的な仕事の指揮を執っている。彼がこの古典的なナパ・マウンテン・ワイナリーを、新世紀に似つかわしいワイナリーに変身させようとしている兆候は、いまのところ見当たらない。

## 極上ワイン

*(2006～2009年にテイスティング)*

**Cabernet Sauvignon**
**カベルネ・ソーヴィニヨン**

**2003** 深い赤色。かすかにハーブ、ミントの香り。ミディアムボディで、堅固なタンニンが果実味の強い甘さとバランスを取っている。鮮烈で、精彩があり、味わいは長い。

**2000** 非常に深い赤色。豊かなブラックベリーの香り。非常に良く凝縮され、酸の高さが長寿を約束している。しかしそのため今はまだ愉しむのが難しい。濃密な、ミントの際立つ後味がとても長く続く。

**1999** かなり深い赤色。香りは控えめ。口あたりは上品で、鮮烈で凝縮されている。個性があるが、筋肉質で、まだ青年の域にある。味わいは非常に長い。

**1996** 深い赤色。甘美な香り。土やヒマラヤスギの香りもする。濃厚で、タンニンもまだしっかりしているが、フレーバーも驚くほど重みがある。生き生きとして複雑で、胡椒味のする後味が長く続く。口あたりは香りほど進化していない。まだ時間が必要。

**1994** かなり深い赤色。禁欲的な香り。オーク香もほんの少しある。壮健なフルボディだが、重くはない。濃厚で力強いが全体的に控えめ。味わいはとても長い。

**1992** 深い赤色。かすかに衰えが見える。ほっそりとしたエレガントな香り。ヒマラヤスギやモカのアロマ。ミディアムボディで、酸が際立ち、ミネラル香やピリッとした刺激もあり、洗練されている。今絶頂期にある。

**1991** とても深奥な赤色。精妙なブラックベリーの香り。年齢を感じさせる微香もある。堅固で、かなり厳しく、緻密で、酸は高い。ほとんど進化していない。しかし主張は明確。やや肉厚感に欠け、後味にかすかに青臭さを感じる。

**1979** 不透明な赤色。わずかに進化している。濃厚な革の香り。豊かで甘く、鮮烈で、いまだタンニンにしっかりと繋ぎとめられている。かすかな土味がするが、陰気でも嫌味でもない。味わいは非常に長い。いま絶頂期にあるが、あわてて飲む必要はない。マヤカマスの真髄。

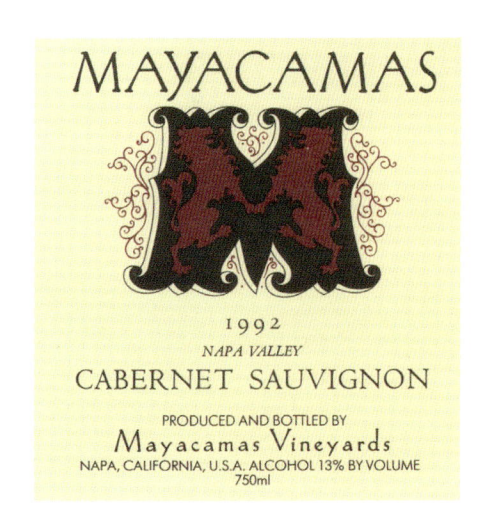

**Mayacamas Vineyards**
**マヤカマス・ヴィンヤード**

栽培面積：21ha　平均生産量：6万本
1155 Lokoya Road, Napa, CA 94558
Tel: (707) 224-4030　www.mayacamas.com

NAPA VALLEY

# Merryvale Vineyards　メリヴェイル・ヴィンヤーズ

メリヴェイルの歴史は、禁酒法撤廃後のナパ・ヴァレーで最初に設立されたワイナリーであるサニー・セント・ヘレナから始まる。1937年に、セザール・モンダヴィ──ピーターとロバートの父親で、ロディでワインづくりを始めていた──がそのワイナリーを買い求め、6年後に売り払った。1960年代については、曖昧な記録しか残っていず、協同組合の本部が置かれていたらしい。続く1970年代には、ナパ・ヴァレーで大きなワイナリーを経営していたクリスチャン・ブラザーズが、その広々とした建物を倉庫代わりに使った。1980年代半ばになって、ビル・ハーランと数名の共同経営者によって買われると、ようやくこのワイナリーは、本来の仕事を再開することができるようになった。ボブ・レヴィーがワインづくりを担当した。しかし1990年代初め、スイスのシュラッター家がメリヴェイルの株式の50%を取得し、1996年に会社の全面的な支配権を獲得した。ハーラン・エステートのためにワインを造っていたボブ・レヴィーは、1998年にメリヴェイルを永遠に去り、その後任としてスティーヴ・テストがやってきた。彼はそれまで、ジェス・ジャクソンのストーンストリートでワインメーカーをやっていた。

所有者の交代とそれに伴う人員の入れ替わりは、カリフォルニアのワイン産業では日常茶飯事であるが、現在のワインメーカーであるシーン・フォスターは、その中でも右往左往することはなかった。彼は1995年に、ワインメーカー助手として働き始めて以降、メリヴェイルとともに歩み続けてきた。コンサルタント（1990年代はミシェル・ロラン）には、以前フェルプスでワインメーカーをしていたクレイグ・ウィリアムズが着任した。とはいえ、メリヴェイルは頻繁にコンサルタントを替えすぎるように見える。ウィリアムズの前任者は、才能に恵まれたオーストラリアのワインメーカーであるラリー・ケルビーノであったのだが・・・。

このようなさまざまな変化の中、メリヴェイルのようなワイナリーがその名声を維持していくのは非常に難しいことだと思われるが、このワイナリーは、そのワインの一貫した酒質の高さと、ナパの基準となる良識的価格で、それを維持することができている。セカンドラベルのスターモントでさえ、その酒質は信頼できる。実際、メリヴェイルというラベルのワインは全体の12%しか占めていず、他はスターモントが占めているのである。

メリヴェイルはカルネロスに20haの土地を所有しているが、そこは有名なスタンリー・ランチのあった場所で、スターモント・ワイナリーも併設している。今そこは、すべての電力を太陽光発電設備でまかなっている。またセント・ヘレナの町のすぐ東にも10haの畑を所有している。それ以外にも、ポープ・ヴァレーの40haのジュリアナ・ヴィンヤードの畑から出来る葡萄にも持ち分がある。その他メリヴェイルは、ハイドやステージコーチなどの評判の葡萄畑からも葡萄を購入し、つい最近まで、アンディ・ビークストファーの所有するオークヴィルとラザフォードの有名葡萄畑からもカベルネ・ソーヴィニヨンを仕入れていた。しかしこの契約は2006年に打ち切られた。

セント・ヘレナを通り抜ける幹線道路沿いにあるメルヴェイルのワイナリーは、多くの観光客を引きつけ、そのもてなしも親切である。テイスティング・ルームを訪れた客は、通常その横に並ぶカスク・ルームに入っていくが、そこは吹き抜けの大きな倉庫で、容積7570ℓのドイツ製の大樽が2列に並び、ナパ・ヴァレーというよりはドイツのラインガウを思い起こさせる。とはいえそのセラーは今は実際に使われていず、ワインは古い歴史的なワイナリーの後ろにある新しい機能的なワイナリーと、別棟のスターモント・ワイナリーで造られている。最高級ワインのための葡萄の収穫は、きわめて几帳面に行われる。葡萄は早朝に手摘みされ、振動選果テーブルに送られるまで冷蔵庫に保管される。その後自重式送り込み装置で発酵槽に入れられる。白ワインは全房圧搾される。

メリヴェイルのワインの種類は多岐にわたっており、ソノマの果実を使ったものや、数多くの種類のリザーブワインもある。スティーヴ・テストは2001年にピノ・ノワールをラインナップに加え、同時期にナパとドライ・クリークの葡萄から造る秀逸なシラーも加えた。しかし現在、種類は絞られつつある。スターモント・ラベルで、買いやすい価格の満足度の高いワインを送り出し、その一方で、メリヴェイルがリザーヴ・ワイン的なものになり、その結果従来のリザーヴ・ワインが消えつつある。現在メリヴェイル・ラベルは、標準的な単一品種ワイン、純粋に自家栽培葡萄を使った少量のカベルネ・ソーヴィニヨンやプティ・ヴェルドー、そしてワインメーカーこだわりのルシアン・リヴァー・ヴァレーの葡萄を使った遅摘みのリースリングなどである。

最高級赤ワインは、プロファイルという名前のカベルネ・ソーヴィニヨン主体のボルドー・ブレンドで、ほとんどがオークの新樽で18ヵ月熟成される。それは、わりと多量に造られているにもかかわらず（約5000ケース）、酒質は安定している。滑らかな口あたりのワインである。メリヴェイルの最高級シャルドネは、シルエットである。大部分カルネ

上：1995年からメリヴェイルで働いているシーン・フォスターは、現在このワイナリーの幅広い種類のワインのすべてを監督している。

ロスの果実から造られ、土着の酵母を使って樽発酵され、マロラクティック発酵を最後まで行わせたものである。新樽比率3分の2で熟成され、濾過せずに瓶詰めされる。

　ワインの種類が整然と絞られていったため、今後メリヴェイルが安定した歩みを続けると期待することができる。それは高い酒質を維持するという意味であると同時に、少なくとも最高級ワインに関しては、その源泉である優秀な葡萄畑を明示した単一葡萄畑ワインが理路整然と並べられるという意味においてである。

## 極上ワイン

(2009〜10年にテイスティング)

**2007 Carneros Chardonnay**
**2007 カルネロス・シャルドネ**
　トースティーな香り。洋ナシのアロマもある。ミディアムボディで新鮮で凝縮され、スパイシー。軽いタッチで描かれた絵画のような味わい。酸が新鮮な長い後味へと続く。

**Silhouette Chardonnay　シルエット・シャルドネ**
**2007**　スパイシーな香りで、バターも感じる。オーク香が高く、明快。フルボディで重量感があり、フィネスよりも力強さがある。どこか伝統的な手作りのシャルドネといった雰囲気があるが、堂々としてスパイシーで味わいは長い。
**2005**　力強いトースティーな香り。口の中で全開で、凝縮され、骨格は確かで、ミネラル香もある。アンズやリンゴのコンポートのフレーバーが口いっぱいに広がる。

**2006 St. Helena Estate Cabernet Sauvignon★**
**2006 セント・ヘレナ・エステート・カベルネ・ソーヴィニヨン★**
　非常に深い赤色。落ち着いた、ブラックチェリー、ブラックオリーブ、ブラックカラントの香り。純粋さを感じる。贅沢でフルボディで、タンニンはとても良く熟れており、力強く新鮮な後味が続く。

**Merlot　メルロー**
**2006**　肉厚な、オークに染まったブラックベリーの香り。フルボディで頑健。元気と味わいの長さの備わったしっかりしたメルロー。
**2005**　スモーキーで豊潤な香り。しかし控え目な口あたり。豊かでみずみずしい果実味があり、後味はやや辛口。

**Profile　プロファイル**
**2006**　力強い贅沢な香り。黒果実のアロマと鮮明な豊潤さが感じられる。魅力いっぱいのボルドー・ブレンドで、力強く、肉厚で、果実味の量塊感があるが、酸とフィネスは中庸である。しかし感動的で長い味わいは秀逸。
**2004**　複雑なアロマ、ブラックチェリー、ユーカリ、革が感じられる。強烈なワインというほどではないが、スパイシーで凝縮されたワインで、土味があるにもかかわらずエレガントで、贅沢な後味へと続く。

**Merryvale Vineyards**
**メリヴェイル・ヴィンヤーズ**
　栽培面積：30ha　平均生産量：130万本
　1000 Main Street, St. Helena, CA 94574
　Tel: (707) 963-7777　　www.merryvale.com

157

NAPA VALLEY

# Quintessa クインテッサ

クインテッサに関して最初に浮かぶ疑問が、なぜラザフォードのこのような一等地が、何10年もの間葡萄樹が植えられないまま放置されてきたかということである。この土地は、元々はサンフランシスコのレストラン経営者であるジョージ・マーディキアンの所有する牛の放牧場で、彼は漠然と葡萄樹を植えたらどうかと思ってはいたが、実行に移さずにいた。1980年代の初め、チリのワイン業界の大立者で、ラザフォードにもフランシスカン・ワイナリーを持っているアガスティン・ヒュネイアスがその土地のことを聞きつけ、1989年に妻のヴァレリアを交渉のためにサンフランシスコに派遣した。彼以外にも多くのワイナリー経営者がその処女地に目を付けていたが、結局ヒュネイアスとの契約が成立し、1990年に植樹が行われた。こうしてシルヴェラード・トレイル沿いのその大きな畑からの最初のヴィンテージが、1994年に造られた。そのコンセプトは、オーパス・ワンのそれに似ていなくもない。すなわち、カベルネ・ソーヴィニヨンを基本にした明快なワインである。

*葡萄畑は5つの丘にうねるように広がっており、向きがさまざまで、それがこの葡萄畑の名前を説明している。2000年以降のワインは1級品である。*

オーパス・ワンと同じように、このワイナリーも建設に数年を要した。その美しい建物を設計したのは、サンフランシスコの建築家ウォーカー・ワーナーで、斑状模様のある黄色の石を積み上げて造られた壮大なアーチ型のファサードが、シルヴェラード・ロードに向かって大きく開いている。そのアーチの両側には、事務所と葡萄集荷場につながる斜面がある。収穫された葡萄は、そのワイナリーの高い場所に搬入されるため、葡萄の送り込みはすべて重力を利用して行われる。

1999年まで、クインテッサの株式は法人のフランシスカンとヒュネイアス個人が半々で所有していたが、1999年にヒュネイアスがフランシスカンの株を買ったので、クインテッサは彼の個人所有となった。彼は2009年に引退したが、時おり視察に来て助言を与える。それはおおむね次のような言葉だ。「君が最善と思う通りにしなさい。」

最初のワインメーカーはアラン・テンシャーで、その後サラ・ゴット、アーロン・ポットと続き、2007年以降はチャールズ・トーマスが務めている。彼はそれ以前には、モンダヴィ、ラッドなどでワインメーカーを経験していた。その間いくつかの変化があった。2000年代にいくつかの小区画が植替えられ、植栽密度が高くなった。2005年からは、バイオダイナミズムの方法が徐々に導入されている。葡萄畑は5つの丘にうねるように広がっており、向きがさまざまで、それがこの葡萄畑の名前［クインテッサとは、「5番目の元素」、あるいは「本質」を意味する］を説明している。土壌もまた変化に富んでいる。大部分が沖積層であるが、それ以外に火山灰の堆積地、火山性の赤土、ローム層、砂利層などがある。品種はカベルネ・ソーヴィニヨンが大部分を占め、次いでメルローなどのボルドー品種が並び、カルメネール（チリで広く栽培されている）——所有者の出身地が少しだけ刻印されている——の畑も1.6haほどある。収量は1エーカー当たり3トン（7.5t/ha）である。収穫は、小区画ごとに行われるため、4週間かかり、ワインメーカーは約50の異なったキュヴェを造る。

ワイナリーは超現代的で、発酵は、木、コンクリート、ステンレスなどいろいろな種類の槽で行われる。トーマスは土着の酵母を好むが、教条主義的にそれに決めているわけではない。新型の水圧式圧搾機もあり、山腹にはトンネルが掘られて横穴式樽貯蔵庫になっている。クインテッサ・ワインは中庸の焼き具合の新オーク樽を80％使い、約18ヵ月熟成される。

最近ワインの種類が増やされたが、それは、かなりの量生産される高価なナパ・カベルネの販売がおもわしくないことを考えると、驚くことではない。ヒュネイアスは、ファウストという名前のセカンドラベルを導入したが、それはクインテッサに脱落したキュヴェのための受け皿的なワインではなく、ベクストファー、パルメイヤー、ステージコーチなどの傑出した葡萄畑から仕入れた葡萄によって造られるワインである。このワインは、新樽比率3分の1で熟成される。

その他ソーヴィニヨン・ブランもある。自家の畑でもソーヴィニヨン・ブランを栽培しているが、大半は買い入れた果実を使っている。そのワインは、ステンレス槽とコンクリート製の"エッグ"——バイオダイナミズムを導入しているワイナリーが好んで使う発酵槽——を組み合わせて発酵させ、

半分を新しくも古くもない樽で熟成させ、残りをステンレス槽かコンクリート槽にそのまま置いておく。

　1990年代の半ばから終わりにかけて、クインテッサには落胆させられるヴィンテージがあった。葡萄樹が若く、ワイナリーはまだ方法を模索していた。しかし2000年以降のワインは1級品で、ヴィンテージの特徴を良く反映させている。

## 極上ワイン

*(2008〜10年にテイスティング)*

### 2008 Sauvignon Blanc Illumination
### 2008 ソーヴィニヨン・ブラン・イルミネーション
　新鮮で豊かなアロマが漂う。極めて芳醇だが、ソーヴィニヨンらしさもある。熟れて新鮮な口あたりで、生き生きとした味わいが長く持続する。

### 2006 Faust Cabernet Sauvignon
### 2006 ファウスト・カベルネ・ソーヴィニヨン
　豊かでエレガントな香り。チェリーや赤果実を感じる。しなやかなミディアムボディ。タンニンがしっかりしているにもかかわらず、極めて優美なスタイルで、甘さもあるが、ジャムのようではない。2005の方は、もっと重量感があり、新鮮さで劣る。

### Quintessa
### クインテッサ
**2007**　強いトーストの香り。豊潤なブラックカラントの香りもする。非常に豊かで濃密で、甘いがジャムのようではない果実味がある。力強く噛みごたえのあるタンニンの骨格に支えられ、それでいて滑らかで、複雑で長い味わい。

**2006**　豊かなしっかりした香り。ブラックカラントなどのいろいろな種類のチェリーが感じられる。贅沢で、とても良く凝縮され、タンニンは深遠で、果実味の感動的な重さがある。酸がやや低いが、後味は長く、軽い感じ。

**2005★**　エレガントなブラックカラントの香り。赤果実の微香もある。しなやかでエレガントな口あたりのミディアムボディ。スタイルは洗練され、上質の酸が高揚感をもたらす。最高の段階まではもう少し時間が必要だが、長く洗練された味わいのワインである。

右：2007年からクインテッサのワインメーカーを務めているチャールズ・トーマス。彼は葡萄畑でもワイナリーでも、自然な方法を好む。

**Quintessa　クインテッサ**
　栽培面積：69ha　平均生産量：30万本
　1601 Silverado Trail, Rutherford, CA 94574
　Tel: (707) 967-1601　www.quintessa.com

159

NAPA VALLEY

# Saintsbury　セインツベリー

このカルネロスのワイナリーは、リチャード・ワードとデヴィッド・グレイヴスによって1981年に創立された。2人は立派な経歴を持つ科学者であったが、ワインの魅力に取りつかれて、わき道にそれてしまった。2人が出会ったのは、UCデーヴィス校であった。彼らは自分たちのワイナリーに、有名なイギリスのワイン鑑定家ジョージ・セインツベリーの名前を付けたが、その鑑定士は、彼らがそのロゼにヴィンセント・ファン・グリという風変わりな名前を付けるのには賛成しなかったであろう。

彼らの最初の2回のヴィンテージは、それぞれ別のワイナリーで造られたが、1983年に現在の場所に落ち着いた。1988年には、ワインの売れ行きが予想を上回り生産量が増えたため、ワイナリーを建て増しした。そのワイナリーは2007年から太陽光発電設備で電力をまかなっている。1986年に5haの葡萄畑を拓き、1990年には近くのブラウン・ランチを買った。そこはわりと温暖な土地で、その2年後に高い植栽密度でディジョン・クローンを植えた。セインツベリーの葡萄畑は、ワイナリーの必要とする葡萄を供給できるほど広くはないので、それ以外にカルネロスの24の畑から葡萄を購入している。創立以来、今ではとても有名になっているワインメーカー達がこのワイナリーで働いてきたが、2005年からは、ジェローム・チェリーがその職についている。彼はリトライのテッド・レモンの下で7年間助手を務めた経歴があるが、それはこの職につくための完璧な資格といえる。

ワードとグレイヴスはピノ・ノワールの
クローンについて、そしてそれ以外の
変数について何年も研究を重ねてきた。
その結果、約25年間も状態が変わらない
ワインを造りだすことに成功した。

ワインの種類は何年間も簡潔なままであった。1種類のシャルドネとリザーヴ・シャルドネ、3種類のピノ・ノワール——ライト、果実味主導のガーネット、カルネロス——である。2004年に、セインツベリーはリザーヴを単一葡萄畑ワインに切り替えた。スタンリー・ランチとトヨンの2つの葡萄畑である。その1年後、今度はカルネロス以外の地区で採れるピノ・ノワールが戦列に加えられた。アンダーソン・ヴァレーのスリーズ葡萄畑である。またブラウン・ランチから採れるシャルドネ（リザーヴ・シャルドネに代わるものとして2002年に導入）とピノ・ノワールもある。後者は、セインツベリー・スタイルの最も精妙な表現である。

カルネロス・シャルドネは、自家の葡萄も使っているが、主に購入した葡萄から造っている。そのワインは新樽比率3分の1の樽発酵で、定期的な澱撹拌を受けながら8ヵ月熟成される。1993年からは、濾過なしで瓶詰めされている。ブラウン・ランチ・シャルドネは、3.2haの畑の葡萄から造られ、カルネロス・シャルドネよりも少し長く樽熟成される。その後さらにステンレス・タンクで6ヵ月熟成される。

ガーネットは基本的に最も軽めのワインを選別してブレンドしたもので、毎年ヴィンテージの次の春に造られる。そのワインは早めに樽から抜き出され、夏に瓶詰めされる。それは常に、とても魅力的な、妙な難解さのない率直なワインである。残りのワインは、そのまま樽熟成を続け、カルネロス・ピノ・ノワールとなる。こちらは、とてもバランスの良い、豊かな味わいで、ノース・コーストのピノ・ノワールにありがちなジャムのような感触、喉ごしの悪さというものがまったくない。20年前、アカシアという名のワイナリーが、単一葡萄畑のピノ・ノワールだけを造っていた。セインツベリーは10年前から、同様の考え方で、いくつかの畑からの単一葡萄畑ピノ・ノワールを出しており、カルネロスのテロワールが一様でないことを、それらのワインで表現している。

その他、冷涼な気候に育つシラーを使った2種類のワインが戦列に加えられた。1つがカルネロス（ソノマ・コースト・アペラシオンで瓶詰めされている）・シラーで、もう1つが、ソノマ・ヴァレー・シラーである。とはいえ、ワードとグレイヴスの心を最も強く掴んでいるのがピノ・ノワールで、2人はそのクローンについて何年も研究を重ね、またワインづくりに関しても多くの方法を試している。その結果、約25年間も状態が変わらないワインを造りだすことに成功した。秀逸なピノ・ノワールを造るワイナリーが多く輩出したことから、セインツベリーはその特権的な地位を一時奪われたが、2人は今度は単一葡萄畑ピノ・ノワールを送り出すことによってその地位を復活させようとしている。

## 極上ワイン

*(2007年と2009年にテイスティング)*

**2007 Chardonnay [V]**
**2007シャルドネ[V]**
　新鮮なライムの香り。最初の口あたりが素晴らしい、新鮮さの際立つミディアムボディ。軽く魅惑的なフェノールを感じる。上質な酸が味わいの長さをもたらし、後味のライムが心地良い。

**2007 Carneros Pinot Noir**
**2007カルネロス・ピノ・ノワール**
　鮮明なチェリーの香り。良く熟れて芳香性が高い。かなり豊かで、鮮烈。タンニンは軽めで酸は極めて上質。躍動感と新鮮さがある。卓越したバランスと落ち着き。

**2007 Stanly Ranch Pinot Noir**
**2007スタンリー・ランチ・ピノ・ノワール**
　赤実の贅沢で芳香性の高い香り。堅牢なフルボディだが重くはなく、過抽出でもない。スパイシーで生命感に溢れ、タンニンの軽い後味がとても長く続く。

**2007 Toyon Farm Pinot Noir★**
**2007トヨン・ファーム・ピノ・ノワール★**
　芳香性のあるオークの香り。チェリーも感じる。鮮やかで新鮮、酸の高さが強烈な口あたりをもたらし、凝縮され、生き生きとしている。軽いタッチで、味わいの長さは申し分ない。

**2005 Brown Ranch Pinot Noir**
**2005ブラウン・ランチ・ピノ・ノワール**
　ほっそりしてスパイシーなオークの香り。みずみずしく、良く凝縮されている。タンニンは堅牢で、胡椒味もある。酸は上質で、味わいは長い。

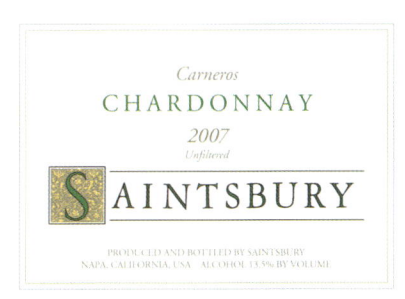

右：セインツベリーの共同経営者の1人、リチャード・ワード。彼はいま、単一葡萄畑ワインで、かつての栄光の座を取り戻そうとしている。

**Saintsbury**
**セインツベリー**
　栽培面積：22ha　平均生産量：72万本
　1500 Los Carneros Avenue, Napa, CA 94559
　Tel: (707) 252-0592　www.saintsbury.com

163

NAPA VALLEY

# Schramsberg Vineyards
シュラムズバーグ・ヴィンヤーズ

シュラムズバーグのテイスティングルームには、今もこのエステートの創立者であるジェイコブ・シュラムの写真が飾ってある。白い顎鬚を蓄えた太鼓腹のジェイコブが、自宅のポーチの肘掛椅子でくつろいでいる。その家は、今もワイナリーの傍の斜面に立っている。彼は昼食を腹いっぱい食べた後、いつもこの椅子に腰かけて昼寝を愉しんだ。彼には人生に満足する理由があった。1862年、ジェイコブはダイアモンド・マウンテンの斜面のカリストガの南側に土地を買った。そこに初期のワイナリーの1つを建て、鉄道工事の仕事がなくなって途方に暮れていた中国人労働者を雇って、ワインを熟成・貯蔵しておくための横穴を掘らせた。ワイナリーは繁栄し、彼のリースリングと"バーガンディー"は、遠くまで船積みされた。

1905年にシュラムが他界すると、エステートは売りに出され、何人も所有者を変えたが、それ以降成功した者は1人もいなかった。1965年に、遺棄されたも同然のこのエステートを、ジャックとジェイミーのデイヴィーズ夫妻が買った。2人はその数10年前から、マーチン・レイの株主であった。2人が目指したのは、このエステートをシャンパン方式のスパークリング・ワインのための聖地にすることだった。カリフォルニア、特にソノマには、ここ以外にもいくつかのスパークリング・ワインを造るワイナリーがあったが、それらのワイナリーは、もっぱら安売り用の発泡酒を造っていた。デイヴィーズ夫妻が造ろうと決めていたのは、それらとはまったく違う、シャンパンと同じ酒質を持ったワインであった。2人は自家の葡萄だけでなく、多くの葡萄畑から葡萄を買い入れたが、最終的に、ナパ・ヴァレーの北部は、上質のスパークリング・ワインになる葡萄を育てるには温暖すぎるという結論に達した。1998年、ワイナリーの周囲の畑はボルドー品種に植え替えられ、スパークリング・ワインのための葡萄は、大半がカルネロスから、そしてソノマ、アンダーソン・ヴァレー、マリン郡を含む90の葡萄畑から仕入れることにした。

1998年にジャック・デイヴィーズが亡くなると、家族間のいさかいが起こり、それはその後10年間、ジェイミーが亡くなるまで続いた。結局2人の最年少の息子、ヒューが実権を握った。ヒューの下でワイナリーは、同時に2つのまったく異なった方向を目指した。1つは、このワイナリーの名声を築きあげてきた基礎である上質なヴィンテージ・スパークリング・ワインで、もう1つは、J・デイヴィーズ・ラベルのボルドー・ブレンドである。後者のワインメーカーは、シーン・トンプソンで、前者のスパークリング・ワインのワインメーカーがキース・ホックである。もちろん、ヒュー・デイヴィーズは両方に深くかかわっている。

スパークリング・ワインの場合、ベース・ワインの半分は樽発酵され、すべてのヴィンテージ・ワインが澱の上で4年以上熟成される。ブリュット・ワインのドサージュは11〜12g/ℓである。最高のキュヴェは手で動瓶(ルミアージュまたはリドリング)され、セラーには270万本が熟成中である。

ワインの種類はかなり多岐にわたっている。ブラン・ド・ブランは、以前はブレンド中にいくらかピノ・ブランを含んでいたが、現在はすべてシャルドネである。ブラン・ド・ノワールは大半がソノマとアンダーソン・ヴァレーの葡萄で、10%ほどシャルドネを含んでいる。ブリュット・ロゼも以前はガメイをいくらか含んでいたが、現在は40%がピノ・ノワールで、残りがシャルドネである。ミラベルはノン・ヴィンテージ・ワインで、ブレンド中に20%ほどリザーヴ・ワインが加えられ、2年間熟成される。そのロゼ・バージョンもある。

最高級ワインは、リザーブとJ・シュラムの2種類である。リザーヴは1974年に最初に造られ、70〜75%をピノ・ノワール、残りをシャルドネが占める。ワインの約40%が樽発酵され、澱とともに6年間熟成される。J・シュラムは比較的新しく登場したワインで、最初に造られたのが1987年である。リザーヴ同様に約半分が樽発酵されるが、果実の多くがカルネロス産である。2001J・シュラムはシャルドネ78%、ピノ・ノワール22%のブレンドで、6年間熟成させた後、澱引きされた。J・シュラム・ロゼも少量造られているが、今までに2000と2004しか造られていない。

これらのスパークリング・ワインは非常に念入りに造られ、スタイルもかなり安定しているが、普通のキュヴェと特別なキュヴェの間の価格の差が激しく、後者は感動的な味だが、価格も感動的である。

これらのスパークリング・ワインと、精妙なボルドー・ブレンドの間のスタイルの違い以上に対照的なものを見つけるのは難しい。しかし2001年の最初のヴィンテージから、J・デイヴィーズ・カベルネ・ソーヴィニヨンは非常に秀逸である。ワイナリーのまわりの土壌は火山性で、それが収量を1エーカー当たり2.5トン(約6.25t/ha)と少なく抑えている。カベルネがブレンド中80%を占め、残りがマルベッ

164

ク、プティ・ヴェルドー、メルローである。ワインは新樽比率80％で、22ヵ月熟成される。新オークは、そのブレンドの濃密さの中に難なく融合されている。

## 極上ワイン

*(2009年にテイスティング)*

**2006 Blanc de Noirs　2006 ブラン・ド・ノワール**
土とリンゴの香りがする。果実の重量感も感じられる。豊かでクリーミーな口あたりのフルボディ。重量感があり、酸はやや控えめ。いつも通りの味わいだが、ややピリッとした刺激と持続性に欠ける。

**2005 Blanc de Blancs　2005 ブラン・ド・ブラン**
豊かでゆったりとした香り。やや土の香りもする。重量感があり、果実味が口いっぱいに広がる。雄大だが緻密さに欠ける。

**2005 Brut Rosé　2005 ブリュット・ロゼ**
淡い桃色。繊細なイチゴの香り。フルボディで雄大。重量感とグリップ力があり、軽いトースト香もある。ロゼにしては頑健だが、味わいはとても長い。

**2001 J Schram★　2001 J・シュラム★**
豊かなリンゴの香り。悠々としてトースト香もある。最初緻密な味わいで、ほっそりとして良く凝縮されている。酸が上質で、きびきびとした印象を与える。シャーベットのような長い後味が持続する。

**2001 Reserve　2001 リザーヴ**
ナッツや酵母の香り。豊かでとても力強い。豊満だが骨格がしっかりしており、凝縮されている。グリップ力もあり、味わいは長く持続する。後味に、焼いたナッツの香りがする。

**2005 J Davies Cabernet Sauvignon★**
**2005 J・デイヴィーズ・カベルネ・ソーヴィニヨン★**
超熟のブラックカラント、ブラックベリーの香り。オーク香もあり濃密で、甘草やナツメグも感じられる。しなやかでまろやか、とても良く凝縮され、オーク香が時々現れ、バニラの微香もある。肉感的だが、重さはなく、味わいはとても長い。

**Schramsberg Vineyards**
シュラムズバーグ・ヴィンヤーズ
　　　栽培面積：17ha　平均生産量：88万本
　　　1400 Schramsberg Road, Calistoga, CA 94515
　　　Tel: (707) 942-2434　www.schramsberg.com

上：シュラムズバーグの会長兼CEOのヒュー・デイヴィーズ。リザーヴ、J・シュラムをはじめとする幅広い種類のワインを監督している。

NAPA VALLEY

# Philip Togni Vineyard
フィリップ・トーニ・ヴィンヤード

カリフォルニアのワインメーカーの中で、フィリップ・トーニほど多くの経験を積んできた人物はまずいないだろう。どこか煮え切らない現代人に警告を発するような辛口のユーモアを持ち、偽善的な謙虚さとは無縁のトーニは、ボルドー大学でエミール・ペイノーに師事し、その後1956年に、マルゴーのシャトー・ラスコンブでワインづくりの道に入った。その2年後、彼はカリフォルニアに戻り、マヤカマス、シャロン、シャペレでワインを造った。なかでもマヤカマスとシャロンで、トーニはかなり不利な状況でのワインづくりに慣れていったが、同時に、山岳地の葡萄畑の持つ魅力にはまっていった。だから彼が1975年に、スプリング・マウンテンの標高600mの場所に自分の葡萄畑を開くための土地を購入したことは驚くに当たらない。

1981年に植樹を開始したが、AxR-1台木を使ったため、葡萄樹の大半がフィロキセラの犠牲になり、植替えを余儀なくされた。さらに追い打ちをかけるように、ピアス病にも襲われた。しかし今度は、葡萄樹を引き抜くことなくそれを制圧することができた。現在葡萄畑の80％がカベルネ・ソーヴィニヨンで、残りがメルローとカベルネ・フラン、そして1990年からはプティ・ヴェルドーも植えている。またマスカット系のブラック・ハンブルグという品種も植えている。1980年代に話を戻すと、その頃トーニは、オーク樽を使わないソーヴィニヨン・ブランを数100ケースほど造っていた。当時カリフォルニアではこのスタイルのワインはほとんど知られていなくて、彼はその大部分を、牡蠣を肴に自分で飲んでいた。しかし1994年に最後のヴィンテージを出すと、ソーヴィニヨン・ブランは引き抜かれ、ボルドー品種に植え替えられた。

この畑の土壌は、火山性の土壌の上を粘土が覆っているもので、その結果恐ろしいほどに骨格の堅固なボルドー品種ができる。この小さな葡萄畑を最大限活用する方法を探究するかのように、トーニは毎年、葡萄品種のいくつかをいっしょに発酵させるとどうなるかを実験したり、あるいは20ものキュヴェに分けて醸造し最後にブレンドしたりしている。圧搾ワインは別に保管しておき、20ヵ月の樽熟成の後どれだけの量を加えるかを決める。トーニは2軒のフレンチ樽業者、ナダリエとタランソーが気に入っており、新樽比率は約40％である。彼は自然の酸が高くなることを恐れないが、アルコール度数は14％以下に抑えるようにしている。ワインは清澄化も濾過も行わず、瓶詰めされる。満足できないキュヴェは、すべてタンバーク・ヒル・ラベルに格下げする。しかし2つのワインの熟成期間は同じだ。なぜなら、熟成期間の終わりにブレンドするからである。

トーニの初期のヴィンテージは、タンニンが巨大であった。しかし1990年には、彼は、葡萄畑と、そこから生まれるワインの手綱を握ることができた。そのワインは今でもタンニンは堅牢だが、1990年以降現在に至るまでのワインは、芳醇さと精妙さに欠けることはない。トーニは、彼の造るワインがセラーで寝かせる必要のあるワインであることを認識しており、それゆえ彼はそのワインを、自分のところで10年瓶熟させた後、名簿に載った顧客に送るようにしている。

カ・トーニ・ラベルで売り出されるブラック・ハンブルグは、興味深い赤ワインで、トーニは、ナパ・ヴァレーでこの品種からワインを造っているのは自分のところだけだと自慢している。この品種はピアス病に侵されやすいため、非常に少量しか造られない。その葡萄はかなり遅くに収穫され、糖分濃度はブリックス濃度計で32〜35度であるが、その高い糖分は、レーズン化によって生じたもので、ボトリティス菌によって生じたものではない。収穫は11月だが、それまでにカリバチや野鳥が果粒の何割かをついばんでしまうので、ただでさえ少ない収量がさらに少なくなる。果醪は古い樽で発酵させ、1年間熟成させた後、少量のブランデーを加え、瓶詰する。トーニはそのワインをさらに5年間瓶熟させた後、かなり高い価格で市場に出す。2003年は、アルコール度数は14.5％とかなり高く、残存糖分含有量も230g/ℓとかなり甘口である。

フィリップ・トーニは今も現役だが、スウェーデン出身の妻のビルギッタと娘のリサがますます頻繁に手伝うようになっている。リサは経営学博士号を取得しているが、サン・ジュリアンのレオヴィル・バルトンで葡萄の収穫もやった経験がある。こうして後継者の心配はなくなり、またリサ・トーニが、彼女の父親が数10年かけて築いてきたやり方を、急激に変えるということもありそうにない。

上：フィリップ・トーニと娘のリサ。2人ともボルドーでの経験があり、それがこのスプリング・マウンテンのワインの力強さを形作っている。

## 極上ワイン

(2009〜10年にテイスティング)
### Cabernet Sauvignon
### カベルネ・ソーヴィニヨン

**2006** 深奥な色。重厚なブラックベリー、ブラックカラントの香り、チョコレートの微香もある。典型的なトーニのワインで、豊かなフルボディで芳醇、凝縮感は申し分なく、個性もあり、タンニンは熟れ、味わいは非常に長い。後味にもチョコレートを感じる。

**2005** 甘く濃厚なブラックカラントの香り。オーク香もかなりある。豊かで濃密でスパイシー、胡椒味もある。かすかにレーズンの風味もあるが、生き生きとしており、後味は悠々としてしなやかで、持続する。

**2001** 厳しい黒果実とチョコレートの香り。まだとても禁欲的。非常に良く凝縮され、豊かで、堂々としている。土味のミネラルが感じられる。タンニンは少しざらつき、グリップ力は堅固。まだ青年期にあるが、スパイシーさと精妙さはあり、味わいの長さは申し分ない。

**1991** 1998年にテイスティングした時、西洋スモモやミントのアロマの際立つ、素晴らしい凝縮感と長さのある戦慄的なワインだった。その11年後にテイスティングすると、ほとんど変化していなかったが、アロマはより繊細になり、ハーブが感じられるようになっていた。口あたりはまだフレーバーがぎっしり詰まり、シルクのような触感が際立ち、より洗練されたものになっていた。いま絶頂期にある。

### Ca' Togni
### カ・トーニ

**2003** 豊かでくらくらする、花のような香り。確かなマスカットの芳香。とても甘くふくよかで、贅沢な味わい。ベルベットの触感があり、十分な酸が後味に新鮮さをもたらしている。長い味わいを満喫できる。

**Philip Togni Vineyard**
フィリップ・トーニ・ヴィンヤード

栽培面積：4.5ha　平均生産量：2万4000本
3780 Spring Mountain Road, St. Helena, CA 94574
Tel: (707) 963-3731
www.philiptognivineyard.com

167

NAPA VALLEY

# Turley Wine Cellars　ターリー・ワイン・セラーズ

ラリー・ターリーは長い間ジョン・ウィリアムズと共同で、フロッグス・リープ・ワイン・セラーズを経営してきた。しかし1993年、2人は共同経営を解消し、ウィリアムズは最終的にラザフォードの別の土地に移り、ターリーが、セントヘレナの北にある元のフロッグス・リープに残った。彼はフロッグス・リープの名声を築いた果実味主体の素晴らしく洗練されたワインと決別し、それとはまったく異なった針路に彼自身のワイナリーを向けた。明らかにターリーは、ジンファンデルとシラーの古樹から造る頑健な赤ワインに強い愛情を持っている。1990年代にはまだ、カベルネで注目されていない古い畑には、当然のことながら、ジンファンデルやシラーの葡萄樹を多く見ることができた。ターリーが新しくワイナリーを開くことになった時、姉のヘレン・ターリー——ロバート・パーカーをはじめとする多くの批評家から絶賛されている、アメリカで最も尊敬されているワインメーカー——が彼に、若いワインメーカー、エレン・ジョーダンを推薦した。ジョーダンは彼女とともに働いたことがあり、すぐに新しいワイナリーの運営に参加した。

ターリーは1エーカーのソーヴィニヨン・ブランから始めたが、それは彼の計画を満足させるには程遠く、彼は葡萄栽培農家と契約しながら、興味を引く葡萄畑を少しずつ買い集めていった。ハウエル・マウンテンのラトルスネーク・リッジ、パソ・ロブレスの20haのペセンティ・エステートなどである。さらにターリーのチームは、果実の質を可能な限り自分たちのワインにふさわしいものにするために、契約農家に自身の栽培チームの人員を派遣した。また彼らは、有機栽培の葡萄畑と優先的に契約した。

ターリーとジョーダンのワインは、当初から、控え目に言って、評価の分かれるワインであった。2人が目指したワインは、いわば最高度に熟れた感じのするワインで、アルコール度数は非常に高く、時には残存糖分も高いことがあった。2人はそれを、考えられる限りの最高度に熟れた味わいのワインにするために必要な代価とみなした。そのワインに対する称賛の声が広く聞かれるようになったが、まだ全体から見ればほんの一部にすぎなかった。私が最初にこのワイナリーを訪問したのは1998年のことで、それ以前の単一葡萄畑ワインのほぼすべてをテイスティングすることができた。それらはほとんど例外なくレーズンの風味があり、温かく、時にはひどく甘かった。また遅摘みのジンファンデルは、当時だれもが納得するカリフォルニア・スタイル——リッジ、マヤカマスなどのワイナリーが1960年代から造っているような——であったが、バランスが悪く、その時私は、ターリーはそもそもバランスというものに関心がないのではないかとさえ思った。

それらのワインはまた、食事と共に飲むことが難しいワインであった。1998年のある日、ナパ・ヴァレーでも屈指の高級レストラン、ザ・フレンチ・ラウンドリーでのワイン雑誌編集者仲間との昼食会で、主催者の1人がうやうやしくターリーのワインを1本注文してくれた（それは決して安いワインではなかった）。しかしわれわれの多くが、ひとすすりしただけで、それ以上グラスに口を付けようとしなかった。エレン・ジョーダン自身は、自分たちの造るワインが、一般受けしない頑健なスタイルのワインであることを認めており、よくこんな冗談を言った。「最後まで飲むのが無理だったら、家の塗装にでも使ってくれ。」2人はルーサンヌなどの白ワインも数種造っている。そのワインは、ジョン・アルバンの葡萄を原料としたもので、濾過していないため、グラスはミルクを注いだときのように曇っているが、それほど強烈ではない。

それから10年経った。ジョーダンはまだワインメーカーを務めているが、ワインは以前と比べるとはるかに良くなった。そして1990年代の激しさは、この期間に薄れていった。アルコール度数は、あるワインでは16.5度とまだ驚くほど高いことがあるが、以前ほど気にならなくなっている。エレン・ジョーダンは、ソノマ・コーストの高い場所に、フィアラという彼自身の葡萄畑も持っていて、彼はその葡萄畑から、とても楽しくなるピノ・ノワールなどのワインを造っている。彼はこのように、やろうと思えば、素晴らしくバランスのとれた、飲み心地の良いワインを造る能力を完璧に備えている。2000年代後半には、ワインの種類はかなり変わった。ナパの農家との契約のいくつかは解消されたが、ターリーはそれに代わって、パソ・ロブレスなどの他の地区から仕入れた葡萄を使って秀逸なジンファンデルを造っていた。またペセンティに、2番目のワイナリーも建てた。その他、カリフォルニア・ジュブナイルやカリフォルニア・オールド・ヴァインズといった安価なワインも造った。それらは裕福な愛飲者の好むターリー・スタイルとは一味違ったワインである。

上：ラリー・ターリーのワインはいま角が取れてまろやかになっている。自然で力強い、単一葡萄畑ジンファンデルを中心に、幅広く揃っている。

現在ターリーのワインは、これまでになく高い水準で造られている。破砕されない果粒を使い、土着の酵母で発酵させる。また酸の添加はまったく行っていない。オークの使用も抑え気味で、ワインは清澄化も濾過も行わずに瓶詰めされる。ターリーの存在証明(レゾンデートル)の1つが、傑出した葡萄畑に焦点を当てたワインを造ることなので、ここには多くの種類の単一葡萄畑ワインがある。そのため以下のテイスティング・ノートは、ここのワインのほんの一部しか紹介できていない。

## 極上ワイン

(2009年にテイスティング)
### 2007 California Old Vines [V]
### 2007 カリフォルニア・オールド・ヴァインズ [V]
特別深い色ではない。豊かで熟れた、みずみずしいチェリーとブラックベリーのアロマが広がる。ミントの微香もある。レーズンやポートワインの風味はなく、タンニンは控えめで、果実味は鮮明で繊細。

### 2007 Duarte Vineyard Contra Costa County Zinfandel★
### 2007 デュアーテ・ヴィンヤード・コントラ・コスタ・カウンティ・ジンファンデル★
かすかにジャムの香りがするが、果実味が前面に出てきて、スパイスも豊富。贅沢な口あたりが、軽いタンニンと上品な酸によってバランスを取られ、味わいの長さとある種のフィネスさえもたらしている。

### 2007 Mead Ranch Atlas Peak Zinfandel
### 2007 ミード・ランチ・アトラス・ピーク・ジンファンデル
豊かで、甘美な香り。爽やかなチェリー果実。凝縮されて生き生きとし、熟れてみずみずしい。生気に溢れ、重量感が軽いタンニンでバランスを取られている。味わいは長く、後味に胡椒味を感じる。

### 2006 Hayne Vineyard Napa Zinfandel
### 2006 ハイン・ヴィンヤード・ナパ・ジンファンデル
豊かなジャムの香り。赤果実のアロマがある。1903年に植えられた古樹からの葡萄が、豊満で凝縮されているが、タンニンは角ばっていず、軽い風味の、味わいの長いワインになっている。

**Turley Wine Cellars**
ターリー・ワイン・セラーズ

栽培面積：70ha　平均生産量：18万本
3358 St. Helena Highway North, St. Helena, Napa, CA 94574　Tel: (707) 963-0940
Tasting room: 2900 Vineyard Drive, Templeton, CA 93465
Tel: (805) 434-1030　www.turleywinecellars.com

NAPA VALLEY

# Barnett Vineyards　バーネット・ヴィンヤーズ

スプリング・マウンテン・ロード沿いの土地に、雨後のタケノコのように次々とエステートが誕生した。実際ここの斜面からは、ナパ・ヴァレー屈指の魅力的なワインがいくつか生み出されている。それらの多くが比較的新しく出来たワイナリーであるが、ハルとフィオーナのバーネット夫妻はその中でかなり古い部類に属する。1980年代初め、ハル・バーネットはサンフランシスコで住宅開発業を営み、イギリス生まれの妻のフィオーナは会計士をやっていた。2人はナパ・ヴァレーの魅力に引き付けられ、1983年、この土地を斡旋された。そこは16haの森林だった。2人は森を切り拓き、葡萄樹を植えたが、最初はそこで収穫したカベルネ・ソーヴィニヨン、カベルネ・フラン、メルローを、ワイナリーに卸すつもりだった。当時2人の本業は忙しく、その後9年間、2人はサンフランシスコとスプリング・マウンテンの間を頻繁に往復した。1989年、ようやくバーネット夫妻は、進路を変え、自分たち自身のワインを造る準備が整った。地元のワインメーカーのケント・ラスムッセンが加わり、2人の最初のヴィンテージが生まれた――たったの300ケースであったが。

事業はゆっくりと離陸し、1991年にワイナリーが完成した。同時期、2人は列間に葡萄樹を植え、収量を増やした。また2008年にはワイン貯蔵用の横穴が完成し、樽熟のための完璧な環境が生まれた。

葡萄畑は標高520mの火山性の土壌で、スプリング・マウンテンの他の急斜面の葡萄畑と同様に、浸食を防ぐために段々畑状になっている。収量は驚くほど低く、1エーカー当たり2トン（約5t/ha）を超えることはまれで、果実に素晴らしい濃密さを与えている。最高の区画は、岩の多い小丘で、そこからバーネットで一番高い評価を受けているラトルスネーク・ヒル・カベルネが生み出される。とはいえ、良い年には、普通のスプリング・マウンテン・カベルネもほぼ同水準の酒質を示す。後者は、自家の葡萄だけでなく、近隣から買い入れた葡萄も含まれる。もう1つのサイラス・ライアンという名前のカベルネは、彼らが別の人と共同所有している近くの畑の葡萄から造られる。彼らが造るワインの最大の特徴は、田舎じみたところがないことは言うまでもなく、過度な濃厚さがまったくないということである。そのワインは、ナパのマウンテン・ワインの中でも最高に滑らかな触感で、そのうえ、樽熟成の時に使う高い比率の新樽を難なく融合できるしっかりした骨格も有している。

バーネットの現在のワインメーカー、デヴィッド・テートは、リッジでワインメーカー助手として5年間経験を積んできた。ピノ・ノワールにも強い愛情を持ち、また、カリフォルニアの他の地区の葡萄から幅広い種類のワインを造るのを喜びとしている。それらの新製品が、現在全生産量の半分を占めている。メンドシーノ郡のアンダーソン・ヴァレーのサヴォイ・ヴィンヤードの葡萄を使ったシャルドネとピノ・ノワール、グリーン・ヴァレーのティナ・マリー・ヴィンヤードの葡萄を使ったピノ・ノワールなどである。その中では、エレガントさの際立つサヴォイ・シャルドネと、結晶化したような果実の芳香が広がるサヴォイ・ピノ・ノワールが最も成功しているようだ。とはいえ、バーネットに対する高い評価は、いつもその秀逸なカベルネ・ソーヴィニヨンの高い酒質によるものである。

### 極上ワイン

(2009〜10年にテイスティング)

**2006 Spring Mountain Cabernet Sauvignon**
**2006 スプリング・マウンテン・カベルネ・ソーヴィニヨン**
　肉厚な黒果実の香り。タールのような濃厚さがあるが、透明なブラックカラントの香りもある。芳醇で、官能的で、クリーミーな口あたり。しかししっかりしたグリップ力があり果実味の背後に堅固な骨格も感じられる。スパイシーで高揚感があり、ピリッとした刺激もある。洗練された持続する味わいで、後味にチョコレートが香る。2007はさらに大きな潜在能力を感じる。

**2006 Cyrus Ryan Cabernet Sauvignon**
**2006 サイラス・ライアン・カベルネ・ソーヴィニヨン**
　芳醇で贅沢な香り。黒果実、チョコレート、ブラックオリーブの精妙なブーケがある。豊かに凝縮され、タンニンも堅牢で、オーク香もあるが、触感はしなやかで、上質な酸が高揚感、新鮮さ、申し分のない味わいの長さをもたらしている。

**2006 Rattlesnake Hill Cabernet Sauvignon★**
**2006 ラトルスネーク・ヒル・カベルネ・ソーヴィニヨン★**
　トーストやブラックオリーブの香り。コクも感じる。良く凝縮され、タンニンは洗練されている。ふくよかな触感で口あたりが良い。トーストのようなコクのある味わいがスパイシーさと精妙さをもたらすが、最後に鮮明な果実味が感動を呼び起こし、味わいは飛び抜けて長い。

**Barnett Vineyards**
**バーネット・ヴィンヤーズ**
栽培面積：6ha　平均生産量：7万本
4070 Spring Mountain Road, St. Helena, CA 94574　Tel: (707) 963-7075
www.barnettvineyards.com

NAPA VALLEY

# Hall　ホール

クレイグとキャスリンのホール夫妻は、精力的なカップルで、2人はともにテキサスで活躍し、財産を築いてきた。1950年生まれのクレイグ・ホールは、投資家兼土地開発業者であり、名画収集家、慈善家という側面も持つ。妻のキャスリンは経験豊富な弁護士で、精神的健康などの社会的大義を掲げる活動家で、1997年から2001年まで、オーストリア駐在大使を務めたことがある。彼女の実家はメンドシーノの葡萄栽培農家で、そのため彼女は、葡萄栽培に関してまったくの素人というわけではない。ホール夫妻はナパにかなりの広さの葡萄畑を所有し、2005年にワイナリーを建て、さらに別の新しいワイナリーの設計をフランク・ゲーリーに依頼している。

こうしてみてくると、ホール夫妻は、多くのお金を投資し、その新しい仕事によって得られる地位に人生の喜びを感じる典型的なナパの新参者のように見える。

*ホールのワインが秀逸であることに
少しの疑問もない。
その理由の大半が、彼らの所有している
葡萄畑の優秀さによるものである。*

2人が彼らのワインの1つにエクセレンス（英語ではなくドイツ語でExzellenzと名付けたのは、大使としての思い出を込めたものであろう）と名付けたのは、自分たちのワインに自信があったからというわけではまったくない。というのも、2人は傍から見ていると心配になるほどの速さでワインメーカーを次々と替えているからである。現在は、モンダヴィとソノマ郡のチョーク・ヒル・エステートで長年経験を積んできたスティーヴ・レヴェックが務めている。コンサルタント・ワインメーカーはデヴィッド・ラミーである。

ともあれ、大切なのはワインの酒質である。そしてホールのワインが秀逸であることに少しの疑問もない。その理由の大半が、彼らの所有している葡萄畑の優秀さによるものである。ラザフォード・ヒルズのザクラッシュ、セント・ヘレナの谷底のベルクフェルト、ナパ北部のナパ・リヴァー・ランチ、そしてアレクサンダー・ヴァレーのT・バー・T・ランチなどである。認証されてはいないが、これらの葡萄畑の大半が、有機農法で栽培され、その果実は他のワイナリーにも卸されているのである。そしてこれらの広大な畑を所有しているにもかかわらず、2人は別の葡萄栽培農家からも葡萄を買っている。

ホールは、ソーヴィニヨン・ブラン（1つはナパの葡萄を使いオーク樽を使用しないもので、もう1つはT・バー・T・ランチからのものである）、メルロー、マルベック、カベルネ・フラン、ダーウィンという名前のシラー・カベルネ・ブレンド、多くの畑からのボルドー・ブレンドなど、実に多くの種類のワインを造っている。主力ワインが、ナパ・ヴァレー・コレクションであるが、最も興味を引かれるのが、アーティザン・コレクションである。これは非常に高い基準で造られる限定生産のワインである。ワインづくりは徹底的に現代的で、最新式の選果テーブル、除梗機を使い、低温浸漬、土着酵母と培養酵母の併用、フランス産オーク樽だけを使用、高い新樽比率などの方法で造られる。

## 極上ワイン

*(2009〜10年にカベルネをテイスティング)*

普通の2006ナパ・カベルネは、確かに典型的なナパである。豪華だが突き刺すようなブラックカラントの香りがあり、口に含むと芳醇で、快楽主義的な果実味が広がり、肉厚で、チョコレート、スパイスの風味があり、味わいは長く精妙。2005キャスリン・ホール・カベルネは、メルローとマルベックを18%含み、香りは同様に熟れて贅沢だが、花の香りが広がり、高揚感に包まれる。口に含むと、ブラックカラントと赤果実を感じる。力強く、芳醇な口あたりで、上質な酸が、バランスのとれた上品なワインにしている。2005ベルクフェルト・ヴィンヤードは超熟のワインで、ベルベットのような触感があるが、生き生きとしてタンニンも良く統合されている。口あたりは良く、味わいは長く持続する。2007ダイアモンド・マウンテンは買い入れた葡萄から造ったカベルネ100%のワインで、山岳地ならではの風味がある。深いキイチゴの香りがし、深遠で、ブラックカラントの果実や、微香というには強いミントが感じられる。力強くフルボディで、雄大で、濃密。タンニンは大きく、味わいは実に長い。

---

**Hall　ホール**

栽培面積：220ha　平均生産量：48万本
401 St. Helena Highway South, St. Helena, CA 94574
Tel: (707) 967-2626　www.hallwines.com

173

# ソノマ Sonoma

ソノマ郡は、カリフォルニアの他のすべてのワイン地区同様に、土壌も微気象も変化に富んでいる。東はマヤカマス山脈の西側斜面に面し、南は冷涼なカルネロス地区をナパと分かち合い、北は乾燥し暑くなりやすい渓谷をなし、西はひんやりとした沿岸部で、多くの畑にボルドー品種が植えられている。近年、葡萄畑は太平洋から数マイルのところまで迫っているが、霧の侵入を受けやすく、気温も低いため、そのあたりが限界かもしれない。葡萄畑の総面積は約2万6000haで、1300軒の葡萄栽培農家があり、ワイナリーも250軒以上ある。このようにソノマは、生産量においても、酒質の面でも、カリフォルニアのワイン業界においてきわめて重要な位置を占めている。

ソノマでいつ頃葡萄栽培が始まったかは、不明である。ある歴史家は、カリフォルニア・ワインの祖と言われている伝説的なハンガリー人、アゴストン・ハラジーが1855年に苗木を輸入したとき、その一部がここに植えられたのが最初であると言っている。また別の歴史家は、1820年代にはすでに、沿岸部のフォート・ロスに定住したロシア人移民が葡萄を栽培していたと主張している。確かに19世紀の終わりには、葡萄栽培はソノマの重要な産業となっていたようで、栽培面積は1600haあったと記録されている。ナパ・ヴァレーの発展の原動力となったのが主にドイツ人移民であったのに対して、ソノマの葡萄畑を切り拓いていったのは、主にイタリア人移民であった。そして重要なことは、19世紀終わりから20世紀初めにかけて彼らが植樹した葡萄畑が、古樹ジンファンデルや古樹プティ・シラーの貴重な源泉となり、今でもソノマの栄光の大きな基盤になっているということである。その頃に生まれたワイナリーの中には、ペドロンチェリやフォッピアーノなど、数世代を経て現在に至るまで連綿と名声を維持してきた老舗もある。

2000年代終わりには、シャルドネが郡内で最も広く栽培される品種となり、それをカベルネ・ソーヴィニヨンがそう遠くない位置で追いかけている。ピノ・ノワールもカベルネとほぼ同じ栽培面積を持ち、4500haほどある。そしてジンファンデルが2400haほどである。ソノマ郡はあらゆる品種を抱えることができる多様な微気象を有している。そのため、これが逆にソノマの統一性を損ねていると言えるかもしれないが、ほぼすべての種類のワインの最高のものがここから生み出されているということもできる。

上：ソノマの西側の高台から太平洋を望む。この辺りに植えられているシャルドネとピノ・ノワールはカリフォルニア一番との呼び声が高い。

ナパ・ヴァレーのアペラシオンは比較的整然としているが、ソノマはうんざりするほど込み入っている。その理由は単純で、アペラシオンがいろいろ重なり合っているからである。たとえばグリーン・ヴァレーは、ルシアン・リヴァー・

ヴァレーに含まれるが、後者はさらに広いソノマ・コースト・アペラシオンに含まれる等々。多くの人がそれらのアペラシオンの間の違いがわからずに混乱するのは当然で、ソノマ・ヴァレー、ソノマ・マウンテン、そして包括的なソノマ・カウンティの3つのアペラシオンなど、その最たるものである。最後のアペラシオンは、ワイナリーがさまざまなAVAからの葡萄をブレンドすることができるという点でそれなりの意義があるが、他のアペラシオン、たとえばソノマ・コーストやノーザン・ソノマなどは、逆に中途半端に広すぎて、あまり意味がないといえる。しかし多くの秀逸なワインが、それらのアペラシオン名の下に売り出されているので注意が必要である。

ソノマ・ヴァレー
生産者
AVA境界線
郡の境界線
0 10 km
0 10 miles
拡大範囲
SACRAMENTO
SAN FRANCISCO
NAPA COUNTY
SONOMA COUNTY
Adams
Cloverdale
Lake Sonoma
Russian River
Middletown
Geyserville
Sbragia Family
ALEXANDER VALLEY
KNIGHTS VALLEY
DRY CREEK VALLEY
Lytton
Stonestreet
Peter Michael
Dry Creek
Seghesio
Healdsburg
Gallo Family Vineyards
Calistoga
CHALK HILL
NORTHERN SONOMA
Windsor
Williams Selyem
Lake Hennessey
Guerneville
Hartford Family
RUSSIAN RIVER VALLEY
Larkfield-Wikiup
Forestville
Kistler
Monte Rio
Iron Horse
Dehlinger
Santa Rosa
GREEN VALLEY
Graton
Kosta Browne
St. Francis
Chateau St. Jean
Oakmont
Marimar Torres
Roseland
Kenwood
Sebastopol
Dutton-Goldfield
Littorai Wines
BENNETT VALLEY
SONOMA MOUNTAIN
Glen Ellen
SONOMA COAST
Arrowood
Benziger
SONOMA VALLEY
Turner
Eldridge
Bodega Bay
Rohnert Park
Fetters Hot Springs
Hanzell
Boyes Hot Springs
Napa
El Verano
Ravenswood
Sonoma
Bodego Bay
Petaluma
LOS CARNEROS
Dillon Beach
Tomales
PACIFIC OCEAN
Novato
San Pablo Bay
101
175
29
128
12
116
1
37

以下、アルファベット順にアペラシオンを見ていくことにする。

**アレクサンダー・ヴァレー**（1990年からAVA）　ルシアン・リヴァー沿いのクローヴァーデールからヒールズバークまで延びる谷で、栽培面積は6000haである。谷の幅は3〜11kmとまちまちで、葡萄樹の大半が谷底の低地に植えられているが、地区の東側には、標高730mの高地にも畑が拓かれている。
　シャルドネとカベルネ・ソーヴィニヨンが主要品種である。シャルドネは豊満で華麗なワインが多いが、カベルネのワインは、質もスタイルもさまざまである。谷底の土壌は砂の多いローム層で、ところどころに砂利の多い場所があり、葡萄樹は概して樹勢が強い。そのため広く茂った樹冠が陰を作る場合があり、草やハーブの風味の強いカベルネになることもある。レーズン化が生じる場合もあり、栽培家は十分に成熟する前に収穫することを余儀なくされる場合もある。しかし近年では、樹冠管理などの技術が改善され、特に、収量が減らされることによってバランスの良い果実が得られるようになり、口あたりの柔らかい、果実味主導のワインが造られるようになっている。標高の高い畑から生まれるカベルネは、かなり厳しい感じのワインが多い。ストーンストリート、フェラーリ・カラノなどが高地カベルネを主力とするワイナリーとして有名である。
　谷の北側、クローヴァー・デール周辺の地区はとても温暖で、ジンファンデルの栽培に適している。この地で最も有名なジンファンデル・ワインが、リッジのガイザーヴィルである。
　アレクサンダー・ヴァレーには、クロ・デュ・ボア、シミー、シルヴァー・オーク、ジョーダンなどの中規模から大規模のワイナリーが、全部で42軒ある。

**ベネット・ヴァレー**（2003年からAVA）　ソノマ・ヴァレーAVA内の北西部にある小さな地区で、サンタローザの町の南東からそのまま南東へ8kmほど延びる地区である。栽培面積は260haほどで、主力ワイナリーはマタンザス・クリークである。実はこのワイナリーが、このAVAの独立を嘆願したのである。ここでは、カベルネ・ソーヴィニヨンよりも早く、メルローが成熟する。

**カルネロス**（1987年からAVA）　ナパと分け合っているAVAで、ソノマ郡には3000haの葡萄畑が含まれる。ナパ側と同じく、サンパブロ湾の海洋性気候の影響を強く受け、強風が葡萄の成熟を遅らせることがある。全般にソノマ側の方がやや冷涼であり、ナパ側に植えられているメルローやシラーは、ここでは成熟が難しい。発泡ずるものもしないものもブルゴーニュ品種が最も良く育つ。

**チョーク・ヒル**（1988年からAVA）　実質上ルシアン・リヴァー・ヴァレーAVAの一角を占め、ウィンザーの町の東側に広がる。このAVAにある唯一のワイナリーが、驚くことではないが、チョーク・ヒル・ワイナリーである。しかしロドニー・ストロングがかなり以前からここの葡萄を仕入れている。シャルドネとメルローが主要品種である。その名前に反して、ここにはチョーク質土壌はほとんどない。火山灰が多くあることからこの間違った地名が生まれたのだろう。それ以外は砂質と沈泥を含むローム層である。

**ドライ・クリーク・ヴァレー**（1983年からAVA）　ソノマの北西部にある谷で、ヒールズバーグの町から北西に向かってソノマ湖畔とガイザーヴィルの町まで延びる。葡萄樹が最初に植えられたのは1870年である。幅は最大でも3kmと、とても狭い谷間で、葡萄畑面積の70％を谷底が占める。残りは川の両岸の河岸段丘である。土壌は変化に富んでおり、谷底は沖積層で、河岸段丘の方は岩の多い赤土の土壌である。底土が水分貯留に優れているため、無灌漑農法が可能である。
　葡萄栽培面積は3760haで、150軒ほどの栽培農家がある。ナパ同様に、谷の北側の方が南側よりも温かいが、それは主に夜霧が原因である。また川の東側の方が西側よりも温かい。多くの品種が栽培されているが、このAVAのスターは何といってもジンファンデルで、この品種の熱愛者の多くが、カリフォルニアの中でもドライ・クリークのジンファンデルが一番だと信じている。しかし栽培面積の点ではカベルネ・ソーヴィニヨンの方が広く、またローヌ品種からも良いワインが生み出されている。白ワイン品種の中では、ソーヴィニヨン・ブランが特に成功している。

**グリーン・ヴァレー**（1983年からAVA）　ここはルシアン・リヴァー・ヴァレーに含まれる小地区で、地区の南西の端に位置し、海岸線から16kmほど内陸に入ったところ

に広がる。土壌は主に砂質ローム層である。栽培面積は1450haに達しているが、すべてのワイナリーがグリーン・ヴァレーAVAでワインを売り出しているわけではない。ここで最も良く知られているワイナリーが、スパークリング・ワインで有名なアイアン・ホースである。スペインのワイン公爵であるミゲール・トーレスの妹のマリマー・トーレスも、この小地区に主力葡萄畑を所有しており、シャルドネとピノ・ノワールを栽培している。また、ハートフォード、ダットン・ゴールドフィールドなどのワイナリーも、グリーン・ヴァレーの葡萄を使ってワインを造っている。涼しいあるいは寒い夜が、スパークリング・ワインに不可欠の酸を維持させ、発泡しないワインでも、それによってぴんと張り詰めたような性質を持つものが多い。

**ナイツ・ヴァレー**（1983年からAVA）　アレクサンダー・ヴァレーとナパ北部を繋ぐ道路沿いにあるナイツ・ヴァレーは、800haの土地に広々と葡萄樹が植えられている。その多くが、ベリンジャーの所有する畑である。葡萄畑の大半が谷底に広がっているが、その場所は極端に暑くなることがある。この地区にある数少ないワイナリーの1つが、ピーター・マイケルで、ここは標高の高い斜面にも畑を持っており、そこから生まれるシャルドネとカベルネ・ソーヴィニョンは秀逸である。ベリンジャーもそのワインのいくつかをこのAVAで出しているが、それ以外のワインはあまり原産地がはっきりしない。

**ノーザン・ソノマ**（1990年からAVA）　ノーザン・ソノマは、その中に、ナイツ・ヴァレー、アレクサンダー・ヴァレー、ドライ・クリーク・ヴァレー、ルシアン・リヴァー・ヴァレー、そして大部分のソノマ・コーストを含んでいるため、ほとんど意味のないAVAである。しかし、その傘の下にある多くの地区からの葡萄をブレンドすることが許されるので、ガロにとってはとても便利なAVAである。

**ロックパイル**（2002年からAVA）　ドライ・クリーク・ヴァレーのすぐ北に位置するのがロック・パイルAVAである。ここは霧の侵入がほとんどなく、特に、標高240〜600mではめったに見られない。葡萄はドライ・クリーク・ヴァレーよりも早く成熟する。葡萄畑はわずか160haほどしかなく、ボルドー品種とタナという品種も植えられているが、この地区で最も脚光を浴びているのが、清冽で骨格もしっかりしているジンファンデルである。モーリツォンとセゲシオが最も有名な生産者である。

**ルシアン・リヴァー・ヴァレー**（1983年からAVA）　栽培面積6000haの広大な地区である。見た目にはまったく渓谷には見えないが、なだらかな起伏の氾濫原で、ソノマの海岸線の東側に位置している。その域内には、チョーク・ヒルAVAの西側の一部と、グリーン・ヴァレーAVAの全体を含む。土壌は変化に富んでおり、沖積層、砂、砂利、砕けた砂岩、粘土がさまざまに入り混じっている。しかし最も多く目にする土壌が、ゴールドリッジ砂質ローム層で、かなり粒子の細かい土質だが、水捌けは良い。ここは海洋性気候の影響が大きく、海からの霧がペタルマ山峡を通って谷に入り込み、北側に向かって氾濫原の中心に広がる。

20年以上も前、ルシアン・リヴァーはカリフォルニアでも最上のピノ・ノワールが育つ地区として高い評価を受けていたが、その葡萄は主に、AVAの北側の、川に近い砂利の多い段丘からのものであった。ロキオリが特に有名であったが、現在は多くの優秀なワイナリーがここからピノ・ノワールを造っている。現在ピノ・ノワールの葡萄畑は地区全体を覆うように広がっており、特にセバストポル、フォレストヴィル、ガーンヴィルの海岸線に近い冷涼な土地は一面葡萄畑になっている。しかし地区の東側は温暖で、ジンファンデルを栽培するのに最適であり、古い葡萄畑がいくつか残っている。ここでは、シャルドネ、ソーヴィニョン・ブランも多く栽培されている。地区全体として見れば、やはりピノ・ノワールが一番生産者を惹きつける品種であるが、酒質とスタイルは、標高の高さ、畑の向き、クローンの選択などの要因によってかなり異なっている。とはいえ、ここのピノ・ノワールがカリフォルニア一番だという意見に反対意見を唱えるのは難しい。

**ソノマ・コースト**（1987年からAVA）　南のマリン郡との境界線から、北のメンドシーナ郡との境界線まで延びる、19万haもの広さのAVAで、実質的に何の意味もない。というのもこのアペラシオンは、このAVA全体に畑を持つソノマカトラ・ヴィンヤーズの嘆願によって創設されたものにすぎないからである。混乱に拍車をかけるのが、ソノマ・コーストという地名で、それは元々は、ルシアン・リヴァー・ヴァレーと太平洋の間の細長い地域を示す地理学的用語

最上のつくり手と彼らのワイン

でもあるからである。多くがフォグラインの上にある標高の高い葡萄畑は、10数年前から、カリフォルニア州で最も秀逸なシャルドネとピノ・ノワールを生み出す土地として有名である。そのため、この沿岸部の葡萄畑だけを線引きして、たとえばフォート・ロスといった名前の新アペラシオンを設立しようという運動がある。しかしこれはまだ承認されていない。

その沿岸部の葡萄畑は、標高300m以上の高地にあり、非常に高い評価を得ている。なかでも最も有名な畑が、フラワーズのキャンプ・ミーティング・リッジ、マルティネッリのチャールズ・ランチであり、また、マルカッサン、ヒルシュ、そしてパルメイヤー、ピーター・マイケル、さらにはこの地区以外のワイナリーによって最近植樹された畑もすでに高い評価を受けている。とはいえ、北はアナポリスから南はフリーストーンまで延びるこの細長い地区の葡萄畑を一般化するのは難しい。また山岳地特有の困難な地形が、これ以上の畑の拡張をむずかしくしている。一般にこの沿岸部は冷涼と言われているが、一概にそうとは限らない。標高が高いことによって、直射日光をまともに受け、アルコール度数の高いワインができるのは、めずらしくない。とはいえ、海洋性気候の影響は、寒暖の差を和らげ、なぜここでブルゴーニュ品種が良く育つかを説明する。痩せた土壌と低い収量が、かなり筋肉質のワインを生み出し、ヴィンテージによっては、それに高い酸が加わる。

またアペラシオンの南のペタルマの町の周囲は、低地であるがとても冷涼で、そのうえ霜の心配が少ない。ここは沈殿によって生まれた土壌で、粘土を多く含む。ケラーなどがここの葡萄畑を拠点にしている。

**ソノマ・マウンテン**（1985年からAVA）ここはソノマ・ヴァレーAVAの中にある小地区で、西はグレン・エレンの町と接し、北はベネット・ヴァレーAVAと接している。最も高い位置にある葡萄畑は、標高500mにあるが、すべてがそれほど高い位置にあるというわけではなく、東向きの葡萄畑の中には、標高120mとかなり低い場所にあるものもある。とはいえ、多くの葡萄畑がフォグラインの上にあり、そのためソノマ・ヴァレーの大部分の地区よりも温暖である。葡萄畑の面積は320haほどで、その大半が火山性土壌である。主力品種はカベルネ・ソーヴィニヨンとジンファンデルである。ここを拠点としているワイナリーは非常に少なく、ベンジガーやローレル・グレンが最も良く知られている。

**ソノマ・ヴァレー**（1982年からAVA）この谷は、サンタローザの町の南からソノマの町の南東部まで広がり、東側をマヤカマス山脈に縁取られている。早くから定住する人が多く、豊かな農業地帯として繁栄してきた。葡萄樹の植樹が盛んに行われだしたのは19世紀に入ってからで、葡萄樹は、とても狭い谷底と両岸の斜面に植えられた。ここで最も有名な栽培農家の1つであるクンデは、標高60〜430mまでの高低差のある葡萄畑を持っており、適応能力の高さを示している。葡萄農家は全部で200軒ほどあり、栽培面積は合わせて約5700haである。概して温暖な気候で、ソノマの町の周辺が最も気温が低く、グレン・ヘレンの周辺が最も高い。その2つの町を繋ぐ地域は、"バナナ・ベルト"と呼ばれている。海洋性気候の影響はいくぶんあるが、北と南の両方から入って来る霧は、午前10時前後には消え、午後の気温は上昇する。とはいえ、この地区は全体として、ドライ・クリークやアレクサンダー・ヴァレーほど暑くはない。いろいろな品種が栽培されているが、メルロー、カベルネ・ソーヴィニヨン、カベルネ・フラン、ジンファンデルが主な赤ワイン品種である（ピノ・ノワールは南の端と標高の高い場所に限られている）。白ワイン品種の中では、シャルドネが最も上質であるが、ヴィオニエやソーヴィニヨン・ブランもかなり優秀である。

SONOMA

# Benziger Family Winery
ベンジガー・ファミリー・ワイナリー

多くのワイナリーが、小さく始め、徐々に拡大していく。ベンジガーも同じコースを辿った。しかしこのワイナリーの場合、そこからが違う。自ら縮小の道を選んだのである。禁酒法が撤廃された時、ベンジガー家はニューヨーク郊外で酒類輸入業を始めた。ブルーノ・ベンジガーの息子のマイケル（以下マイク）は、1973年にボストンの専門学校を卒業すると、自分の進むべき道を探すために、助手席に彼女を乗せて国中を旅行した。サンフランシスコで所持金が尽きたので、彼はワイン販売店でアルバイトをすることにした。まだ20歳だったので、最初はケース運びをしていたが、数週間後21歳になると、法律的に認められている、ワインを販売する仕事についた。これが、マイクがワインに惹きつけられる発端となった。そして1970年代末には、彼はセラーでワインメーカーの助手をしていた。

*ベンジガーが極めて興味深いワイナリーであるのは、彼らがただ単に上質のバイオダイナミック・ワインを造っているからではない。*
*彼らは敷地を一つの独立した生態系に変えたのである。*

やがて自分の葡萄畑とワイナリーが欲しくなったマイクと妻のメアリーは、毎週末、良さそうな場所はないかと、あちこち探索した。そしてソノマ・マウンテンのある場所のことを耳にした。そこには葡萄樹はほんの数10本しか植わっておらず、ほとんど荒れ果てた状態だったが、2人はすぐにその土地の虜になった。熱に浮かされたようなマイクとは対照的に、懐疑的な父親のブルーノ・ベンジガーがその土地を見に来たが、彼もたちまち魅了されてしまった。そこは野外劇場のような地形の斜面で、土壌は岩の多いローム層に、ところどころ粘土が混じっていた。1980年、ブルーノは会社の株を売り払い、グレン・エレンの町に引っ越してきた。1981年には、すべてのベンジガー一家が移住してきた。マイクの5人の兄弟もいっしょだった。

土地を整備した後、一家は手始めに近隣の農家から葡萄を買い、牛乳集荷用のトラックのタンクで、白ワインを造った。ほぼ素人同然の作品であったが、友人たちが、ソノマの収穫祭に出品してはどうかと勧めてくれた。驚いたことに、彼らのソーヴィニヨン・ブランとシャルドネの両方が、優勝を勝ち取った。こうして、誕生したばかりのベンジガー・ワイナリーの名が、地図に記載された。1982年、一家はさらに多くの葡萄を購入し、プロプライエターズ・リザーヴという、いささか大げさなラベル名を付けたワインを売り出した。ブルーノ・ベンジガーは天性の商売人だったので、そのワインはたちまち売り切れてしまった。彼らは手に入れられるだけの樽ワインを仕入れ始めた。1989年には、ベンジガーは100万ケースも売るようになっていた。その4年後、販売量は400万ケースまで膨れ上がり、従業員の数は650名にもなっていた。

1994年、ベンジガー家はグレン・エレンという一大商標をヒューブライン社に売却した。一家には40haの葡萄畑と、山積みの大金が残された。ブルーノ・ベンジガーは1989年に他界していたが、その頃マイクは、彼の仕事が向かっている方向に、徐々に違和感を感じるようになっていた。ワインはただの商品になってしまい、ますます企業的になっていく環境の中で、一家は普通のセールスマンになっていた。ヒューブライン社に売却した後、マイクは違和感からは解放されたが、この土地をどう使うかについて新たな展望が見いだせなかった。1995年、マイクはバイオダイナミズムの本と出合い、メンドシーノの葡萄栽培家ジム・フェッツァーと話をするようになった。フェッツァーはバイオダイナミズムの祖 ルドルフ・スタイナーの方法に傾倒していた。マイクはメンドシーノで目にしたことに感動し、すぐにバイオダイナミズムのコンサルタントであるアラン・ヨークの助言を受けながら、彼自身の畑でそれを試してみることにした。

マイクはその結果に満足し、葡萄畑全体をバイオダイナミズムに転換することにした。しかし他の家族は、海図のない大洋に航海に出ることに不安を感じていた。そこでマイクは、一家全員をフランスへ連れて行き、ピュリニィ・モンラッシェのアンス・クロード・ルフレーヴやタン・レルミタージュのミッシェル・シャプティエ等に合わせた。そこで彼らは、一見難解に見えるバイオダイナミズム（フランスではビオディナミ）の方法が実際にどのようなものであるかをより深く理解することができ、マイクの計画を後押しすることを約束してくれた。葡萄畑は2000年にバイオダイナミズム

上：一家の大切な資産であるグレン・エレンという商標を売り払い、バイオダイナミズムへの転換を実現したマイク・ベンジガー。

の認定を受け、2001年に最初のバイオダイナミック・ワインを出すことができた。

アラン・ヨークは、その頃ソノマ・マウンテンのソーヴィニヨン・ブランはすべて引き抜かれる寸前まできていたこと、そしてその理由がオーク樽で熟成させたそのワインが惨憺たるものだったからだということを話してくれた。バイオダイナミズムへの転換を決断した後の行動は、実に素早かった。栽培方法が変わっただけでなく、ヨークとベンジガーは、ワインづくりでも「丸裸になった」。つまり、土着酵母に戻り、酵素の添加、酸の調整、オーク樽による熟成を止めた。こうして2005年、カリフォルニアのワインの歴史上ほぼ間違いなく最高といえるソーヴィニヨン・ブランが誕生した。またトリビュートという名前の、新樽比率3分の2で20ヵ月熟成させるエステート・グロウンのボルドー・ブレンドも造られた。それも傑出した赤ワインである。2000年代初め、ベンジガーはバイオダイナミック・エステート・グロウンのワインを補う

ものとして、シグナテッラ・シリーズの製造を開始した。それは彼ら自身の葡萄畑と、近隣の有機農法の葡萄畑からの葡萄を原料とする単一葡萄畑ワインである。

現在一家によって所有されている葡萄畑は、素晴らしい景観を誇る最初の17haのソノマ・マウンテンの畑、フリーストーンのデ・コエロという名前のピノ・ノワールの畑、そしてアレクサンダー・ヴァレーの高台にある畑の3つである。もう1つ、ベッラ・ルナという葡萄畑が、ルシアン・リヴァー・ヴァレーのオクシデンタルの近くにあるが、こちらはまだ開墾している途中である。とはいえ、ベンジガーが生産しているワインの大半は、葡萄生産農家から購入した葡萄を原料にしたもので、その畑の広さを合わせると400haに上っている。そのワインは、ソノマ・カウンティのAVAで発売されるが、その大部分がまずまずの出来ではあるが、秀逸というほどではない。これらのワインに関しても、マイク・ベンジガーは、彼の基準を満たしていない栽培方法を

止めさせたいと考えている。そのため彼は契約農家に、有機農法かバイオダイナミズムかのどちらかに切り換えるように説得してきた。2007年にこの説得は終わり、現在ベンジガーの契約農家のほとんどすべてが、有機農法の認証を受けている。

マイク・ベンジガーは2005年まで、自分のワイナリーのワインメーカーを務めてきたが、規模が大きくなってきたため、新しいワインメーカーを雇った。チリのバイオダイナミック・エステートであるマテティックで秀逸なワインを造ってきたロドリゴ・ソトである。アラン・ヨークは、ベンジガーには葡萄栽培家とワインメーカーの間には、明確な役割分担はないと言う。バイオダイナミズムの世界的なコンサルタントであるヨークは、多忙を極め、1か月のうちほんの1週間ほどしかベンジガーで過ごすことができない。しかし彼とマイク・ベンジガー（波打つ髪とわずかばかりの山羊ひげは銀色に染まり、さすがの彼も結構な歳になった）、そしてソトの3人は、これ以上ないほどにがっちりとスクラムを組んでいる。

ベンジガーを極めて興味深く、重要なワイナリーにしているのは、彼らがただ単に、上質のバイオダイナミック・ワインを造っているからではない。ベンジガーとヨークは、ソノマ・マウンテンのゆるやかな起伏の丘陵を、一つの独立した生態系に変えたのである。彼らが飼う牛と羊は、肥料を生み出し、それを素に堆肥が造られ、歳が満ちたらワイナリーの夕食に供される。排水はポンプで池に汲み上げられ、そこで酸素を送り込まれる。その後、湿地帯の天然の濾過装置で濾過され、重力の作用で第2の池に注がれ、再利用される。

私が1995年に最初にベンジガーを訪問した時、このような転換がすべて済んだ後で、一家はすでに訪問客の教育に精力的に取り組んでいた。そして敷地全体がバイオダイナミックの聖地のようになっていた。客を乗せたトロッコが敷地全体を巡り、客たちはバイオダイナミックが実際にどのように実践されているかを目で確かめ、ここに築かれた完成された生態系を肌で実感する。また必要な客にはiPodが貸し出され、自分のペースに合わせて解説を見聞きしながら、敷地全体を見学することができる。

「環境と美味しいワインづくりがどのように相互作用しているかを説明する義務があるんだ。大地を大事にすれば、大地はわれわれを大事にしてくれる。このワイナリー見学ツアーは、くだらないパワー・ポイントのプレゼンテーションでは示すことができないものを示すことができる。美しい自然は植物に、動物に、そしてわれわれ人間に、大きな影響を及ぼす」と彼は説明する。

「バイオダイナミックは、牛の角を土中に埋める［牛の角に牛糞を詰め、冬の間土中に埋めて調剤を作る］といった個々の手法を意味するのではない」と彼は続ける。「それは、健康やワインの質に関する問題を超えたところにある。バイオダイナミズムは自然を構成する要素のすべてが出会う出会いの場なのだ。ここを訪れる人々は、それらの要素がどのように一体化しているかを実感として感じることができる。バイオダイナミズムは単なる知的な体系なんかではない。われわれは思想と感覚を結合させたいんだ。」

## 極上ワイン

*(2009年にテイスティング)*
**White　白ワイン**
**2008シグナテッラ・ショーン・ファーム・ルシアン・リヴァー・ヴァレー・ソーヴィニョン・ブラン**　ピリッとした刺激のある生き生きとした青葉の香り。最初上品な口あたりで、クリームのような触感が続く。凝縮されていて重量感のある濃密な果実味。熟れた柑橘類の果実の風味が広がり、味わいは素晴らしく長い。
**2006エステート・ソーヴィニョン・ブラン★**　熟れたライムと洋ナシの香り。口に含むとフレーバーの爆発で、生き生きとしてスパイシーで、すさまじい凝縮感。衝撃的で生命力に溢れたワインで、鮮烈な味わいが極めて長く続く。

**Red　赤ワイン**
**2006デ・コエロ・テッラ・ネウマ・ピノ・ノワール**　生き生きとした芳香性の高い香り。スミレやキイチゴの香りが漂う。つやつやとして洗練された純粋な口あたりで、特に凝縮されているというほどではないが、生き生きとして新鮮で、申し分のない長さ。
**2006トリビュート・エステート・レッド★**　（CS77％とCF、M、PV）不透明な赤色。濃厚な黒果実、ハッカ、甘草の香り。最初心地良い口あたりで、引き締まっていてタンニンもしっかりしている。高揚感と持続性が際立つ。深遠で精妙な味わいで、若々しいグリップ力が、苦いと言っても良いほどに感じる。
**2007シグナテッラ・ベラ・ルナ・ルシアン・リヴァー・ヴァレー・ピノ・ノワール**　豊かな香りで、かすかにタールを感じる。黒果実のアロマもある。ミディアムボディだが、クリーミーで凝縮されていて、ほど良い重量感があり、質感は素晴らしい。ピノらしくない感じも受けるが、スパイシーで、味わいは長い。

**Benziger Family Winery**
ベンジガー・ファミリー・ワイナリー
栽培面積：67ha　平均生産量：200万本
1883 London Ranch Road, Glen Ellen, CA 95442
Tel: (707) 935-3000　www.benziger.com

SONOMA

# Dry Creek Vineyard　ドライ・クリーク・ヴィンヤード

このワイナリーが創立されたのは1972年のことで、禁酒法以降初めてドライ・クリーク・ヴァレーに出来たワイナリーである。デヴィッド・ステアーはMITを卒業した後、ボストンでマーケティングに関する仕事をしていたが、1960年代後半にカリフォルニアに移住し、UCデーヴィス校に入学した。そこでの学業を終えると、彼はドライ・クリークに土地を買った。というのも、ソーヴィニヨン・ブランとシュナン・ブランを栽培することができる冷涼な土地を探していたからである。すぐに彼は、その谷は思っていた以上に万能の土地であることを発見し、葡萄畑に新たにシャルドネとボルドー品種を付け加えた。また一時期、プティ・シラーやゲヴュルツトラミネール、リースリングも植えたことがあったが、それらは続かなかった。生産量は多く、自家の葡萄は必要量の約3分の2をまかなうことができるだけである。

**ドライ・クリーク・ヴィンヤードのワインの質とスタイルは、例を見ないほどに一貫している。それは、無理して人を感動させようとするワインではない。**

設立後20年近くの間、ラリー・レヴィンがワインメーカーを務めたが、1990年代の終わりにジェフ・マクブライドに席を譲った。その後2002年に、マクブライドは、チョーク・ヒルでワインメーカーをしていたビル・ナッテルに代わった。デヴィッド・ステアーは2006年に引退し、娘のキムとその夫のドン・ウォーレスに経営を任せた。

その間、ドライ・クリーク・ヴィンヤードのワインの質とスタイルは、例を見ないほどに一貫している。それは、無理して人を感動させようとするワインではない。大量に生産されるそのワインは、驚くほど飲みやすく、価格は常に穏当である。デヴィッド・ステアーはオークの重さを持つワインを好きになったことがなく、アメリカ産のオーク樽を適度に使ってワインを造った。しかし近年では、ワイナリーはフランス産オーク樽の比率を増やしており、赤ワインのうち数種は、以前よりも樽熟成の期間を長くしている。

ステアーはソーヴィニヨン・ブランに特別な愛情を抱いており、そのラベルにはわざわざフュメ・ブランと表示している。そのワインは、サンセール（ロワール地方のAOC）の白ワインを御手本としたもので、辛口の切れの良いスタイルの、かすかに青葉の香りがする（もちろん魅力的な）、気持ちをシャキッとさせるワインである。もう1種類、自家の葡萄だけを使った、DCV3という名前の、オークをまったく使わない白ワインも造っている。またヴィンテージによっては、テイラーズ・ヴィンヤードのソーヴィニョン・ムスクというクローンから、こちらもオーク樽をまったく使わないワインを造っている。シャルドネは以前はソノマのいろいろな地区からの葡萄のブレンドであったが、現在は、ルシアン・リヴァー・ヴァレーの葡萄を使い、樽発酵させたものを1種類だけ造っている。

シュナン・ブランは、ずいぶん前からサクラメントの近くのクラークスブルグ葡萄畑から買い入れたものを使っている。シュナンは、アメリカではどんどん市場が小さくなっているが、それは多くのシュナンが、甘ったるく、かなり不味いものだからである。ドライ・クリークのものは、少なくともフレーバーは常に辛口で、酸が上質で新鮮、安価であるが、すっきりとした飲み口でバランスが良く常にお買い得だ。

ドライ・クリーク・ヴァレーはジンファンデルで有名な地区であり、当然このワイナリーも、片時もこの品種のことを忘れたことはない。2つの主力ジンファンデルが、オールド・ヴァインズ（不思議なことに、それまでこのラベル名を使ったワイナリーはなかった）とヘリテージである。前者のワインのための古樹の中で一番古いものは、1892年に植樹されたものである。そのワインには20%ほどプティ・シラーがブレンドされている。ヘリテージ葡萄畑は、1982年から開墾が始まった畑で、フィロキセラ禍以前から生き延びている郡内の歴史的葡萄樹の苗木をここに持ち込み、増やしてきたものである。その苗が特別なキュヴェになれるだけの十分な成熟を果たしたのは1997年のことで、いわば古い葡萄樹のDNAに新しい若樹の生命力を合体させた葡萄樹が生まれたのである。その他2種類の単一葡萄畑ジンファンデルと、時々造られる遅摘みジンファンデルもある。

カベルネ・ソーヴィニヨンは、この数10年で、ずいぶん良くなった。かつてのゴツゴツした荒削りのタンニンは、よく研磨されたものとなり、ワインに肉感的な魅力をもたらしている。以前は1種類のリザーヴだけだったが、現在はカベルネ主体のワインが3種類造られている。メリテージは、大半をアメリカ産オーク樽で熟成させたワインである。その上のセカンドワイン的な位置付けのワインが、2004年に初めて造られた、5品種すべてを使った精妙なボルドー・

183

DRY CREEK VINEYARD

ブレンドのマリナーである。こちらは新樽比率50％のフランス産オーク樽を使って熟成させる。そして最高のものが、エンデヴァーという名前のカベルネ・ソーヴィニヨンで、1997年に最初に造られた。それは谷の南東の区画に拓いた葡萄畑のカベルネを使ったもので、フランス産オークの新樽で、30ヵ月熟成させる。これはワイナリーで最も高い価格でリリースされるワインである。とはいえ、その価格が、他のワイナリーの普通の入門者レベルのナパ・カベルネとあまり変わらない価格であるという事実は、ドライ・クリーク・ヴィンヤードがいかに、常に価格に比して高い価

SONOMA

上：禁酒法以後初めてドライ・クリーク・ヴァレーにワイナリーを開いたデヴィッド・ステアー。現在ワイナリーは娘とその夫によって経営されている。

値のワインを提供しているかがわかる。

## 極上ワイン

*(2008～10年にテイスティング)*

**White wines　白ワイン**

**2007シュナン・ブラン [V]**　控え目なリンゴの香り。ミディアムボディで、新鮮で生き生きとしており、複雑な味わいではないが、辛口で、生気に溢れ、バランスが良い。

**2009フュメ・ブラン [V]**　新鮮なグレープフルーツの香り。ほっそりとしたクエン酸の香り。最初の口あたりは上品だが、凝縮されていて、清涼で切れの良い味わい。ほど良い長さ。

**2008テイラーズ・ヴィンヤード・ソーヴィニヨン・ムスク**　花の香り。スイカズラ。芳醇でしなやかな口あたり、、クリーミーな質感。重量感もあるが、驚くほどの活力も感じる。

**Bordeaux-style reds　ボルドー・スタイル赤ワイン**

**2006カベルネ・ソーヴィニヨン**　深奥な、チョコレート、ブラックチェリーの香り。しっかりした量塊感のある、凝縮された味わいで、黒果実の土味のフレーバーも感じられ、後味は長い。

**2006マリナー★**　力強いオークの香り。良く熟れたブラックカラント、ブラックベリーのアロマ。堂々として肉厚。タンニンは力強く、果実味も魅力的。スパイシーで、ミントが感じられ、芳醇で精妙、長い味わい。

**2005マリナー**　贅沢でスパイシーな香り。濃密なブラックベリー果実、オークの燻香も感じる。豊かで、悠々として、まろやかな口あたり。重量感と凝縮感があるが、生命力に溢れ、それが素晴らしい持続性をもたらしている。

**2005エンデヴァー**　トースト、燻香、黒果実の香り。力強くスパイシー。フルボディだが筋肉質で、タンニンは良く統合され、抽出は決して過剰ではない。魅力に溢れた、チョコレートの後味がかなり長く持続する。

**Zinfandel　ジンファンデル**

**2007ヘリテージ**　良く熟れた贅沢なブラックベリーの香り。豊かで広々として、重量感もあるが、タンニンはほとんど感じられず、酸は新鮮。繊細でバランスの良い長い味わい。

**2006オールド・ヴァイン**　濃厚で、塊のようなイチゴの香り。ヘリテージとはまったく違う香り。濃厚で、頑健で、スパイシーな味わい。しかし甘い後味が長く続く。

**2007サマーズ・ランチ**　濃厚な黒果実とバニラの香り。まろやかでみずみずしい口あたり。骨格はほど良く堅固で、ヘリテージほど優雅ではない。2004サマーズ・ランチの方が、芳醇で、生気に溢れ、感動的であった。

**Dry Creek Vineyard**
**ドライ・クリーク・ヴィンヤード**
栽培面積：80ha　平均生産量：150万本
3770 Lambert Bridge Road, Healdsburg, CA 95448
Tel: (707) 433-1000　www.drycreekvineyard.com

SONOMA

# Dutton-Goldfield　ダットン・ゴールドフィールド

ダットン農園は、ソノマでも屈指の栽培面積の広さを誇る葡萄栽培農家で、1967年にウォーレン・ダットンによって創立された。ダットンは最初、主にフランス原産の葡萄品種コロンバールを、そして一部シャルドネを植えたが、それはルシアン・リヴァー・ヴァレーに植えられた最初のシャルドネであった。現在ダットン農園の畑は、グリーン・ヴァレーを含むルシアン・リヴァー・ヴァレーの各地に50ほどに分散して存在し、合わせて400haの広さがあり、その約半分にシャルドネが植わっている。ダットン家は、もう何10年もの間、キスラーなどの多くの優れたワイナリーに上質な葡萄を卸してきた。現在それらの畑は、2人の兄弟、ジョーとスティーヴによって運営されているが、1990年代に、2人はそれぞれ各自のワイナリーを持った。

ジョー・ダットンのワイナリーは、セバストポル・ヴィンヤードという名前であったが、2005年にダットン・エステートという名前に変わった。そこは、ダットン農園の葡萄だけを使っている。一方スティーヴは、ワインメーカーのダン・ゴールドフィールドとの共同経営で、ダットン・ゴールドフィールド・ワイナリーを開いた。この2人の経歴はかなり異なっている。スティーヴ・ダットンはソノマの農家の5代目であるが、ゴールドフィールドは、社会人としての生活を、バークレー校の研究者として始めた。偉大なブルゴーニュ・ワインに魅せられた彼は、UCデーヴィス校に入学し、1986年に卒業すると、モンダヴィ、シュラムズバーグ、ラ・クレマなどのさまざまなワイナリーで経験を積んだ。こうして彼は、選果からワインづくりまでの技術を習得した。ダン・ゴールドフィールドは細身で筋肉質の強靭な肉体をしているが、それは間違いなく、暇を見つけては高速で自転車を乗り回している成果である。

ダットン・ゴールドフィールドの最初のヴィンテージは1998年であるが、そのワイナリーの運営方法は、ダットン・エステートとはかなり異なっている。ゴールドフィールドは葡萄の大半をダットン農園から購入しているが、その場合の契約条件は、他の契約ワイナリーと同一である。とはいえ彼は、自分が有利な立場にあることを認めている。というのは、特定の区画が良い出来であった場合、彼は共同経

右：知性的な葡萄畑選びと几帳面なワインづくりで、そのワインを最高ランクに押し上げたダン・ゴールドフィールド。

ワインづくりのスタイルは、ほとんど変わっていない。
というのも、ダットン・ゴールドフィールドには非常に明確な基準があるからである。
そのワインは、確かにほっそりとした優雅さの極致である。
上質の酸が、そのワインに清明さと緻密さをもたらしている。

営者のスティーヴからこっそりと情報を教えてもらうことができるからである。ゴールドフィールドは他の栽培農家からも葡萄を仕入れている。生産量の80％を占めているのが、2種類のブレンド・ワイン――シャルドネとピノ・ノワール――である。残りは単一葡萄畑ワインで、こちらはそれぞれ200〜500ケースの限定生産となっている。

ルシアン・リヴァー・ヴァレーは冷涼な地区であるが、数名の優秀なワインメーカーの手にかかれば、雄大で豊潤なシャルドネを生み出すことはたやすい。しかしゴールドフィールドは、それとはかなり異なった、鋼のようなスタイルのワインを目指している。そのために彼は、購入する葡萄に特別な基準を設けている。彼は古樹を好むが、それは古樹が、葡萄畑での厳しい人為的管理を必要とせずに、自然な形で低収量を達成するからである。彼は、ダットン農園の葡萄畑の中でも特に5つの畑が気に入っているが、それはそこの果実が、生まれながらの高い酸を持っていて、それがワインにしっかりした骨格を与えるからである。彼はまた、東向きの畑を好むが、その理由は、それによって葡萄樹が午後の光よりも朝の光を多く浴び、そのため糖の急激な蓄積を遅らせることができるからである。シャルドネはすべて新樽比率30〜50％の樽で発酵させ、酸が高いため、ここではマロラクティック発酵を最後まで完遂させることが決まりとなっている。新樽の比率を決める時の唯一の基準は、「疑問のある時は、少なく使え」である。

ピノ・ノワールはだいたい7つの畑から仕入れているが、仕入れる時の基準は、ブリックス糖度計の低い値で十分な成熟を果たしていることである。葡萄は除梗されるが、すべて破砕されるわけではない。ドライアイスを使った6日間の低温浸漬の後、果醪に酵母が混ぜられる。発酵途中で、果帽の櫂入れを行い、通常は発酵後浸漬を最長7日間行う。新樽の比率は、シャルドネよりもわずかに高く、熟成は樽で最長16ヵ月間行う。ゴールドフィールドは、アルコール度数を14度以下に抑えるように努めている。そのほうが品種の特徴が良く表現されるからである。「美しくなかったら、それはピノ・ノワールではない」と彼は言う。

ワインづくりのスタイルは、ほとんど変わっていない。というのも、ダットン・ゴールドフィールドには非常に明確な基準があるからである。そのワインは確かに、ほっそりとしていて優雅さの極致である。上質の酸が、ワインに清明さと緻密さをもたらしている。なかでも最高のものが、マリン郡のデヴィルズ・ガルチ・ヴィンヤードのピノ・ノワールである。マリン郡はサンフランシスコのすぐ北に位置し、葡萄畑よりも、郊外に住み始めた日本式風呂が好きな新世代の

人口の多さで有名なところであるが、そこの葡萄は、太平洋に近いことから、葡萄が十分に成熟した時でも、酸の高さがしっかりと維持されているという特徴がある。この畑の葡萄は確かにそのような特長を持っているが、その葡萄を購入できるのは、今のところダン・ゴールドフィールドとシーン・サッカリーに限られている。

慎重で知性的に葡萄畑を選択し、あくまでも几帳面にワインづくりをすることによって、ダットン・ゴールドフィールドは、何年もかからずに、ソノマのブルゴーニュ・スタイルのワイナリーの最高ランクに入ることができた。

### 極上ワイン

*(2008〜10年にテイスティング)*
**Chardonnay　シャルドネ**
**2007ダットン・ランチ・ルーズ・ヴィンヤード★**　新鮮で精妙な洋ナシの香り。燻香と、塩のようなミネラルも感じられる。非常に豊かで凝縮された核実類果実のフレーバー。口あたりは重量感はあるが、決して重々しくなく、オークも過剰な感じではなく、適度なグリップ力をもたらしている。味わいは長い。

**Pinot Noir　ピノ・ノワール**
**2007デヴィルズ・ガルチ・マリン・カウンティ**　豊かなキイチゴの香り。ほっそりとしたミディアムボディで、レッドカラントが感じられる。酸が高く、グリップ力があり、エレガンス。
**2007ダットン・ランチ・フリーストーン・ヒル・ヴィンヤード★**　濃密な燻製の香り。スペアミント、タイム、赤果実も感じる。ほっそりとして滑らかで、凝縮されている。かなり贅沢なチェリー果実の風味で、タンニンは良く統合され、後味に豊富なスパイスと酸を感じる。まだ若々しい。長い味わい。
**2007マクドゥーガル・ヴィンヤード**　厳格な香り。まだかなり閉じている。ドライフルーツの微香もある。濃密なフルボディで、重量感があり、重厚。タンニンが際立つスタイルで、それでいて精妙、新鮮。味わいは長い。明らかにもう少し時間が必要。
**2006ダットン・ランチ・サンチェッティ・ヴィンヤード**　繊細な香り。赤果実とトマトが感じられる。良く凝縮され、タンニンが際立つが、スパイスも豊富。最高にエレガントなピノ・ノワールというわけではないが、生命力と豊かな果実味がある。

**Syrah　シラー**
**2007ダットン・ランチ・チェリー・リッジ**　控え目なブルーベリーの香り。かなり豊かだが、澄明で、濃密。冷涼な気候のシラーならではのスタイル。ピリッとした赤果実のフレーバーがあり、甘く、胡椒味のある後味が長く続く。2006も同様に上質だが、こちらはより豊かで、ふくよか。

**Dutton-Goldfield**
ダットン・ゴールドフィールド
栽培面積：葡萄畑なし　平均生産量：6万本
3100 Gravenstein Highway N, Sebastopol, CA 95472
Tel: (707) 823-3887　www.duttongoldfield.com

SONOMA

# Ferrari-Carano　フェラーリ・カラーノ

ラスヴェガスのカジノ経営者がカリフォルニアにやってきて、その出身地の雰囲気そのままのワイナリーを造ればどんなものになるかを、このフェラーリ・カラーノは見事に見せてくれている。ワイナリーのオーナーであるドン・カラーノは、ネヴァダ州レノ出身で、弁護士、ホテル経営者、カジノのオーナーと、典型的なアメリカの成功者の道を歩んできた。彼が最初にソノマを訪れたのは1978年のことで、経営するホテルとレストランで客に提供するワインを見つけるためであった。すぐにこの地が好きになった彼と妻のロンダは、ドライ・クリークに1軒の邸宅を買った。その家には12haほどの葡萄畑が付属していたので、2人はその葡萄からワインを造ってみた。彼らはすぐに、その土地の潜在能力の高さに気づき、葡萄畑をさらに買い増しした。こうして1981年、フェラーリ・カラーノの最初のヴィンテージが生まれた。

ワイナリーは、ワインメーカーのジョージ・バルジックの実践的なアドバイスに基づき建てられた。彼は、1985年から2004年まで、そのワイナリーでワインメーカーを務めた。そのワイナリーには、当初からイタリア製回転発酵槽などの最新式の設備が整えられていた。

現在フェラーリ・カラーノは、
もはやドライ・クリークのワイナリーと
呼ぶことができないほど大きくなっている。
というのも、保有する葡萄畑は、北は
アレクサンダー・ヴァレーから南はカルネロスまで、
19の場所に広がっているからである。

1992年、カラーノ夫妻は、トスカーナ様式の巨大な宿泊施設、ヴィラ・フィオーレを建設し始めた。それはテイスティングルームと宿泊施設を兼ねる建物で、建設に足かけ6年かかり、1997年に完成した。それは実に壮大な建物で、また細部にまで凝った装飾がほどこされている。人造大理石の柱が何本も立ち並び、天井のドームにはパステル画のケルビム（幼児の姿をした天使）が飛び回り、壁には絵画やタペストリーが所狭しと飾られている。この建物の趣味の良さについては、いろいろな意見があるが、誰もが素晴らしいと認めているのが、ロンダ・カラーノの設計による庭園である。多くの観光客が、その庭園を目当てにこのドライ・クリーク・ヴァレーの北のはずれまで足を延ばすのも不思議ではない。

最初の頃——シャルドネの最初のヴィンテージは1985年——フェラーリ・カラーノは、白ワインで有名であった。フュメ・ブランは、ソノマのさまざまな畑から仕入れた葡萄を使った100％ソーヴィニョン・ブランで、フランス産オーク樽で6ヵ月熟成させる。そのリザーヴは、すべてフランス産新オーク樽で熟成させたもので、味わいは芳醇そのものである。アレクサンダー・ヴァレーの果実を使ったシャルドネも同様に豊潤で、また、主にカルネロスの葡萄を使ったシャルドネ・リザーヴも後から造られるようになった。上品な白ワインで評判を得たことに自信を深めたカラーノ夫妻は、さらに、ルシアン・リヴァー・ヴァレーの5つの畑からの単一葡萄畑白ワインを商品に加えた。これらの白ワインとは対照的に、赤ワインの方は、しばらく足踏み状態であった。メルローとカベルネの実用的な赤ワインが造られていたが、フィロキセラ禍のため、カベルネは1990年代半ばに一時生産を停止していた。アレクサンダー・ヴァレーに新たに葡萄畑が拓かれ、生まれ変わったカベルネ・ソーヴィニョンの最初のヴィンテージが出されたのが、2001年であった。

現在のフェラーリ・カラーノは、もはやドライ・クリーク・ヴァレーのワイナリーとは言えないほどに大きくなっている。保有する葡萄畑は、北はアレクサンダー・ヴァレーから南はカルネロスまで、19の場所に広がり、総計した栽培面積は広大なものになっている。その中には、メンドシーノのアンダーソン・ヴァレーの農場も含まれ、そこから単一葡萄畑ワインの、スカイ・ハイ・ランチ・ピノ・ノワールが造られている。最近夫妻はアレクサンダー・ヴァレーに注目しており、そのかなり標高の高い場所に葡萄畑をいくつか拓き、そこから新ラベルのプリヴェイルを出している。

2009年には、このワイナリーの商品構成はかなり多彩なものになっていた。バルジックは引退し、ワインメーカーの新しいチームが編成され、赤ワインの責任者には、アーロン・ピオターが就任した。また2003年には、ソノマよりもナパで有名なフィリップ・メルカがコンサルタントに招かれた。古典的な品種の単一品種ワインはそのまま造られていたが、新たに数種類の限定生産ワインも造られた。当初はカベルネ・ソーヴィニョンとサンジョヴェーゼのブレンド

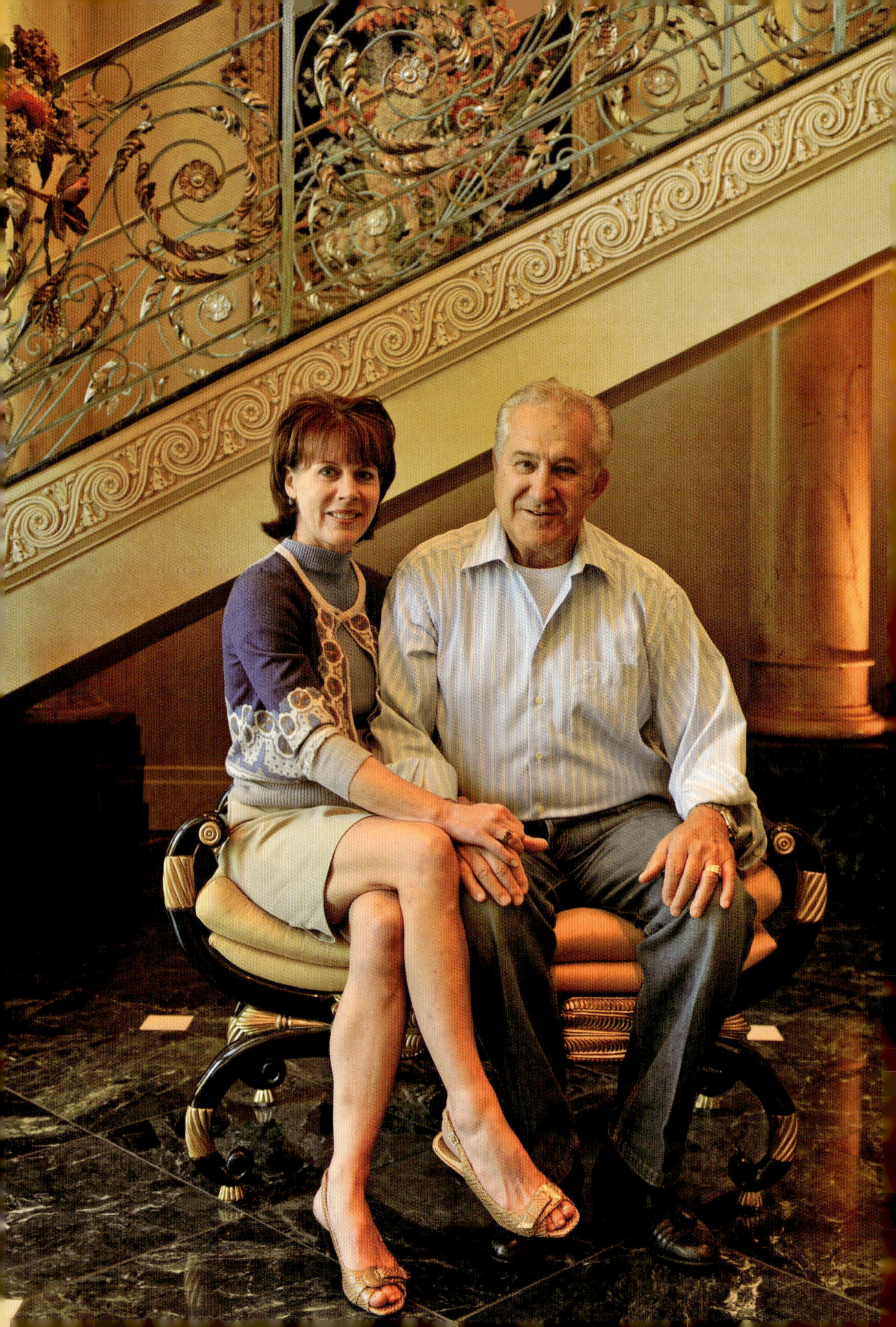

であったシエナは、その後ブレンド構成がたびたび変えられた。2007年シエナは、サンジョヴェーゼ78％とマルベック22％のブレンドであった。そのワインの特異な点は、フランス産オーク樽だけでなく、ハンガリー産のオーク樽も使われたことである。それは非常に飲みやすいワインである。トレゾアは、アレクサンダー・ヴァレーとドライ・クリークの自家畑の葡萄によるボルドー・スタイルのブレンドである。その他2種類の遅摘みタイプのワインもある。ソーヴィニョン・ブランとセミコンを使ったエルドラド・ゴールドと、ブラック・マスカットを使ったエルドラド・ノワールである。

フェラーリ・カラーノのワインは
常に極めて真面目に造られており、また、
カラーノ夫妻は現状に甘んずる気はさらさらない。

しかし何といってもこのワイナリーに新風を送り込み、新たな注目を呼び起こしたのは、ピオターとメルカにより2003年に最初のヴィンテージが出された、先述のプリヴェイル・シリーズである。それは、ウェスト・フェイスとバック・フォーティーという名前の2種類のワインで、どちらもアレクサンダー・ヴァレーの標高210〜370mの斜面に高い植栽密度で植えた葡萄畑から造られる。その果実を醸造し熟成させるための専用の新ワイナリーも建設された。そのワイナリーは、自重式送り込み設備を備え、横穴式樽貯蔵庫が併設されている。バック・フォーティーは、当初カベルネとシラーのブレンドとして始まったが、その後カベルネだけのワインとなり、高い新樽比率で熟成される。ウェスト・フェイスは、カベルネ・ソーヴィニョンに30％のシラーをブレンドしたワインで、新樽比率約60％で熟成させる。2つのワインとも、1エーカー当たり2トン（約5t/ha）という非常に低い収量の葡萄から造られる。果実は夜間に摘果され、破砕されずに発酵され、かなり長い発酵後浸漬を受ける。

ワイナリーとヴィラのけばけばしさから、フェラーリ・カラーノのワインは、国内旅行を盛り上げるための1つの小道具にすぎないと考える人もいるかもしれない。しかしそれは間違いで、そのワインは常に極めて真面目に造られている。また、カラーノ夫妻は、現状に甘んずる気はさらさらない。ワイナリーは、プリヴェイルが示しているように、新しい方向に向けて常に発展し、進化している。

左：ドライ・クリークに建てられた、彼らのワインのためのショーケースであるヴィラ・フィオーレで仲良くポーズをとるドンとロンダのカラーノ夫妻。

## 極上ワイン

(2008〜10年にテイスティング)
### 2007 Carneros Chardonnay Reserve
### 2007カルネロス・シャルドネ・リザーヴ
　甘いオークの香り。エキゾチックで、バターの香りもする。フルボディで、口中にオークと桃の香りが広がる。やや重たさを感じるが、陰鬱な感じではなく、生き生きとした途切れのない後味が続く。

### 2005 PreVail Back Forty
### 2005 プリヴェイル・バック・フォーティー
　濃密で贅沢、しかも重厚な香り。濃厚な黒果実とコーヒーのアロマ。新オークの香りも明確。豊潤なフルボディで、凝縮された味わい。タンニンは熟れて大きく、スパイシーなオークと鉱石を焙焼したフレーバーが、上質な酸によってバランスが取られている。2004も同様の力強さと新鮮さの組み合わせであるが、こちらの方がチョコレートの香りが豊かで、カベルネらしさに少々欠ける。

### 2005 PreVail West Face★
### 2005 プリヴェイル・ウェスト・フェイス★
　甘い、燻製やトーストの香り。とても濃密で、それでいて洗練されている。とても豊かで濃厚な味わい、スパイシーで、張り詰めた感じがある。上質な酸が生き生きとした新鮮さをもたらしている。骨格とフィネスがうまく共存し、味わいは申し分なく長い。

### 2006 Russian River Pinot Noir
### 2006 ルシアン・リヴァー・ピノ・ノワール
　控え目な香り。口に含むと、多少過熟を感じる。しかし酸によってバランスが取られている。複雑というよりは濃密。

### 2006 Cabernet Sauvignon
### 2006 カベルネ・ソーヴィニヨン
　燻製のようなブラックカラントの香り。魅力的なハーブ香、タバコの香りもする。ミディアムボディで新鮮、透明で、熟れているが、スパイスによる高揚感もある。大きなワインではないが、バランスが良く洗練されている。

### 2006 Trésor
### 2006 トレゾア
　イチゴやブラックカラントの香り。焦げたオークの香りもする。口に含むと、上品な凝縮された黒果実が感じられ、濃密さとグリップ力も感じる。煌めき、生命力、個性、持続性のあるワインで、バランスも非常に良く、味わいはとても長い。

**Ferrari-Carano**
フェラーリ・カラーノ
栽培面積：570ha　平均生産量：240万本
8761 Dry Creek Road, Healdsburg, CA 95448
Tel: (707) 433-6700
www.ferrari-carano.com　www.prevailwines.com

SONOMA

# Gallo Family Vineyards
ガロ・ファミリー・ヴィンヤーズ

　ガロの経営は、双頭の竜のようである。1つの頭は、モデストにある大規模なセントラル・ヴァレー加工センターで、そのワイナリーは、小さな町ほどの広さがある。稼働は片時も休むことはなく、ここ一社だけでオーストラリアの全生産量を合わせたほどのワインを市場に送り出している。もう1つの頭は、ソノマのガロと呼ばれているもので、ソノマ郡の最優等地区にある葡萄畑を拠点として、買いやすい価格の単一葡萄畑ワイン（その中にはかなり広大な葡萄畑も含まれている）を造っている。こちらのワイナリーを運営しているのは、親しみやすい人柄のジーナとマットのガロ姉弟で、モデストの町で巨大企業を指揮している極端な秘密主義のガロの長老たちとは好対照をなしている。

　モデストの工場でのワインづくりは、上質なワインの醸造というよりは、工業的ワイン生産と言った方がぴったりくる方法で行われ、それを少しも恥じていない。これに反してソノマでは、姉弟は非常に水準の高いワインを生み出し、ガロの批判者たちを混乱させている。1970年代には、ガロはまだ、現在ならば1本100ドル台のワインになる葡萄の果液を、ナパの生産者から樽で仕入れていた。しかしソノマでは葡萄畑を拡張する余地があるとして、1977年にガロは、フライとラグーナの2つの農場を買った。古いタイプの生産者たちを戦慄させたこのソノマへの進出を陰で指揮したのは、ジュリオ・ガロであった。彼はソノマ郡のイタリア系葡萄栽培農家の何人かと知り合いで、ソノマの能力の高さを知っていた。ジュリオは弟のアーネストを説得し、こうして1984年にソノマのガロが誕生した。それから10年の間に、ジュリオとアーネストは、2人が1940年代に葡萄を購入していた農園を次々と自分たちの所有にしていった。2人はそれらの農場の隅々まで知り抜いており、その能力の高さも確信していた。

　ブルドーザーが何台も投入され、広大な農場がすべて葡萄畑に変えられた。丘の頂上は削り取られ、土は移動され、小峡谷や谷間が開拓された。しかし批判者が最も恐れていたことは起こらなかった。ガロ一家は生物多様性を尊重した。彼らのソノマの葡萄畑は、モノカルチャーの記念碑とも言うべき、モントレーやサンタバーバラの広々として葡萄畑とは違っていた。広大な葡萄園のあちこちに森が残され、野生動物の棲みかとなった。また葡萄畑の多くが、持続可能な方法で運営され、そうでないものも有機農法で栽培されている。1991年に、この葡萄畑からの最初のヴィンテージが生み出された。

　葡萄畑の編成は複雑であるが、それは単純に植替えと再組織化が行われたからという理由だけではない。フライ葡萄畑（ドライクリーク）は、1885年からの歴史を持つ古い葡萄畑で、現在主に赤品種が植えられている。元は80haであったが、現在は240haまで拡張されている。128haのラグーナ・ランチ（ルシアン・リヴァー・ヴァレー）は1980年に植樹された比較的新しい畑で、シャルドネ、ソーヴィニョン・ブラン、ピノ・ノワールが植えられている。バレッリ・クリーク（アレクサンダー・ヴァレー）は1989年に買収した畑で、1991年にいろいろな種類の赤ワイン品種が植えられた。キオッティ葡萄畑（ドライ・クリーク）は、ジンファンデルとメルローの22haの畑で、1992年に植樹された。ステファニー葡萄畑（ドライクリーク）は1989年に植え替えられた79haの畑で、ジンファンデル、カベルネ、シャルドネが植えられている。2001年にはコタッティの近くの、かなり冷涼なトゥー・ロック・ランチに、ピノ・ノワール、シャルドネ、ピノ・グリが植えられた。

　これ以外にも、ソノマ・ガロの商品構成を支えるための葡萄畑が点在する。1996年に購入した、ルシアン・リヴァー・ヴァレーのマクマレー・ランチは、173haの広さを持つ畑で、主にピノ・ノワールが植えられ、その名前を冠したピノ・ノワールとピノ・グリが造られている。ランチョ・ザバコはジンファンデルのための葡萄畑である。さらにガロは、ナパ・ヴァレーのルイス・マティーニとその畑を買収したことから、マヤカマス・マウンテンズにある広大なモンテ・ロッソ葡萄畑からの葡萄も使うことができるようになった。商業的にはそれほど重要ではないが、興味深いワインが、ワインメーカーズ・シグネチャー・ソノマ・カウンティ・シリーズである。それは、ソノマ・ガロに所属するワインメーカー各自が、さまざまな葡萄畑のさまざまな品種から、自由な発想で造ることを許されたワインである。

　ソノマ・ガロのピラミッドの頂点に立つワインが、エステート・シリーズである。それはノーザン・ソノマというアペラシオン名で市場に出しているため、産地に関係なく、最

右：ガロ家が1996年に購入したルシアン・リヴァー・ヴァレーのマクマレー・ランチ。ピノ・ノワールとピノ・グリが栽培されている。

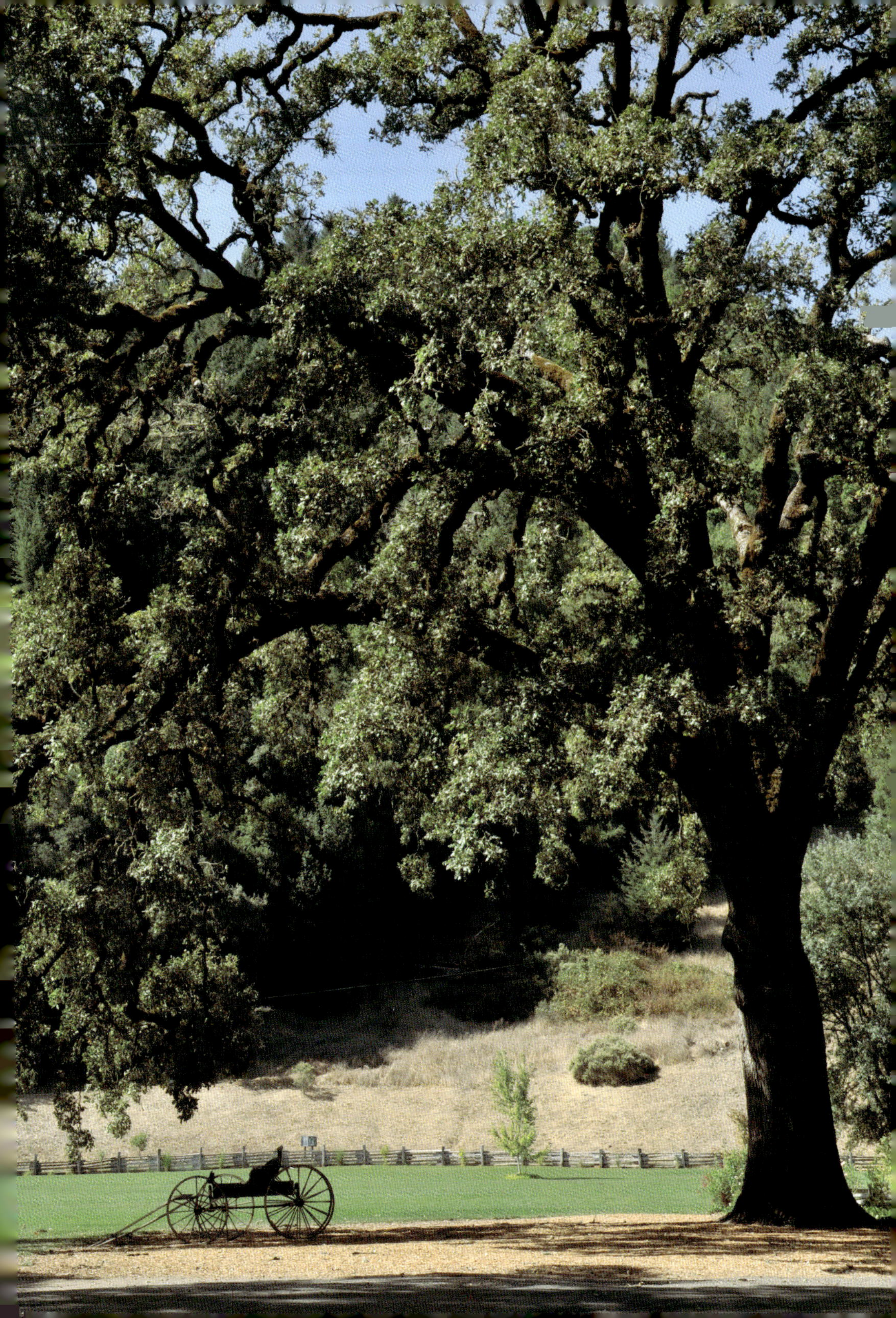

# GALLO FAMILY VINEYARDS

　高のキュヴェの中から、最適と思われる組み合わせで造ることができるブレンド・ワインである。とはいえ、シャルドネはラグーナから、カベルネはフライからのものが多く使われている。

　これほどの種類と量のワインを生産しているので、そのすべてが上質であることを要求するのは無理だと考える人がいるかもしれない。しかしソノマ・ガロの、従来までのガロのあまり良くないイメージを変えるために行ってきた営みは成功しており、そのワインはどれも秀逸である。ガロ姉弟が、アメリカの貧困層を対象にした二流のワインを造る会社というガロのイメージを払しょくしたいという一家の願望を実現させるためだけに仕事をしていると考えるのは、たとえそれが動機の一部であったとしても、あまりにもひねくれた見方であろう。ガロ・ファミリー・ヴィンヤーズは、大規模栽培と大規模生産は高い酒質とは相容れない、とは必ずしも言い切れないということを証明している。

## 極上ワイン

### White　白ワイン

**2005 Northern Sonoma Estate Chardonnay**
**2005 ノーザン・ソノマ・エステート・シャルドネ**
　控え目なトーストの香り。リンゴのコンポートや洋ナシのアロマ。クリーミーだが決して過度ではなく、リンゴや柑橘類のフレーバーがある。緻密で洗練されたスタイルで、まだ熟成する。

**2006 Two Rock Sonoma Coast Chardonnay**
**2006 トゥー・ロック・ソノマ・コースト・シャルドネ**
　リンゴの香り、オークの微香もある。フルボディで、どっしりとした重量感と力強さがあるが、過度ではない。骨格がしっかりしているとは言い難いが、率直でバランスの取れた味わいで、申し分なく長い。個性のあるワイン。

**2006 Laguna Ranch Chardonnay [V]**
**2006 ラグーナ・ランチ・シャルドネ [V]**
　繊細な、トースト、核果類果実の香り。口に含むと、上品で、オークはあまり感じられず、リンゴのフレーバーと豊富なスパイスが広がる。心地良い粒子の感触があり、後味は精妙とまでは言えないが、新鮮で長い。

**2008 MacMurray Ranch Sonoma Coast Pinot Gris**
**2008 マクマレー・ランチ・ソノマ・コースト・ピノ・グリ**
　熟れた、花のようなリンゴのコンポートの香り。ミディアムボディだが、驚くほど濃密で、リンゴとアンズのフレーバーがあり、酸が生き生きとしている。あまり良く言われない品種からの秀逸なワイン。

### Red　赤ワイン

**2002 Frei Zinfandel　2002 フライ・ジンファンデル**
　熟れたチェリーの香り。ややジャムの香りもする。柔らかく、まろやかで、みずみずしい味わい。黒果実とモカのフレーバーが広がり、後味は長く、胡椒が感じられる。かすかにアルコールが強く感じる。

**2003 Frei Cabernet Sauvignon**
**2003 フライ・カベルネ・ソーヴィニヨン**
　甘いブラックベリー、ミントの香り。コーヒーも感じられる。ふくよかでゆったりとして、肩幅の広さを感じ、タンニンはいまだ健在。後味は長くスパイシー。

**2003 Winemaker's Signature Monte Rosso Cabernet Franc**
**2003 ワインメーカーズ・シグネチャー・モンテ・ロッソ・カベルネ・フラン**
　乾燥ハーブ、タバコの香り。フルボディでクリーミーな触感。黒果実のフレーバーが広がり、タンニンは軽め。カベルネ・フランにしては濃厚で、ゴツゴツした感じ。

**2004 Northern Sonoma Estate Cabernet Sauvignon**
**2004 ノーザン・ソノマ・エステート・カベルネ・ソーヴィニヨン**
　濃厚だが洗練されたヒマラヤスギ、ブラックカラントの香り。雄大であるが凝縮されており、上品でスパイシーさもある。繊細なタンニンが骨格を支えている。まだ熟成されておらず、もう少し瓶熟の時間が必要。

**2004 Winemaker's Signature Petit Verdot**
**2004 ワインメーカーズ・シグネチャー・プティ・ヴェルドー**
　濃厚なブラックチェリーの香り。オークもしっかり感じられる。豊かで凝縮されているが、やや1次元的で、酸が欠けている。ブレンドされているメルローもたらす柔らかさが、プティ・ヴェルドーの単一品種ワインの特徴を弱めている。

**2005 Barrelli Creek Cabernet Sauvignon**
**2005 バレッリ・クリーク・カベルネ・ソーヴィニヨン**
　非常に濃密な香り。黒果実とタバコを感じる。フルボディで贅沢な味わい。しかし深みと生命力が物足りない。後味にタンニンがたっぷり感じられ、コクもある。

**2006 Rancho Zabaco Monte Rosso Vineyard Zinfandel**
**2006 ランチョ・ザバコ・モンテ・ロッソ・ヴィンヤード・ジンファンデル★**
　とても良く熟れた、素晴らしい香り。赤果実とタバコを感じる。みずみずしいフルボディで、生命力に溢れ、魅惑的な土味も感じられ、味わいは長い。洗練されているとは言えないが、魅力的なにぎやかさを感じる。

**2007 MacMurray Ranch Sonoma Coast Pinot Noir**
**2007 マクマレー・ランチョ・ソノマ・コースト・ピノ・ノワール**
　贅沢でスパイシーなブラックチェリーの香り。アロマが広がり、燻香も感じる。豊かで、精妙さとはほど遠いが、凝縮され、フレーバーは豊かで躍動感があり、酸は鮮明。

**Gallo Family Vineyards**
**ガロ・ファミリー・ヴィンヤーズ**
栽培面積：1135ha　平均生産量：500万本
3387 Dry Creek Road, Healdsburg, CA 95448
Tel: (707) 431-5500　　www.gallosonoma.com

SONOMA

# Hanzell　ハンゼル

ハンゼルは、戦後のカリフォルニア・ワインの歴史、とりわけブルゴーニュ品種の歴史を語るうえで、欠かすことのできない存在である。しかしハンゼルの歴史は、すべてが順調だったわけではなく、酒質の低下や方向性の誤りなど、紆余曲折もあった。現在ハンゼルの新チームは、過去に囚われることなく、伝統の最善のものを受け継ぎ発展させようと断固とした信念を持って働いている。

製紙業で財産を築いたジェイムズ・ゼラーバックは、駐伊アメリカ大使としての新たな仕事に生きがいを感じていた。しかしワインの好みでは、彼は、トスカーナよりもブルゴーニュの方に魅力を感じた。帰国の途上で彼は、新しく葡萄畑を開き、そこにシャルドネとピノ・ノワールを植えることを決意した。1950年代初めの頃、この2つの品種はアメリカではほとんど知られていなかった。彼はソノマ・ヴァレーの南端の、遠くにサンパブロ湾を眺めることのできる80haほどの土地を購入し、1953年に、手始めに2.5haを段々畑にし、そこに葡萄樹を植え始めた。今では、その最初に植えられたピノ・ノワールが、どのクローンであったかを知る者はいないようだ。マウント・エデンのクローン選抜によるもので、19世紀末に生まれたポール・マッソン・クローンと同じものだと言う者もいる。起源がどのようなものであれ、それは現在ハンゼル・クローンとして独自性を確立している。

初代のワインメーカーは、ブラッド・ウェッブという人物で、その雇用主と同じく、進取の気性に富む人であった。彼は1956年に、まだアメリカスギとコンクリートの発酵槽が主流であった時代に、ステンレス製の発酵槽を導入した。ボルドーでオー・ブリオンが初めてステンレス槽を導入するよりも前のことであった。さらに彼は、白ワインの発酵のための温度調節器を導入し、ブルゴーニュのシリュグから直接オーク樽を輸入した。とはいえ、ウェッブが注文を出すずっと前から、ポール・マッソンのマーチン・レイはその樽を使っていたと主張する者もいる。ウェッブは、当時数えるほどしかいなかったピノ・ノワールのワインメーカー達が、他の葡萄品種と同じようにピノ・ノワールをポンプ・オーヴァーしていたときに、その果帽を自らの手で櫂入れした。ハンゼルの設備と技法は当時としては最新式のものだったが、ワイナリー自体の建築様式は過去への賛歌とも言うべきものであった。それはブルゴーニュのクロ・ド・ヴージュの圧搾室を模倣する形で設計された。最初のヴィンテージは1957年で、その後も生産量が1000ケースを超えることはなかった。ジェイムズ・ゼラーバックは1963年に亡くなった。未亡人のハナは、その名前がワイナリーの名前になっているにもかかわらず、ワインづくりにまったく興味がなく、樽熟成中のワインも含めて、在庫ワインをすべて売り払ってしまった（ナパのバーニー・ローズが買い、それを今度はジョー・ハイツが瓶詰めして彼自身の名前で売り出した）。1963年と1964年には、ワインは一滴も造られず、その翌年にハナは畑とワイナリーを、引退した実業家のダグラス・デイに売却した。1976年にはそれを、オーストラリア生まれで、パリの銀行家と結婚したバーバラ・ド・ブライが買い取った。彼女が1991年に亡くなると、彼女の息子のアレックスが相続した。彼はロンドンに住んでいたため、当時のワインメーカーのボブ・セッションの妻であるジーン・アーノルドにハンゼルの運営を任せた。

ボブ・セッションは1973年から2001年までワインメーカーを務め、ハンゼルの名前を有名にした長く熟成させることができるワインを造った。彼が2001年に引退すると、その後何人かのワインメーカーが続き、現在はマイケル・マクネイルが務めている。

葡萄畑は急斜面にあり、標高260mまで登っていて、時々霧の侵入がある。赤っぽい色をした土壌はかなり痩せているが、水分貯留度は高く、しかも排水も良い。畑の面積は18.5haで、その3分の1にピノ・ノワールが植えられている。そのうち4エーカー（約1.6ha）には、1953年に植えられた最初の古樹が今も健在である。またその同じ年に植えられたシャルドネの古樹の区画も4エーカー残っている。カベルネ・ソーヴィニヨンは1983年から1992年まで栽培され、ワインも造られていたが、成熟が難しいことから、引き抜かれてしまった。しかしそのヴィンテージの中に、非常に良く熟成しているものがあるという証言もある（私自身は、1988年のブラインド・テイスティングで1981を賞味し、確かにそれを確信した）。

ワインメーカーの交代以外にも、最近のハンゼルにはいくつかの変化があった。2000年代の初めに、横穴式のワイン貯蔵庫が造られた。また、最初のワイナリーは操業を停止した。というのも、1999年と2000年にTCA汚染が

195

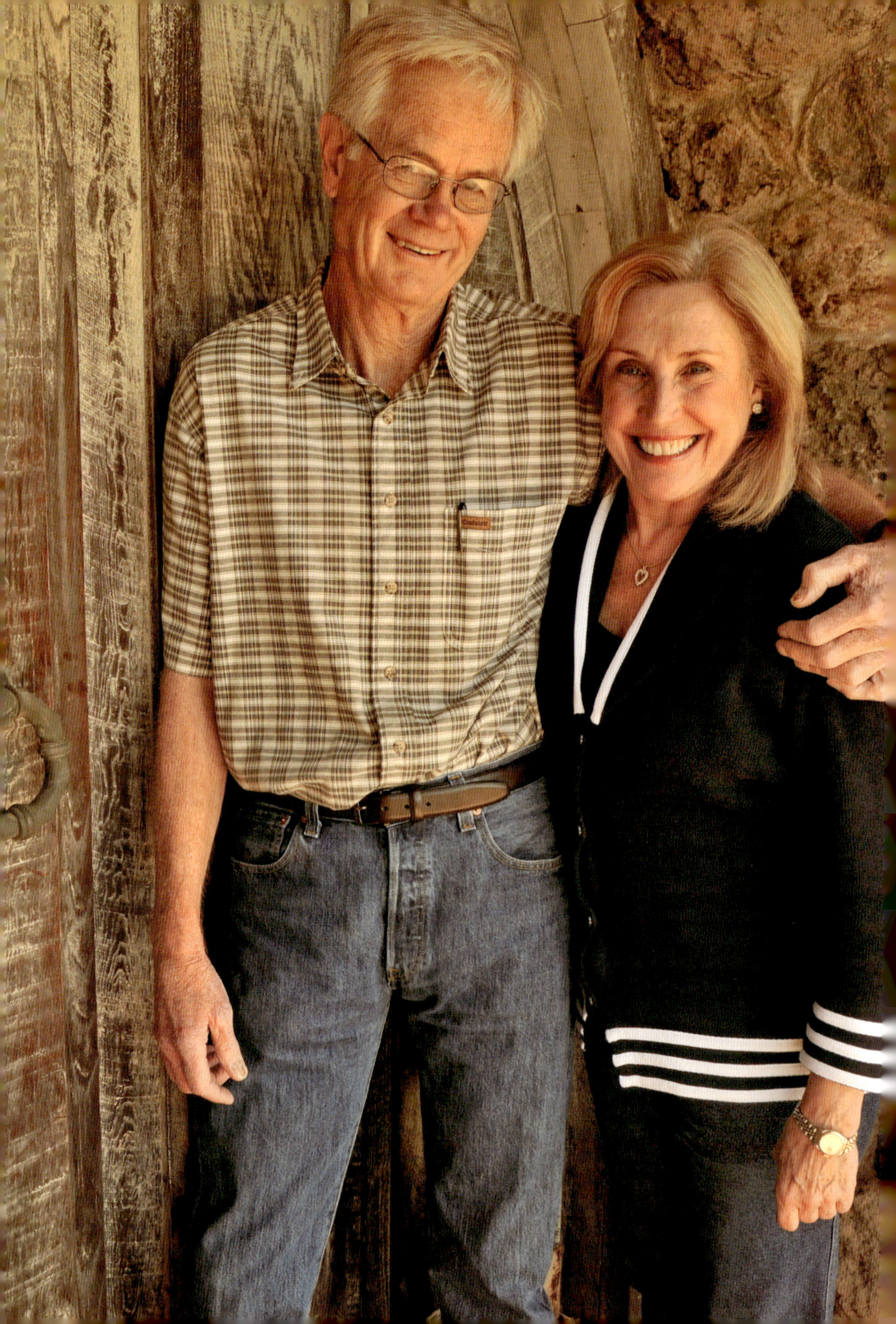

顕在化し、またアスベスト汚染の恐れもあったからである。そのワイナリーは現在、博物館として保存され、50年前の箱型ステンレス槽が数基そのままの状態で展示されている。それらの槽の下には、確かに垂直圧搾機を台車ごと入れる空間があり、果醪をポンプ・オーヴァーする必要がなかったことがうかがえる。

収量は非常に低く、たとえばシャルドネは20hℓ/haを超えることはない。選果された葡萄は、全房圧搾され、ステンレス槽と木樽の両方で発酵させられる。ブラッド・ウェブの時代のシャルドネは、ステンレス槽だけで発酵させられ、マロラクティック発酵はまったく行われなかった。それがそのシャルドネの長寿の秘密であったかもしれない。現在シャルドネは、3分の1だけがマロラクティック発酵を最後まで行い、新樽比率3分の1のオーク樽で、18ヵ月熟成される。

過去のピノ・ノワールは、栽培方法と、醸造過程での過抽出で、かなりタンニンが目立つワインであった。そして最近のハンゼルのワインメーカーも、たとえより優しい現代的技法を使っても、ピノ・ノワールはタンニンの目立つワインになる場合があることを認めている。現在、全房発酵を行うことが主流になっているが、ハンゼルの場合は通常、より骨格のしっかりしたワインにするために、果粒だけを破砕して発酵させる。発酵は選抜酵母を使い、開放式のステンレス槽で行う。そのワインは春までステンレス槽に入ったまま、その後、新樽比率50%のオーク樽で、最小限のラッキングを受けながら2年間熟成される。

TCA汚染の問題は解決されたが、ハンゼルは現在、市場に残存している1999年ピノ・ノワールと2000シャルドネを回収することを余儀なくされている。この間葡萄畑は徐々に拡張され、ワインの商品構成も増えた。シャルドネの選別を厳しくするために、セカンドワインのセベーラが導入された。その対極にあるアンバサダー・シャルドネは、1953年に植えられた古樹の葡萄だけを使ったワインで、100ケースを超えることのない稀少ワインである。それは、ハンゼル・ワイン・クラブの会員だけに頒布される。

ハンゼルは今でも理想を追求している。すなわち、長く

瓶熟させることのできるブルゴーニュの最高レベルのワインを御手本にしている。しかしそれをただ模倣しようとしているわけではない。最初から、ソノマ・ヴァレーはコート・ドールよりもかなり暖かい。そのシャルドネは、たぶんムルソーのシャルムと、そしてそのピノ・ノワールは、上質のジュヴレイ・シャンベルタンと肩を並べることができるであろう。しかしそのワインの構造と力強さは、やはりまったくカリフォルニア的である。

## 極上ワイン

*(2006〜09年にテイスティング)*
**Chardonnay**
**シャルドネ**
**2003**　芳醇な蜂蜜の香り。贅沢なトーストの香りが漂う。ふくよかなフルボディだが、中盤に酸の上質な織物が感じられ、スパイシーな後味が心地良い。やや重さがあるが、ワインの豊かさと重量感でアルコール度数の高さは気にならない。味わいは申し分なく長い。
**2004**　しっかりしたオークの香り。壮健で、ナッツやミネラルを感じる。フルボディで良く凝縮されており、レモンのような新鮮な酸とアンズのフレーバーが魅力。味わいはとても長く、新鮮でキレの良い後味へと続く。
**2006★**　堂々とした、ワックスや桃の香り。ハシバミの実のアロマもある。とても良く凝縮され、豪華。酸がやや欠けているが、触感はよく、重層構造を感じる。後味にややざらついた感じを受ける。アルコール度数が15度もあるとは感じられない。

**Pinot Noir**
**ピノ・ノワール**
**2002**　豊かな燻製ベーコンの香り。やや焦げた香りがするが、空気に触れさせると、キイチゴとザクロのアロマが広がる。フルボディでベルベットの触感、タンニンは堅牢だが、荒々しくはない。上質の酸がそれとうまくバランスを取っている。果実味主導のワインではないが、しっかりした骨格を持ち、味わいは長い。
**2006★**　スパイシーな香り。果実よりも土の香りがする。濃厚でふくよか、良く凝縮されている。タンニンは土味がし、酸は上質である。重量感と温もりを感じるが、果実味は過剰ではない。味わいは長いが、後味はやや辛口。もう少し時間が必要。

#### Hanzell
#### ハンゼル
栽培面積：18.5ha　　平均生産量：8万本
18596 Lomita Avenue, Sonoma, CA 95476
Tel: (707) 996-3860　　www.hanzell.com

左：オーナーであるアレックス・ド・ブライの代わりにハンゼルを運営するジーン・アーノルドと、その夫で前ワインメーカーのボブ・セッション。

SONOMA
# Hartford Family Winery
ハートフォード・ファミリー・ワイナリー

　ハートフォードは、ルシアン・リヴァー・ヴァレーのなかでも最も辺鄙な場所にあるワイナリーの1つである。元々はドメーヌ・ロリエのために建てられたものであったが、完成前にオーナーが死んでしまった。1993年にケンダル・ジャクソンがそれを購入し、ジャクソン・ファミリー・エステートの一部となったが、ドン・ハートフォードがグループ内の独立事業として経営している。ハートフォードはマサチューセッツ生まれで、法律を勉強しているときに、ジェス・ジャクソンの娘ジェニファーと結婚した（その父が最初のワイナリーを開く前に）。

　当初からそのワイナリーの目標は明らかであった。現在のダットン・ゴールドフィールドのダン・ゴールドフィールドが、そのための葡萄畑を拓く最適な場所を示してくれた。そこには、冷涼な気候に適したシャルドネとピノ・ノワール、そしてほんの少量、単一葡萄畑ワインであるルシアン・リヴァー・ヴァレー・ジンファンデルのための葡萄が植えられている。初期のヴィンテージには、有名なワインメーカーであるメリー・エドワードとスティーヴ・テストが参加していた。1998年に、それまでソノマ・ヴァレーのランドマークで働いていたマイク・サリヴァンがワインメーカーになった。2006年以降は、控えめだが非常に有能なジェフ・マンガハスがその職についている。彼は元々は癌研究の科学者であったが、食べ物とワインの誘惑に抗しきれずに、UCデーヴィス校に入学したという経歴の持ち主である。

　ワイナリーの運営形態はかなり複雑である。ハートフォード自体は数カ所葡萄畑を持っているが、それ以外の葡萄は、ジャクソン・グループの保有する葡萄畑から契約を通じて独占的に仕入れている。2007年には20種類のワインが造られたが、そのうち16種類に、葡萄畑名またはキュヴェ名が付けられている。ラベルに葡萄畑名を載せるからには、各ヴィンテージを通して表現される、その畑独自の特徴がなければならない。大量に生産されるワインは、ソノマ・コーストのアペラシオン名で市場に出される。商品構成をさらに複雑にさせているのは——実際その必要はないのだが——ブルゴーニュ品種で造られるワインは、ハートフォード・コートというラベル名で出し、その一方でジンファンデルは、ただのハートフォードというラベル名で出していることである。

　このワイナリーは、テロワールを重視したワインに力を入れているため、そのワインの特徴について簡単に触れておいた方が良いだろう。まずシャルドネの畑から紹介していく。すべてシャルドネは、1葡萄畑につき4〜5回に分けて選別収穫された後、ワイナリーで選果され、樽発酵される。新樽比率約50%のフランス産オーク樽で熟成され、清澄化も濾過も行われずに瓶詰めされる。

● シースケープは、オクシデンタルの町の近くの尾根の上に広がる葡萄畑で、太平洋に近いことから葡萄の成熟は遅く、収穫が11月までずれ込むこともある。葡萄は酸がとても高い。
● ローラは、単一葡萄畑ワインではないが、デリンジャーの近くの葡萄畑のブレンドで、そこの葡萄樹は樹齢約40年。
● スリー・ジャックスはグリーン・ヴァレーのダットン・ランチの一部である。
● ストーン・コートはソノマの南側にある畑で、ダレル・ヴィンヤーズの一部である。ここの葡萄の果房はとても小さい。
● フォア・ハーツはルシアン・リヴァー・ヴァレーのいくつかの畑のブレンドで、そこにはオールド・ウェンテやルーズといったヘリテージ・クローンが植えられている。

　ピノ・ノワールは通常夜に収穫され、こちらも数回に分けて選択的摘果が行われる。葡萄は除梗された後、ドライアイスの下でかなり長い低温浸漬を受け、小さな開放型のステンレス槽で発酵させられる。ほとんどの場合土着酵母を使い、果帽は人力で櫂入れされる。シャルドネ同様に、新樽比率50〜60%で熟成される。ラッキングは通常1回だけ行われ、清澄化も濾過もされずに瓶詰めされる。

● アレンデルはグリーン・ヴァレーにあるワイナリーの南5kmのところにあるかなり冷涼な自家畑で、マティーニ・クローンが植えられ、収量はとても低い。
● ヘイリーズ・ブロックはアレンデルに含まれる1区画で、ディジョン・クローンが植えられ、ヴィンテージによっては、別個に醸造、瓶詰めされる。
● セヴン・ベンチはカルネロスの葡萄畑で、ディジョン・クローンが植えられている。

右：秀逸なシャルドネ、ピノ・ノワール、ジンファンデルの生産を指揮するドン・ハートフォード。

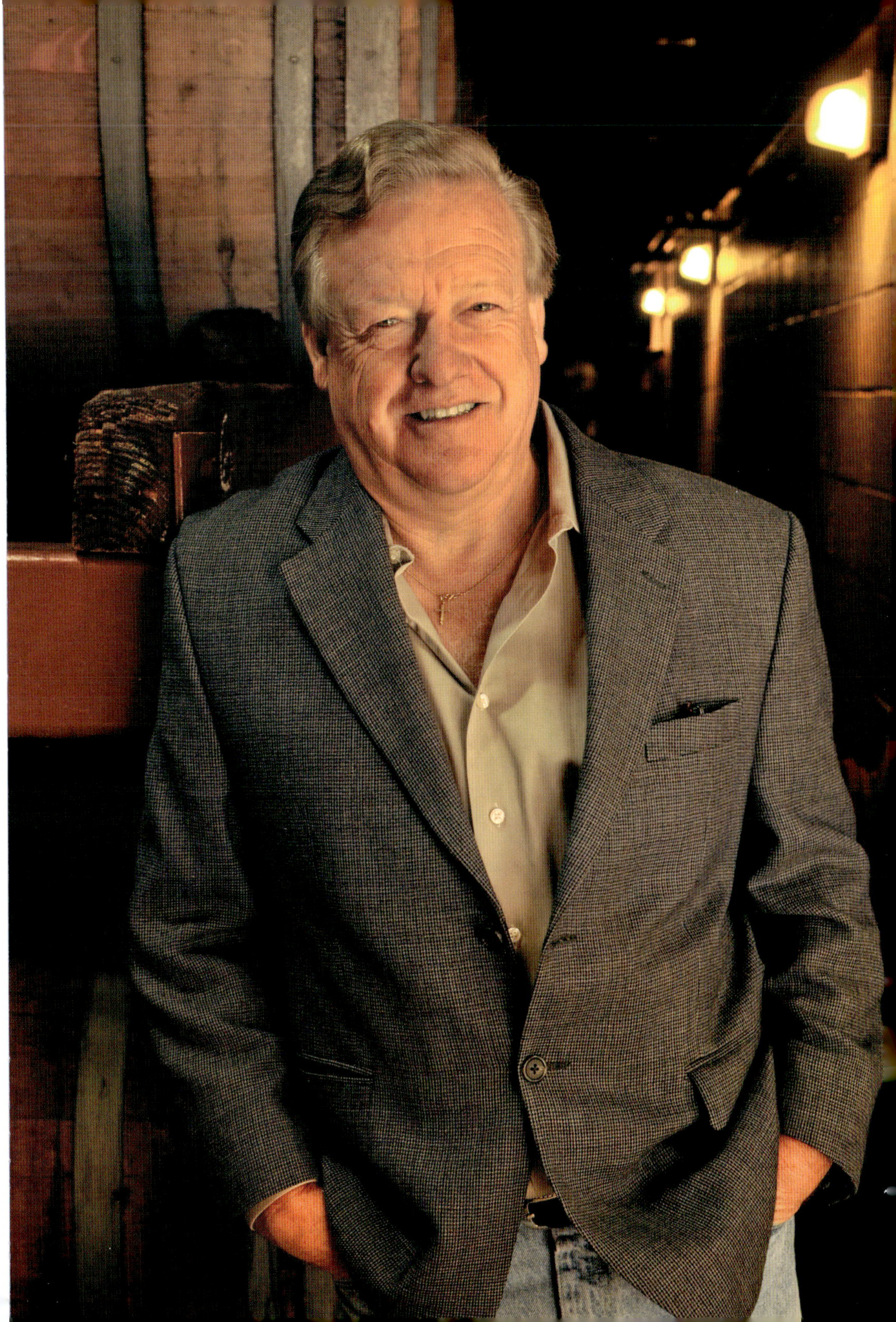

まいの外観と内装は、愛する故郷であるカタルーニャを偲ばせるものとなっている。そのワインもまた、ヨーロッパ的なスタイルであるが、ヨーロッパのものよりもややアルコール度数が高く、肉太のものになっている。とはいえ、それは決して爆弾のようなワインではない。

## 極上ワイン

*(2009～10年にテイスティング)*
Chardonnay
シャルドネ
**2007アセロ** 鮮烈なライムとアンズの香り。生き生きとして凝縮された口あたり。酸は上質で、リンゴの果実味が口中に広がる。精妙ではないが、繊細で長い味わい。
**2006Tステート** 軽いトーストの香り。スパイシーだが遠慮がち。イチゴよりも上品な味わいで、酸は上品で長く続く。
**2005エステート** イチゴの香り。ライム、アンズ、そして瞬間的にオークも感じる。クリーミーな凝縮された味わいで、レモンのような酸があり、生命力に溢れ、長く続く。
**2005ドブレス・リアス** 酵母の香り。エステート・ワインほど豊穣な感じではない。どっしりとしてやや重く感じ、またエステートの持つ新鮮さもない。豊かさと新鮮さを共存させることに失敗したようだ。
**2003エステート** しっかりしたリンゴとアンズの香り。悠々としてスパイシーで、このワイナリーにしてはめずらしい重量感がある。凝縮されているが、酸は控えめで、後味は長い。
**1999エステート★** 軽いトーストの香り。飽きの来ない繊細なアンズの香り。シルクのような贅沢な触感で、凝縮されている。酸が上質な織物のようで、バランスが良く、エレガントで長い味わい。
**1996エステート** 控え目なリンゴ、アンズの香り。軽いトーストの香りもする。上品な触感で、熟れた核果類の果実の風味があり、凝縮されていて、酸がしっかりしており、しなやか。

Pinot Noir
ピノ・ノワール
**2006マス・カバルス** 新鮮なピリッとしたキイチゴの香り。ほっそりとした鮮明な口あたり。シルクのような触感があり、凝縮されている。緊張感があり、ピリッとくる刺激もあり、生き生きとしている。味わいはとても長い。
**2006ラ・マシア** とても良く熟れた、贅沢なチェリーの香り。丁字の香りもする。豊かでふくよかで、フルボディ。しかし重くはなく、精妙さがあり、バランスも良い。酸が上質で、味わいの長さも申し分ない。
**2005クリスティーナ★** ほっそりとしたスパイシーな赤果実の香り。シルクのような触感で、芳醇で凝縮されている。深遠さがあり、同時に控え目な力強さもある。2004よりもスパイスが多く感じられ、エレガント。味わいは長い。

**2004クリスティーナ** 豊かなトースト、燻製の香り。豊潤で気前の良い口あたり。申し分なく熟れた感じで、肉感的。しかしピリッとした感じがあまりなく、持続性にも欠ける。
**2002エステート** 甘く濃密な香り。チェリーやミントが感じられる。ほっそりとして優美で、洗練されているが、タンニンが際立つ。酸は生き生きとしており、味わいは申し分なく長い。
**2001エステート** 控え目な燻製の香り。革やキノコの香りもする。とても豊かで、みずみずしく、凝縮された味わい。驚くほど噛みごたえのあるタンニン。酸は生き生きとして味わいは長い。
**2000エステート** 控え目なハーブの香り。チェリーやミントも感じられる。しかしやや躍動感に欠け、果実味が遠慮しすぎている。楽しくなるワインだが個性に欠ける。2001ほど完成されていない。

**1996エステート**　退化した色。煮込んだチェリーの微香。ミディアムボディだが凝縮されている。滑らかなチェリーの口あたりで、酸は上質。フレーバーはほど良く長く持続する。

**1994エステート**　かすかに進化した香り。魅力的な青葉のアロマがあり、ハーブのようだが青臭くはない。熟れたタンニンによって凝縮され、酸は上質で、チェリーの風味も広がる。フィネスもあり、後味にざらつきが感じられる。

**1992ヴィンヤード・セレクション**　あずき色がかった控え目な赤色。甘い、青葉、キノコの香り。チェリー・パイのようだ。柔らかく丸みのある優しい口あたり。スパイシーで、シルクのような触感があり、依然として繊細で、酸が際立つ。すでに飲み頃で、味わいはそれほど長くない。

上：20歳代にカリフォルニアにやってきて素晴らしいワインを造り続け、懐疑論者を当惑させたマリマー・トーレス。

**Marimar Estate**
マリマー・エステート

栽培面積：32ha　平均生産量：18万本
11400 Graton Road, Sebastopol, CA 95472
Tel: (707) 823-4365　www.marimarestate.com

SONOMA

# Ravenswood　レイヴェンズウッド

ジョエル・ピーターソンは、大学で生化学を専攻し、ガン分野の免疫学者として研究を続けてきた（製薬会社を1987年に退職するまで）。1970年代半ばに彼は、人生の暗い側面だけでなく、明るい側面にも目を向ける必要があることを悟った。彼の父親は時々彼に、美味しいワイン、特にボルドーを飲ませて、彼の舌を鍛えていた。そんなこともあって彼は、自分の科学者としての側面と、芸術家的な側面を統一できる仕事は、ワインづくりをおいて他にないと考えるようになった。その思いがだんだん強くなっていく頃、彼はソノマ・ジンファンデルの生産者として有名なジョー・スワンと話す機会を得た。こうしてピーターソンは、暇な時間を彼の下で過ごすようになった。

1976年、彼はひと山の葡萄を仕入れ、スワン・ワイナリーの空いた場所を借りて、始めて彼自身のジンファンデルを造った——327ケースだった。生産量が徐々に増えていく中で、彼はワイナリー設立のための資金を得るために共同経営者を募り、1979年、ついにソノマの町の南側の、以前は倉庫だった場所にワイナリーを開くことができた。彼はその後10年間この場所にとどまることになる。ピーターソンはメルローやカベルネでも美味しいワインを造ったが、やはり彼の一番の情熱の対象は、ジンファンデルの古樹であった。彼はその葡萄樹のゴツゴツとした節くれだった姿や、それが混植されている様子に魅了されていた。そしてそれ以外の、当時のソノマやナパではまだ見ることができた歴史的な品種にも愛情を感じた。しかし彼はまた、ヴィントナーズ・ブレンドというラベルで、手頃な飲みやすいワインも造った。それは愛好者仲間からは、シャトー・キャッシュ・フローと呼ばれていた。

当時のジンファンデルは、過熟の葡萄を醸造し、アメリカ産の樽で熟成させたものが主流であったが、ピーターソンはその品種を尊敬を持って扱った。彼は糖度ではなく、フレーバーを重視して葡萄畑を選び、過熟の、あるいは半ばレーズン化した、高いアルコール度数のポートワインのような風味になる葡萄を避けた。彼は常に、ワインメーカーの仕事は、葡萄の持っているフレーバーを最大限引き出し、そのフレーバーを強調してやること——決して過剰にではなく——だと考えていた。彼は、自分の仕事は、仕入れることができた優秀な果実の完全性を表現することだ、といつも語っていた。

その葡萄は、短時間の低温浸漬の後、土着酵母で発酵させられ、かなり長い発酵後浸漬を受ける。単一葡萄畑ジンファンデルの場合は、毎日3回以上果帽の櫂入れを行い、フランス産オーク樽で14〜18ヵ月熟成させる。新樽比率はヴィンテージの状況に応じて、調整する。清澄化と濾過は、特別必要な時以外は行わない。単一葡萄畑ワインは、すべてほぼ同じ方法で造られるが、発酵後浸漬と熟成の長さは、畑ごとに微妙に調整される。

レイヴェンズウッドは、1990年代後半には、卓越したジンファンデルの生産者としての地位を確立していた。そのワインの酒質は常に高い水準を維持し続け、価格は割安であった。そんなわけで、ワイン業界の巨人であるコンステレーション・グループがレイヴェンズウッドに目を付け、2001年に1億4800万ドルという巨額の資金を投じてそれを呑み込んだ時、驚く人はあまりいなかった。しかし誰もが最悪の事態を恐れた。生産量が増やされ、ワイナリーの個性が失われるのではないかという心配である。1980年代に彼は私に語ったことがある。「僕の目がワインづくり全体に行き届くように、年1万5000ケース以上は造りたくない。」しかし2008年には、生産量は年40万ケースまで増えていた。新しいボスは、これといった指示は出さないままであるが、ヴィントナーズ・ブレンドの生産量は爆発的に増え、またカウンティー・シリーズ（ロディ、アマドール、メンドシーノ、ソノマのアペラシオン名で出すジンファンデル）も同様である。ジョエル・ピーターソンは今でもワインづくり全体を監督する立場にあるが、実際の仕事は、部下に任せている。

テイスティングルームの近くに据えられている偽の墓石には、次のような文章が彫られている。

『あやまちは人にあり
しかしジンは神なり
ここに最後の軟弱なワインが眠る』

「No wimpy wines.（軟弱なワインなんか造ってられるか）」というのが、レイヴェンズウッドのモットーで、それはTシャツなどの関連商品に、日本語と英語で印刷されている。確かにそれは偉大なスローガンであり、毎週末大挙し

右：ジンファンデルから極上ワインができることを示し続けたジョエル・ピーターソン。現在も秀逸なワインを造り続けている。

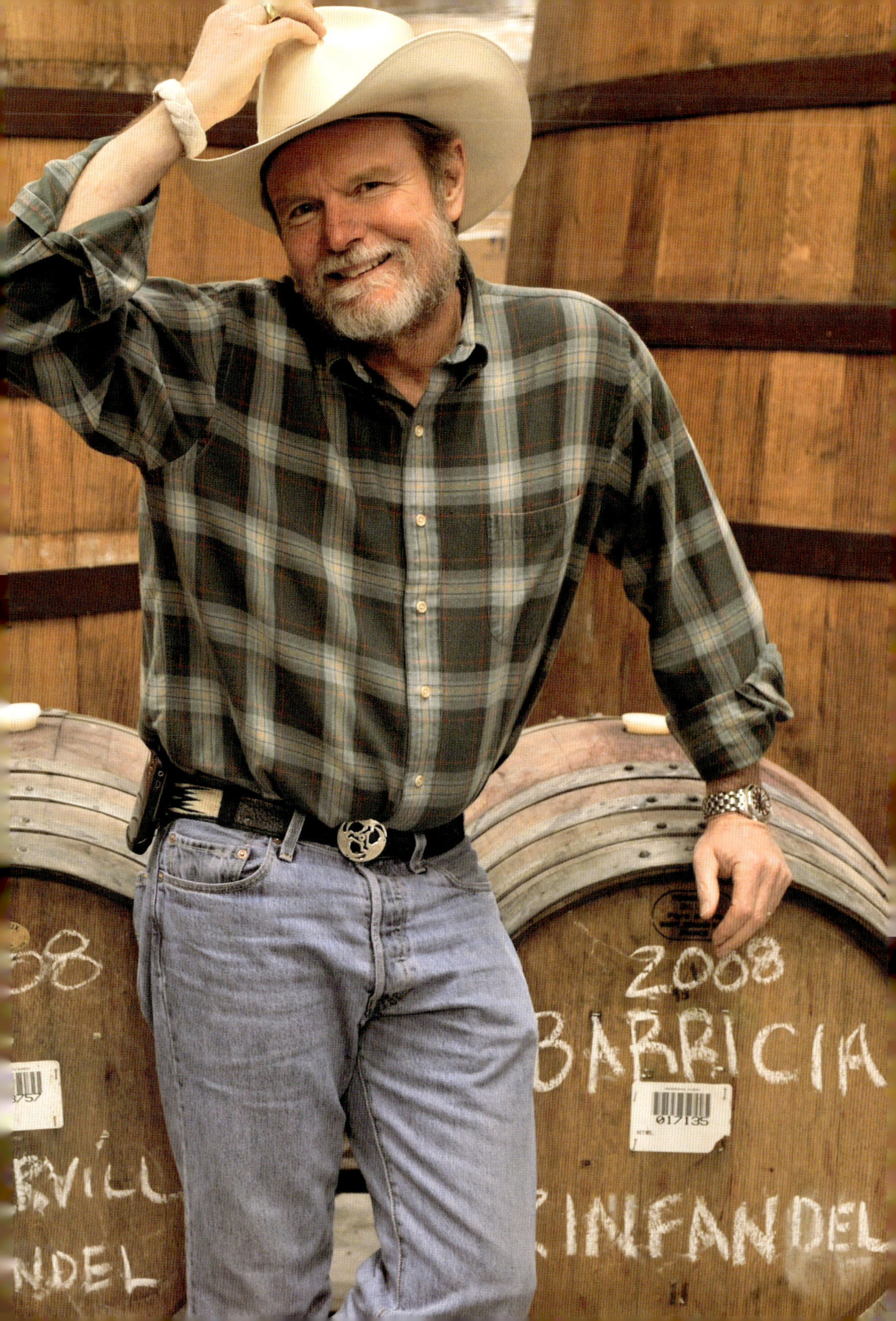
2008
BARRICIA
ZINFANDEL

てテイスティングルームに押し寄せる観光客を喜ばせる。しかしそのスローガンは、レイヴェンズウッドのワインに対しては酷い皮肉のようでもある。市場に出回っている多くのジンファンデルと違い、レイヴェンズウッドのジンファンデルは、どこよりも純粋で、優美であり、過熟や過抽出の怪物的な雰囲気はみじんもない。大衆受けする宣伝が、レイヴェンズウッドを真実の姿よりも低く見せている、あるいはありふれたものの中に埋没させている、と言えないだろうか？ そのワインは、疑いもなく、今でもカリフォルニアのジンファンデルの最高の表現である。

ここでレイヴェンズウッドに毎年葡萄を供給している葡萄畑について簡単に要約しておこう。

**バリシア**　ソノマ・ヴァレーの東に位置し、1895〜1905年に植えられたジンファンデルの古樹が5haある。プティ・シラーが20％ほど混植されている。

**ディッカーソン**　ナパ・ヴァレーの中央部に位置し、1930年以降に植えられたジンファンデルが4haほどある。

**ベローニ**　ルシアン・リヴァー・ヴァレーのフルトン近郊の冷涼な葡萄畑。1900〜1908年に植えられた畑で、ジンファンデルが80％、残りをカリニャン、アリカンテ、プティ・シラーが占める。それらの葡萄もいっしょに発酵される。

**ビッグ・リヴァー**　アレクサンダー・ヴァレーのヒールズバーグの東にある畑で、1900年に植えられたジンファンデルが5.5haある。

**テルデスキ**　ドライ・クリーク・ヴァレーの無灌漑農法の畑で、1900〜1920年にジンファンデルとプティ・シラー、カリニャンが植えられた。

**オールド・ヒル・ランチ**　ソノマ・ヴァレーの谷底のグレン・エレンの南にある5haの葡萄畑。19世紀に植えられた14もの品種が有機農法で栽培されている。

**クック**　ソノマ・ヴァレーの丘の中腹にある畑で、葡萄樹はかなり若い。

**ウッドロード**　ルシアン・リヴァー・ヴァレーのフルトンの近くにある樹齢90歳ほどの畑。

以上の単一葡萄畑ワイン以外に、1905年以前に植樹された8つの畑の古樹から造るアイコンというワインもある。これはジンファンデルを50％しか含んでいないが、その目的は、今から1世紀前にイタリア人移民が造っていたと思われる歴史的なブレンドを再現することである。

## 極上ワイン

*(2009〜10年にテイスティング)*

**County Zinfandels**
**カウンティ・ジンファンデル**

カウンティ・ラベルの中では、ロディ・オールド・ヴァインが最も親しみやすい。素晴らしい黒果実の香りがあり、時おり燻香も交じる。精妙さや持続性よりも、果実主導の繊細さと飲みやすさを前面に出したワイン。ナパがヴィンテージごとに一番味が変わるようだ。2006は特に成功している。ソノマは、カウンティ・ワインの中でも最も個性的で、新鮮でスパイシーな香りが広がり、口に含むと、グリップ力と生命力が豊かに感じられる。

**Vineyard-Designated Zinfandels**
**単一葡萄畑ジンファンデル**

**2007テルデスキ**　プラム、コーヒーの濃厚な香り。とても豊かで、スパイシーな黒果実も感じる。酸とタンニンは上質で、重々しさはなく、過抽出でもない。味わいは長い。

**2006バリシア**　豊かで濃厚なチェリーの香り。緻密で、トーストの香りもする。ピリッとした刺激があり、力強い。タンニンも堅牢で、しっかりした骨格もあり、上質な酸が生命力を感じさせる。ややアルコールが強く感じられるが、スパイスと胡椒味が心地良い。

**2006テルデスキ★**　黒果実と甘草の香り。豊潤で、とても良く凝縮され、フレーバーは大胆。芳醇でスパイシーな味わいは非常に長く、後味にバニラと丁字を感じる。

**2006ディカーソン**　オーク、赤果実の贅沢な香り。砂糖漬け果物の香りもする。ミディアムボディだが、滑らかな口あたりで新鮮。タンニンは堅牢で奥行きもある。後味にほど良いグリップ力と甘さを感じる。

**2006ベローニ**　丁字、ユーカリの精妙な香り。ふくよかで凝縮されたチェリーの味わいで、タンニンは噛みごたえがあるが、後味は長く透明感がある。

**2006オールドヒル**　良く熟れた香りで、砂糖漬け果実の微香もある。プラムや胡椒も感じられる。滑らかで冷たい口あたりで、凝縮されており、タンニンは堅固だが、後味は洗練されている。

**2005テルデスキ**　控え目なブラックチェリー、ブラックベリーの香り。オーク由来の燻製の香りもある。凝縮されていて、頑健な感じもあるが、精妙でフィネスもあり、味わいは長い。

**Icon**
**アイコン**

**2007**　オーク、黒果実の濃厚な香り。豊かでふくよかで肉厚。新鮮さとエレガントさもあり、味わいは長い。

**2006**　ブラックチェリーの濃厚な香り。良く凝縮され、口あたりが良い。黒果実のフレーバーが長く続く。

**Ravenswood Winery**
**レイヴェンズウッド・ワイナリー**

栽培面積：5ha　平均生産量：500万本
18701 Gehricke Road, Sonoma, CA 94576
Tel: (707) 933-2332
www.ravenswoodwinery.com

SONOMA

# Chateau St. Jean　シャトー・セント・ジーン

このワイナリーの名前の由来を知るために、ジーンという聖人がいなかったかどうかを調べてみても無駄なことだ。それはこのワイナリーの共同設立者の1人の妻の名前だからである。彼女が、何か聖人にまつりあげられるような善行をしたかどうかは不明だ。共同設立者とは、ボブとエド（その妻がジーン）のメルゾイアン兄弟と、セントラル・ヴァレーの葡萄栽培農家ケン・シェーフィールドである。彼らはソノマ・ヴァレーの北側の、1920年に建てられたその「シャトー」の傍にワイナリーを建て始めた。完成したのは、1976年であった。1984年に彼らは、サン・ジョアキン・ヴァレーでの生食用の葡萄の栽培と販売に失敗し破産したが、シャトー・セント・ジーンは、単体では利益を上げていた。彼らはそのワイナリーを手放さざるを得なくなったが、それを買ったのが、日本のサントリーだった。サントリーはこのワイナリーに巨額の資金をつぎ込んだが、1996年にベリンジャーに売却した。こうして現在、シャトー・セント・ジーンは、オーストラリアの巨大複合企業、フォスターズ・ワイン・エステート・グループの傘下にある。

最初のワインメーカーは、リチャード・アローウッドで、彼は現在、このすぐ近くで自分のワイナリーを開いている。彼は非常に野心的なワインメーカーで、当時ではめずらしい単一葡萄畑白ワインの生産に力を入れた。その他、定番としては、9種類のシャルドネ、そして数多くのフュメ・ブランも造っていた。アローウッドは、メンドシーノからも少量の葡萄を仕入れていたが、すぐにそれを止めて、ソノマ郡の広い地域からさまざまな葡萄を仕入れることにした。彼はまた、リースリングとゲヴュルツトラミネールから、大手ワイナリーが手掛けようとしなかった（ジョセフ・フェルプスを除き）TBA（トロッケンベーレンアウスレーゼ）タイプのワインを造った。インディヴィデュアル・バンチ・セレクティッド・レイト・ハーベストとラベルに記載されたそのワインは、驚くほどの濃密さと粘性を示した。そのワインは、ヨーロッパの同種のワインよりも早く熟成するという難点はあったが、ドイツとアルザスの偉大な甘口ワインに匹敵する酒質を有していた。面白いことにこのワインは、偶然生まれたものだった。1974年のこと、アレクサンダー・ヴァレーの有名な葡萄栽培家ロバート・ヤングがアローウッドのところに、リースリングにカビが生えたと謝りに来た。アローウッドはすぐにそれがボトリティス菌によるものだと分かり、ヤングに、すべて持ってくるようにと告げた。そのワインは、当時はあまり知られていないタイプのワインにしては高い価格で売り出されたが、大成功を収めた。

愛好者もワインメーカーも、上質なワインが豪華に居並ぶ姿を喜んだが、経営者たちはあまり喜ばず、生産量を維持したまま、ワインの種類を絞り込むようにとアローウッドに命じた。1982年の生産量は、10万ケースまで増えていた。アローウッドはこの決定に不服で、1980年代半ばに自分のワイナリーを設立し、1990年に永遠にシャトー・セント・ジーンと訣別した。彼の助手を務めていたドン・ファン・

下：1920年に建てられたソノマ・ヴァレーの"シャトー"。その名前は共同設立者の妻の名前ジーン・メルゾイアンから取られた。

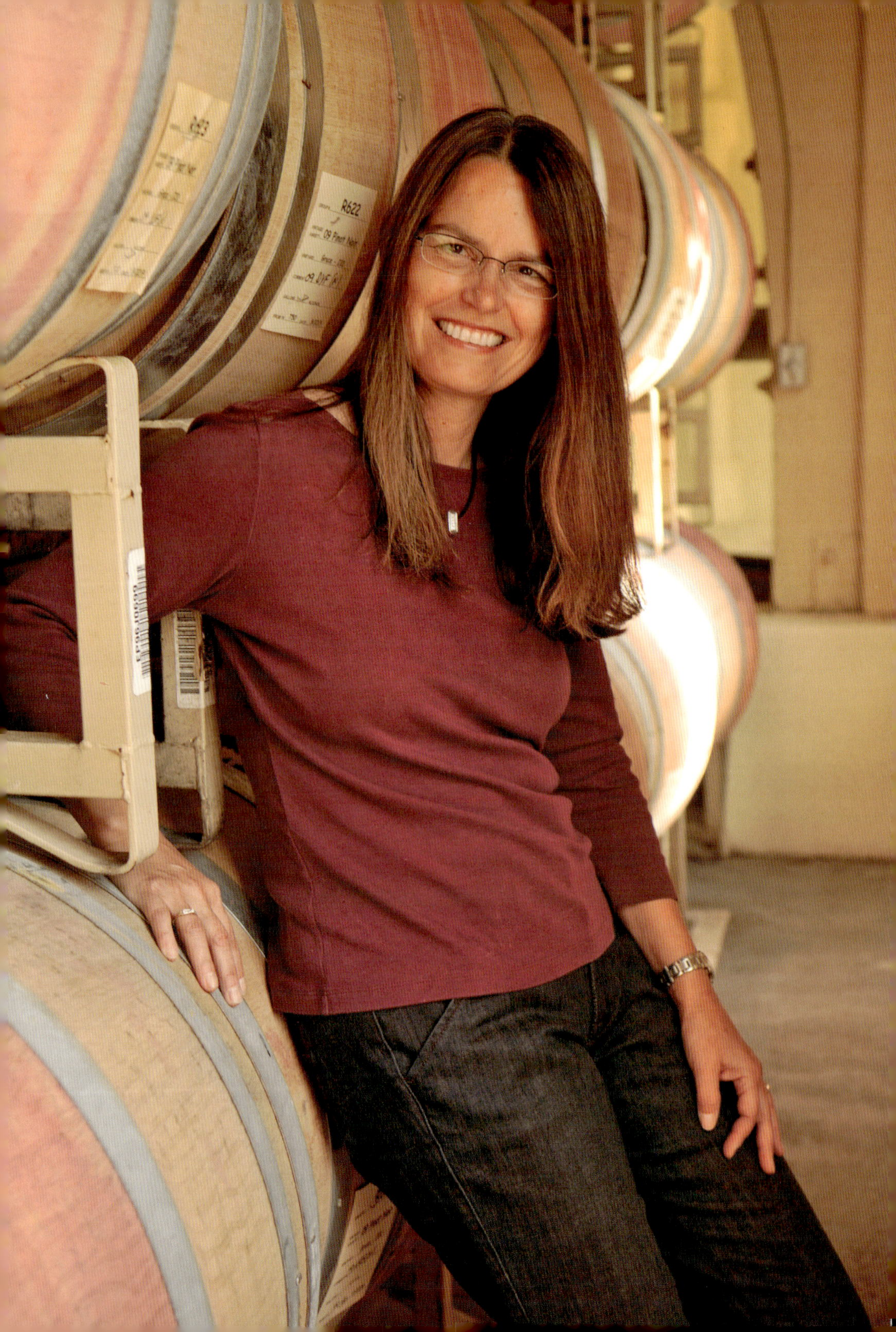
R622

スターヴェランが後を継ぎ、1997年まで務めた。その後、ケンダル・ジャクソンの主任ワインメーカーの1人であったスティーヴ・リーダーが2003年まで務め、彼が去った後、先のワインメーカーのファン・スターヴェランの妻のマーゴが現在までその職についている。

ワイナリーは現在も、葡萄の大半を買い入れなければならない。ワイナリーの周囲に40haほどの葡萄畑があり、禁酒法時代には他の作物が植えられていたが、その後植え替えられた。1989年、セント・ジーンは、ルシアン・リヴァー・ヴァレー内のウィンザーにあるラ・プティ・エトワールという畑を買った。またその他ソノマ郡内にもいくつか畑を所有している。アローウッドは、以前は多くの畑の中から葡萄を選ぶことができたが、現在それらの葡萄畑のいくつかは住宅地に変わっている。またワインの種類が減った後、廃業した畑もある。アローウッドが去った後、ここのワインのスタイルにある変化が起きた。彼のワインはとても劇的で、オーク香が強く、アルコール度数も高かった。しかしそれはあまり長く熟成しないという欠点があった。ファン・スターヴェランとリーダーは、以前のものほど大きな力強さはないが、優雅なスタイルのワインを目指した。現在残っている2つの単一葡萄畑シャルドネは、ロバート・ヤングの畑と、ベル・テールの畑のもので、どちらもアレクサンダー・ヴァレーにある。

現在ワインの序列は、普通の果実主導のソノマ・カウンティのラベルで始まる。その次が、現在も残っている単一葡萄畑ワインと、ヴィオニエ、メルロー、カベルネ・フラン、マルベックのエステート・グロウン・ワインである。そしてその上にある最高級品が、シャルドネ、メルロー、カベルネ・ソーヴィニヨンのリザーヴと、サンク・セパージュという人気の高いボルドー・ブレンドである。赤のリザーヴは、フランス産オークの新樽で2年間熟成される。

スペシャル・セレクト・レイト・ハーヴェスト・リースリングはいまも残っている。ベル・テール葡萄畑では、ボトリティス菌の付着を促進するために、スプリンクラーが使われ、付着した果粒は1個1個手摘みされる。わずかしか付着していない果房は、房ごと摘み取られ、普通のセレクト・レイト・ハーヴェスト・ワインになる。それはスペシャル・セレクトにくらべると、濃密さに劣る。言うまでもなくこれらのワインは、ヴィンテージの状態に左右され、毎年造られるものではない。

マーゴ・ファン・スターヴェランは、今も精力的に新し

左：シャトー・セント・ジーンの現在のワインメーカー、マーゴ・ファン・スターヴェラン。彼女は幅広い商品構成に、さらにローヌ・スタイルのワインも付け加えた。

いワインに挑戦しており、ローヌ品種からも少量のワインを造っている。ソノマ・カウンティのアペラシオン名で出すワインの質は高く、割安感もあるが、シャトー・セント・ジーンは、特別仕様の高価なワインで、テイスティング・ルームを訪れる観光客の度肝を抜く方法も知っている。このワイナリーも、所有権をめぐるゴタゴタの中に巻き込まれざるを得ず、その結果商品構成にある種の凡庸さが生じたことは否めないが、このワイナリーの最高レベルのワインは、どれも秀逸で、酒質かども安定している。

### 極上ワイン

*(2009〜10年にテイスティング)*
**White　白ワイン**
**2007ロバート・ヤング・ヴィンヤード・シャルドネ**　しっかりしたミネラルの香り、トロピカル・フルーツの微香もある。口に含むと、豊かなフルボディで、同じくトロピカル・フルーツのフレーバーが広がる。しかし上質な酸もあり、適度な味わいの持続性をもたらす。2006よりも、畑の特徴が良く表現され、好ましい。
**2007ル・プティ・エトワール・ソーヴィニヨン・ブラン**　豊かなグレープフルーツとライムの香り。大柄で肉感的で、まさにカリフォルニア的なスタイルのソーヴィニヨン。凝縮されていて、重量感があり、酸も上質で、味わいは長い。
**2006スペシャル・セレクト・レイト・ハーヴェスト・リースリング**　豊かで力強いアンズの香り。とても甘く上品（残存糖分256g/ℓ）。シルクの触感もあり優雅。酸も上質で、ピリッとした刺激のある美味しい後味が、例外的なほど長く続く。
**2006ソノマ・カウンティ・リザーヴ・シャルドネ**　オークやトロピカル・フルーツの香り。口中でも、悠々としてクリーミーな重みのあるオークを感じる。とはいえ大衆受けするスタイルで、フィネスの代わりに豊潤さがある。

**Red　赤ワイン**
**2005サンク・セパージュ**　(カベルネ・ソーヴィニヨン75%)上品でエレガントなオークの香り。ミントが際立ち、高揚感と純粋さを感じる。上品でエレガント。強烈なワインではないが、凝縮されていて、精妙で、持続性もあり、きめの細かいタンニンが贅沢な味わいを演出している。
**2004ソノマ・カウンティ・リザーヴ・カベルネ・ソーヴィニヨン★**　濃厚なブラックカラント、ブラックチェリーの香り。芳醇で力強い。上品で触感も良く、タンニンのきめは細かく、酸も上質。緻密な、オークの際立つワインで、洗練されバランスも良く、味わいは長い。オークもアルコールも巧みに統合されている。2003よりも新鮮で、過度な所がない。後者はより大柄で、豊かで、コクが強い。

**Chateau St. Jean**
シャトー・セント・ジーン

栽培面積：100ha　　平均生産量：500万本
8555 Sonoma Highway, Kenwood, CA 95452
Tel: (707) 833-4134　　www.chateaustjean.com

SONOMA

# Seghesio セゲシオ

　ワインづくりを始めたイタリア系移民者の中で、セゲシオ家ほどめざましい成功を収めた一家はそう多くないだろう。エドアルド・セゲシオが故郷のピエモンテを出てソノマにやってきたのは、1880年代のことだった。彼は、ソノマ郡の北にあった大手ワイン会社イタリアン・スイス・コロニーで働き始めた。1895年には畑を買い、そこにジンファンデルを植え（77haのホーム・ランチ）、1902年には、ワイナリーを建てた。ガロなどの大手ワイナリーにワインを樽売りする仕事は順調にいっていた。禁酒法が施行される直前、エドアルドは大胆な行動に出た。イタリアン・スイス・コロニーと、その445haの畑を丸ごと買収したのである。思いつきは良かったが、タイミングが悪かった。禁酒法撤廃の時期には、彼の借金は膨大なものに膨れ上がっていて、共同経営者を募ったが成功せず、彼は持ち分すべてを売り払わざるを得なかった。1970年代、セゲシオ家は再び大きな困難に見舞われた。ガロが葡萄の仕入れ先を変え、また自社所有の葡萄畑を広げ始めたのである。さらに追い打ちをかけるように、一家が力を入れていたシュナン・ブラン、フレンチ・コロンバール、カリニャンの需要が激減したのである。1979年、一家はついに、樽売り用ワインの生産を打ち切り、上質ワインの生産へと方向変換することを決意した。サクラメントのワイン商のダレル・コルティが、連続して3ヴィンテージを購入すると申し出てくれた。こうしてセゲシオ家は再浮上するきっかけを掴んだ。1983年には、セゲシオ家は自身のラベルでワインを売り出すことができるようになった。

　その後生産量は着実に増え、1990年代初めには年間13万ケースに達した。しかし一家はだんだん、ワインの質に満足できなくなってきた。現在のワインメーカーであるテッド・セゲシオは、彼の父が質素な生活をしながら、ドリップ式灌漑設備や果房の摘除、上質の発酵槽など、葡萄畑とワイナリーの改良には投資を惜しまなかったことを思い出し、酒質の上昇に向けてギアを入れ替えることを家族に提案した。こうして生産量は大胆にも4万ケースにまで一気に減らされた。テッドの賢明な判断と、ワイン生産にかかわっていた家族全員の同意の下、セゲシオ家はちょうどよい時期に、さらに前進する地歩を固めることができた。フィリップ・フリーズやアルベルト・アントニーニなどのコンサルタントの助言もあって、葡萄の質は急上昇した。テッドは

上：一家のワインを高級品市場に引き上げ、すでに感動的なその酒質をさらに向上させようと努力を惜しまないテッド・セゲシオ。

葡萄畑とワインの両方に、力強い生命の息吹を感じたいと望んだ。そして1990年代後半、彼はそれを手に入れた。

　セゲシオ家はアレクサンダー、ドライ・クリーク、ルシアン・リヴァー・ヴァレーに広大な葡萄畑を所有し、それ以

210

すでに高い評価を得ているにもかかわらず、テッド・セゲシオは自問自答を繰り返し、休むことなくさらなる酒質の改善に取り組んでいる。

セゲシオ家は慎ましやかな家族で、そのワインの名声は、派手な宣伝によるものではなく、あくまでも彼らが生み出すワインの酒質によるものである。

外にも40haほどの葡萄栽培農家と契約し、そこでの葡萄栽培にも積極的にかかわっている。セゲシオはジンファンデルで有名だが、その他にも、1910年に植えたカリフォルニアで最も古いサンジョヴェーゼの畑もいくつか持っている。キアンティ・スタチオンは、1910年に植えられた0.8haの古い畑からの混植ブレンドであるが、それは大部分をサンジョヴェーゼが占め、その他カナイオーロ、マルヴァジア、トレヴィアーノが含まれている。それらの古樹から作った苗木を1980年代に植えた畑から、セゲシオはノンノズ・クローンという名前のサンジョヴェーゼを造っている。ヴェノムという名前の3つ目のサンジョヴェーゼは、1910年の古樹のマサルセレクションによる苗木を植えた畑から生まれ

るワインで、豆粒大の果粒だけを選別して造られる。

バルベーラは、メンドシーノ、レイク・カウンティ、ガイザーヴィルの畑からのものである。またセゲシオは、ルシアン・リヴァー・ヴァレーに最初にピノ・グリージョを植えた生産者の1人でもある。アルネイスは新たに2005年に植えた品種で、それが成熟すれば、フィアーノというラベルのワインも登場する。もう1つの新しいイタリア系品種が、アリアニコで、2002年に初めてワインになった。またテッド・セゲシオは、1995年からオマジオという名前のワインを造っているが、それはバルベーラ、サンジョヴェーゼ、メルロー、カベルネ・ソーヴィニヨンのブレンドを新オーク樽で熟成させたものである。

基本となるジンファンデルは、ソノマ・カウンティのアペラシオン名で売り出される。買い入れた果実を使い、果実味を最大限引き出しながらタンニンを最小限度に抑えるために、回転発酵槽で発酵させる。主にアメリカ産の樽を使って熟成させ、毎年5万ケース生産している（ワイナリー全体の生産量の半分を占める）。酒質の向上を顕著に示しているのが、平均樹齢80歳の古樹から造られるオールド・ヴァイン・ジンファンデルである。このワインに関しては、フランス産オーク樽が支配している。その他4種類の単一葡萄畑ジンファンデルがあり、それらは新樽比率3分の1の、大部分、時にはすべて、フランス産オーク樽で熟成される。

ホーム・ランチ　アレクサンダー・ヴァレーの暖かい地区にあり、1895年に植えられた古樹が息づいている。その微気象はワインに、低い酸、しなやかなタンニンをもたらす。

サン・ロレンツォ　ヒールズバーグの北にあり、1890年代に葡萄樹が植えられた。13haの広さで、1956年に一家の所有となった。混植畑で、ジンファンデル以外に、プティ・シラー、アリカンテ、カリニャンが12%を占めている。

コルティーナ　ルシアン・リヴァー・ヴァレーにある22.5haの畑で、1960年に植樹された。他の場所よりも酸が強くなる傾向があり、ワインに赤果実の風味をもたらす。1998年に最初のワインが造られた。

ロックパイル　わりと新しいAVAであるロックパイルにあり、1990年代後半に植樹された。そのため葡萄樹はまだ若い。このワイナリーの所有ではない。

すでにジンファンデルで高い評価を得ているにもかかわらず、テッド・セゲシオは自問自答を繰り返し、休むことなくさらなる酒質の改善に取り組んでいる。2008年には選果テーブルが導入されたが、主な改良は葡萄畑で行われている。セゲシオ家は慎ましやかな家族で、そのワインの名声は、派手な宣伝によるものではなく、あくまでも彼らが生み出すワインの酒質によるものである。

## 極上ワイン

*(2009〜10年にテイスティング)*
**Zinfandel　ジンファンデル**
**2007オールド・ヴァイン[V]**　控え目な香りだが、ミントが香り、新鮮な息吹が感じられる。芳醇で良く凝縮されており、タンニンは統合され、甘いチェリーが口中に広がる。調和が取れバランスが良い。スパイシーで精妙な後味。ジンファンデルの真髄。
**2007ホーム・ランチ**　濃厚なプラムの香り、ミントのアロマもある。柔らかく豊かでフルボディ。ブラックチェリーとプラムのフレーバーが広がる。凝縮感があり、酸も上質だが、アルコールがやや高め。味わいはとても長い。
**2007コルティーナ★**　重厚なプラムの香り。ミントや甘草も感じられる。非常に良く凝縮され、タンニンも堅牢。しかしみずみずしさもあり、チョコレートも感じられ奥行きが深い。厳しいという感じはなく、まだ若々しい。味わいの長さは秀逸。
**2007ロックパイル**　深奥なプラム、チョコレートの香り。鮮明で主張があり、とても良く凝縮されている。フレーバーの奥行きは感じられないが、生き生きとしており、とても美味しい。味わいの長さは申し分ない。
**2006オールドヴァイン**　くらくらするようなブラックベリー、ブルーベリーの香り。ミントも感じられ濃密。口に含むと、鮮明で躍動感があり、ピリッとした刺激も加わり、生き生きとしている。タンニンの骨格もしっかりしており、酸が心地良い流線型の後味をもたらす。
**2006コルティーナ**　控え目だが、胡椒の香りを感じる。ブルーベリーも感じられる。ミディアムボディだが、肉感的で、タンニンも力強く、凝縮されている。アルコール度数は高いが、後味に焼けた感じはない。

## Other wines　その他のワイン

**2008アルネイス**　しっかりしたミネラル、リンゴの香り。良く熟れて柔らかく、その基底に上質の酸があり、触感はきめ細かい。味わいは、ほど良い長さ。
**2007バルベーラ**　贅沢で生き生きとした赤果実の香り。ピリッとした刺激もある。凝縮されており、同じくピリッとした刺激が口中に広がり、酸は上質で、熟れた果実味も魅力的。長い味わい。

**Seghesio Family Vineyards**
**セゲシオ・ファミリー・ヴィンヤーズ**
栽培面積：160ha　平均生産量：120万本
14730 Grove Street, Healdsburg, CA 95448
Tel: (707) 433-3579　　www.seghesio.com

SONOMA

# Williams Selyem ウィリアムズ・セリエム

1980年代には、ピノ・ノワールはまだルシアン・リヴァー・ヴァレーの隙間商品のような存在にすぎなかったが、デイヴィス・バイナムやロキオリなどの生産者は、そのワインで高い評価を得、またアレンズやロキオリなどが所有するピノの葡萄畑は、徐々に有名になりつつあった。それらの畑から造られる単一葡萄畑ピノ・ノワールも、一部に熱烈な支持者を持っていた。しかしルシアン・リヴァー・ヴァレーのピノ・ノワールの名を一躍有名にしたワイナリーはどこかといえば、それはやはりウィリアムズ・セリエムだろう。

そのワイナリーは、1981年に、植字工であったバート・ウィリアムズと、ワイン商で会計士であったエド・セリエムによって設立された。2人はそれ以前から、趣味でワインを造っていた。ワイナリーは最初、アシエンダ・デル・リオというロマンチックな名前だったが、同じ名前のワイナリーに訴訟を起こされ、1984年に、今度は単純に2人の名字を合わせて現在の名前にした。1980年代を通して2人は、リヴァー・ロード沿いの、車庫を改造した間に合わせのワイナリーでワインを造っていたが、1989年に、アレン・ヴィンヤードのオーナーであるハワード・アレンが、自分の土地に彼らのワイナリーを建ててやった。

ウィリアムズ・セリエムは葡萄畑を1つも持っていなかったが、郡内のいくつかの最も恵まれた葡萄畑から葡萄を仕入れることができた。オリヴェット・レーン、ロキオリのリヴァー・ブロック、アレン、そして沿岸山岳地帯の尾根にあるヒルシュやサンマなどの畑である。2人がカリフォルニアで最初の100ドル台のピノ・ノワール・ワインをリリースすると（1991年サンマ）、眉をひそめる人も多かったが、顧客名簿に名を連ねたいと望む人の列は絶えず、また、製造されるすべてのワインを買い占めたいというレストランまで現れた。ウィリアムズは、上質のピノ・ノワールに期待されるあらゆる種類の芳香、シルクのような触感、フィネスのすべてを引き出すことができる魔法の杖を持っているようだった。

しかし1990年代後半になると、2人は疲れてきた。セリエムは腰痛に悩み、もう終わりにしたいと思った。1998年、彼らはワイナリーの権利を葡萄栽培家のジョン・ダイソンに売却した。しかしウィリアムズだけは、その後2年間ワインメーカーとして留まることに合意した。ジョン・ダイソンは葡萄栽培の分野では良く知られた人で、リチャード・スマート博士と共同でスマート・ダイソン仕立て法を考案したことでも知られている。彼はまた、ニューヨーク州とトスカーナにも葡萄畑を持っていた。1999年末にウィリアムズが退職すると、その後を、ハートフォードでワインメーカーをしていたボブ・カブラルが継いだ。彼は当初から、葡萄の仕入れ先とワインのスタイルは変えないようにと告げられていた。しかし時の経過とともに、変化は避けられなかった。

ダイソンは1999年に、ガーンヴィルの近くに16haの土地を買い、主にピノ・ノワールと少量のシャルドネを植えた。その畑は、ドレーク・ヴィンヤードと名付けられた。彼はまた、ルシアン・リヴァー・ヴァレーのウェスト・サイドにも土地を買い、そこにリットン・エステートを開設した。そこからのピノ・ノワールは、2005年からワインになっている。その間もダイソンは、アレンズとの賃貸契約でワイナリーを使用していたため、新しいワイナリーの建設に踏み切った。それは2011年中に完成し操業を始めることになっている。

ウィリアムズ・セリエムは、ピノ・ノワールほど有名ではないが、多くの単一葡萄畑シャルドネも造っている。また、ジンファンデルにも力を入れており、2008年には4種類造られていた。単一葡萄畑ワインとして出せないと判断されたワインは、ルシアン・リヴァー・ラベルのブレンド・ワインとなる。また少し風変わりなワインもいくつか造っている。わりと締りのないマスカット・カネッリ、セントラル・コーストのサン・ベニートのボトリティス菌の付着した葡萄から造る、甘く濃密なゲヴュルツトラミネールなどである。しかしそれらの冒険的試みが、ワイナリーの個性をあいまいにしていると言えなくもない。

カブラルは、ダイソンの支持を受けながら、酒質の維持に努めており、あるヴィンテージでは、基準に満たないとして2000ケース分に相当するワインを樽売りした。ワインづくりは、基本的にウィリアムズが確立した方法を踏襲している。選果された果実は1晩低温倉庫で寝かされ、ミルク・タンクを改造した槽の中で発酵させられる。その槽は浅いため、人の足で果粒を踏みつけることができ、人力による櫂入れもできる（2006年からは機械による櫂入れに変わった）。カブラルは発酵中の果醪の酸化を防ぐために、それを窒素で覆うが、それはウィリアムズがやらなかった方法である。またウィリアムズは高い新樽比率を好んだが、カブラルは40〜70％の間にとどめている。ラッキングは1回だけ行い、ポ

213

ンプ・オーヴァーも清澄化も濾過も行わない。カブラルはすべてのワインをこの同じ方法で造り、テロワールの違いが鮮明に表現されるようにしている。ワインのアルコール度数は、以前に比べ低くなった。以前のシャルドネは、アルコール度数16度前後でリリースされたこともあり、それは飲めないと言っても過言ではないくらいのものだった。

　ここでは依然としてピノ・ノワールが主力で、カブラルは多くの種類を造っている。なかでも、アンダーソン・ヴァレーのフェリントン・ヴィンヤードの葡萄を使ったものや、近隣の葡萄畑のブレンドであるウェストサイド・ロード・ネイバーズなどが有名で、それらは優秀な畑からの高品質ワインであるにもかかわらず、かなりの量が造られている。ヒルシュ、ペイ、アレンなどの特級レベルの葡萄畑からの単一葡萄畑ワインも少量造り続けている。ウィリアムズ・セリエムは、もはやソノマ・ピノ・ノワールの分野で独走態勢にある生産者とは言えなくなったが——創設時にくらべ、競争は断然激しくなった——、酒質はいまも変わらず高く安定している。

### 極上ワイン

*(2007〜09年にテイスティング)*
**Pinot Noir　ピノ・ノワール**
**2007ルシアン・リヴァー・ヴァレー**　落ち着いたチェリーの香り。すでにハーブの香りもする。しなやかでみずみずしく、凝縮された口あたりで、果実味が豊穣で、骨格は緻密。現在はまだ精妙といえるほどには熟成していないが、あと1〜2年で複雑な味わいになるだろう。味わいの長さは申し分ない。
**2007ウェストサイド・ロード・ネイバーズ**　チェリー、コーラの力強い香り。口あたりの良い凝縮された味わいで、スパイシーさもあり、後味は繊細で、魅惑的。
**1996ロキオリ・リヴァーブロック★**　中庸の赤色で、やや衰えを感じる。豊かで、重層的で、精妙な香り。キイチゴ、バニラが感じられ、熟成しているが依然として濃密。口に含むと、ベルベットの触感で凝縮されており、酸は上質で、継ぎ目なく、飽きることがない。依然として新鮮な風味で、ルシアン・リヴァー・ピノ・ノワールの真価を見せつけるワイン。

右：高い水準を維持し続け、テロワールの特徴をより鮮明に表現するためにさまざまなワインを同じ方法で造るワインメーカーのボブ・カブラル。

**Williams Selyem Winery**
ウィリアムズ・セリエム
栽培面積：28ha　平均生産量：18万本
6575 Westside Road, Healdsburg, CA 95448
Tel: (707) 433-6425　　www.williamsselyem.com

1980年代には、ピノ・ノワールはまだルシアン・リヴァー・ヴァレーの隙間商品のような存在にすぎなかった。しかしルシアン・リヴァー・ヴァレーのピノ・ノワールの名を一躍有名にしたワイナリーはどこかと言えば、それはやはりウィリアムズ・セリエムだろう。

SONOMA

# Arrowood　アローウッド

**1945**年生まれのリチャード・アローウッドは、カリフォルニア州立大学フレズノ校の醸造学部を卒業すると、スパークリング・ワインのコルベールで、ワインメーカーとしての道を歩み始めた。1974年に、ソノマ・ヴァレーのシャトー・セント・ジーンにワインメーカーとして招かれると、そこで数多くの伝説的なワインを生み出した。彼はソノマで最初に、一流の葡萄畑のシャルドネやソーヴィニヨン・ブランからの単一葡萄畑白ワインに焦点を当てたワインメーカーの1人である。彼の造るワインのラベルには、葡萄畑とワインづくりに関する詳細な説明が記されており、消費者も、彼が同一品種から数多くのワインを造りだしていることを納得した。彼はまた、リースリングやゲヴュルツトラミネールから、ベーレンアウスレーゼやトロッケンベーレンアウスレーゼ（TBA）・タイプの傑出した遅摘みワインも造りだした。そのTBAスタイルのリースリングは、その種類のものとしては、カリフォルニアで最初のものだった。それはソノマでどんな品種が栽培できるかという限界を探る試みの1つであったが、アローウッドは、早くも1970年代からソノマの名前をワインの世界に広めてきた功労者の1人であると言える。

> アローウッドは彼自身の葡萄畑を
> ほとんど持っていないが、郡内の最上の
> 葡萄畑の葡萄を自由に使うことができるという
> 特権を与えられているようだ。
> 彼は特に、標高の高い場所にある畑を好む。

1986年にアローウッドは自分のラベル名でワインを造り始めたが、妻のアリスの手を借りなければならなかった。というのも、彼はまだ、シャトー・セント・ジーンに在籍していたからである。しかし1990年に彼はそのワイナリーを去り、彼自身のラベルに専念することができるようになった。戦略は変更された。彼はそれまで通り秀逸なシャルドネを造り続けたが、同時にかなりの量の赤ワインも造り始めた。それはシャトー・セント・ジーン時代にはほとんど行われなかったことである。また白ワインの種類も増やされ、ピノ・ブランやヴィオニエも造られるようになった。

アローウッドは彼自身の葡萄畑をほとんど持っていないが、郡内の一流の葡萄畑の葡萄を自由に使うことができるという特権を与えられているようだ。彼は特に、標高の高い場所にある畑を好む。シャトー・セント・ジーン時代と同様に、彼は今も、大きく、剛胆なスタイルのワイン（全部ではないにしろ）を造っている。白ワインの場合、彼は、オークをしっかり利かせた樽発酵を好む。しかしヴィオニエに関しては、特別にステンレス・タンクを使う。リザーヴは概ね樽選別され、通常はさらに追加的にオーク樽で熟成させるが、骨格のしっかりしたワインを造る場合は、30ヵ月もの長さになることもある。

アローウッドは1992年に、カリフォルニアで最初のマルベックの単一品種ワインを造ったが、それは1986年に彼が自分の畑に植えた葡萄樹からのものであった。そのワインは、ふくよかだがピリッとした刺激もあり、独特の個性を持っていた。現在彼は、カベルネ・ソーヴィニヨンとピノ・ノワールに力を入れており、またずっと前からシラーにも情熱を注いでいる。1994年に初めて造られたそのシラーは、少量のヴィオニエを含む多品種を同じ槽で発酵させたものだった。また今でも時々、リースリングとヴィオニエの遅摘みワインも造っている。芳醇なスペシャル・セレクト・レイト・ハーヴェスト・リースリングは、アレクサンダー・ヴァレーの果実を使い、2000、2001、2004、2005のヴィンテージに造られた。

アローウッドの高い酒質とその安定性が、モンダヴィの興味を引きつけたのは間違いない。2000年にモンダヴィは買収攻勢をかけ、そのブランドを取得するために4500万ドル費やした。リチャード・アローウッドは、そのままワインメーカーの職につくことになった。しかし2005年、モンダヴィはそのブランドをレガシー・エステートという会社に売った。ところがそのすぐ後、レガシーは破産宣告を受け、アローウッドはふたたび所有者を変えなければならなくなり、今度はジェス・ジャクソンとジャクソン・ファミリー・ワインズのものとなった。ジャクソンは今のところ、アローウッドに、彼が最善と思うことをさせることで満足しているようである。

おそらく所有権をめぐるゴタゴタに嫌気がさしたのであろう。アローウッドはこれとは別に、再び彼自身のラベル、アマポーラ・クリークを立ち上げた。こちらの事業のために、彼はマヤカマス山脈のソノマ側にある有名なモンテ・ロッソ葡萄畑から100歳を超えるジンファンデルの果実を買い入れ、またその隣の、主にカベルネ・ソーヴィニヨンが植えられている葡萄畑も買った。最終的にローヌ品種も加えられることになるであろう。彼が最初にその品種を造ったのは2005年──全部で3000ケース──で、それは傑出したワインであったが、価格も傑出していた。

上：会社の経営権が移り変わるなかで、革新を続けるリチャード・アローウッド。彼は再び、彼自身のブランドを立ち上げた。

## 極上ワイン

*(2009〜10年にテイスティング)*

**Cabernet Sauvignon**
**カベルネ・ソーヴィニヨン**

**2005 ソノマ・カウンティ** 甘く濃密なブラックカラントの香り。豪華で力強く凝縮された味わい。しかし触感は滑らかで、ブラックチェリー、ブラックカラントの果実味が口中に広がる。重量感はあるが、2004と同じくやや躍動感に欠ける。後者も同じスタイル。

**2005 モンテ・ロッソ** 力強い、オーク、ブラックカラントの香り。2004よりも純粋さを感じる。まろやかでタンニンもしっかりしており、凝縮されている。わりと厳し目のスタイルで、後味に温もりを感じる。それにもかかわらず、力強さと荘厳さが感じられ、前のヴィンテージの頑健な元気の良さは影を潜めている。

**2004 レゼルヴ・スペシアーレ★** 贅沢でスパイシーな、フルーツケーキの香り。オークとミントをたっぷり感じる。モンテ・ロッソよりもより豊穣な感じを受ける。フルボディで濃厚で深遠。確かにモンテ・ロッソの山岳地の果実ほど厳しさはない。スパイシーで精妙。このワインは良く熟成するに違いなく、3種類のカベルネの中では味わいは最も長く持続する。

**Arrowood**
**アローウッド**

栽培面積：3.5ha　平均生産量：25万本
14347 Sonoma Highway, Glen Ellen, CA 94542
Tel: (707) 938-5170
www.arrowoodvineyards.com

SONOMA

# Dehlinger デリンジャー

トム・デリンジャーは、すでにルシアン・リヴァー・ヴァレーの伝説的な存在になっている。しかし彼は彼自身のままであり続けている。私は20年も前から、ワイナリーを訪問したいと彼に申し込んでいたが、その都度丁重に断られてきた。しかし、あるピノ・ノワールに関する講習会で彼に会う機会があり、すかさず是非訪問させてくれと頼むと、彼は快諾してくれた。ただし、週末であったが。彼は、自分はもう何年もの間ひとりですべての作業——葡萄栽培からワインづくりまで——をやってこなければならず、訪問客を受け入れる余裕も時間もなかったと説明した。彼が昔風の恥ずかしがり屋なのも、きっとそのためなのであろう。話してみると、トム・デリンジャーは、非常に緻密な頭脳を持ち、礼儀正しく、しっかりした信念を持っているが、決して押しつけがましくない、といった印象であった。彼は明らかに、雑誌記者やその他の無遠慮な訪問客と一緒にいるよりも、葡萄畑やワイナリーにいる方が幸せなのに違いない。

太平洋岸から21kmほど内陸に入ったセバストポルの近くのその畑は、トムの父親の、UCバークレー校の放射線科の医師であったクラウス・デリンジャー博士が1973年に購入したものである。そこには葡萄樹はなく、当時のソノマ・ヴァレーの多くの土地がそうであったように、リンゴが植えられていた。UCデーヴィス校を卒業した後、トム・デリンジャーはそこに葡萄樹を植え、1975年に最初のヴィンテージを出した。といっても、葡萄は大半、アレクサンダー・ヴァレーなどの葡萄畑から購入したカベルネ・ソーヴィニヨンであったが。彼自身の畑の葡萄がワインにされるようになったのは、1978年からであった。そしてその5年後、トム・デリンジャーは葡萄を購入しなくてよくなった。

最初に植えられたのは、カベルネ・ソーヴィニヨン、シャルドネ、ピノ・ノワールであった。その後メルローとカベルネ・フランが追加されたが、すぐに引き抜かれた。というのも、その畑にはそれらの品種は適さないと思えたからである。ルシアン・リヴァー・ヴァレーのこの辺りは、冷涼で、ボルドー品種にとっては必ずしも理想的な場所ではないということを思い出す必要がある。しかしデリンジャーは、この土地から上質のカベルネ・ソーヴィニヨンとピノ・ノワールが生まれることを証明した。

葡萄樹はAxR-1台木に接木されているため、フィロキセラに襲われる心配がある。そのためデリンジャーは、そのシラミの攻撃を防ぐことのできる点滴灌漑装置を設置している。しかし今のところ、大部分の葡萄畑は無灌漑農法で栽培されている。さまざまな仕立て法が用いられていて、その中には、樹冠を分割し、台木の樹勢を抑えるリラ仕立て法も含まれている。肥料は一切使われていないが、葡萄畑は全面的に有機農法で栽培されているというわけではない。デリンジャーは、「うちの栽培法は単純だ。フレーバーを引き出すための栽培、その一言に尽きる」と言う。彼はまた、葡萄畑内の品種による差異を表現することに幸せを感じている。カベルネにとって良いヴィンテージもあれば、ピノ・ノワールにとって良いヴィンテージもある、と。そしてその2つの品種は、成熟時期が違うので、発酵槽を奪い合うこともない。

1990年代、デリンジャーは5種類のピノ・ノワールを造っていたが、ここ数年は2種類に減らしている。最上級ワインのエステートと普通のゴールドリッジである。以前は、主に経済的な理由から、ピノ・ノワールの熟成に容積約500ℓの樽を使っていたが、現在は普通のフランス産オーク樽を使っている。熟成は約20ヵ月で、ラッキングは瓶詰め前に1回だけ行う。その500ℓの樽は、1989年に植えたシラーから造られるワインの熟成のために使われている。

またシャルドネを大樽で発酵させることも、時々温度が上がりすぎることがあるため、取りやめた。発酵は全房発酵で行い、以前よりも多く土着酵母を使うようにし、60%以上のワインをマロラクティック発酵させる。熟成時の新樽比率は約40%だが、ワインの天然の酸が上質で、オークが表面に出てくることはほとんどない。

デリンジャーのワインを始めて味わう人の多くが、ここのカベルネ・ソーヴィニヨンが、これらのピノ・ノワールやシャルドネと同じくらいに上質であることに驚く。デリンジャーは、彼の畑のある一区画だけが、この品種に向いていると言う。そして標高の低い場所にある区画は、ワインに不快なハーブ香をもたらすことがあると言う。ほぼ毎年定期的に訪れる小春日和が、この谷のカベルネを秀逸なものにしている。しかしあまりに暑くなりすぎるときは、果房を冷やし、レーズン化を阻止するために、スプリンクラーで樹冠の上から水を散布する。

トム・デリンジャーの真骨頂は、その几帳面さにある。

上：セバストポル近郊の美しいファミリー・ヴィンヤード。トム・デリンジャーと2人の娘は、ここで「フレーバーのための栽培を」行っている。

彼は何を植え、どのように育てるかを綿密に計画することができるように、詳細な畑の地図を作っている。彼のワインには、ドイツ人並みの緻密さがうかがえ、自然以外の何ものも関与できないように厳重に管理されていると感じる。2008年から2人の娘が一家の事業に参加するようになり、それによって、彼自身も認めているが、彼は今までの隠遁者的な生活から少しは抜け出すことができるだろう。

## 極上ワイン

*(2009年にテイスティング)*
### 2006
　デリンジャーで最も有名なワインが、エステート・ピノ・ノワールである。豊かな、うっとりするような香りで、熟れたチェリー、キイチゴの香りがするが、決して過度ではない。ミディアムボディだが、凝縮され、軽いタンニンのグリップ力もある。肉感的で、アルコール度数14.9度を高く感じさせない芳醇さがあり、後味は抑制され、優美で、緻密で、長い。シラーは、良く熟れていて、太陽の恵みをいっぱいに浴びたプラムのアロマがあり、グラスの縁から溢れ出る。しかし肉の旨みのような香りはない。ミディアムボディだが、軽いチョコレートの微香があり、きめの細かいバランスの良い酸が、長く新鮮な後味をもたらす。カベルネ・ソーヴィニヨンは秀逸なアロマの純粋さがあり、ブラックカラントの香りが高揚感をもたらす。強烈なワインではなく、優雅で明るく輝き、それでいてタンニンと骨格も十分。エレガントな味わいは持続し、青臭さのかけらもない。エステート・シャルドネは、とても魅力的な、リンゴの芳香があり、口あたりは新鮮で、凝縮され、緻密。酸は上質で、ピリッとしたミネラルの核を感じる。果実味主導のワインではなく、辛口で、主張のある、飛び抜けて味わいの長いワインである。

**Dehlinger**
デリンジャー
栽培面積：18ha　平均生産量：8万本
4101 Vine Hill Road, Sebastopol, CA 95472
Tel: (707) 823-2378　www.dehlingerwinery.com

SONOMA

# Kosta Browne　コスタ・ブラウン

　**ダ**ン・コスタとマイケル・ブラウンが意気投合したのは、2人がサンタローザの高級レストランでソムリエをしていた1992年のことであった。ワインを造りたいという思いは強かったが、ご多分にもれず、2人には資金がまったくなかった。しかし彼らはお金を貯め、1997年に葡萄を少しばかり仕入れ、1樽のワインを造った。そのほとんどが、2人が働いていたレストランで売れた。

　1年後、2人は投資家を見つけ、より大規模にワインを造り始めたが、その中には4000ケース造ったレイク・カウンティ・ソーヴィニヨン・ブランがあった。それは大評判とは言わないまでも、彼らにある程度の現金収入をもたらし、2人は投資家の持ち分を買い取ることができた。彼らは以前からピノ・ノワールに注目していたが、2000年に初めて造ってみた。その結果2人は、ピノ・ノワール専門で、それも主としてルシアン・リヴァー・ヴァレーの葡萄を使ってやっていくことに決めた。彼らはさらに資金を貯め、リンゴ用の倉庫であったところを借り、それをワイナリーに改造した。

**そのワインの信奉者は、贅沢な果実味、強烈な
フレーバー、すぐにでも飲める酒質を称賛する。
それはスタイル的に言えば、
ブルゴーニュから得られるものをすべて
体現していると言えなくもないが、やはりそれは
ソノマ的なワインであり、ヴォルネイ的ではない。**

　コスタ・ブラウンは、これまで一度も葡萄畑を所有したことがないが、葡萄を仕入れる栽培農家とは緊密な協力関係を築いている。ダン・コスタが資金面と宣伝活動を担当し、マイケルがワインメーカーをしている。マイケルの造るワインのほとんどが、単一葡萄畑ワインである。ルシアン・リヴァーとソノマ・コーストだけがブレンド・ワインであるが、どちらも一流の畑の葡萄を使っていると2人は言う。ソノマ・コーストは広大なAVAであるが、マイケルは通常、冷涼なペタルマ・ギャップとアナポリスからの葡萄を使っている。

　マイケルはワインづくりに関して柔軟な考えで臨み、発酵槽に入れる全房の割合は、ヴィンテージごとに調整している。また土着酵母の割合も同様である。葡萄は手摘みされ、低温浸漬された後、櫂入れを受けながらかなり低温で発酵させられる。ワインは新樽比率45%のフランス産オーク樽で、約16ヵ月熟成されるが、その樽の仕入れ先の業者の数は、14軒にも上る。ラッキングは行わない。

　彼らのワインのスタイルには賛否両論ある。コスタとブラウンは、どちらも濃密なフレーバーのあるワインを好み、果実が超熟になったときに、すなわちブリックス糖度計で、25〜27度の間で収穫することを認めている。概してアメリカのワイン雑誌は、彼らのピノ・ノワールに酔っているが、ヨーロッパ的な見方をするワイン・ライターはその長熟の風味と、高いアルコール度数に批判的である。マイケル・ブラウンは、自分としては2007年のような、糖度とpH、それゆえアルコール度数が低いヴィンテージが好きだと言うが、それにもかかわらず、そのワインは大きく、その2007年でさえ、アルコール度数は15%前後であった。とはいえ、アメリカの緩やかなラベル表示規制の下では、実際はもう少し高いかもしれない。

　そのワインの信奉者は、贅沢な果実味、強烈なフレーバー、すぐにでも飲める酒質を称賛する。それはスタイル的に言えば、ブルゴーニュから得られるものをすべて体現していると言えなくもないが、やはりそれはソノマ的なワインであり、ヴォルネイ的ではない。とはいえそのワインは、これまでも、そして現在も、2人が飲みたいと思うワインであり、スタイルは一貫している。そのワインはアメリカのワイン愛飲者の絶大な支持を獲得しており、深遠さやフィネスよりも果実味の方を重視する人なら、そのワインに大きな愉悦を感じるだろう。カリフォルニアでは、最も重量感があり、最も熟れた感じのするワインが、最も高く評価される傾向がある。しかし私は個人的には、それほど力強くなく、逆に全体的なバランスの良いブレンドの方が好みだ。

　2009年にコスタ・ブラウンは、ある投資会社に4000万ドルで買収された。設立者が葡萄畑もワイナリーも持っていないことを考えると、それはまさに破格の金額である。新しい所有者は、そのブランドと株を買ったのである。現在、ダン・コスタとマイケル・ブラウンは以前のままの仕事を続けており、当面はワインの質とスタイルが変わることはないだろう。

上：流行の最先端を行くピノ・ノワールで、相方のダン・コスタとともに異常ともいえる高額なブランド収入を得たマイケル・ブラウン。

## 極上ワイン

(2009年にテイスティング)
**2007 Pinot Noir　2007 ピノ・ノワール**
**ルシアン・リヴァー**　ほっそりとしたキイチゴの香りで、とても優美。ミディアムボディだがすごく緻密で、酸は元気が良く、後味は新鮮で生き生きしている。深遠な味わいではないが、バランスが絶妙。
**ソノマ・コースト★**　細身で緻密な赤実の香り。鮮烈で、生命力に溢れている。最初新鮮な口あたりで、バランスが良く、凝縮感とグリップ力も申し分ない。上質な酸がエレガントさと味わいの長さをもたらしている。個人的には、いくつかの単一葡萄畑ワインよりもこちらの方が好きだ。
**キーファー・ランチ**　グリーン・ヴァレーの畑。豊かなチェリー、クランベリーの香り。芳醇で凝縮され、スパイシーなオークが感じられる。現在はまだ1次元的だが、若いせいだろう。
**アンバー・リッジ**　ウィンザーの近くの畑。燻製の香り。チェリーやタバコも感じる。フルボディで凝縮されていて、タンニンも堅牢。しっかりと熟れて、重量感もある。しかも長い後味に、ピリッとした新鮮味も感じる。
**コプレン**　ルシアン・リヴァー内のオリヴェット・レーンの畑。プラムやチェリーの控えめな香り。ピノにしてはとてもエキゾチックで、タンニンもかなり強く、スパイシー。今のところは痩せてゴツゴツしているが、グリップ力があり、凝縮されている。明らかにまだ若すぎる。
**カンズラー**　ペタルマ・ギャップの畑。豊かなチェリーの香り。しかしうっとりするような微香もある。また花の香りもある。芳醇で凝縮されており、大きくおおらか。超熟で抽出もしっかりされている。後味は長いが、やや ポートワインの風味もある。
**ローゼラズ**　モントレーのサンタ・ルチア・ハイランズの畑。プラムやフルーツケーキのくらくらするような甘い香り。おおらかで自信に満ちているが、ピノらしさがあまり感じられない。筋肉質で、重量感もあり、後味にかすかな苦みを感じる。重さがせっかくの味わいを損ねている感じがする。
**ゲイリーズ**　サンタ・ルチア・ハイランズの畑。ほっそりしているが濃密な香り。キイチゴとミントを感じる。濃厚でタンニンもしっかりしており、ピノにしては頑強で量塊感がある。良く抽出されており、温かいタールのような印象。

### Kosta Browne
### コスタ・ブラウン
葡萄畑なし　平均生産量：13万本
PO Box 1555, Sebastopol, CA 95473
Tel: (707) 823-7430　www.kostabrowne.com

225

SONOMA

# Littorai リトライ

カリフォルニア中を見回しても、確かにテッド・レモンほどブルゴーニュの精神と価値観が沁み付いているワインメーカーはいない。謙虚で柔らかい語り口の、しかし雄弁な男であるテッド・レモンは、ワイン造りに対して強い信念を持っているが、それをひけらかし自分を高く見せようとする気持ちはまったく持っていないようだ。彼はただ黙って模範を示すだけだ。

彼はディジョン校で醸造学を学び、1981年に卒業した。その後、ルーミエ、デュジャックなどのコート・ド・ニュイの名門ドメーヌで働いた後、ムルソーのドメーヌ・ルーロのワインメーカーとして定職を得た。こうして彼は、聖地ブルゴーニュで常駐のワインメーカーに任命された初めてのアメリカ人となった。1984年、彼はルーロを辞め、カリフォルニアに戻り、少しばかり風変わりな事業に参加した。ウォルトナー家はシャトー・ラ・ミッション・オーブリオンの筆頭株主であったが、1983年にその株をオーブリオンのディロン家に売却した。ところが、ウォルトナー夫妻は悠々自適の生活に入らずに、ハウエル・マウンテンの高地にある19世紀のワイナリーを購入した。彼らはそこをシャルドネの聖地にしたいと考え、テッド・レモンを雇った。しかしその場所は、予想に反してシャルドネにはあまり適していず、またそのワインの価格も全般に高すぎた。そのワインに対する評価は分かれ、夫妻はとうとう2000年にそれを売り払った。

その前にレモンはすでにそこを去って、1990年の初めから半ばにかけて、ナパのさまざまなワイナリーのコンサルタントを務めていた。そして1993年にハウエル・マウンテンの小さなワイナリーを買い求め、そこを活動の拠点とした。2008年には新しいワイナリーが完成したが、それは太陽光発電設備をはじめとして、自然環境を重視した構造となっている。また彼は、既存の葡萄畑の数区画を賃借したり、土地を購入してそこに葡萄樹を植えたりして、少しずつ基盤となる葡萄畑を拡げていった。賃借している畑も、彼自身が所有している畑も、すべてバイオダイナミズムで栽培され、また彼が葡萄を購入する契約を交わしている畑は、すべて有機栽培の認証を受けている。

葡萄の大半はソノマ・コーストからのものであるが、アンダーソン・ヴァレーからの葡萄も使っている。標高330mの場所にあるナヴァロのロマンは、ピノ・ノワールを植えている借地畑である。フィロのすぐ北の暖かい場所にあるサヴォイ・ヴィンヤードには、1991年に植えられたピノ・ノワールのさまざまなクローンが実を付けている。ソノマ・コーストでは、彼はオクシデンタル地区のティエリオに数区画を借地し、沿岸部の尾根にあるヒルシュからピノ・ノワールを買い入れている。ポーター・バスの所有するメイズ・キャニオンからは、シャルドネとピノ・ノワールを仕入れている。それはルシアン・リヴァー・ヴァレーのガーンヴィルの近くにある。ヘイヴンという名前の自家所有葡萄畑は、太平洋沿岸部のジェンナーの近くにあり、ピノ・ノワールを植えている（少量のソーヴィニヨン・ブランとゲヴュルツトラミネールも植えており、そこから彼はレモンズ・フォーリーを造っている）。同じくソノマ・コーストにあるハインツ・ヴィンヤードからは、1983年に植えられたウェンテ・クローンのシャルドネを仕入れている。量の多いブレンド・ワインとしては、ソノマ・コースト・ピノ・ノワールとレ・ラルム・アンダーソン・ヴァレー・ピノ・ノワールがある。

ワインづくりは几帳面でありながらも、人為的操作は最低限に抑えられている。レモンは、葡萄畑におけるクローン選抜を重視している。彼はまた、収量は低く抑える必要があると思っている。葡萄は注意深く選果され、ピノ・ノワールの場合は除梗の後、再度選果される。シャルドネは全房圧搾され、一晩落ち着かせた後、バリックと450ℓの樽を使って発酵させる。しかし新鮮さを保つため、ワインの10%は、ステンレス製ドラムで熟成させる。また最初の発酵の時も、その後のマロラクティック発酵の時も、培養酵母は使わない。レモンは、肥満したワインは造りたくないと思っているので、澱攪拌はめったに行わない。また彼は、マロラクティック発酵を無理に早く終わらせたりせずに、ワインが自分のペースでゆっくりと熟成していくことを好む。オークの新樽の使用も控えめで、シャルドネの場合は、だいたい30%程度である。

ピノ・ノワールは低温浸漬されるが、それは時にはかなり長く行われることもある。その後果実の質に合わせて、全房の割合を変えて圧搾し、その割合を維持したまま、開放槽と閉鎖型槽の両方を使って発酵させる。発酵後浸漬の長さも、同じ理由で、調整する。マロラクティック発酵は、樽内で行い、基本的に圧搾ワインはブレンドに入れない。新樽比率は30～50%で、濾過は行わない。

フェノールの成熟を最大限にするために、葡萄のハン

グ・タイムを出来るだけ長く取ろうとする傾向は、レモンの最も忌み嫌うところである。他のワインメーカーと共に葡萄畑を借地している時、彼は多くの場合最も早く摘果するグループに入っているが、それは彼がワインの新鮮さを維持し、アルコール度数を適度な高さに抑えたいと考えているからである。フィネスとバランスが彼の最優先事項である。レモンは、何があってもレーズン化した葡萄を収穫するようなことはしたくないと言う。「レーズン化してしまうと、葡萄の味はどれも同じになってしまう。そしてそんな葡萄を使うと、僕が最も表現したいと思っているテロワールの個性を失わせてしまう」と彼は言う。

リトライは熱烈な支持者を抱えており、そのワインの大半は、レストランか、顧客名簿を通じた通信販売によって売り切れてしまう。また量も、最初から控えめである。レモンは自分の舌と能力に自信を持っており、また顧客の舌についても同様である。そして彼は、ワイン評論家や雑誌記者による大掛かりなテイスティングの催しで、それを邪魔されたくないと思っている。

何人かのワインメーカーが、カリフォルニアのピノ・ノワールの第一人者はレモンだと、私に言ったことがある。レモンはブルゴーニュでの豊富な経験を持っているが、カリフォルニアの沿岸部で、ピュリニーやヴォーヌを卑屈に模倣しようなどとは思ってもいない。とはいえ、ブラインド・テイスティングで、リトライを上質のブルゴーニュと間違う可能性は高いと私は思う。というのは、そのワインの濃密さ、フィネス、ミネラルは、ブルゴーニュの一流の醸造家が目指しているものと少しも違わないからである。

### 極上ワイン

(2009～10年にテイスティング)
**Chardonnay**
シャルドネ
**2008ティエリオ★** 熟れたうっとりとするようなアンズの香り。オークも良く統合されている。緻密で凝縮された新鮮な味わいで、リンゴとアンズのフレーバーがある。オークはエレガントで、バランスも絶妙。味わいは長い。上品というよりは表現力が豊かだが、2004ほどではない。

**2008ハインツ** 抑制された柑橘系の香り。凝縮されており、触感も良く、オークも上品。ティエリオよりも触感は良いが、同様の果実味の表現があり、酸は上質で、長く甘い味わいを支えている。

**2006ザ・ギフト** おそらく1回限りの、アルコール度数7％、残存糖分含有量はブリックス糖度計で45度のワイン。濃厚な蜂蜜の香り、ヴィスケットも感じられる。フルボディでクリーミーな触感、熟れた柑橘類のフレーバーが口中に広がり、酸は上質で、贅沢な後味が長く続く。

**Pinot Noir**
ピノ・ノワール
**2007ザ・ヘイヴン** 芳醇で肉感的なチェリー、キイチゴの香り。ミディアムボディで、チェリーの甘さと秀逸な酸がうまくブレンドされ、凝縮されているが、口の中で広がる感じ。まだ若さがいっぱい。

**2007ティエリオ** 控え目なチェリーのアロマ。まだかなり閉じている。しかし最初の口当たりは鋭く、引き締まっており、果実の甘さが堅牢なタンニンとバランスを取り、酸は爽やかで、味わいの長さは申し分ない。

**2006メイズ・キャニオン★** 引き締まったミントの香り。ミディアムボディだがタンニンは堅牢で緻密。かすかにボンボンの風味がするが、上質の酸によってバランスが取られ、長く優美な後味へと続く。

**2004ヒルシュ** 繊細でとても洗練されたキイチゴの香り。シルクのような触感で、純粋で新鮮な口あたり、ヒルシュ特有の重量感と存在感が感じられる。しかし同時に後味に上質な酸と高揚感（そして驚くほど優雅なタンニンも）が感じられる。

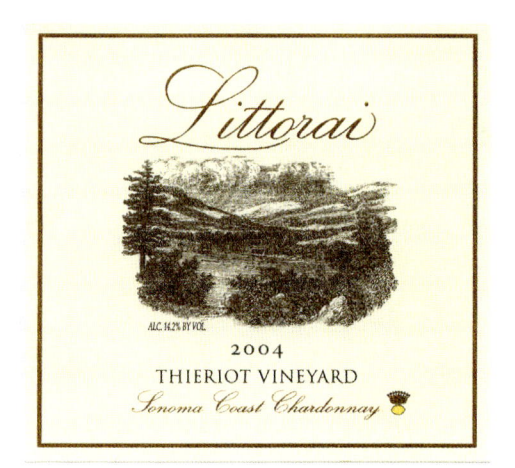

**Littorai**
リトライ

栽培面積：5ha　平均生産量：3万6000本
788 Gold Ridge Road, Sebastopol, CA 95472
Tel: (707) 823-9586　www.littorai.com

SONOMA

# Ramey Wine Cellars　レイミー・ワイン・セラーズ

デヴィッド・レイミーは、カリフォルニアのワインメーカーのなかでも、長く、豊富な、そしてとても変わった経歴の持ち主である。彼はソノマの、マタンザス・クリークとチョーク・ヒル・ワイナリーで精妙さの際立つ数々のワインを造り、その後1990年代初めには（1979年にペトリュスで少しの間働いた後）、ドミナスで、あの伝説的なヴィンテージである1991年や1994年の醸造メンバーの１人として加わった。その後1998年に、新生ラッド・ワイナリーのワインメーカーとしてレズリー・ラッドに招かれた。ラッドは金持ちの野心家で、ワインに強い情熱を持っており、レイミーは全権を委任された。しかし2001年にレイミーは、1996年から持っていた自分のラベルをさらに進化させるためにそこを離れることにした。彼は最初、他所のワイナリーの設備を借りて自分のワインを造っていたが、その後ヒールズバーグに自分自身のワイナリーを建てることができた。彼は葡萄畑は所有していないが（今のところは）、ソノマとナパの一流の葡萄畑から葡萄を買い入れることができる。

レイミーは几帳面で緻密な頭脳を持った男である。誰でも彼と話したことのある人なら、彼は、自分が何を求めており、どうすればそれを達成できるかを完全に知り抜いている男という印象を持つ。シャルドネの専門家として、彼は明らかに、アメリカの批評家の多くが好む大柄で贅沢なスタイルとは相容れない。その一方で彼は、ブルゴーニュの模造品を造る気はさらさらない。以前私が、彼のシャルドネのいくつかが、わりと高いアルコール度数（決して過度ではない）であることを指摘すると、彼は間髪いれずにこう答えた。「カリフォルニアでは普通に手に入れることができる葡萄の成熟度を手に入れて、夢見心地にならないブルゴーニュ人がいると思うかい？」とはいえ彼は、自分の造るシャルドネの秀逸さを、カリフォルニアの温暖な気候のせいにはしない。

彼は6種類ものシャルドネを造っている。そのうち3つは、地区ブレンドである。ソノマ・コースト、ルシアン・リヴァー・ヴァレー、カルネロスである。それらのワインは、もちろん地理的には出身地が異なっているが、どれも標準的なカリフォルニア・クローン4・シャルドネから造られる。そのクローンは、収量が適正であれば、秀逸なワインとなることができる。しかし彼が最も好むのは、オールド・ウェンテ・クローンである。それは見苦しいトロピカル・フルーツのアロマを発散させず、新樽での熟成にも良く耐えることができる。その他の3つの単一葡萄畑シャルドネは、3つの傑出した葡萄畑から低い収量で収穫された葡萄から造られる。カルネロスのハイドとハドソン、そしてルシアン・リヴァー・ヴァレーのリッチーである。ハイドとハドソンは、オールド・ウェンテ・クローンの葡萄から造られる。

シャルドネは全種類とも同じ方法で造られる。全房圧搾、土着酵母による発酵、マロラクティック発酵のための乳酸菌の接種は行わないが、それを最後まで完遂させる。オーク樽で撹拌しながら熟成させるが、ラッキングも濾過も行わない、などである。地区ブレンドは、新樽比率25～40%で、約12ヵ月熟成させる。単一葡萄畑シャルドネは、新樽比率70%で、20ヵ月熟成させる。

何年か前レイミーは、1999年のハイドとハドソンのシャルドネを樽から比較テイスティングするので来ないかと誘ってくれた。両方とも秀逸であったが、私は筋肉質なハドソンよりも、優美なハイドの方が好きだと言った。私の答えにレイミーは驚き、それはイギリスの批評家に多い答えで、アメリカの批評家は概してハドソンの方を好んでいると言った。

ラッド時代、レイミーはジェリコ・キャニオンという名前のカリストガの葡萄畑からカベルネ・ソーヴィニョンを仕入れていた。彼は2001年に、今度は自分自身のラベルでそこの単一葡萄畑ワインを出した。ところが2006年にそこはワイナリーを建て、自分のところで葡萄をすべて使うようになって、彼のところには回ってこなくなった。そこで彼はシュラムズバーグのJ・デーヴィスの区画から赤葡萄を買い、それを他の葡萄とブレンドしてアナムというプロプライエタリー・ブレンドを造った。その他ナパ・ブレンドや、ペドレガル葡萄畑からのオークヴィル・カベルネも造っている。これらの上質赤ワインには圧搾ワインはまったくブレンドされていないが、クラーレットという名前のセカンドワインには使っている。その他、ロジャーズ・クリークとシャネル・ヴィンヤードからの葡萄を使った2種類のソノマ・マウンテン・シラーも造っている。どちらも5%だけヴィオニエが含まれている。

レイミーは自慢したりはしないが、自信に溢れている。それはワインの中に、特に彼のシャルドネの中に表れている。そのワインは絶妙なバランスで、満ち足りている。私は彼のヴィンテージを、初期のものからテイスティングしているが、今までのところどれ1つとして、満足できないワイン、あるいはよく見られる度の過ぎた抽出によって醜くされたワインを見たことがない。彼の造るワインは、抑制されているが、それにもかかわらず、どれもカリフォルニア的である。

230

上：豊かな才能に恵まれ、豊富な経験を持ち、首尾一貫した姿勢で、抑制されているが洗練された優美なシャルドネを造り続けるデヴィッド・レイミー

## 極上ワイン
*(2009年にテイスティング)*

**Chardonnay　シャルドネ**
**2007 ルシアン・リヴァー・ヴァレー [V]**　細身で洗練された燻香、リンゴやアンズの香りもする。豊かでみずみずしい口あたりが、上質な酸の織物によって良く制御されている。悠々として同時に凝縮されているが、爽快感と持続性もある(地区ブレンドの中ではこれが一番私好みで、カルネロスがその反対)。
**2006 リッチー**　控え目なトースト、リンゴの香り。豊かで凝縮された口あたりで、贅沢な味わいだが重くはない。まだ緊密で、スパイス香が豊かに感じられ、長い後味に再びトーストが感じられる。
**2006 ハイド★**　抑制されたトースト、核果類果実の香り。しなやかで凝縮され、豊かなミネラルの刺激もあり、オークがはっきりと感じられるが、魅力的でバランスが良く、後味の秀逸な酸が持続する。類稀なワイン。
**2006 ハドソン**　大柄で頑丈なトーストの香り。リンゴの香りもする。広々としたクリーミーな触感で、この3種類の中では最も豊潤。しかし奥深さと力強さもある。エレガントさにやや欠ける感じもするが、オーク香のする長い後味がある。
**2001 ハイド**　濃厚なオークの香り。オイルやアンズの微香もある。フルボディで重量感があり、良く凝縮されているが、贅肉は感じられない。味わいは長く、後味にスパイスを感じる。まだまだ力強く熟成する。
**2000 ルシアン・リヴァー・ヴァレー**　乾燥アンズの香り。ふくよかで贅沢な味わい。やや重々しさを感じる。少し衰え始めている。

**Red　赤ワイン**
**2006 ラークミード・カベルネ・ソーヴィニヨン**　甘くスパイシーな香り。ミントやブラックカラントのアロマもある。ミディアムボディで、新鮮だが、凝縮されていて、スパイシー。まだ緻密で、酸は上質でフィネスもある。後味は申し分なく長い。
**2006 アナム**　芳醇でスパイシーなブラックチェリーの香り。とても豊かでふくよかな味わい。黒果実のフレーバーもある。軽いコクがあり、タンニンはくせがなく、噛み心地の良い後味が続く。
**2006 ペドレガル**　甘く洗練されたブラックカラントの香り。細身で洗練され、グリップの背後に果実味の明瞭な甘さを感じる。堂々とした長い味わい。
**2006 ロジャーズ・クリーク・シラー**　とても良く熟れた香り。トーストが感じられる。甘く濃密。豊かで良く凝縮されているが、情熱的で、生き生きとしており、タンニンもしっかりして頑健。長く味わい深い後味が続く。

**Ramey Wine Cellars**
**レイミー・ワイン・セラーズ**
葡萄畑なし　平均生産量：42万本
25 Healdsburg Avenue, Healdsburg, CA 95448
Tel: (707) 433-0870　www.rameywine.com

SONOMA
# St. Francis
## セント・フランシス

　セント・フランシスは、1970年代初めに家具小売業界の大立者であるジョセフ・マーティンによって、大量生産用ワインのための葡萄畑として拓かれた。その畑はソノマ・ヴァレーの谷底の東側にある。ワイナリーが建てられたのは、それからしばらく経った1979年で、1983年から現在まで、トム・マッキーがワインメーカーを務め、秀逸なメルローを造りだして、セント・フランシスの評判を高めた。雄大な自然の中に見事に調和した新しいワイナリーが1999年に完成し、マッキーはこれまで以上に、小さなキュヴェを多く造ることができるようになった。彼はそれに合わせて、少量生産の高級ワインとリザーヴのための、特別醸造チームを編成した。ジョセフ・マーティンはまだ株式の一部を保有しているが、数年前から筆頭株主は、コブランド・カンパニーになっている。

> このワイナリーは、上質でバランスの良い単一品種ワインと、より凝縮された、個性の強い、そしてそれにもかかわらずお買い得の単一葡萄畑ワインの間に絶妙なバランスを取っている。

　葡萄畑は年々拡張され、現在は240haまでになっており、それ以外にも45の葡萄畑と契約し、毎年決まって葡萄が届けられる。マッキーのチームは、それらの契約葡萄畑にも注意深い監督の目を注いでいる。

　ここは大規模生産のワイナリーであり、ワイン造りは安全性重視で行われている。発酵は常に培養酵母を使い、大量生産のワインには、大型の回転発酵槽が使われている。またそのワインは、アメリカ産の比率が高いオーク樽で熟成される。そのワインは豊かな果実味と高いアルコール度数が特徴の、かなり男性的なワインであるが、マッキーはそれが過度にならないように気を配っている。同時に、アルコール度数を下げるために水で希釈するといった方法は極力避けている。彼はまた、醸造の過程でワインに不要な人為的操作をしないで済むように、ブリックス糖度計の適度な値で葡萄を摘果するようにしている。

　メルローとカベルネ・ソーヴィニヨンがセント・フランシスの主力商品である。どちらも普通のブレンドワインと、単一葡萄畑ワインの両方がある。後者はオーク樽で2年間熟成させるが、徐々にフランス産オーク樽の割合を増やしている。キングス・リッジ・カベルネ・ソーヴィニヨンは、ソノマ・コーストの尾根の頂上近くにある葡萄畑の中でも、その品種を成熟させることができるほどに暖かい数少ない畑の葡萄から造られるワインである。ベイラー・ヴィンヤードの肥沃な砂利層の土壌からは、ベイラー・メルローが造られる。以前はリザーヴというラベル名をよく使っていたが、マッキーはその用語はいささか飽きられており、あまり意味がないと考え、その代わりにワイルド・オークというラベル名を使うことにした。それは最高の区画の最高の樽をブレンドしたワインである。

　ソノマ・ジンファンデルでは、セント・フランシスよりも良く知られているワイナリーがいくつもあるが、このワイナリーも、時には8種類ものジンファンデルを造ることがある。オールド・ヴァイン・ジンファンデルは無灌漑農法の22の畑からのブレンドで、葡萄樹の樹齢は60〜100歳である。ジンファンデルの最高級品は、通常は力強さが特徴のパガニ・ヴィンヤードの単一葡萄畑ワインである。その葡萄樹の樹齢は、100歳を優に超えている。

　セント・フランシスは価格のわりに質の高いワインを提供し、広くて落ち着いた雰囲気のテイスティング・ルームはいつも客でいっぱいである。このワイナリーは、上質でバランスの良い単一品種ワインと、より凝縮された、個性の強い、そしてそれにもかかわらずお買い得の単一葡萄畑ワインの間に絶妙なバランスを取っていると、私はいつも感心させられる。

## 極上ワイン

*(2009〜10年にテイスティング)*

**2007 Old Vines Zinfandel [V]**
**2007 オールド・ヴァインズ・ジンファンデル [V]**
　良く熟れたチェリーの香り。しかも軽くて新鮮。ミディアムボディだが、中盤にほど良い重さがあり、長くスパイシーなとても力強い後味へと続く。少し温もりを感じる(15.5% ABV)。

**2006 Bacchi Vineyard Russian River Zinfandel**
**2006 バッチ・ヴィンヤード・ルシアン・リヴァー・ジンファンデル**
　(1910年の古樹から) 甘くスパイシーなハーブの香り。タイムやユーカリを感じる。しなやかで凝縮され、しかもタンニンは堅牢。驚くほどエレガントな味わいで、アルコール度数の高さは後味で全然気にならない(16.1%)。

**2005 Sonoma County Cabernet Sauvignon**
**2005 ソノマ・カウンティ・カベルネ・ソーヴィニヨン**
　豊かで濃厚な黒果実の香り。コクも感じられる。フルボディでタンニンは堅牢。7万ケースも生産されているにもかかわらず、実に真面目に造られ、骨格もしっかりしている。濃密さと後味の長さがやや物足りない。

**2005 Wild Oak Cabernet Sauvignon**
**2005 ワイルド・オーク・カベルネ・ソーヴィニヨン**
　鮮やかなブラックカラント、ブラックチェリーの香り。ミディアムボディで生き生きとしており、タンニンはしっかりしているが、厳しくはない。凝縮された味わいがとても上質な酸で支えられ、持続性を生み出している。

**2005 Wild Oak Zinfandel**
**2005 ワイルド・オーク・ジンファンデル**
　芳醇で贅沢なオークの香り。豪華なフルボディで、良く凝縮されスパイシー。後味に繊細なミントが感じられ、田舎臭さは微塵もない。味わいは長い。

**2004 Cuvée Lago　2004 キュヴェ・ラゴ**
　(カベルネ・ソーヴィニヨン70%、シラー 30%) 超熟のチェリーの香り。しかし輝きも感じられる。ふくよかでとても熟れた味わい。タンニンはしなやか。一般受けするスタイルで、スパイスと元気の良さも感じる。濃密さとグリップ力がやや物足りない。

上：1983年からセント・フランシスのワインメーカーを務め、メルロー、カベルネ、ジンファンデルの幅広い種類のワインを監督しているトム・マッキー。

**2006 Pagani Vineyard Zinfandel★**
**2006 パガニ・ヴィンヤード・ジンファンデル★**
　濃密なベリー果実の香り。純粋さがあり、ミントも感じる。とても良く凝縮され、タンニンも堅牢。濃厚で力強いが、贅沢な触感で、魅力いっぱい。後味は長く、胡椒が感じられる。

**St. Francis Winery & Vineyards**
**セント・フランシス・ワイナリー＆ヴィンヤーズ**
栽培面積：240ha　平均生産量：250万本
500 Pythian Road, Santa Rosa, CA 95409
Tel: (707) 933-2332　www.stfranciswine.com

SONOMA

# Stonestreet　ストーンストリート

アレクサンダー・ヴァレーを見下ろす斜面に、アレクサンダー・マウンテン・ヴィンヤードという名前の広大な葡萄畑が広がっている。1968年に衣料小売業のエドワード・ガウアーがこの農場を買ったため、以前はガウアー・ランチと呼ばれていた。その後1971年に彼は葡萄樹を植え始め、1980年代半ばには160haもの広さまで拡大した。ガウアー・ランチは、その葡萄を使ったワインの多くが傑出した酒質を持っていたことで有名になったが、ガウアーは1989年にその大部分を売った。その結果、その土地の大部分が住宅地に変わるのではと予想されたが、1995年にその土地をジェス・ジャクソンが買い、葡萄畑は守られた。

ストーンストリートの設立は1989年で、ジャクソンがこの土地を購入する前だった。アレクサンダー・マウンテン・ヴィンヤードの葡萄を使ってさまざまなジャクソン・ブランドが造られていたが、ジャクソンの所有する多くのワイナリーの中で、ここの葡萄を最大限活用したのは、当然ストーンストリートであった。葡萄畑は変化に富んでおり、標高も120m〜730mまでと、かなりの標高差がある。土壌もまた多彩であるが、概ね、岩の間に粘土、ローム層、砂利が堆積している。土壌と微気象のどちらも葡萄樹にストレスを与えるため、アレクサンダー・マウンテンの果実味は、肥沃な谷底に育つ果実とはかなり性質が違う。葡萄畑はジャクソンが購入した後もさらに拡大を続け、現在は365haにもなっている。現在でもその果実味の多くが他のワイナリーに売られている。植えられている品種は、ボルドー5種とシャルドネである。この土地には、葡萄畑に変えられていない土地がまだ1620haも残っているが、動植物の多様性が維持されるように意識的に保存されている。

ストーンストリートの前のワインメーカーだったスティーヴ・テストは、ケンダル・ジャクソンの主任ワインメーカーであるランディー・ウロムと、どちらがどの区画の葡萄を使うかを交渉しなければならなかった。しかし現在、南アフリカ出身のワインメーカー、グラハム・ウィールツの下では、ストーンストリートが最上の区画の葡萄を使って良いということが了解されているようだ。ウィールツはアレクサンダー・ヴァレーの葡萄にすっかり魅了されており、高い位置に育つ葡萄はワインに精妙な酸をもたらし、また標高の違いによって果房に当たる太陽の角度が変わり、それが果実に微妙な質の変化をもたらしていると、いつも感動している。概して葡萄果粒はとても小さく、収量は1エーカー当たり2.5トン（6.25t/ha）を超えることはめったにない。

葡萄畑はさまざまな区画に分けられ、それぞれに名前が付けられていて、それがそのままストーンストリートを有名にしたキュヴェの名前になっている。たとえば、アッパー・バーン・シャルドネ、ブラック・クーガー・リッジ・カベルネ・ソーヴィニヨンなどのように。ストーンストリートのワインは、概して豊かで悠々としており、感動的な重量感と凝縮感を有していて、弱々しさのかけらもない。そのワインには希薄さのようなものは感じられないかもしれないが、この山岳地の葡萄畑が一貫してもたらしてきた果実味の濃厚さが表現されている。

ワインづくりはほぼ一般的だが、黒葡萄の選果は手ではなく機械によって行われている。低温浸漬の後、発酵後も2週間の浸漬を行う。最高級赤ワインは、フランス産オーク樽で熟成させる。数年前、ブレタノマイセス（p.50参照）の問題が生じたことがあったが、今は解消されている。

シャルドネの種類は5種類もあり、それ以外にも時々遅摘みタイプも造っている。新樽比率40%で熟成させる芳醇なメルローが1種類、それに4種類のカベルネ・ソーヴィニヨンと2種類のボルドー・ブレンドを造っている。ワイナリーは、映画『サイドウェイ』がメルローの市場をほとんど抹殺しかけた時、やや苦境に立たされたが、新ブレンドのフィフス・リッジを立ち上げ、そこでメルローを上手くカベルネ・ソーヴィニヨンにブレンドして苦境を乗り切った。最高級ワインは、1980年代末から造り始めたレガシーである。その葡萄の大半はアレクサンダー・マウンテン・エステートのものだが、少量谷底の果実が含まれている。常にカベルネ・ソーヴィニヨンが高い比率を占め、すべてフランス産の新オーク樽で熟成させる。

高品質のワインを目指すワイナリーとして、他のワイナリー同様に、生産量は年々減らされている。ワイナリーの建物自体はかなり広々としており、倉庫の巨大な屋根が山腹の低い位置を覆っている——しかしそのスペースの大部分は、自前のワイナリーを持たない生産者に貸している。

## 極上ワイン

(2007〜10年にテイスティング)
**Cabernet Sauvignon　カベルネ・ソーヴィニヨン**
**2005 アレクサンダー・マウンテン・エステート**　鮮烈で濃密なミントの香り。フルボディでスパイシーな口あたり。パンチ力があるが、驚くほど生き生きとして、ミネラルも豊富に感じられる。しかしタンニンが融合するまでにはもう少し時間がかかる。
**2005 クリストファーズ★**　控え目な香りだが、コクがあり、チョコレートが感じられる。贅沢な味わいで、凝縮されており、威圧感も感じるが、同時にエレガントさもあり酸は上質。力強さもある。後味にタンニンがしっかりと感じられ、長い。
**2003 スリー・ブロック**　プラム、チョコレートの芳醇な香り。豊かでまろやか、元気の良い土味も感じられる。タンニンは壮健で、酸はほど良く、味わいは申し分なく長い。
**2001 クーガー・リッジ**　非常に豊かなブラックカラントの香り。スパイシーで、とても良く凝縮された味わい。力強い堂々としたタンニンで、少しゴツゴツした感じを受けるが、グリップ力が際立つ。酸は控えだが、味わいは長い。
**2005 クーガー・リッジ**　熟れた香りだが、ハーブも感じられ、贅沢な感じがする。大胆で毅然としており、とても良く凝縮されている。タンニンは堅固で感動的な重量感があり力強い。味わいの長さは申し分なく、後味にチョコレートを感じる。

**Other wines　その他のワイン**
**2005 アレクサンダー・ヴァレー・シャルドネ**　新鮮な柑橘系の香り。キレが良く生き生きとしている。新鮮な凝縮された口あたりで、生命力に溢れ、アレクサンダー・ヴァレーにしてはめずらしくピリッとした刺激もある。レモンのような後味が長く続く。
**2004 ブロークン・ロード・シャルドネ**　甘い香りで、バターのようだが繊細さもある。みずみずしくふくよかで、トースト香もたっぷりある。しかし単調さや、過度の感じはまったくない。とても長い味わい。
**2006 フィフス・リッジ**　スパイシーな贅沢な香り。チョコレートや甘草を感じる。豊かだがややだらけた感じで、肉厚な印象。カベルネ主体のワインにしては持続性に欠ける。
**2005 レガシー**　濃厚な、肉やチョコレートの香り。黒果実も感じられる。贅沢で非常に豊かな味わい。量塊感があるが、同時に構造の透明性もあり、タンニンは巨大で、後味は噛みごたえがある。まだまだ幼年期にある。
**2003 レガシー**　濃厚な、プラム、オークの香り。とても豊かで凝縮され、濃厚で噛みごたえのある口あたり。焦げたオークの香りが精妙さを生んでいる。味わいはとても長い。

上：アレクサンダー・マウンテンの果実を使って、このうえなく濃密なワインを造っている、南アフリカ出身のストーンストリートのワインメーカー、グレハム・ウィールツ。

**Stonestreet Wines**
**ストーンストリート・ワインズ**

栽培面積：365ha　平均生産量：20万本
7111 Highway 128, Healdsburg, CA 95448
Tel: (707) 433-9463　www.stonestreetwines.com

SONOMA

# Sbragia Family Vineyards
## スブラジア・ファミリー・ヴィンヤーズ

エド・スブラジアは、ほぼ30年にわたって、ナパ・ヴァレーのベリンジャーの伝説的なワインメーカーとして君臨してきた。なかでも彼の造る芳醇なプライヴェート・リザーヴは特に有名で、それはスブラジアの人柄同様にスケールの大きなワインであった。しかし楽しいこともいつかは終わるのことわざ通り、スブラジアはもはやベリンジャーの常駐のワインメーカーではなくなった。とはいえ、彼は今もそこのワインマスターという名誉職にとどまっている。

ベリンジャー時代、彼のワインは、特にシャルドネは、少し頑健すぎるところも見られた。しかしこの彼自身のワイナリーでは、彼の赤ワインは大きく、肉厚であるが、決して過度になることはない。

しかしスブラジアはまだ完全にリタイアする気にはなれず、今度は彼の一家の畑に目を向けた。彼の祖父は1世紀前にカリフォルニアにやってきたイタリア系移民で、スブラジアに故郷であるトスカーナの伝統を伝えた。彼の父はヒールズバーグの近くにジンファンデルの葡萄畑を所有し、エドは夕飯のテーブルにいつもワインが置かれている環境の中で育った。そんなわけで、彼がドライ・クリーク・ヴァレーに帰ってきて、そこの5つの葡萄畑を相続し、それを発展させるのは自然なことだった。彼はヴァレーの北の端にワイナリーを建てた。家族はみんな何らかの形でワインづくりに参加し、特に息子のアダムはワインメーカーとして彼を支えている。彼は自家の葡萄だけではなく、ナパやソノマの一流畑と契約し、葡萄を仕入れている。その中には、マヤカマス山脈のソノマ側山腹の偉大なモンテ・ロッソ・ヴィンヤードや、ハウエル・マウンテンのランチョ・デル・オソやチマロッサ、ドライ・クリーク・ヴァレーのアンドルセン、そしてマウント・ヴィーダーのウォール・ヴィンヤードなどが含まれている。

自家の葡萄畑としては、非常に古いジンファンデルと少量のプティ・シラーが植えられているイタロ、1959年にジンファンデルの他、カリニャンとプティ・シラーが植えられたジーノ、そしてこちらは最近1999年にジンファンデルが植えられたラ・プロメッサが主要な畑である。スブラジアは、オークを怖がるようなことはなく、ジンファンデルは新樽比率100%で熟成させる。しかし彼のワインは素晴らしくバランスが良い。ベリンジャー時代、彼のワインは、特にシャルドネは、少し頑健すぎるところも見られた。しかしこの彼自身のワイナリーでは、彼の赤ワインは大きく、肉厚であるが、決して過度になることはない。

### 極上ワイン

*(2009年にテイスティング)*
**Cabernet Sauvignon　カベルネ・ソーヴィニヨン**
**2005 アンドルセン**　鮮やかで濃密なブラックカラントの香り。生き生きとして純粋。贅沢なしっかりと凝縮された味わいで、果実味と同様にタンニンも熟れており、長くスパイシーで、いくらか温もりのある後味が続く。
**2005 モンテ・ロッソ★**　豊かな燻製やオークの香り。黒果実とコーヒーが感じられるが、やや強すぎる感じもする。豊かで広々とした味わいだが、骨格はしっかりしており、後味にスパイスを感じる。
**2005 チマロッサ**　濃厚なオークの香り。ブラックカラント、天然ゴム、スパイスの香りがする。広々としてまろやかな口あたりで、凝縮されている。タンニンはしっかりしており、肉厚で、スパイスも感じられて元気が良い。やや複雑さに欠けるのが残念。
**2005 ウォール**　超熟の香り。新オークとコーヒーを感じる。ふくよかなフルボディで、贅沢な黒果実とチョコレートが口中に広がる。後味にタンニンが炸裂する。
**2004 ランチョ・デル・オソ**　甘く熟れた、ジャムに近い香り。広々としてみずみずしい口あたりで、凝縮されているが、元気の良い力強いタンニンでバランスが取れている。長い味わい。

**Zinfandel　ジンファンデル**
**2006 ラ・プロメッサ**　細身でスパイシーな赤果実の香り。果実味が前面に出てきて、その後、焦げたオークの香りもする。口に含むと、まろやかでみずみずしく、凝縮されており、胡椒味も感じられる。元気が良く持続性もあり、後味にピリッとして刺激もある。ややレーズンの風味もあるが、味わいはとても長い。
**2006 イタロ**　濃密でくすんだ感じのキイチゴの香り。新オークが良く統合されている。ミディアムボディで、ほど良く凝縮され、酸が心地良い。胡椒味のピリッとした刺激があるが、レーズンの風味はない。味わいは申し分なく長い。
**2006 ジーノ**　甘い赤果実の香り、キャラメルの微香もある。しなやかなミディアムボディだが、タンニンは堅牢で、ドライフルーツのフレーバーがある。酸は上質で、ピンと張り詰めた雰囲気もある。

**Sbragia Family Vineyards**
**スブラジア・ファミリー・ヴィンヤーズ**
栽培面積：18ha　　平均生産量：14万本
9990 Dry Creek Road, Geyserville, CA 95441
Tel: (707) 473-2992　　www.sbragia.com

SONOMA

# Sonoma Coast Wineries
## ソノマ・コーストのその他のワイナリー

**1990** 年代半ばには、ピノ・ノワールで有名なソノマ郡の地区といえば、ルシアン・リヴァー・ヴァレーのウェストサイド・ロード沿いであった。ロキオリやアレンなどの葡萄畑が高く称賛され、ウィリアムズ・セリエム、デイヴィス・バイナム、ゲアリー・ファレルなどの生産者が造る単一葡萄畑ワインが絶賛された——そしてそれは確かにうなずける酒質を有していた。

それから10年が経って、現在では郡内の別の地区に焦点が移っている。それが太平洋沿岸から内陸へ数マイル入った、標高の高い沿岸部尾根地区である。それは、北はアナポリスとフォートロスから、南ははるか先のフリーストーンやボデガまで延びる広大な地区である。以前ここには一握りの葡萄畑しかなく、ワイナリーは無いに等しかった。

**コブは、アルコール度数が13％、あるいはそれ以下のピノ・ノワールを造り、カリフォルニアでピノを十分成熟させたいなら、アルコール度数14％以上は避けられないという、常識を打ち破った。**

当時、フラワーズが唯一注目すべき生産者で、その純粋で濃密なピノ・ノワールとシャルドネがこの地区を代表するワインであった。またそれよりもずっと小さな、ヘレン・ターリーのマルカッサン・エステートも高い評価を得ていた。とはいえそのシャルドネは、フラワーズにくらべ、酒躯（ボディ）が大きな、豊かなスタイルであった。

その後多くの葡萄畑が、尾根伝いに、またやや深く内陸部に入ったグリーン・ヴァレーやオクシデンタル、フォレストヴィルのまわりに拓かれた。それらの畑はどれも標高の高い場所にあり、海洋性気候の影響をかなり強く受ける。ここでは一概に、尾根の頂上は、その下の地区、たとえばルシアン・リヴァー・ヴァレーのウェスト・ロード地区よりも冷涼であるということはできない。しかし標高が高く、土壌が痩せているということは、葡萄が成熟しにくいということを意味し、成熟させるためには栽培家の並々ならぬ努力が必要とされる。そしてその結果生まれるワインは、概して、さらに内陸部に入った畑の葡萄を使ったワインよりも、角ばっていて、まろやかさに欠けるきらいがある。

2000年代に入ると、フリーストーンのジョセフ・フェルプス、ピーター・マイケル、ケンダル・ジャクソン、パルメイヤー、マリマー・トーレスなどの大手のワイナリーもソノマ・コーストに葡萄畑を拓いた。とはいえこの沿岸部地帯は、多くのラベルはあるがワイナリー自体の数は少ない。コスタ・ブラウン、ハートフォード、ラジオ・コトー、ディローシュ、シドゥーリなどの生産者が、この地区から単一葡萄畑ワインを出している。しかし現在、小規模な、自家畑所有ワイナリーも少しずつ増えている。

それらのほとんどが小さすぎて、そのワインがいかに秀逸であっても、そのすべてを紹介することはできなかった。コスタ・ブラウン、ハートフォード、リトライに代表してもらったが、その他のワイナリーも十分注目に値する。長い間リトライに葡萄を供給してきたヒルシュ・ヴィンヤードやキスラーなどの栽培農家も、最近ではそのピノ・ノワールを使ったワインを自分のところで造り瓶詰めしている。ナパのターリーのワインメーカーであるアーレン・ジョーダンも沿岸部尾根の頂上に自身の葡萄畑を持っており、そこからフェイラ・ラベルのシャルドネ、ピノ・ノワール、シラーを出している。ピーター・マイケルの元ワインメーカーであったヴァネッサ・ウォンとその夫のニック・ペイは、太平洋岸から6kmほど入った霧の多い場所にペイ・ヴィンヤードを拓き、そこにシャルドネ、ピノ・ノワール、シラーを植えている。

いま最も興味深い実験的試みを行っているのが、ロス・コブで、彼は自分の畑を含むオクシデンタル近くの、尾根よりも標高の低い場所にある畑に育つ、海洋の影響をまともに受ける葡萄からワインを造っている。コブは最近、アルコール度数が13％、あるいはそれ以下のピノ・ノワールを造り、カリフォルニアでピノ・ノワールを十分成熟させたいならアルコール度数14％以上は避けられないという、常識を打ち破った。彼のワインは芳香性が高く濃密であるが、同時にアメリカ人の口には違和感を感じさせるかもしれない青葉の微香もある。その他注目すべき生産者としては、フリーマン、WH・スミス、ケラー（ずっと南の同じくらいに冷涼なペタルマ・ギャップにある）、ポーター・バスなどがある。

# シエラ・フットヒルズ Sierra Foothills

サンフランシスコ湾から東に向かい、サクラメントを通り過ぎると、シエラネヴァダ山脈の入り口とも言うべきシエラ・フットヒルズに辿り着く。ここは1850年代にゴールド・ラッシュで賑わったところで、一攫千金を夢見る多くの山師が山懐に分け入った。葡萄栽培はその裾野産業みたいなものであったが、重要な位置を占め、1860年には合わせて4000haの栽培面積があった。その広さはナパやソノマを超えていた。現在この地は、ワインよりも観光で有名で、リノやシエラ山脈のスキーリゾートに向かう途中に立ち寄る人が多い。

この地区の潜在能力については疑問の余地はない。花崗岩を多く含むその土壌は葡萄栽培に適している。標高は300〜900mと標高差があり、そのため、現在2300haある栽培面積のなかで多様な品種が栽培されている。ここは基本的に温暖な気候の場所であるが、夜間はシエラ山脈から冷たい空気が降りてきて、葡萄が酸を維持するのを助ける。しかし1970年頃には、この地域はワインよりも果樹園で有名で、葡萄畑は衰退していた。その後何人かの観察眼の鋭い生産者が、フットヒルズ、特にアマドール郡には、ジンファンデルの古樹がいっぱい植わっていることに気づいた。なかには、1860年代に植えられた古樹も残っていた。それが貴重な資源であることに変わりないが、それ以外にもここは、シラー、バルベーラ、そして場所によってはカベルネ・ソーヴィニヨンなど多くの葡萄品種が優秀な葡萄を実らせることができる土地だということが分かってきた。古いミッション種（クリオージャ種）やマスカットの植えられている小区画も残っており、デザート・ワインやポート・スタイルのワインもまだ造られている。

フットヒルズは、ナパやソノマの派手さとは縁のないところで、葡萄栽培家やワイン生産者の多くが家族経営で、田舎風の生活に誇りを持っている。ただし、凝った造りのテイスティング・ルームを構えているところも1、2軒あり、またカンツ・ワイナリーのように、訪問客にワインだけでなく、料理を提供したり、ゴールドラッシュ時代の遺物を展示したりしているところもある。大きく、フレーバーの豊かな、個性あるワインに出会えることもあれば、酸化され、タンニンが過剰な、アルコール度数の高い――これらすべてを合わせたものもある――ワインに出会うこともある。個々のワインの一貫性の無さという別の問題もある。

消費者のレベルでは、フットヒルズのワインは、AVA名よりも郡名で良く知られている。主な郡は、プレイサー、アマドール、エルドラド、カラヴェラス、ユバなどである。それらのなかで、エルドラドだけがAVAになっている。その他のAVAは、郡内の小地区である。アマドールは、ジンファンデルが有名な最も重要な地区で、そこに植えられている古樹は、病害を防ぐ乾燥した気候によって長寿を謳歌している。そこからずっと南のカラヴェラスは、冷涼な気候で、赤ワインだけでなく白ワインでも有名である。現存しているAVAは以下の通り。

**エルドラド・カウンティ**（1983年からAVA）　1972年にボーガー・ワイナリーがここに葡萄畑を拓くまでは、ほとんど葡萄樹は見られなかった。その葡萄畑は、標高1000mもの高地にあり、アマドール郡の多くのワインに見られるジャムのような風味が少ない。ここではボルドー品種も上質なものが育つ。

**フェア・プレイ**（2001年からAVA）　エルドラド郡内の小地区で、標高600〜900mのところに、11軒のワイナリーが合わせて140haほどの葡萄畑を拓いている。ジンファンデルが主要品種である。

**フィドルタウン**（1983年からAVA）　シェナンドー・ヴァレーよりも少し高い位置にある。アマドール郡内の小地区で、葡萄畑の栽培面積は130ha。シェナンドー・ヴァレーよりもわずかに細身で洗練されたジンファンデルを生み出す。

**ノース・ユバ**（1985年からAVA）　ルネサンスという1軒のワイナリーが、この岩の多い小さなAVAの主人である。葡萄畑は、標高500〜700mのところにある。

**シェナンドー・ヴァレー**（1987年からAVA）　25軒のワイナリーが約800haの葡萄畑を持っている重要な地区。ジンファンデルが有名で、この地区で最も古い畑、グランペールがプリマスの近くにある。上質のソーヴィニヨン・ブランが採れる畑もあり、ヴィーノ・ノチェット・ワイナリーはサンジョヴェーゼで有名である。

右：シエラ・フットヒルズの荒々しい自然の美しさは、その最上のワインに表現されているが、その多くがジンファンデルの古樹からのものである。

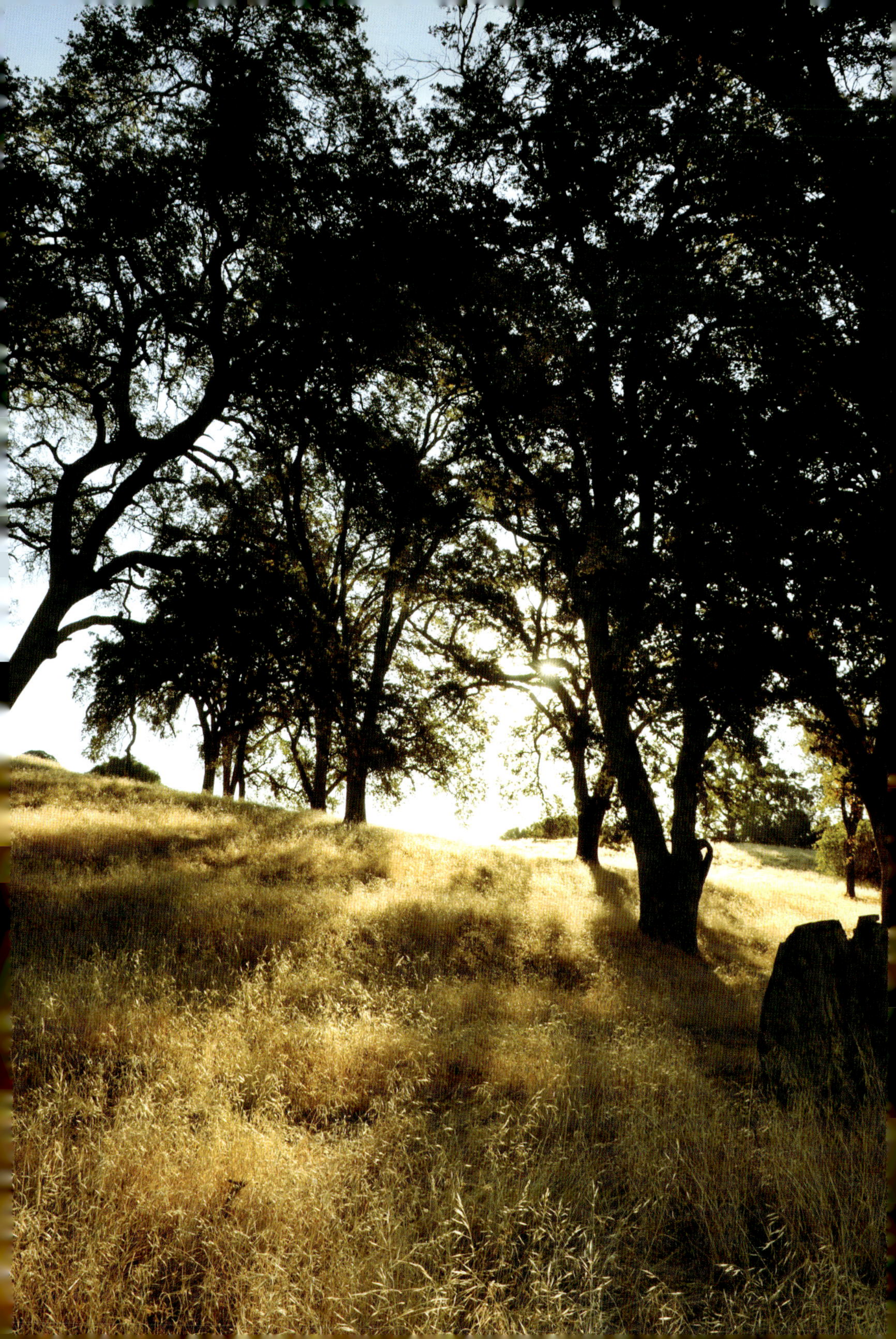

SIERRA FOOTHILLS

# Domaine de la Terre Rouge
ドメーヌ・ド・ラ・テール・ルージュ

背が高く白髪の、自信に溢れた表情のウィリアム・イーストンは、サンフランシスコの近くでワイン小売店を営んでいたが、そのかたわらでカスタム・クラッシュのワインを造り、1985年から顧客に配っていた。1987年に自分自身のラベルを持ち、1994年にはワイン小売店を売り払い、シェナンドー・ヴァレーに引っ越してきた。そこで1995年に、最初のヴィンテージであるテール・ルージュを造った。ここには、ローヌ品種を用いたワインのためのテール・ルージュと、ジンファンデルなどを主体としたワインのためのイーストンの2種類のラベルがある。彼は5haしか葡萄畑を持っていないが、他にも多くの葡萄畑を借地し、さらに、独占的に葡萄を仕入れる契約をしている葡萄畑も多数ある。彼は特に標高の高い場所にある畑が好きで、標高900mの畑もいくつかある。その他、4つの郡から葡萄を仕入れている。

彼のソーヴィニヨン・ブランは、主に標高760mのオーバーンの東にある葡萄畑からのものを使っている。ヴィオニエは、フィドルタウンの、花崗岩が細かく砕けた土壌で栽培されている。ノトーマはソーヴィニヨン・ブラン主体に、セミヨン、ヴィオニエを加えた樽発酵のブレンド・ワインである。もう1つの白のブレンド・ワインが、エニグマで、こちらは標高900mの葡萄畑で育つマルサンヌ、ヴィオニエ、ルーサンヌから造られる。こちらも樽発酵で、微細な澱とともに熟成させる。ルーサンヌの単一品種ワインも同様の方法で造られる。

シラーとジンファンデルのためのラベルであるイーストンは、土着の酵母で発酵を始めさせるが、たいていは選別酵母で完了させる。果帽は人力で櫂入れする。ワインはブルゴーニュ産のオーク樽で熟成させ、ラッキングはほとんど行わない。一般にワインのなかには、還元の徴候を示すものもあるが、彼は長く熟成するワインを目指しており、初期還元の心配はない。実際彼は最上のワインはかなり長く瓶熟成させてから出荷しており、2009年に出荷されたのは、2003と2004のヴィンテージである。

そのイーストン・ジンファンデルは、アマドール郡の隣人の多くが造るジンファンデルのような田舎臭さがなく、洗練されている。彼は過熟の果実と高いアルコール度数が嫌いであり、またワインはすべてフランス産オーク樽で熟成させる。普通のジンファンデルがアマドール・カウンティAVAで、いろいろな畑のブレンドである。フィドルタウン・ジンファンデルは、1860年代に植えられた古樹からのワインである。もう1種類、エステート・ジンファンデルがあるが、こちらは立木仕立ての葡萄樹から造られるワインで、新樽比率3分の1で、18ヵ月熟成させる。カベルネ・ソーヴィニヨンは全般に、他のイーストン・ラベルほど推奨できない。

テール・ルージュの構成は、すでに言及した白ワイン同様に複雑である。グルナッシュとムールヴェドルを同じ比率でブレンドした樽発酵のヴァン・グリ・アマドールや、軽いローヌ・スタイルのブレンドで熟成初期の果実味に焦点を当てた長熟用ではないテート・ア・テートがある。また、ノワール・グランダネは、シャトーヌフ・スタイルのブレンドで、グルナッシュの古樹にムールヴェドルとシラーをブレンドしたものである。

ヴィンテージによっては、シラーだけで7種類造られることがある。コート・ド・ルエストは最も軽いワインで、こちらはフットヒルズではなく、ロディの果実から造られる。シエラ・フットヒルズは、バリックで18ヵ月熟成させたもの。また標高900mの畑の葡萄を使ったハイ・スロープスというワインもある。1991年に、ビルは初めてセンティネル・オーク・ヴィンヤード・ピラミッド・ブロックというワインを造ったが、それは1984年に植えた葡萄樹からのものである。このワインは新樽比率3分の1のオーク樽で、2年間熟成させる。最高級の――あるいはいずれにせよ最も高価な――シラーが、アセントで、こちらは一流畑の葡萄から造られ、大部分新樽で2年間熟成させる。1999年に最初に造られた。

ウィリアム・イーストンは非常に有能な醸造家で、果実を厳選し、そのテロワールを忠実に映し出すワインを造ってきた。単一のエステートが、これほど多くの種類のワインを造りだすのは非常に難しいことであるが、彼は地区内のさまざまな部分の栽培家と長期契約を結んでおり、それが彼の偉大な柔軟性を支えている。その柔軟性は彼のワインに表現されており、そのワインはおそらくフットヒルズから生み出されるものの中では最上の部類に入る。そのシラーは、その品種に望みうる最高の重量感と複雑さを有し、そのジンファンデルは、レーズンのような風味は微塵もなく、この品種のワインにはめずらしいフィネスを備えている。それらはともに、素晴らしく長く熟成する。

右：幅広い種類の洗練された優美なワインを、厳選した葡萄から生み出す、元ワイン小売商のウィリアム・イーストン。

## 極上ワイン

(2009年にテイスティング)
**Terre Rouge　テール・ルージュ**
**2007エニグマ**　贅沢なトロピカル・フルーツの香り。ふくよかで丸みがあるが、元気が少し足りない感じ。しかしかなり長い後味を支える十分な酸がある。
**2004ピラミッド・ブロック・シラー**　芳醇だが抑制された香り。プラムや黒胡椒のアロマがある。スパイシーで緻密な味わいで、タンニンは熟れており、酸は新鮮。まだ閉じているが、後味は生き生きとしてとても長い。
**2001ピラミッド・ブロック・シラー★**　活気のあるプラムや黒胡椒の香り。クリーミーで濃密な口あたり。酸は上質で壮健。しかしタンニンは頑強ではない。長い味わい。
**2001アセント・シラー**　豊かなブラックベリーの香り。ミディアムボディだが滑らかな舌触りで、とても良く凝縮されている。チョコレートの風味が明瞭。とても良く熟れた果実味がするが、ワインはそれほど強烈ではなく、優美さが際立ち、味わいは素晴らしく長い。
**1999ピラミッド・ブロック・シラー**　濃密でくらくらするような香り。甘い東洋のスパイスと赤果実が感じられる。とても豊かで豊潤な味わいで、甘い果実の凝縮感が素晴らしく、新鮮さとピリッとした刺激も申し分ない。タンニンはまだ重いが、良く統合されている。

**Easton　イーストン**
**2007アマドール・カウンティ・ジンファンデル**　とてもスパイシーで、生き生きとしたブラックチェリーの香り。贅沢でスパイシーな味わいで、ジャムのような感触はない。果実味主導のスタイルで、後味は生き生きとしている。骨格が少し脆弱だが、果実味が前面に出てきて飲みやすい。味わいはほど良い長さ。
**2004エステート・ジンファンデル★**　濃密なイバラの香り。キイチゴや胡椒も感じる。豊かだが、爽快感もあり、繊細な果実の輝きがある。ポートワインのような風味はまったくない。胡椒味が感じられ、生き生きとして、バランスは絶妙で味わいは長い。
**2002エステート・ジンファンデル**　キイチゴと胡椒の香り。細身で新鮮で、鮮明。生き生きとしているが抑制されたスタイルで、タンニンは熟れ、酸は上質。素晴らしく長い味わい。
**1999エステート・ジンファンデル**　かなり奥行きのある赤色。熟れたエレガントな赤果実の香りで、2次的アロマはほとんどない。豊かで滑らかな口あたりで、衰えを感じさせない。凝縮されてスパイシーで、空気のような軽さもある。後味はとても長いが、かすかにタンニンが乾いているように感じる。

**Domaine de la Terre Rouge**
ドメーヌ・ド・ラ・テール・ルージュ
栽培面積：5ha　平均生産量：25万本
10801 Dickson Road, Fiddletown, CA 95629
Tel: (209) 245-3117　www.terrerougewines.com

SIERRA FOOTHILLS

# Sobon Estate / Shenandoah Vineyards
ソボン・エステート／シェナンドー・ヴィンヤーズ

**1970**年代には、レオン・ソボンはまだ、妻のシャーリーと6人の子供と共に、サンフランシスコ・ベイ・エリアのロス・アルトスに住む普通の研究者であった。彼は長年ロッキード社に勤め、それなりの地位を得ていたが、政府からの受注契約をもとに働く仕事に嫌気がさしてきて、人生の方向転換を考えるようになった。その頃彼は、4人の同僚とともに葡萄を買いつけ、趣味でワインづくりをやっていた。1977年に彼は、シェナンドー・リヴァーに28haを超える土地を買い、葡萄畑を拓き、ワイナリーを建てた。そのエステートに、シェナンドー・ヴィンヤーズという名前を付けた。最初の数年はとても苦労した。彼は車の荷台にワインを積んで、ベイ・エリアで顧客になってくれそうなところを一軒一軒訪問した。1980年代に入り、ジンファンデルの価格が急上昇すると、彼は2番目の畑を買い、その28haの土地に今度はジンファンデルを植えた。その畑はその後植え替えられた。1989年に手に入れたこの畑に、彼は今度は自分の名前を付けた。

*ソボンの生産者名のワインの方が、シェナンドー・ヴィンヤーズのワインよりも高価であるが、それでもその価格は非常に適正で、ソノマの単一葡萄畑ジンファンデルと比べれば、それは明瞭である。*

現在レオン・ソボンは日常的なワインづくりの仕事は息子のポールに任せている。しかし彼と妻のシャーリーは、今でもワイナリーの仕事に深く関わっている。シェナンドー・ヴィンヤーズの方は、いろいろな品種を使ったあまり高価でないワインに的を絞り、ソボンの方は、より厳格な基準の下に造る高価なワインに的を絞っている。

ソボン・ヴィンヤードは無灌漑農法で、その3分の1の面積にローヌ品種を植え、バルベーラは、斜面の一番高い区画に植えている。ソボンはジンファンデルの2つの区画に名前を付けている。クーガー・ヒルとロッキー・トップである。その2つの単一区画ワインの他にも2種類のジンファンデルがあり、普通のブレンド・ワインがオールド・ヴァインズという名前で、もう1種類が、フィドルタウンという名前のこのワイナリーの最高級品である。こちらは1903年に植えられたルベンコ・ヴィンヤードの6haの畑の古樹を使っている。ソボン自身は、自家畑の2つの区画のうち、ロッキー・トップの方が好きだと言っているが、どちらも同じ方法で造られ、小さな発酵槽、時には樽で発酵させ、人力による櫂入れを行う。オーク樽は大半がアメリカ産である。

ソボンはヴィオニエとルーサンヌも造っているが、どちらも半量は古い樽で、残りの半量はステンレス・タンクで発酵させる。しかしそれらのワインは、赤ワインほど成功していないようだ。アマドール・カウンティ・シラーは良い時もあるが、がっかりさせられる時もある。その他にも、レゼルヴと名付けられているジンファンデルとプリミティーヴォから少量造られるワインもある。ソボンの生産者名のワインの方が、シェナンドー・ヴィンヤーズのワインよりも高価であるが、それでもその価格は非常に適正で、ソノマの単一葡萄畑ジンファンデルと比べれば、それは明瞭である。もう1種類、ノボス（一家の名前Sobonを逆につづったもの）というワインもあるが、こちらは息子のポール・ソボンが、シェナンドー・ヴァレー以外の地区から買い入れた葡萄を使って造る単一品種ワインである。

ソボン家が、彼らの名前を付けた土地を買ったとき、そこにはカリフォルニアでも最古のワイナリーがいくつか残っていた。1856年にアダム・ウーリンガーという名前の1人のスイス人開拓者がこの山腹に1軒のワイナリーを開いた。そしてそのワイナリーにダゴスティーニ・ワイナリーという名前を付けた。ソボン家はそのワイナリーを丁寧に修復し、そこを博物館にした。そこには、19世紀にそのワイナリー自身が造ったアメリカスギの卵型の大樽も展示されている。アマドール・カウンティ最古のワイナリーとして一見の価値がある。

## 極上ワイン

*(2009年にテイスティング)*
**2008 Roussanne　2008 ルーサンヌ**
とろ火で煮たアンズの香り。ミディアムボディでしなやかで、クリーミーな触感。フェノールが少しざらついた感じがする。味わいはそれほど長くない。

**2007 Viognier　2007 ヴィオニエ**
スイカズラの香り。みずみずしく、ほど良く凝縮され、魅惑的な果実味があるが、酸がやや低い。中盤に味わいが途切れ、後味も同様。

上：非常にお買い得な価格で高い品質のローヌ品種やジンファンデルを提供するレオン・ソボンとその息子のポール。

### 2007 Cougar Hill Zinfandel [V]
### 2007 クーガー・ヒル・ジンファンデル [V]

ほっそりとして繊細なレッドカラントの香り。凝縮された味わいで、贅沢な触感がある。とても豊かでスパイシー。精妙さと元気の良さが同居している。

### 2007 Fiddletown Zinfandel (Lubenko Vineyard)★
### 2007 フィドルタウン・ジンファンデル
### (ルベンコ・ヴィンヤード)★

とてもスパイシーな赤果実の香り。豊かなフルボディで、凝縮されていて、他のジンファンデルよりも濃厚さが際立つ。しかし重さはなく、後味はスパイシーで長い。アルコール度数15.5%は気にならない。

### 2006 Rocky Top Zinfandel
### 2006 ロッキー・トップ・ジンファンデル

ほっそりとした香りで、赤果実とチェリーのアロマがある。ミディアムボディで、ほど良く凝縮され、滑らかな触感で、酸は新鮮。味わいが前面に出てくるスタイルだが、バランスもとても良い。

### Sobon Estate
### ソボン・エステート

栽培面積：39ha　平均生産量：35万本
14430 Shenandoah Road, Plymouth, CA 95669
Tel: (209) 245-6554　www.sobonwine.com

SANTA CRUZ MOUNTAINS

# Mount Eden Vineyards
マウント・エデン・ヴィンヤーズ

1943年に、マウント・エデン・ヴィンヤーズを拓き、その切り立った斜面に葡萄樹を植えたのは、マーティン・レイである。彼のここでのシャルドネとピノ・ノワールの最初のヴィンテージは、1946年であった。1972年にマーティン・レイが全面的に葡萄畑の管理から手を引いた時、葡萄畑の所有権は2分割され、標高の高い方がマウント・エデンになり、レイ家は下の方のシャルドネが植えられている2haの畑だけをそのまま保有した。マウント・エデンの新しい所有者は、日々の管理をワインメーカーに任せきりだったが、その多くが若者で、町から離れた孤立した生活と低賃金に嫌気がさして次々に辞めていった。そんな中1980年代の初めに、UCデーヴィス校の卒業生である1人の若者が、バークレーからやってきた。名前はジェフ・パターソンといい、彼がワインメーカーになり、妻のエレノアが販売部長になった。1988年に、パターソンは株主の1人になり、その20年後、彼と妻は筆頭株主になった。

サラトガの近くの山腹を通る1本の長い私道を上ると、その葡萄畑に行き着く。そこは標高600mの場所にあり、フォグラインからは十分上に位置している。マーティン・レイが建てた最初のワイナリーは、今でもカベルネ・ソーヴィニョンの樽貯蔵庫として使われているが、シャルドネとピノ・ノワールのために、新たに山腹を掘って横穴式樽貯蔵庫が造られ、元のワイナリーの貯蔵庫よりも厳密な温度と湿度の管理が行われている。

古い葡萄畑はほとんど残っていないが、シャルドネの古樹の畑があり、その半分が今でもワインになっており、残りの半分は現在植替えが行われている。ピノ・ノワールの畑2.8haの大半が1997年に植え替えられたが、カベルネ・ソーヴィニョンは1980年代初めに植えられた葡萄樹のままある。頁岩の土壌は養分が非常に少なく、また古い畑は無灌漑農法を行っているので、収量は極めて少ない。ここでは、新芽を食い荒らすシカと浸食が葡萄栽培の大きな障害だが、利点は排水が良く、霜もなく、病害もほとんどないということである。ジェフ・パターソンはしっかりした信念を持つ男で、果実味ばかりが目を引くようなワインには興味がなく、力強く、フレーバーが長く持続し、*nervosité*（緊張感）があり、長く熟成することのできるワインを造りたいと思っている。実際、彼の造るシャルドネは、しばしばピノ・ノワールよりも長く熟成することがある。彼はまた、アルコール度数の高いワインは造りたくないと言い、だいたい13〜14.2%の間である。

シャルドネは土着酵母を使い、樽発酵させ、新樽比率50%のフランス産オーク樽で約10ヵ月熟成させる。マロラクティック発酵は最後まで完遂させるが、澱撹拌は行わない。パターソンは、ミネラルのフレーバーは、土壌ではなく、クローンに由来すると考えている。ボーヌ出身のポール・マッソンがブルゴーニュから苗木を持ってきて、そこからまたマーティン・レイが苗木を貰ってこの畑に植えた可能性がある。

シャルドネのセカンド・ワインは、エドナ・ヴァレーの果実を使っている。そのワインは以前はMEV［マウント・エデン・ヴィンヤーズの頭文字を取ったもの］と呼ばれ、その果実は、エドナ・ヴァレーでも最も古い部類に入るマクレガー・ヴィンヤードのものを使っている。1999年にジャン・ポール・ウォルフがその畑を買い、改名したが、今でもその果実はマウント・エデン・エドナ・ヴァレーの原料になっている。それは贅沢なトロピカル・フルーツのフレーバーがあり、賛否両論あるが、サンタ・クルーズの山岳地ワインの対極にあるワインである。

ピノ・ノワールに関しては、パターソンは、ほど良く成熟した葡萄を使っている。葡萄は一部除梗されて、低温浸漬され、土着酵母で、定期的な果帽の櫂入れを受けながら発酵させられる。以前は、そのワインはすべて新樽で熟成されていたが、現在は新樽比率は50%まで下げられ、熟成期間も18ヵ月から11ヵ月まで短縮された。ラッキングはほとんど行わず、ワインは清澄化も濾過もされずに瓶詰めされる。

カベルネ・ソーヴィニョンは、斜面の下の方、標高425m付近の8haの畑に植えられている。またメルローとカベルネ・フランの小さな区画もあり、ブレンドは普通カベルネ・ソーヴィニョンが75%を占める。このワインはオーク樽で18ヵ月熟成される。2000年まで、1950年代に植えられた最初の畑の葡萄から、オールド・ヴァイン・リザーヴというワインが造られていたが、その畑は現在植替えを余儀なくされている。

右：1980年代にマウント・エデンにやってきたジェフ・パターソン。彼はいま妻のシェーファーとともに筆頭株主になっている。

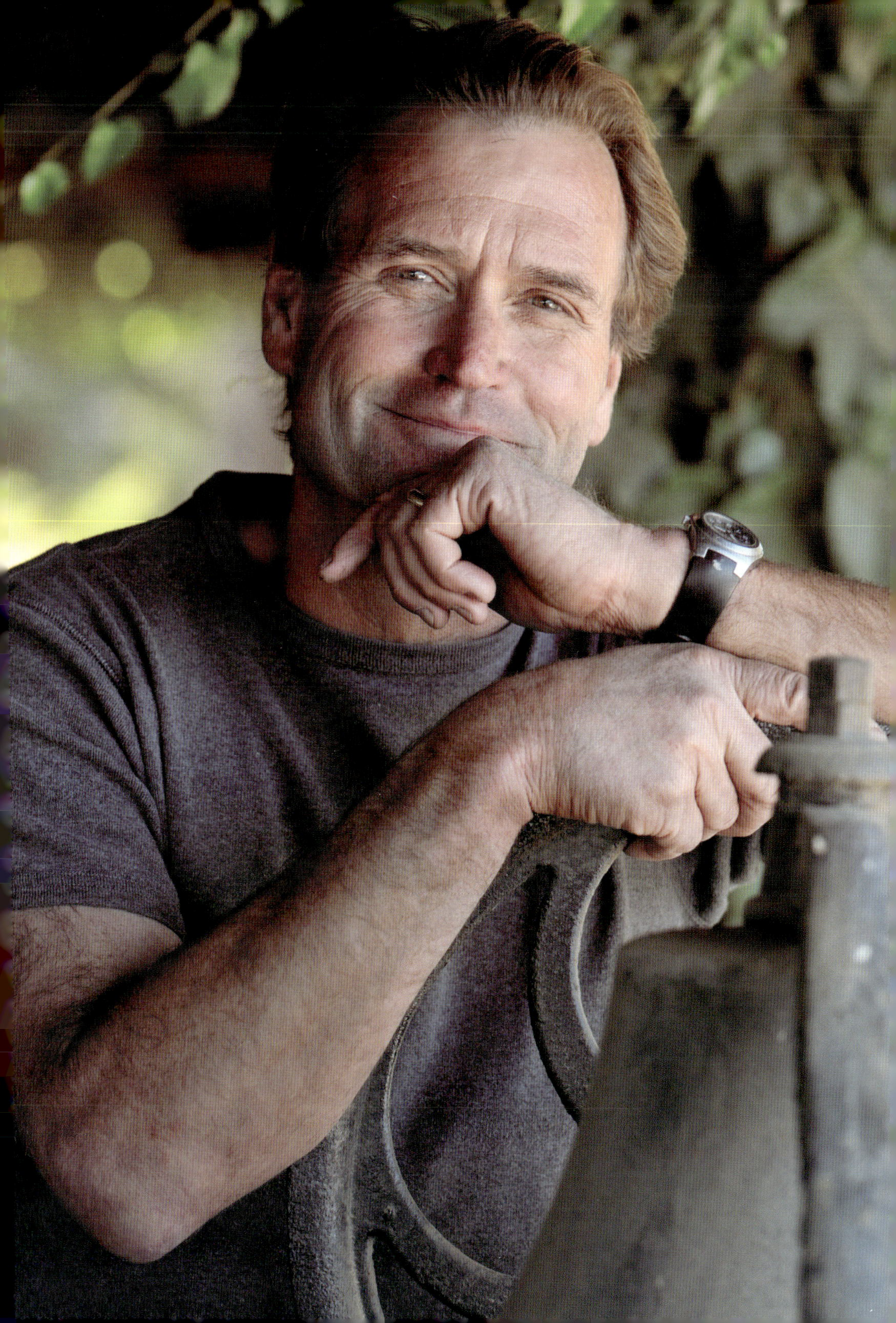

MOUNT EDEN

マウント・エデンの全生産量の3分の1が、3種類のエステート・ワインである。次の3分の1が、エドナ・ヴァレーの葡萄を使ったワインで、2004年にパターソンはサラトガ・キュヴェを導入した。それはエステート・ワインから外されたワインのブレンドで、近隣の畑から購入した果実も含まれている。そのワインはサンタ・クルーズ・マウンテンの果実の特徴を備えているが、自家畑の葡萄は一部しか含まれていない。エステート・ワインよりもかなり安価だが、価格のわりに質は高い。

現在、古樹の葡萄は昔にくらべ低い割合でしか使われていないが、このワイナリーのワインの質はずば抜けて高い。そのワインは若い時それほど秀逸には見えない。なぜなら、意識的に抑制された感じに造られているからである。そのワインには、華やかで、浮き立つような果実味はないが、マウント・エデンの顧客は、そのワインはリリース時にはその能力や精妙さのほんの断片しか見せないが、セラーで長く熟成させればさせるほど真価を発揮するようになるということを知っている。そのうえ、1980年代半ばから、その酒質はさらに1段飛躍している。以前の古いヴィンテージには、野菜の風味が目立つものがあったが、その理由は、数十年前は樹冠を大きく広げる栽培法が主流だったからである。パターソンは除葉と適切な葡萄樹の整枝管理を導入し、現在では、ハーブのような性質は完全には取り除かれていないにしろ（またそうすべきであるが）、しっかりと後景に押しとどめられている。

上：マウント・エデンは今でも見晴らしの良い場所で、パターソンはここから下界を眺めるとき、大きな満足感を覚える。

## 極上ワイン
### Chardonnay
シャルドネ
**2006サラトガ・キュヴェ**　核果類果実の香り。ふくよかで凝縮されている。エステート・ワインほどキビキビとしたところはないが、酸が上質で爽快感がある。特に後味にそれを感じる。
**2006エステート★**　純粋なアンズの香り。際立つミネラルとまではいかないが、本物のエレガントさがある。細身で緻密な柑橘系の風味があり、酸は高い。味わいの長いブルゴーニュ・スタイル。
**2005エステート**　豊かで、オイルのような、シャルドネらしい香り。オークが良く表現されている。2006よりもふくよかな味わい。豊かで重量感があるが、上質の酸が、脂肪分を切り取っている。洗練されていて濃密で、柑橘系の後味が長く続く。
**1997エステート**　豊かな、トースト、蜜蝋ワックスの香り。アンズの香りもある。豊かなフルボディだが、上質な酸も維持されている。洗練されていて、ピリッとした風味もあり、年齢を感じさせない。後味はとても長い。

### Pinot Noir
ピノ・ノワール
**2006サラトガ・キュヴェ[V]**　温かく、スパイシーなチェリーの香り。率直でそれほど複雑ではない。ミディアムボディで新鮮で、生き生きとしており、酸は上質。エステート・ワインほど奥深さと精妙さを感じさせないが、繊細で活気があり、土味のような後味が長く続く。
**2006エステート**　かすかな土の香り。その背後にキイチゴの微香。凝縮されているが新鮮で、繊細。タンニンは軽く純粋な赤果実のフレーバーがある。骨格もしっかりしており、バランスも良く、優雅。
**2005エステート**　燻製やキイチゴの香り。しなやかだが凝縮され、2006よりも肉感的。繊細な赤果実の酸が時々現れる。抑制され

たスタイルで、味わいは申し分なく長い。
**2000エステート**　森の下草の香り。まさにブルゴーニュ的な香りで、チェリーや丁字のアロマもある。最初甘さが際立つが、鮮やかな酸が新鮮さを保ち、生き生きとした口あたりで、緻密で洗練されている。長い後味に、濃密な赤果実のフレーバーを感じる。

### Cabernet Sauvignon
### カベルネ・ソーヴィニヨン
**2006エステート**　豊かで洗練された香り。葉の香りもするが、ハーブのようではなく、ブラックチェリーの香りもある。ミディアムボディで、とても濃密。しかし肉厚感が物足りない。細身のスタイルで、愛らしいが、やや軽く感じる。しかし酸がしっかりしており、新鮮さと元気の良さ、味わいの長さをもたらしている。
**2005サラトガ・キュヴェ**　甘い、ヒマラヤスギ、森の下草の香り。ふくよかでみずみずしく、飲みやすいが、凝縮感もしっかりあり、精妙さはないかもしれないが、黒果実とスパイスが口中に広がる。
**2005エステート**　しっかりした、オークや葉の香り。とても奥行きがある。ミディアムボディでタンニンは堅牢。重量感もあり、良く抽出されていて、持続性もある。過度なスタイルではなく、細身でバランスが取れ、長い味わい。
**2001エステート**　かすかに甘い香り。豊かな黒果実のアロマがあり、ミントの微香もある。贅沢な触感で、繊細で、生き生きとしている。タンニンのきめは細かく、後味は長く、繊細なブラックカラントが感じられる。

### Mount Eden Vineyards
### マウント・エデン・ヴィンヤーズ
栽培面積：16ha　平均生産量：18万本
22020 Mount Eden Road, Saratoga, CA 95070
Tel: (888) 865-9463　www.mounteden.com

SANTA CRUZ MOUNTAINS

# Ridge Vineyards　リッジ・ヴィンヤーズ

　古い歴史を持つワイナリーは数多くあるが、今ではリッジと短く呼ばれているこのエステートほど、見事な復活を果たしたところは他にないだろう。1880年代のこと、オセア・ペロン博士は、サラトガを見下ろす山地に広がる73haの土地を購入し、そこにモンテ・ベロ葡萄畑を拓いた。その畑は、当時の葡萄畑のほとんどがそうであったように、フィロキセラと禁酒法という二重の災厄に苦しめられた。1959年に、スタンフォード大学の数人の研究者が、共同で家族のための別荘を購入する目的でここを訪れなかったら、この葡萄畑の歴史はそこで終わっていたであろう。彼らの購入した土地にはモンテ・ベロ葡萄畑が含まれており、そこにはカベルネ・ソーヴィニヨンの古樹がまだ植わっていた。新しい所有者たちはその葡萄を摘み取り、試しにそれを使ってワインを造ってみた。彼らはみんな、そのワインの美味しさに驚愕した。その後彼らは少しずつワイナリーを建て直し、1969年に、ワインメーカーとして1人の若者を招いた。その若者の名前は、ポール・ドレイパーといい、哲学の学士号を持ち、探究心が旺盛で、チリでワインづくりをした経験を有していた。彼は以前の1962年（モンテ・ベロの最初のヴィンテージ）と1964年をテイスティングしてみたが、すぐにこの葡萄畑が大きな可能性を持っていることを確信した。

　ドレイパーはモンテ・ベロの土壌に衝撃を受けた。というのは、表土の下には細かく砕かれた石灰岩の厚い層があり、それはカリフォルニアではめったに見かけないものだったからである。その他にも、この畑には多様な土壌が含まれていて、コート・ロティー（北部ローヌ）のコート・ブリュヌを彷彿とさせた。いずれにせよ、ここの土壌は非常に興味深いものだった。ペロン博士時代のワイナリーの側壁のいくつかが残存しており、新しいワイナリーはそれを生かしながら建て直された。現在のワイナリーは、石灰岩の底土を掘り下げた、地下数階に及ぶ大きな建物になっているが、それでもリッジのワインのすべてがここで醸造され熟成されているわけではない。リッジの生産量が飛躍的に伸び、とてもそこに収まりきれない量になっているからである。ドレイパーがやって来る前の1967年には、生産量は、買い入れた葡萄から造ったものも含めて3000ケースほどしかなかったが、ドレイパーの下でリッジは急拡大を遂げた。その有名なソノマ・ジンファンデルは、現在ヒールズバーグ近くの別のワイナリーで造られている。

　今も全体的な指揮はポール・ドレイパーが執っているが、1994年から日常的なワインづくりの仕事は、エリック・バウガーが取り仕切っている。ここにはサンタ・クルーズ・マウンテン・ワインの他に、リッジがずっと昔から造ってきた多くの種類のジンファンデルがある。

　50haのモンテ・ベロ葡萄畑は1999年から有機農法で栽培されており、傷んだ葡萄樹はマサル・セレクションによって植え替えられている。葡萄樹が植えられている標高700〜800mの場所は、驚くことではないが、ボルドーと同じくらい冷涼である。ただしここでは大西洋の影響による雨の心配はない。葡萄はもちろんしっかりと成熟するが、それはゆっくりと着実に進み、糖分の蓄積がナパやソノマほど劇的に進むことはない。そのため、アルコール度数はわりと低めで、その代わりタンニンと酸は高めである。バウガーが言うように、「ここは、過熟といった、過度なスタイルができない畑だ」。そのワインはゆっくりと熟成するが、ヴィンテージによっては数10年も長く熟成することができる。葡萄樹の年齢はかなりばらつきがあるが、平均樹齢は30歳である。ドレイパーは、この畑の各区画は葡萄の成熟が異なったスピードで進むことを知っており、そのためリッジのチームは、頻繁に各区画の葡萄を味見しなければならない。初期の赤ワインのヴィンテージは、純粋なカベルネ・ソーヴィニヨンであったが、1970年代後半から、ボルドー品種のブレンドになった——最初はメルローが、次にプティ・ヴェルドーが加えられた。

　リッジのワインづくりは、几帳面そのものである。2008年から、葡萄は除梗の前と後の2回選果され、土着酵母を使って発酵させられる。ドレイパーとバウガーは抽出に際して細心の注意を払い、過抽出にならないように気をつけている。発酵後浸漬も長くなりすぎないようにしている。ここの葡萄は自然のタンニンがかなり強くなる傾向があるからである。また、ワインのバランスと調和を達成するためには、ヴィンテージごとに醸造法の細かな調整が必要であり、ドレイパーがその最終決定を行う。ここには、決まりきった公式などない。多くのキュヴェ（30を超える時もある）は、

右：1969年から長い間リッジで働いてきたが、今も開かれた心と探究心で毎回のヴィンテージに挑むポール・ドレイパー。

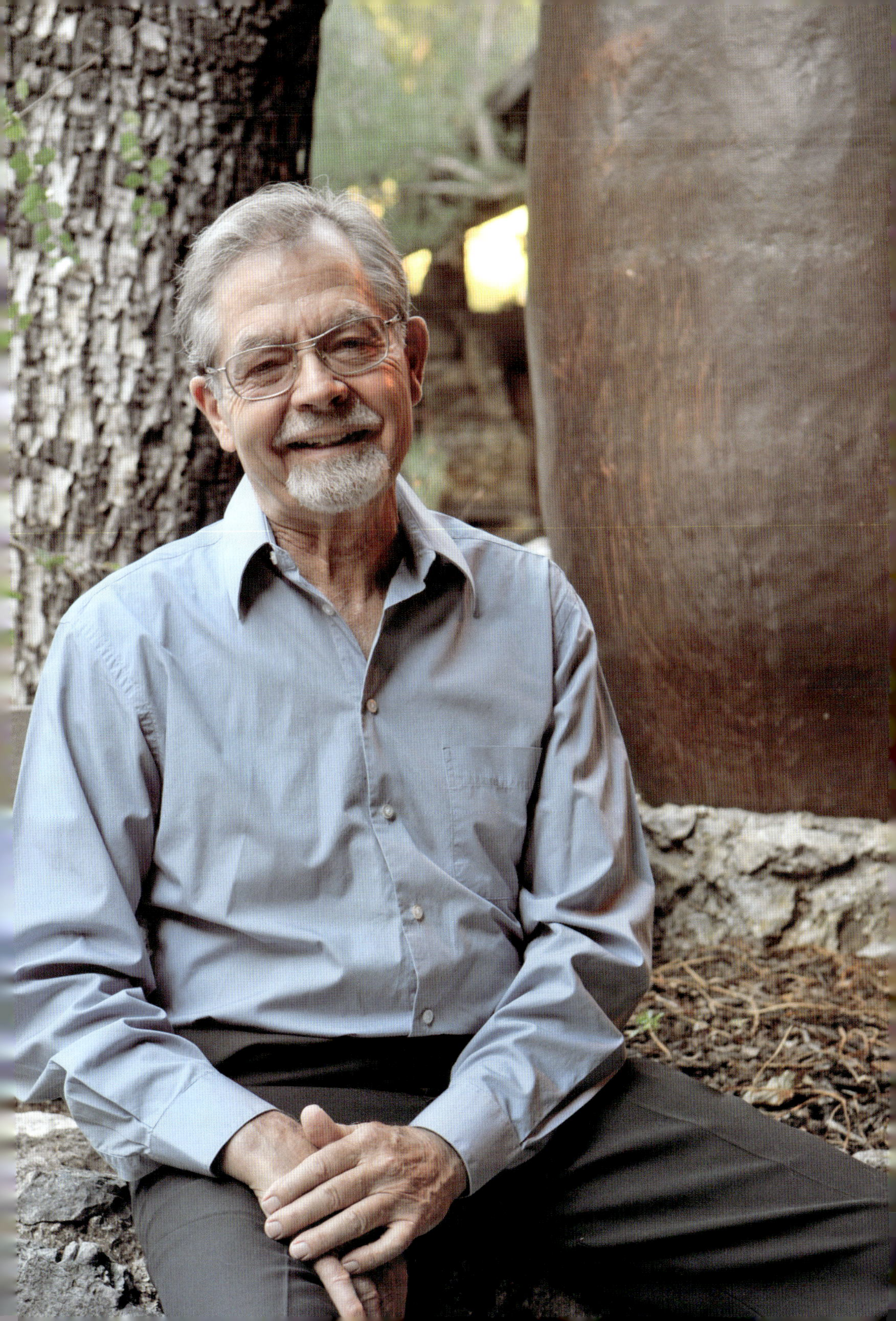

わりと早い段階でブレンドされる。モンテ・ベロを他のカリフォルニア・ワインと区別する大きな特徴は、それが——時には85%になることもあるが——アメリカ産のオーク樽で熟成されるということである。モンテ・ベロは、アメリカのカベルネ・ソーヴィニヨンのなかで最もフランス的ということができるが、ドレイパーは、自分が造りたいのはアメリカのワインであり、ボルドーの複製ではないと、きっぱりと言う。もちろんそのオークは自然乾燥させたもので、最高品質のものである。

セカンド・ワインはサンタ・クルーズ・マウンテンズ・カベルネである。それはモンテ・ベロから脱落した葡萄の受け皿的なワインといったものではなく、醸造法はまったく同じである。ただモンテ・ベロは、ある程度の重量感と骨格の確かさが必要なため、美味しいだけのワインをその中に含めることはできないのである。シャルドネは設立当初から造られているが、現在は全葡萄畑の面積の5%しか占めていない。1999年から、シャルドネもモンテ・ベロのラベル名で出荷されるようになり、セカンド・ワインはサンタ・クルーズ・マウンテンズのラベルである。長い間ドレイパーは、シャルドネの熟成にフランス産とアメリカ産のオーク樽を半々で使っていたが、アメリカ産のオーク樽の品質向上を受けて、現在はすべてアメリカ産のオーク樽で熟成されている。

ドレイパーはジンファンデルに魅了されており、35の葡萄畑から葡萄を仕入れ、それを醸造し、最も興味深く、最も個性の強いものを選別している。ジンファンデルもシャルドネと変わらぬ注意深さで造られ、こちらもアメリカ産オーク樽だけを使って熟成されるが、新樽はほとんど使わない。ジンファンデルで最も評価が高いのが、2つの単一葡萄畑ワインの、ガイザーヴィルとリットン・スプリングスで、どちらもソノマ郡の畑である。ガイザーヴィルはアレクサンダー・ヴァレーの借地畑で、非常に古いジンファンデルの他、カリニャン、プティ・シラーが植えられている。リッジはこのワインを、1966年に最初に造った。リットン・スプリングスは、ガイザーヴィルから6kmほど離れたドライ・クリーク・ヴァレーに入ったところにある畑で、1972年に初めて造られた。ここも混植畑で、非常に古い葡萄樹の割合が高い。微気象は、ガイザーヴィルよりも気温が高めで、そのためワインは頑健であるが、エレガントさという点でガイザーヴィルよりも劣る。その他、1923年に植えられたパソ・ロブレスのジンファンデル100%のワインもあるが、こちらはソノマのワインほど骨格がしっかりしていなくて、若い時に愉しむためのワインになっている。

その他、ナパ・スプリング・マウンテンのヨーク・クリークからのプティ・シラー、ジンファンデルもある（ヨーク・クリーク・カベルネは、1993年を最後に造られなくなった）。その他、ルシアン・リヴァー・ヴァレーのポンゾ・ヴィンヤードと、ソノマ・ヴァレーの、大半が100年以上の古樹からなるパガーニ・ランチからのジンファンデルもある。

リッジは驚くほど酒質が安定している。もちろんヴィンテージの間で優劣の差はあるが、これまで飲んだリッジ・ラベルで、不味いとか、凡庸だとか思ったワインは1つもない。ポール・ドレイパーは、豊富な経験と知識を有しているにもかかわらず、毎年新鮮な気持ちでワインづくりに取り組み、収穫から醸造、熟成に至るまで、そのヴィンテージにとって最善の方法は何かを常に考えている。彼がこのワイナリーに来る以前の1969年にも、この葡萄畑から秀逸なワインが生み出されていたが、彼はモンテ・ベロでアメリカの古典とも言うべきワインの数々を生み出した。しかし何事においても、当然と言えるものは1つもない。1997年にドレイパーを訪ねてこのワイナリーに着いた時、驚いたことに、私はテイスティング・ルームに招かれ、「今からいっしょに仕事をしないか」と誘われた。醸造チームは、リットン・スプリングスの2つのブレンドをテイスティングし、どちらにプティ・シラーが含まれているかを当てるように言われていた。私たちは点数を付け、話し合った。全員一致で一方のワインをプティ・シラーが含まれていると判断したが、全員が間違っていた。困惑したドレイパーはもう一度やり直すように言い、今度は全員が的中した。そしてワインメーカー達は、なぜ自分たちのような鍛えた舌でも間違うことがあるのかを理解した。残念なことに、私は2回目のテイスティングに参加することはできなかった。リッジは、すべての偉大なワイナリーがそうであるように、すべての重要な決定を分析ではなく、テイスティングによって決める。ドレイパーは科学の使用は軽蔑しないが、科学はワインのために存在するのであって、その逆ではないと言う。味こそが最高権威者である。

## 極上ワイン

**Monte Bello　モンテ・ベロ**

**2006★**　贅沢なブラックチェリー、ブラックカラントの香り。バニラの微香もある。非常に豊かで凝縮され、味わいが口中に溢れる。黒果実の芳醇さが、上質な酸によってバランスを取られ、味わいはとても長い。

**2002**　しっかりしたブラックカラントの香り。ミネラルもはっきり感じられる。最初生き生きとした口あたりで、カベルネにしてはキビキビとした感じ。今はまだ痩せた感じだが、鮮明で新鮮な味わい。うまく熟成するに違いない。

上：ドレイパーのバランスと調和という理想を受け継ぎ、1994年から日々のワインづくりを取り仕切っているエリック・バウガー。

**1996** きらきらと輝く黒果実の香り。豊穣な香りで、コーヒーの微香もある。ミディアムボディで、軽くハーブのフレーバーもある。素晴らしく凝縮され、濃密な赤果実のフレーバーがあり、バランスも良く、持続性は傑出している。

**1994** 非常に深い赤色。控え目なブラックカラントの香り。黒鉛やヒマラヤスギの微香もある。滑らかな触感はシルクのようで、凝縮されていて、タンニンはしなやか。重々しさは感じられず、後味はとても長く鮮明。

**1990** 深い赤色。衰えは少しも感じられない。繊細なブラックカラントの香り。しかしとても贅沢でバルサミコのような香りもする。最初甘さが際立つが、濃密な味わいで、果実味の純粋さが感じられ、非常に良く凝縮されている。バランスは絶妙で、優美な味わいがとても長く続く。

**1981** 深い赤色。すっかり進化している。控え目な燻製の香り、赤実とブラックカラントのアロマがある。ブレタノマイセスを少し感じるが、過度ではない。細身の、生き生きとした、まだ新鮮な味わいで、タンニンは良く統合され、魅力に溢れたエレガントなワインである。

**1974★** 深くまだ若々しい色。熟れた力強い香り。果実味が際立ち、実年齢よりずっと若く見える。ふくよかな甘さで、きらびやかなところもあり、素晴らしく凝縮され、衰えを少しも感じさせない。今が飲み頃だが、バランスがとても良いので、このままの味で今後も長く熟成するはず。

**1964** ドレイパーが来る以前のワイン。深い赤色。かなり熟成が進んでいる。茸、ヒマラヤスギの香りがする。口に含むと、熟成した味わいだが疲れは感じられない。口の中で少しカビ臭さを感じるが、新鮮さやピリッとした感じもある。少しずつ細くなり、やや減衰している感じもあるが、濃密さはまだ残っている。

### Zinfandel  ジンファンデル
**2006 リットン・スプリングス**　熟れた赤果実の香り。贅沢でクリーミーな触感で、良く凝縮され、タンニンもしっかりしている。申し分なく長い味わい。

**2006 ガイザーヴィル★**　優美なチェリーの香り。高揚感と新鮮さを感じる。ミディアムボディだが、凝縮されていて、タンニンは控えめで、後味にピリッとした胡椒味を感じる。味わいはほど良い長さ。

**1999 リットン・スプリングス**　コーヒー、プラム、肉の香り。柔らかいがフルボディで、凝縮されており、良く熟成している。しかし贅沢な味わいで、持続する後味にコーヒーを感じる。

**1999 ガイザーヴィル**　土、燻製、革の香り。贅沢なベルベットのような触感で、繊細な味わい。タンニンはとても良く統合され、後味に酸の爽快感を感じる。長い味わい。

**Ridge Vineyards**
リッジ・ヴィンヤーズ

栽培面積：212ha　平均生産量：100万本
17100 Monte Bello Road, Saratoga, CA 95014
Tel: (408) 867-3233　www.ridgewine.com

# モントレー Monterey

モントレー郡内で最重要の葡萄栽培地域が、モントレーの町から約8kmの幅で南東に延びるサリナス・ヴァレーである。そこは豊かな水に恵まれ、農業の生産性が極めて高いところである。その谷の多くの土地が、野菜生産に充てられ、1年中どんな時期でも、ヒスパニック系の労働者が腰をかがめ、キャベツやレタスを収穫しているのを目にすることができる。谷の北側のゴンザレスやソレダードの町の周辺では、葡萄畑は、土が痩せている河岸段丘に閉じ込められている。それより南の、キング・シティーやサン・ルーカスの周辺では、葡萄畑は逆に、谷底まで進出している。谷は南北に130kmの長さで延びているが、南に下るにつれて気温は顕著に高くなっていく。

カリフォルニアの他の多くのワイン地域と比べ、モントレーは比較的新しい地域であり、1960年代初期までは、葡萄畑はほとんど見当たらなかった。1970年には、その面積は800haまで広がっていたが、それはまだブームのほんの序曲で、1975年には、その面積は急激に膨れ上がり1万4000haまでになった。しかしその後2008年まで、その面積はあまり変わっていない。ナパやソノマと違い、この谷は、大きなワイナリーや共同企業体により拓かれた葡萄畑が多く、また節税目的のためだけに拓かれた葡萄畑も多い。ケンダル・ジャクソンやモンダヴィはここに何千ヘクタールもの畑を持ち、またヘスやガロ、ケイマスも葡萄畑を持っている。またある保険会社（デリカート）は、投資ファンドを募り、壮大なサン・ベルナーベ葡萄畑を拓いたが、それは葡萄畑単体としては、世界最大のものである。モントレーの果実の大半は、トラックで郡外へ移送され、安価だが概して安心できる質の良いワインの原料として、大手生産者のもとへ届けられる。

サリナス・ヴァレーが葡萄栽培に適していることを最初に示したのは、UCデーヴィス校が行った気象学的研究であった。そのローム層の土壌はかなり軽い土質で、水捌けが良く、まだ葡萄の生長期間も長かった。デーヴィス校の教授たちの研究は多くの点で正しかったが、植えるべき品種については誤った結論を出していた。彼らは積算温度（ある地域の暖かさを示すために測定された日照量の単位）の値から、カベルネ・ソーヴィニヨンがこの地に適しているとして、その品種を推奨したが、海洋性気候が谷に及ぼす影響、特に夏の霧と午後にしばしば山頂から吹き下ろす猛烈な風については、計算に入れていなかった。その2つの要因は、共に葡萄の成熟を阻害し、時には葡萄樹を枯らすこともある。その結果生まれるワインは、"モントレー産の野菜"と軽蔑される性質を示すようになる——すなわち、タンニンがすごく青臭いワインになる。それを解消しようとして過度の灌漑を行っても、収量が多くなるばかりで、ほとんど効果がないことが判明した。現在サリナス・ヴァレーではカベルネ・ソーヴィニヨンはほとんど栽培されていない。とはいえ、郡内の別の地区ではその品種は良好な結果を出している。

生産者たちは素早くその誤りを訂正した。モントレーは秀逸なシャルドネを生み出す産地であることを証明し、現在郡内の栽培面積のほぼ半分を、シャルドネが占めている。カベルネ・ソーヴィニヨンはこの数年で、栽培面積は2000haから1500haへと減少し、ピノ・ノワールは2330haへと倍増した。その他の品種では、リースリング、ヴィオニエ、マルベック、シラーがわずかだが増え、シュナン、ピノ・ブランが激減した。メルローは、2000ha前後で維持している。

モントレー郡は非常に変化に富んだ郡である。8つあるAVAのうちの多くが、サリナス・ヴァレーにあるが、その外に位置するシャローンとカーメル・ヴァレーもとても個性の強いワインを生み出している。

**アロヨ・セコ**（1983年からAVA）　砂と岩の多い土壌で、ソレダードからキング・シティーまで延び、2000haの広さがある。ウェンテやジェッケルなどの先駆者がリースリングでこの地区を有名にしたが、現在はシャルドネの方がはるかに重要である。ダグ・メドーの拓いたヴェンタナ・ヴィンヤードからは、州内各地の生産者に葡萄が届けられている。彼の主張はしばしば彼自身のワインで具現化されているが、適切な方法で栽培すれば、高収量と高品質は両立するというものである。

**カーメル・ヴァレー**（1983年からAVA）　郡内でも異質のAVAで、風のあまり吹かない温暖な気候の谷である。サリナス・ヴァレーに平行に走っているが、沿岸部の台地によって海洋の影響から保護され、カベルネ・ソーヴィニヨ

ンやメルローも良く成熟する。葡萄が最初に植えられたのは、現在ヘラー・エステートと呼ばれているところである。サリナス・ヴァレーよりも雨が多く、急峻で、標高が高く、風の弱い地区で、多くの個人営業のワイナリーがあり、モントレーやカーメルの人気リゾート地からの観光客でにぎわっている。しかし地元を超えて評判になるワイナリーはほとんどないが、それは栽培面積が合わせて120haと狭小であるためだろう。

**シャローン**（1982年からAVA）　1つのエステート（シャローン）しかないAVAであるが、十分その価値がある。その葡萄畑は、標高360〜700mの場所に120haの面積で広がっている。

**ヘイムズ・ヴァレー**（1994年からAVA）　モントレー郡で最も南に位置するAVA。ボルドー品種とポート品種の栽培に適した温暖な気候で、栽培面積は890haある。

**サン・アントニオ**（2006年からAVA）　最近できたAVAで、気候は温暖。砂利の多いローム層に320haの葡萄畑が広がっている。両カベルネとシラーが多く栽培されている。

**サン・ベルナーベ**（2004年からAVA）　2000haという壮大な葡萄畑の現オーナーであるデリカート社が、その葡萄畑自体をAVAにするように嘆願し、成功した。ほぼすべての品種が栽培されているが、美味しく安価なシラーの供給源となっている。

**サン・ルーカス**（1997年からAVA）　谷の南側にあり、1970年にアルマデンによって葡萄畑が拓かれた、まあまあ古い歴史を持つ地区。夏は猛暑になることもあるが、全般的に気候は穏やかである。栽培面積は3200haあり、大手の葡萄栽培家としてはロックウッドがある。

**サンタ・ルチア・ハイランズ**（1992年からAVA）　サリナス・ヴァレーの西側にある河岸段丘と沖積扇状地の上に発展した地区で、その多くがフォグラインのすぐ上に位置している。栽培面積は約2000ha。ハイランズといっても標高は400mほどであるが、近年他のモントレー地区よりも注目度が高い。ケイマスのメル・ソレイユ葡萄畑がここにあり、贅沢な味わいのシャルドネになっている。一方、パライソは、キレの良い白ワインとピノ・ノワールが有名である。その品種とシラーで、小さな葡萄畑が評判を呼んでいる。なかでもピゾーニ、フランシオーニ、ゲアリーズなどの葡萄畑が有名で、その葡萄はカリフォルニア中の生産者から引き合いがある。そのピノ・ノワールは全般に豊かな味わいで、力強いものであるが、長期契約しているワイナリーの好みに応じて、微妙な差がある。

# Chalone シャローン

ソレダードからかなり長く険しい坂道を登っていったところに、シャローン・ヴィンヤードがある。ここガヴィラン山地に葡萄樹が植えられたのは、20世紀初めで、谷底に葡萄畑が拓かれるずっと前のことである。その後の所有者の1人であるジョン・ダイアーが1919年に植えた葡萄樹が、今も生き残っている。1946年には、ある夫婦がこの畑を買い、シャルドネとピノ・ノワールを植えた。その葡萄は、ウェンテやアルマデンなどのワイナリーに買い取られた。自家で瓶詰めした最初のヴィンテージは1960年で、ワインメーカーはフィリップ・トーニであった。彼は、そのワインの醸造中、発酵槽の温度を下げるため、氷を買いに何度もサリナスまで往復したと話してくれた。その道が舗装されたのは、ようやく1980年になってからのことだった。

シャローンの新しい時代は、1965年にディック・グラフが購入し、それを拡張した時に始まる。そして彼はすぐに、樽発酵のピノ・ブランとシュナン、さらにはシャルドネとピノ・ノワールで、このエステートの評判を一気に高めた。1990年代に入ると、グラフは、アカシア、カーメネットなどのエステートを買収し、さらにシャトー・ラフィット・グループとの株式持ち合いを行い、その構造はいよいよ複雑なものになっていった。1998年にグラフが飛行機事故で不慮の死を遂げると、シャローン・グループの資産はすべて、2005年までに巨大飲料企業グループであるディアジオのものとなった。その間ワインメーカーも変わり、1983年から1998年までをマイケル・ミショーが、そしてその後ダン・カールセンを経て、2007年からはロバート・クックが務めている。

標高が490〜610mと高いにもかかわらず、この葡萄畑は、サリナス・ヴァレーよりも海洋の影響が小さく、温暖である。たまに朝霧が発生することもあるが、午前10時には消える。シャローンの個性は、その土壌に由来する。それは石灰岩と火山性の土壌の混ざったもので、それがこの畑の創設者であるフランス人を惹きつけた大きな理由である。その葡萄から造られるワインは、骨格がしっかりとしていて、長く熟成することができ、特にリザーヴはそれが顕著である。1990年代末に、そのワインは、ブレタノマイセス(悪性の酵母)やTCA(2・4・6トリクロロアニソール)に汚染されたことがあり、リリースされなかったヴィンテージもあった。カールセンは数年かけてそれを除染し、今ではその問題は完全に解消されているようだ。

残念ながら、2005年からのディアジオによる企業所有という形態は、シャローン・エステートにはあまり良い方向に作用していないようだ。古樹から造られる評判の高かったリザーヴは消え、ヘリテージというラベルに変わった。それはすべて新樽で熟成されるが、テイスティング・ルームでしか販売されない。このようにして、シャローンの名前を高めた多くのラベルが次々に市場から姿を消していった。同様に残念なことは、シャローン・ヴィンヤーズ・モントレー・カウンティという新ラベルが創られたことだ。それは他所から買い入れた葡萄から大量に造られるワインで、どのラベルにも、このエステートの葡萄畑のある場所(ガヴィラン山)を示した絵が描かれているにもかかわらず、それらのワインには、ほとんど全くと言っていいくらい自家畑の葡萄が使われていないのである。さらに悪いことは、そのデザインが、自家畑の葡萄を使ったワインにも共通して使われていることである。こうして消費者は、モントレー・カウンティーのラベルで出されているワインは、以前のシャローンのラベルで売り出されていたワインの表示を変えただけのものと考え、以前のものとは全く違うものとは夢にも思わずに購入してしまうのである。さらにこれに拍車をかけるように、恥知らずなレストランのオーナーが、そのワインを他のエステート・ワインと同列に並べ、実際よりもはるかに高い値段を付けてワインリストに載せていることである。そしてそのことが見破れるほどワインに詳しい消費者はほとんどいないのである。1990年代にはシャローンはまた、エステート・ワインと切り離す目的で、質の劣るワインをガヴィランとかエシャローンとかいう名前で、売り出していた。それ以降もディアジオは、明確な等級差を付けずに、消費者を混乱させるやり方でワインを売り出している。

とはいえ、上質なエステート・ワインが今でも造られている。1973年と1990年に植えられた葡萄樹から、上質なピノ・ブランが造られている。しかしカリフォルニアの他の地域と同じく、その葡萄樹のあるものは、実際はムロン種である。1919年に植えられた3haのシュナン・ブランからもワインが造られているが、その大半はもう実を付けることができない。そのワインはマロラクティック発酵を完遂させた後、古い樽で熟成されるが、多くのカリフォルニア・シュナンと違い、完全に辛口である。シャルドネは贅沢でスパイシーな味わいだが、それもヘリテージのラベルだけである。

ピノ・ノワールは、以前はオーク樽で2年間熟成させていたが、なめし皮の風味みを出すことがある。全般的に最近のワインは、オーク香が控え目で、より新鮮で、洗練されたものになってきている。2000年からはシラーとグルナッシュも造られるようになった。これらのワインのおかげで、シャローンは本書に紙数を占めることができたのだが、いま警鐘が鳴らされている。

## 極上ワイン

*(2009年にテイスティング)*
### White　白ワイン
**2007シャルドネ**　繊細なリンゴやアンズの香り。しなやかだが特に凝縮されている感じではない。後味に好ましい酸を感じるが、全般にだらけた感じ。味わいはまあまあ長い。

**2007ヘリテージ・シャルドネ★**　豊かな、オーク、焙煎した木の実の香り。フルボディで果実味の深さがあり、良く凝縮されている。辛口で、抽出もほど良く、木の実の後味が長く続く。

**2006シュナン・ブラン[V]**　しっかりした香りで、木の実や傷んだリンゴのアロマがある。オークが驚くほど目立つ。豊かだが木の実の風味が強く、厳しさがあり、しっかりと抽出されて個性的。味わいは長く、後味は明快で辛口。

**2006ピノ・ブラン**　とても厳しい木の実や澱の香り。豊かでクリーミーな口あたりだが、シュナンほどの土味は感じられない。しかし木の実の風味はこちらの方が強く、抽出もしっかりして、リンゴのフレーバーもある。長い味わい。

上：シャローン葡萄畑の劇的な背景となり、ラベルにもデザインされているガヴィラン山のゴツゴツした稜線。

### Red　赤ワイン
**2007ヘリテージ・ピノ・ノワール**　濃厚なチョコレートの香り。ブラックチェリーも香り、ピノらしさが少し感じられる。みずみずしく、まろやかな味わいだが、やや贅肉のある感じ。2005よりも個性が弱く、タンニンが粗く感じられる。過熟のスタイル。

**2006ピノ・ノワール**　軽やかなチェリーの香り。芳香性があり、爽やかさも感じられる。滑らかな口あたりで、凝縮されており、グリップ力とスパイスも感じられる。しっかり抽出されていて、持続性もある。

**2006シラー**　濃厚なタールの香り。チョコレート・ミントやプラムも感じる。広々とした味わいで、みずみずしく、重さもあるが、過抽出の感じはない。上質な酸によりバランスが取られ、味わいは長い。

**2005ヘリテージ・ピノ・ノワール**　(250ケース)濃厚な香り。チェリーのシロップ煮とバニラのアロマがある。ミディアムボディだが鮮烈で、凝縮されている。特にタンニンが目立つということもなく、長くスパイシーな味わいで、土の風味の後味で終わる。

**Chalone Vineyard**
**シャローン・ヴィンヤード**
栽培面積：105ha
平均生産量：(エステート・ワイン) 36万本
Stonewall Canyon Road, Soledad, CA 93960
Tel: (831) 678-1717　www.chalonevineyard.com

MONTEREY

# Paraiso Vineyards　パライソ・ヴィンヤーズ

ソレダードに住んでいたリッチ・スミスと彼の仲間は、1973年に、思い切ってサンタ・ルチア・ハイランズに共同で土地を買い、そこに葡萄樹を植えた。1987年に、スミスは他の持ち分を買い取り、単独所有者となり、さらに少しずつ畑を増やしていった。1988年には自分のラベルを出したが、ワイナリーを建てたのは1995年である。現在彼は郡内に1200haもの広さの畑を持ち、そのうち800haにシャルドネを植えている。サンタ・ルチア・ハイランズの畑は、160haしかなく、そのうちの90%だけがパライソ・ラベルに使われている。娘婿のデヴィッド・フレミングがワインメーカーで、息子のジェイソンもワインづくりに参加している。

スミス家の家業の中心は、葡萄栽培である。彼らは、葡萄の成熟に大きな差が出ること（特に風の向きによって）を知っており、パライソ葡萄畑だけでも、収穫に4週間もかけることがある。品種の栽培比率も、果実の質だけでなく、市場の需要と供給の動向に合わせて、常に変えている。こうして、ピノ・ブランとゲヴュルツトラミネールは引き抜かれ、またサウザオ畑はポート品種に植え替えられた。シラーはわりと新しく1989年に初めて植えられた。また1973年に植えた最初の葡萄樹、すなわちマティーニ・クローンのピノ・ノワールとウェンテ・クローンのシャルドネ、そしてリースリングは、今もワインに参加している。

パライソのワインは、カリフォルニアの極上ワインの最前列に並ぶようなワインではないが、気まじめに造られたワインで、常に酒質は向上している。1990年代には、パライソ・スプリングスのラベル名で出されていたそのワインは、安価ではあったが、酒質は凡庸であった。しかし2001年にラベル名をただのパライソに変更してからは、酒質は向上している。フレミングは、近道を選ばず、また大半のワインをフランス産オーク樽で熟成させる。しかしシラーだけは、アメリカ産とハンガリー産の樽を使っている。現在全生産量の半分がピノ・ノワールによって占められている。古樹から造られるキュヴェや、最上の区画の最も良く凝縮されたキュヴェから造られる特別なワインもいくつかある。イーグルズ・パーチ・シャルドネ、ウェスト・テラス・ピノ・ノワール、ウェディング・ヒル・シラーなどである。またスミスとフレミングは、少量だけ、フェイトという名前の超熟のピノ・ノワールを、本人たちはあまり好きではないが、高い点数で

採れるスタイルで造った。それは、その気になれば自分たちもこんなワインを造ることができるのだということを示すためのものだったが、ワイン評論家たちは、彼らの目論見通り、高い点数で迎えた。

## 極上ワイン

*(2009年にテイスティング)*
**White　白ワイン**
**2007リースリング〔V〕**　ライムの芳香が広がる。とても豊かで凝縮され、生き生きとしている。辛口のスタイルで、抽出も良く、とても魅力的な果実味の高揚感がある。味わいの長さも申し分ない。
**2007シャルドネ**　ほっそりとしたリンゴの香り。熟れて凝縮され、上質な酸が、明確な口あたりをもたらす。バランスが取れ、味わいは長く、値段の割にとても質の高いワイン。
**2007イーグルズ・パーチ・シャルドネ**　悠々とした洋ナシ、アンズの香り。みずみずしく、躍動感があり、酸は上質でよく凝縮されている。普通のシャルドネよりも、より緻密で、持続性のある骨格をしている。

**Red　赤ワイン**
**2007ピノ・ノワール**　贅沢なチェリーの香り。ミディアムボディで熟れていて、オーク由来の甘い風味も感じられる。スパイシーで、精妙とまでは言えないにしろ、飲みやすいワイン。
**2006ウェスト・テラス・ピノ・ノワール**　熟れたチェリーの香り。ピノにしてはフルボディで、味わいに深さと重量感があり、上質の酸が心地良いスパイシーさをもたらす。味わいはとても長い。
**2006フェイト・ピノ・ノワール**　控え目なブラックチェリーの香り。とても良く熟れ、みずみずしく、触感はまろやかで、酸は適度。少し鈍重な感じもするが、過抽出ではない。濃厚で、しかも柔らかいスタイルだが、ピリッとした爽快感やピノらしさがあまり感じられない。
**2005シラー★**　生き生きとした芳香性の高いチェリー、コーラの香り。贅沢な味わいだが、上質の酸による緊張感もあり、躍動感をもたらしている。純粋な熟れたスタイルで、胡椒味の後味が長く続く。

右：リッチ・スミス、息子のジェイソン、娘のジェニファー・マーフィー・スミス、娘婿のデヴィッド・フレミング。彼らは力を合わせてパライソの水準を上げている。

**Paraiso Vineyards**
パライソ・ヴィンヤーズ
栽培面積：1215ha
平均生産量：30万本（エステート・ワイン）
38060 Paraiso Springs Road, Soledad, CA 93960
Tel: (831) 678-0300　www.paraisovineyards.com

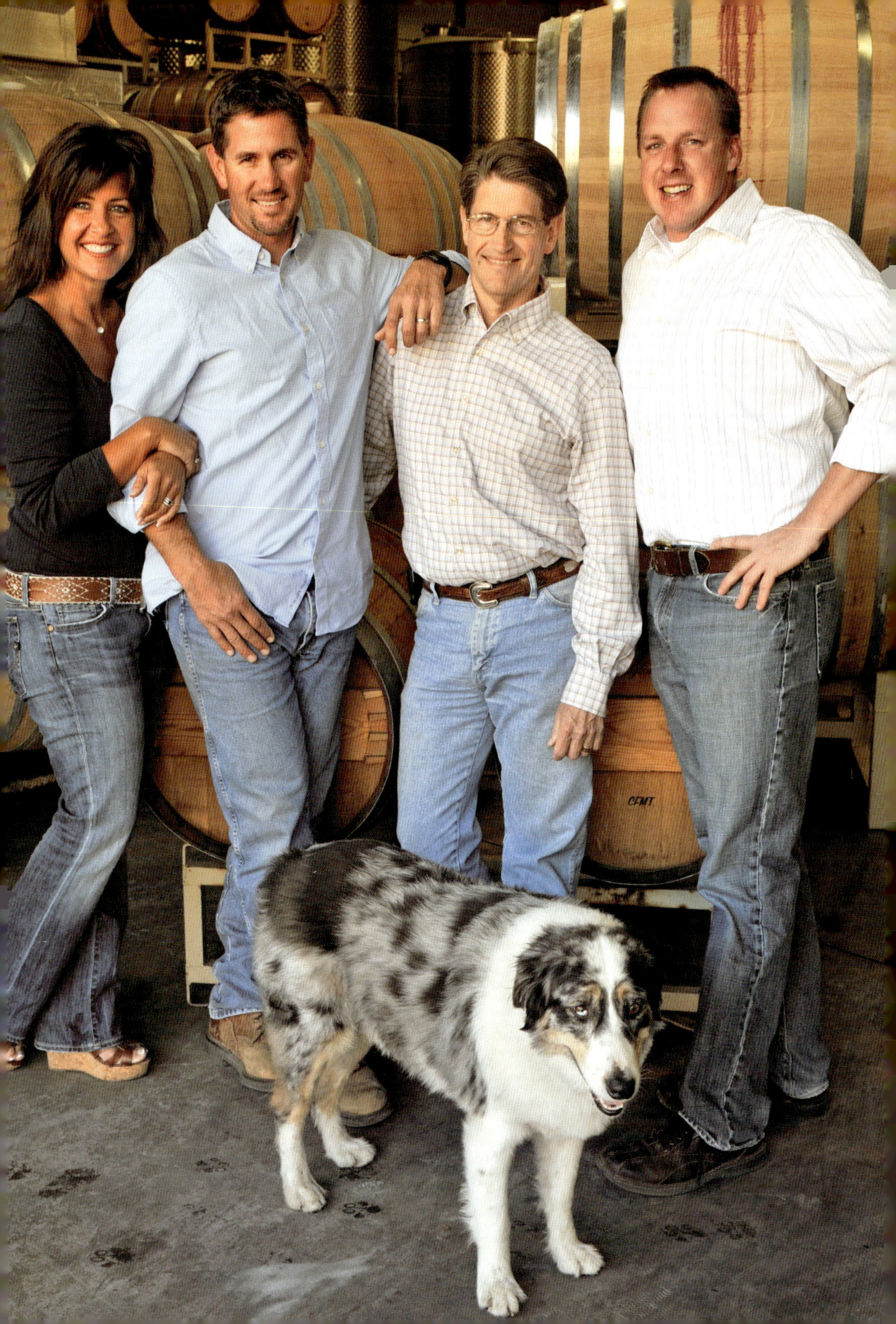

MONTEREY

# Pisoni Vineyards
ピゾーニ・ヴィンヤーズ

モントレーのなかで名声の高い葡萄畑が、すべてサンタ・ルチア・ハイランズの段丘と斜面にあるというのは決して偶然ではない。パライソのスミス、ケイマスのチャック・ワグナーらは、ずっと前から、このサリナス・ヴァレーの特別な狭小地区が、秀逸な果実を生み出す能力を備えていることに気づいていた。最初シャルドネに重点が置かれたが、ここ数十年ほどは、それ以上ではないにしろ、ピノ・ノワールが重要になってきている。1980年代に、葡萄栽培に熟達したワイン好きのイタリア系のいくつかの家族が、ここに土地を買い、葡萄樹を植えた。彼らの果実の質はすぐに注目を集め、特に、傑出した果実を生む畑を探していた多くのネゴシアン（シドゥーリ、テスタロッサ、アルカディアン、パッツ＆ホールなど）が目を付けた。

まもなく、4つの葡萄畑が特に目立つようになった。フランシオーニ、ロゼラズ、ゲアリーズ、ピゾーニである。ゲアリーズ葡萄畑は、フランシオーニとピゾーニという、どちらも卓越した、指導的な葡萄栽培家が友情によって結ばれ、共同で所有するというあまり例を見ない経緯で生まれた畑である。両家の主な家業は葡萄を栽培して売ることであるが、それぞれ小さなワイナリーを持っている。フランシオーニ家のラベルは、ロアーという名前であるが（そのワインは一家の代わりにシドゥーリのアダム・リーによって造られている）、その中にはピゾーニ葡萄畑の果実も含まれており、少しややこしい。ピゾーニはその名前のままのラベルでワインを売り出している。マーク・ピゾーニが葡萄を栽培し、サンタ・ローザに住む弟のジェフがワインを造っている。生産量が少ないので、ジェフは多くの小区画に分けて少量のキュヴェを多数作ることができる。葡萄は選果された後、自重式送り込み装置で発酵槽に入れられ、ラッキングは行わないか、または最小限度にとどめて、樽で熟成される。ワインは清澄化も濾過も行わずに瓶詰めされる。新樽の比率はヴィンテージごとに調整されるが、だいたいシラーの場合は25％、ピノ・ノワールの場合は45％前後である。

ピゾーニ家は正式なテイスティング・ルームを設けるほどの量のワインを造っていないので、私はワインを、小屋の横の日陰のある場所でテイスティングした。私が着いた時、まだバーベキュー用のグリルには火がくすぶっていて、空のボトルが散乱していた。また、木立の陰に丁寧に並べて置かれているものもあった。一見して、にぎやかなパーティーが開かれているのが分かったが、私はそれには加わらなかった。すると、旧式のジープが埃を立てながらこちらに向かって唸りを上げてくるのが見えた。マーク・ピゾーニは助手席に私を乗せ、首が痛くなるほどの猛スピードで、標高425mにある葡萄畑を案内してくれた。その後、例のテイスティング・ルームに戻った。葡萄畑は、日当たりがいろいろと異なっているため、数多くの小区画に分かれていた。そして古くからのお得意先のワイナリーは、彼らの好む小区画に名札をつけて、その葡萄を確保していた。マークはその起伏の多い葡萄畑にすっかり夢中である。「僕らはここ以外にどこにも行く気はない」と彼はきっぱりと言う。「僕たち家族とこの土地はしっかりと結び付けられているんだ。」

ピゾーニのラベルは、エステート・ピノ・ノワールだけである。ルチアのラベル名では、ゲアリーズ・ヴィンヤードの1種類のピノ・ノワールと2種類のシラー、1種類のシャルドネがある。

上：中心的な家業である葡萄の栽培と販売を担当するマーク・ピゾーニ。弟のジェフがワインを造っている。

## 極上ワイン

*(2009年にテイスティング)*

**2007 Lucia Chardonnay　2007 ルチア・シャルドネ**
　エレガントなレモンの香り。フルボディでとても熟れており、みずみずしい味わい。トロピカル・フルーツと熟れた柑橘系のフレーバーが口中に溢れる。ピリッとした刺激が元気よく、触感は滑らか。ウェンテ・クローンの古樹から造られる精妙なワイン。

**2007 Lucia Garys' Vineyard Pinot Noir★**
**2007 ルチア・ゲアリーズ・ヴィンヤード・ピノ・ノワール★**
　鮮明なチェリーの香り。オークがたっぷり利いている。熟れて凝縮されており、それでいてしなやか。新鮮な酸が、美味しく胡椒味のあるチェリーの果実味を支えている。味わいは長い。

**2006 Pisoni Vineyard Pinot Noir**
**2006 ピゾーニ・ヴィンヤード・ピノ・ノワール**
　贅沢な燻製ベーコンのような香り。豊かで広々とした味わいで、やや大柄で重く、男らしさの際立つワインとなっている。スパイシーでタンニンも堅牢だが、ややフィネスは欠ける。

**2006 Lucia Susan's Hill Pisoni Vineyard Syrah**
**2006 ルチア・スーザンズ・ヒル・ピゾーニ・ヴィンヤード・シラー**
　熟れた肉感的なプラムの香り。豊かで、しなやかで、重くなく、過剰なところがない。良く凝縮された黒果実のフレーバーが、長く洗練された後味を通して刺激をもたらす。

### Pisoni Vineyards
### ピゾーニ・ヴィンヤーズ

栽培面積：18ha　平均生産量：2万5000本
PO Box 908, Gonzales, CA 93926
Tel: (800) 270-2525　www.pisonivineyards.com

261

# サン・ルイス・オビスポ San Luis Obispo

サン・ルイス・オビスポ郡は、共通点がほとんどない多くの地区からなる葡萄栽培地域である。北のモントレーと南のサンタ・バーバラに挟まれた、気前の良いサンドイッチの具のようなサン・ルイス・オビスポは、全般的にどちらの郡よりも温暖であるが、例外は冷涼なエドナ・ヴァレーである。最も重要な地区がパソ・ロブレスAVAで、葡萄畑は同名の町から全方向に広がっている。パソ・ロブレスの南のサン・ルイス・オビスポの町の周辺が次に重要な地区である。そこにはエドナ・ヴァレーとアロヨ・グランデの2つのAVAがある。

18世紀後半に修道会によって開かれた葡萄畑もあったようだが、最初に商業的ワイナリーが開かれたのは、1882年のことで、現在のヨーク・マウンテン・ワイナリーがあるところである。イタリア系移民の到着と同時に、葡萄畑の拡大は急速に進み、その子孫の数家族が、今でもこの地で葡萄栽培を営んでいる。ポーランドのピアニストのイグナツィ・ヤン・パデレフスキがパソ・ロブレスの町の西にあった農場を買い、そこにジンファンデルとプティ・シラーを植えたとき、この地区に新たな輝きがもたらされた。その2品種は、禁酒法撤廃後のパソ・ロブレスで盛んに販売された品種であったが、1960年代に入ると、スタンレー・ホフマン博士が、アンドレ・チェリチェフの助言を受けて、自分の農場にブルゴーニュ品種を植えた。もう1つの重要な転機が1975年である。この年ゲアリー・エバールは、彼のエストレア・リヴァー・ヴィンヤードに、この地区で最初のシラーを植えた。その時植えた葡萄樹は今も現役で残っており、巨大なメリディアン・ワイナリーの一翼を担っている。現在エバールは、パソ・ロブレスに自分の名前を付けたワイナリーを持ち、そこで傑出したワインを造っている。

以下4つのAVAを紹介する。

**アロヨ・グランデ**（1990年からAVA）　エドナ・ヴァレーのすぐ南にあり、そこよりも土壌は軽く、年間の気温差が少ない。谷の幅は約26kmで、いくらか海洋性気候の影響もある。この地区がブルゴーニュ品種に向いていることをタリー・ヴィンヤーズが証明してきたが、アロヨ・グランデは均一な地区ではなく、サンセリト・キャニオン小地区ではジンファンデルが上質な実を付ける。

**エドナ・ヴァレー**（1987年からAVA）　海洋性気候の影響が大きいほぼ平坦な地区で、朝霧と午後の微風が特徴である。土壌は粘土が主流だが、均一ではない。シャルドネが一貫して中心的な品種であるが、ピノ・ノワールとリースリングも植えられている。そのシャルドネは、トロピカル・フルーツの風味を持つことが多く、時々発生するが、ボトリティス菌が付着したときに特に顕著になる。栽培面積は約570haと言われているが、実際はもっと広いようだ。谷の角地に当たる場所は、ローヌ品種の栽培に適しており、ジョン・アルヴァンがそれを見事に証明している。

**パソ・ロブレス**（1983年からAVA、1997年と2009年に拡大）　現在1万520haの栽培面積を有しているが、2000年代に急拡大を遂げた。その拡大を牽引した品種が、ジンファンデルとローヌ品種で、現在合わせて180軒ものワイナリーがここに存在している。しかし拡大があまりに急激すぎたため、果実を売ることができなくなった葡萄栽培農家が多く出た。仕方なく小さなワイナリーを作り、そこで瓶詰めした自家製ワインをテイスティング・ルームで直接観光客に販売するものが増えたことも、ワイナリー数の増加の一因になっている。

ハイウェイ101号線を境界線として、この地区は東と西に明確に分けられる。東側は、最も高い地点で標高370mの高原地帯で、エストレヤ・リヴァーなどの大きな農場が多い。西側と町の南側は、それとは対照的な地形で、起伏が多く、急峻な斜面も多く見られる。ここでは葡萄畑は、果樹園、牧草地、森林などの間に点在している。土壌もまた大きく異なり、カリフォルニアにはめずらしく、石灰岩の帯が数本走り、ローム層、粘土、沈泥、頁岩がさまざまな割合で混ざりながら、広がっている。西側はまた、東側より雨が多い。そして夜間の寒さが、葡萄の生長期間を長くし、多くの栽培家が収穫を11月まで延ばしている。シラーは最初に東側の畑に植えられたが、現在は西側でも盛んに栽培されている。アデレイド・ロードの北の農場でローヌ品種の苗木を育て、その後そこに葡萄畑を拓いて西側の存在感を高めたのが、シャトーヌフ・デュ・パプのペラン家である。タブラス・クリークという名前のその葡萄畑は、現在成熟期を迎え、またそこの苗木は抗ウイルス性を持つものとしてカリフォルニア中から引き合いがある。

サン・ルイス・オビスポ
& サンタ・バーバラ
生産者
AVA境界線
郡の境界線
0 4 km
0 4 miles
PASO ROBLES
YORK MTN
EDNA VALLEY
ARROYO GRANDE VALLEY
SANTA MARIA VALLEY
SANTA YNEZ VALLEY
Justin
TablasCreek
Saxum
Villa Creek
L'Aventure
Talley Vineyards
Alban
Au Bon Climat/ Qupé
Foxen Vineyard
Zaca Mesa
Melville
Clos Pepe
Sea Smoke
Brewer-Clifton
Beckmen
Stolpman
San Miguel
Lake Nacimiento
Cholame
Shandon
Paso Robles
Templeton
Creston
Atascadero
Santa Margarita
Cambria
Harmony
Cayucos
Morro Bay
Baywood-Los Osos
San LuisObispo
Avila Beach
Pismo Beach
Grover City
Oceano
Arroyo Grande
Nipomo
Pozo
Simmler
California Valley
La Panza Range
Sierra Madre Mountains
Santa Maria River
Santa Maria
Guadalupe
Point Sal
Orcutt
Casmalia
Los Alamos
Vandenberg Village
Lompoc
Buellton
Santa Ynez
Solvang
Point Arguello
Point Conception
Gaviota
Isla Vista
PACIFIC OCEAN
101
46
1
58
166
154
SAN FRANCISCO
LOS ANGELES
拡大範囲

上：アロヨ・グランデは長い谷で、ここタリー・ヴィンヤーズに見られるように、葡萄だけでなく野菜の栽培にも適している。

　パソ・ロブレスの最上のワインは、西側地区から生み出されるというのは定説になりつつある。これはある程度真実であるが、東側の広い葡萄畑からも質の良いワインが、特にカベルネ・ソーヴィニヨンとジンファンデルが、質のわりに低価格で送り出されている。それらのワインは、精妙さと優美さの極致とまではいかないにしても、しなやかで、素晴らしく飲みやすく、また大量に造られるため、価格も割安である。とはいえ、やはり最も高く称賛されるワインは、西側から生み出されている。その西側の地区でどこよりも古くから葡萄栽培を行っている一家の一員であるジャスティン・スミスは、ここの地形は複雑で、土壌と畑の向きが変化に富んでいるため、新しく拓かれた畑のすべてが良好な立地にあり上質な葡萄を生むとは限らないと言う。というわけで、ただ西側にあるというだけで、そのワインが上質であるという保証にはならない。

　さらに正直に言って、ワインづくりの質も、優劣がある。本書に載せているワイナリーは、すべて秀逸なワインを造っているところだが、パソ・ロブレスでも、テイスティング・ルームでがっかりさせられるワイナリーは多い。古い時代のワインメーカーの中には——そして新しい者たちの中にも——、人物的には立派な人なのだが、そのワインは酸が不安定で、ブレタノマイセスに侵されているといったケースが多く見られる。パソ・ロブレスの高い気温は、糖分蓄積を促進し、アルコール度数を高くする傾向があり、その結果そのワインはブレタノマイセスなどに汚染されやすくなる。細心の注意を払ったワインづくりと、セラーでの徹底した衛生管理が、ここでは最重要の課題である。

　西側地区に、3つの新しいAVAを創設しようという運動が広まっている。アデライダ・ヒルズや、町の南側のテンプルトン・ヒルズなどである。しかし今のところどれも承認されていない。

**ヨーク・マウンテン**（1983年からAVA）　あまり意味のないAVAで、パソ・ロブレスに含まれることを嫌ったヨーク・マウンテン・ワイナリーのオーナーが請願して勝ち取ったものである。太平洋から11kmしか離れていない標高550mの高地にあるが、海洋性の霧の侵入を受けやすい。全般に雨が多く、冷涼で、カベルネ・ソーヴィニヨンなどの品種は、ヴィンテージによっては成熟に苦労することがある。

SAN LUIS OBISPO

# Alban Vineyards　アルバン・ヴィンヤーズ

あ る考えに取りつかれることは、危険な場合が多く、そのためにそれまで苦労して昇ってきた人生の階段を踏み外し、奈落の底に転落することもあり得る。しかしそれが大きな原動力となり、それまで誰も実現し得なかったような偉大な成功へと導く場合もある。それが、ジョン・アルバンに起こったことである。ローヌ品種に対する彼の熱愛は、コンドリューを味わったことに始まる。彼は、思い余ってローヌ地方を訪れ、そこでしばらくの間働いた。彼はまた、フレズノ校とUCデーヴィス校でも学んだ。アルバンはワイン業界での仕事を、最初は育苗家として始め、ローヌ品種の苗木を増やし、その改良も行った。1990年には、エドナ・ヴァレーに土地を購入し、そこにローヌ品種だけを植えた。近隣の栽培農家は眉をひそめたに違いない。しかし彼は、過去40年分のフランス・ローヌ地方の気象データを調べ、ローヌ品種がカリフォルニアのどこに一番適しているかを明確に知っていた。彼はエドナ・ヴァレーだけでなく、サンタ・リタ・ヒルズ、ヘッカー・パスなどカリフォルニア各地の葡萄畑で区画を借地契約し、その苗を接木した。彼はローヌ品種を植えるにあたって、失敗が許されないことを知っていた。そして危険を最小限に抑えたいと思った。彼が最初にリリースした赤ワインは、1992年シラーであった。以後も彼はそのワインを非常に高い値段で売ったが、少量しか生産せず、葡萄の多くを他のワイナリーに販売してきた。とはいえ現在彼は、彼の果実を信頼している古くからの友人にしか葡萄を販売していない。

*彼のワインは、味わいの面でも、価格の面でも、多くのものを要求するが、それにふさわしく壮大である。1990年代後半以降、彼は足を踏み外したことがない。*

「私が初めてこの地に葡萄を植えたとき、隣人はみんな、その葡萄からは色が出ないだろうと囁きあった。しかし彼らは間違っていた。その葡萄は素晴らしい被抽出能力があり、私は抽出できるものすべてを望んだ。私は除梗せず、数回の櫂入れを行いながら、低温で長く発酵させた。そのため初期のヴィンテージは、フェノールを抽出しすぎたようだ。いま私は、すべてを抽出する必要がないことを知っている。そうではなくて、ワインの調和を最大限に引き出すことが私の仕事だと考えている。」

葡萄栽培とワインづくりの知識を深めるため、彼は1995年にバローロを訪れた。というのも、シラーのタンニンと酸をどううまく取り扱うかという問題は、ネッビオーロの場合と似ていないこともないと考えたからである。その経験は彼に貴重な啓示をもたらした。それ以降彼は、葡萄はすべて除梗し、発酵は土着の酵母を使い、ポンプ・オーバーは行わずに、高温で短時間発酵させ、樽で最後まで発酵を完遂させるようにした。近年、彼はさらに醸造法を変更した。ポンプ・オーバーを数回行い、櫂入れの回数は減らした。しかしもっと大きな変更は、樽熟成の期間を、42か月としたことである。その結果、驚くことではないが、清澄化も濾過も必要なくなった。

有機農法ではないが、彼はそれに近い方法を取っている。「オーガニックではなく、アルバニックと呼んでいるんだ。」除草剤は一切使わず、羊が被覆植物を食べ、除葉する。そして肥料をもたらす。100haの葡萄畑の土壌は変化に富んでおり、それに合わせて植える品種を変えている。シラーは、それぞれ離れた3区画に植え、白ワイン用の品種も最適な土壌に植えられている。またアルバンが最も得意としている品種のグルナッシュも同様である。最近造られ始めたワインに、ムールヴェドルから造るフォーサイス、グルナッシュに少量のシラーを加えたパンドラがある。初期のヴィンテージでは、シラーと白ワインが同程度の重要さを占めていたが、最近ではシラーの方が主力になってきている。レヴァは砂利を多く含む粘土層の区画で、ワインに黒果実の豊かさと、タールをもたらす。一方ロースは、石の多い区画で、すぐに温度が高くなり、葡萄の成熟が早く、レヴァよりも赤果実の風味が強い。彼のシラーで最も手に入りにくいのが、彼の父の名前を取ったセイモアで、1998年に最初に造られた。それは石灰質と片岩の土壌の区画で、フィネスが最も強く感じられるワインとなる。その2002は、アルコール度数が17%と、異様なほど高かったが、しっかりとした骨格を持っていたため、熱さを感じさせることはなかった。とはいえ、そのボトルを飲み干すことを考えると、挫けそうになる。

低収量で、ほぼ一日中日照を浴びることから、彼のワインは非常に高いアルコール度数を示すことがある——発酵

265

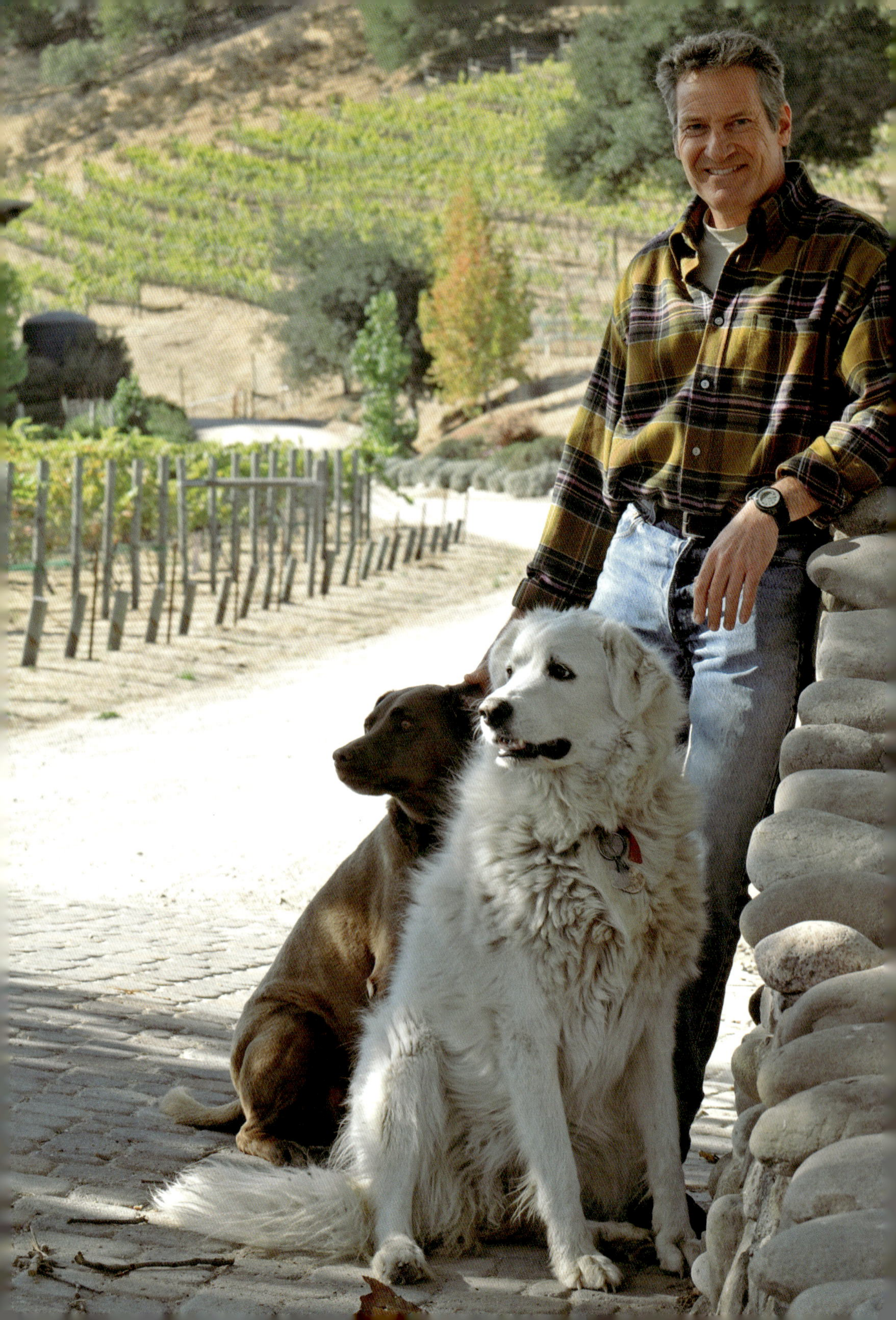

に開放槽を使い、土着の酵母を使用することによって若干引き下げることができるが、しかしアルバンはそれに憶することはない。「高いアルコール度数が、フランスの伝統と相容れないことは分かっている。しかし私はここでローヌの模造品を造ろうとは思っていない。」とはいえ、彼のワインで高いアルコール度数が気になったことはほとんどない。

1990年代後半に、オーストリアの有名なワインメーカーの故アロイス・クラッハーがアルバンに、カリフォルニアでも素晴らしい甘口ワインが出来るはずだと彼を説得した。その結果生まれたのが、トロッケンベーレンアウスレーゼ・スタイルのロッテン・ラックであったが、このワインは2005を最後に造られていない。

すらりとした長身の、いつも温和な表情のジョン・アルバンは、現在中年の域に達し、落ち着いて控え目な態度であるが、明らかに強い意志と明敏な方向感覚を持つ人間である。彼のワインは、味わいの面でも、価格の面でも、多くのものを要求するが、それにふさわしく壮大である。彼は自分の信念を信じて土地を選び、その一片一片の可能性を毎年毎年広げ、深めている。彼の最初のヴィンテージには、特に白ワインには、いくつかの失敗作もあったが、1990年代後半以降、彼は足を踏み外したことがない。

## 極上ワイン

(2009年にテイスティング)
　以下はすべて瓶詰め直前に樽からテイスティングしたものである。それゆえ、すべてブレンドは完了している。

### 2008 Estate Viognier
**2008 エステート・ヴィオニエ**（アルコール度数15.4%）
　豊穣なトロピカル・フルーツの香り。マンゴー、バナナ、ミントの葉を感じる。緻密で凝縮された味わいで、シルクのような触感。生き生きとした酸のおかげで、重苦しさはない。アルコール由来の甘さもあるが、焼けるような感じはしない。とても長い味わい。

### 2007 Forsythe Mourvèdre
**2007 フォーサイス・ムールヴェドル**
　ミント、プラム、マルベリーの精妙な香り。熟れて濃厚な味わいで、良く凝縮されているが、タンニンはしなやかで、後半に赤果実のフレーバーが漂う。後味は軽い感じで、清明で長い。

左：懐疑論者の批判をものともせず、注意深く選んだ土地にローヌ品種を植え、素晴らしいワインの数々を造っているジョン・アルバン。

SAN LUIS OBISPO

### 2006 Pandora
**2006 パンドラ**（新樽比率75%）
　不透明な赤色。オークの贅沢な香り。胡椒も感じる。上品な深い味わいで、豊かな黒果実とチョコレート漬けの果実の風味——非常に個性的。上質な酸が爽快感をもたらし、味わいは長い。

### 2006 Reva Syrah
**2006 レヴァ・シラー**（新樽比率80%）
　とても深い赤色。深奥な猟鳥獣肉の香り。ミントも感じる。最初濃密な味わいだが、とても豊かで、しなやかな触感、ふくよかなプラムの風味。しかし堅牢なタンニンと上質な酸が、それを支え、味わいは長い。

### 2006 Lorraine Syrah★
**2006 ロレーヌ・シラー★**（新樽比率100%）
　不透明な赤色。チェリーや甘草の素晴らしく良い香り。濃厚でとても良く凝縮され、タンニンはうまく統合されている。酸は上質でチョコレートのような後味が長く続く。

### 2006 Seymour's Vineyard Syrah
**2006 セイモアズ・ヴィンヤード・シラー**
　不透明な赤色。燻製肉、ベーコン、黒胡椒の鮮明なアロマ。豊かで濃厚な、タールのような触感で、まだしっかりと閉じて、だらけていず、レヴァやロレーヌよりも禁欲的でタンニンが堅牢。男性的なグリップ力のあるワインで、ブラック・チョコレートの後味が長く続く。

**Alban Vineyards**
**アルバン・ヴィンヤーズ**
　栽培面積：27ha　平均生産量：7万本
　8575 Orcutt Road, Arroyo Grande, CA 93420
　Tel: (805) 546-0305　www.albanvineyards.com

SAN LUIS OBISPO

# L'Aventure　ラヴァンチュール

　ステファン・アセオ（Stephaneの最後のeが大西洋を越える時、落されたようだ）は、フランスと、一家がラ・フルール・カルディナルをはじめとする多くのシャトーを経営する故郷サン・テミリオンを離れることを決意した。彼はその理由を、INAOが彼の普通ではないブレンドを何度も拒絶することに嫌気がさしたからだと説明するが、それを鵜呑みにはできない。というのもボルドーには、少なくと赤の6品種に関してはブレンドの規制などないからである。ともかく彼は、アルゼンチン、南アフリカなどの諸国を視察した後、最終的にカリフォルニアに飛び込むことに決めた。

　1997年に彼は50haの土地を買い、自分の予感を確かめるために土壌調査を行った。するとそこには18種類もの変化に富んだ土壌があり、カベルネ・ソーヴィニヨンやプティ・ヴェルドーだけでなく、すべてのローヌ品種が栽培できることがわかった。

　土壌にはかなりの量の石灰岩が含まれていたが、その水分貯留能力は、ここのような暑い場所にはとても有利に作用する。そしてその石灰岩と夜間の気温の低さが酸の維持を助け、この地ではある程度避けられない高いアルコール度数にバランスを取ることを可能にする。3つの区画すべてに全品種が植えられ、ブレンドを構成する多くのキュヴェが造られる。アセオは植栽密度を高くし、同時に葡萄樹1本当たりの果房の数を6房になるように剪定しているため、収量は1エーカー当たり2.2トン（約5.5t/haまたは35hℓ/ha）と非常に低く抑えられている。現在、葡萄畑の約半分の区画が、バイオダイナミズムに近い形で栽培されている。

　ラヴァンチュールの最初のヴィンテージは1998年である。アセオは最初の頃は葡萄を購入しなければならなかったが、2008年には、葡萄畑は十分拡張され成熟したため、すべて自家葡萄でワインを生産できるようになった。彼のワインは当初から、テイスティングする者を少なからず感動させた。それは確かに大きく力強いが、同時に驚くほどのフレーバーの濃密さを備えていた。私は今でも、熟れてスパイシーで、革のような風味の1998年シラーや、みずみずしく率直な味わいの1999年ジンファンデルを思い出すことができる。アセオはフェノールが完全に成熟した時にだけ収穫すると言うが、それが彼のワインの高いアルコール度数の大きな要因であろう。葡萄は選果され、除梗された後、軽く破砕される。赤のローヌ品種は数週間の低温浸漬の後、土着の酵母を使って発酵させられる。発酵後浸漬は、2～4週間の間で行われ、新樽で熟成される。

　ワインの種類は、創立以来大きく変化している、あるいはより率直に言うと、ヴィンテージからヴィンテージへと、めまぐるしく変化している。カベルネ・ソーヴィニヨンとシラーをほぼ同量ブレンド（それは、レ・ボゥのドメーヌ・ド・トレヴァロンへのある種のオマージュである）したオプティマスは、以前はワイナリーの最高級品であったが、2006年には基本的なブレンドに格下げされ、現在全生産量の約半分を占める。コータ・コートという名前のワインは、以前はグルナッシュとシラーのブレンドであったが、2007年には、ムールヴェドルとグルナッシュを40％ずつで、残りをシラーが占めるブレンドに変えられた。それは新樽比率45％の500ℓの樽で熟成される。

　こうしためまぐるしい変化は、ラヴァンチュールを近くから応援してきた人でさえ、当惑させるものではあるが、アセオは明らかに新しい方向に手ごたえを感じており、それが彼の傑出しているが険しいテロワールに最も良く適したやり方だと確信している。彼は、以前はシャルドネも栽培していたが、2002年以降漸次それを縮小させ、ルーサンヌに変えている。

　いくつかのワインは高い新樽比率で熟成されているが、アセオは常に実践的な態度で臨み、ワインの性質に応じて、エレヴァージュ（樽熟成）の形態を変えている。ルーサンヌは、新樽比率はわずかに20％で発酵・熟成される。

　こうしたワインの構成は、明らかに、どこか型紙破りなアセオの性格を映しているようだ。確かに彼の、すべてに疑問を抱き、じっとしていられないといった性格には、サン・テミリオンの決まりきった生活よりも、比較的まだ未開の分野が多く残っているパソ・ロブレスの西側の方が似合っているだろう。

右：探究心旺盛で、疲れを知らないステファン・アセオ。彼は故郷のサン・テミリオンよりもパソ・ロブレスの方が落ち着くようだ。

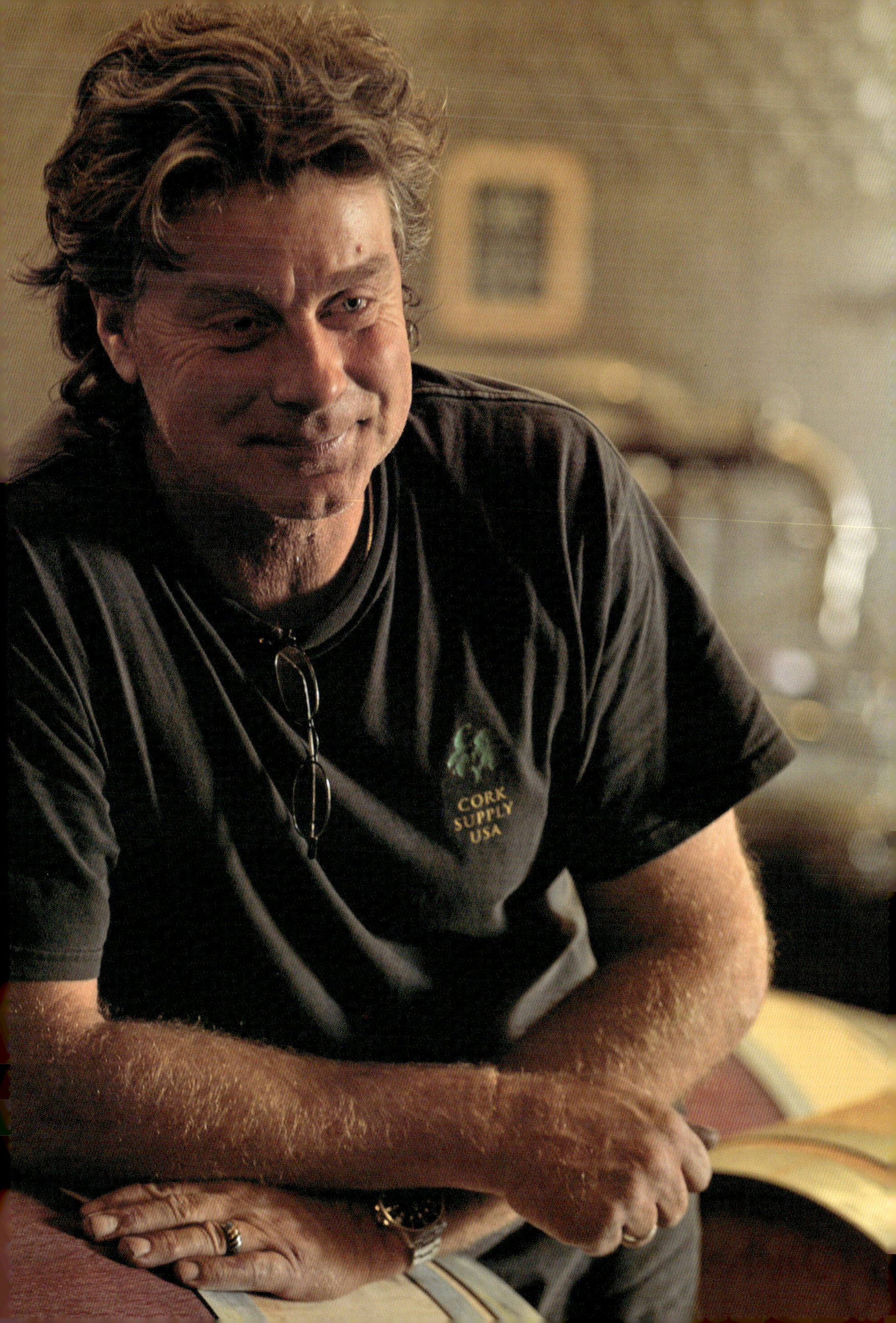
CORK
SUPPLY
USA

# L'AVENTURE

## 極上ワイン

*(2009年にテイスティング)*

**2008 Roussanne**
**2008 ルーサンヌ**

　（ルーサンヌ85％、ヴィオニエ15％）甘い、リンゴ、アンズの香り。ミディアムボディで、最初普通の口あたりだが、中盤にスパイスとミネラルが現れ、胡椒風味の後味が長く続く。

**2007 Estate Cuvée★**
**2007 エステート・キュヴェ★**

　（シラー49％、CS37％、PV14％）深奥な赤色。濃厚な、プラム、チョコレートの香り。贅沢な味わいで、凝縮されており、みずみずしさがあるがスープのような触感ではない。というのも途中に酸の刺激があるからだ。フレーバーはやや1次元的なところもあるが、感動的なエネルギーと躍動感があり、チョコレートのような後味が長く続く。

**2007 Estate Cabernet Sauvignon**
**2007 エステート・カベルネ・ソーヴィニヨン**

　（CS95％、PV5％、アルコール度数16％）不透明な赤色。とても豊かな香りで、ブラックカラントのアロマがある。果実が拡声器で語りかけてくるような感じ。広々として肉感的な力強い味わいで、タンニンは堅牢。酸もある程度感じられるが、厳しさを感じる。

上：丹念に調査され、18種類もの変化に富んだ土壌があることが判明したアヴァンチュールの葡萄畑からは、幅広い種類のワインが生み出されている。

**2007 Côte à Côte**
**2007 コータ・コート**

　深奥な赤色。とても豊かでタールのような黒果実の香り。ふくよかで凝縮された味わいで、ブラック・チョコレートのフレーバーがあり、タンニンは力強い。しかし鮮明な酸によるキレの良さもある。後味にアルコールがやや強く感じられ（16.5％）、ぼやけて持続性も少し物足りない。

**2006 Optimus**
**2006 オプティマス**

　不透明な赤色。甘い猟鳥獣肉の香り。シラーに支配されている。濃厚で凝縮された味わいで、肉のような噛みごたえがあり、酸も上質。ただ持続性に不満が残る人もいるかもしれない。

### L'Aventure
### ラヴァンチュール

栽培面積：23.5ha　　平均生産量：10万本
2815 Live Oak Road, Paso Robles, CA 93446
Tel: (805) 227-1588　　www.aventurewine.com

SAN LUIS OBISPO

# Tablas Creek Vineyard
タブラス・クリーク・ヴィンヤード

　タブラス・クリークのテイスティング・ルームの外には、『ドメーヌ・ド・ボーカステルまで9009km』と書かれた標識が立っている。もちろん、それには、ある意味と意志が込められている。この葡萄畑は、シャトーヌフ・デュ・パプのボーカステルのペラン家と、ペラン家のワインの輸入代理店であったハース家の共同事業として始まった。両家は1970年頃から、カリフォルニアでローヌ・スタイルのワインを造る計画について話し合ってきた。そして1980年代に入ってようやく、ローヌ品種を栽培することができる土地を探し始めた。彼らは特に、石灰質の土壌を探したが、それはカリフォルニアではめったに見られない土壌であった。シエラ・フットヒルズやパソ・ロブレスの別の地区を探した後、求めている土壌と土地が、どうやらパソ・ロブレスの西側にあるようだと感じ始めた。しかしその土壌は栽培が難しく、また霜の心配もあり、水も供給不足になりがちであった。1990年、彼らはついに50haの広さの牧草地を見つけ、それを買った。そこは彼らが求める性質をすべて備えた土地のように思えた。彼らの予感は正しかった。雨が6ヵ月間降らなかった後に試掘してみると、地下5mに十分な量の水分が貯留されていた。

　こうして共同事業は本格的に開始された。両家の計画は、フランスから台木と苗の両方を輸入するというものであったが、そのためには、ウィルスに侵されていないことを確認するために、その苗を3年間アメリカの当局に預けておく必要があった。それを待つ間、両家は1992年に、アメリカ産の台木と苗を4haの土地に植え、その土地が本当にローヌ品種に適しているかどうかを試してみた。その後1995年から97年までの間に、フランス産の台木と苗木が24haほど植えられ、また2004年までに、アメリカ産の葡萄樹にペラン・クローンが接木された。

　現在、葡萄畑の栽培面積は40haまで広がり、2003年からはボーカステル同様に有機農法で栽培されている。タブラス・クリークは、自社のワインを造るだけでなく、苗木の生産も行っており、抗ウィルスの苗木をカリフォルニア中に供給している。ロバート・ハースは現在80歳代になっ

下：常に活気に満ちたタブラス・クリークのテイスティング・ルームを指し示す標識と、その精神の源を示すもう1枚の標識。

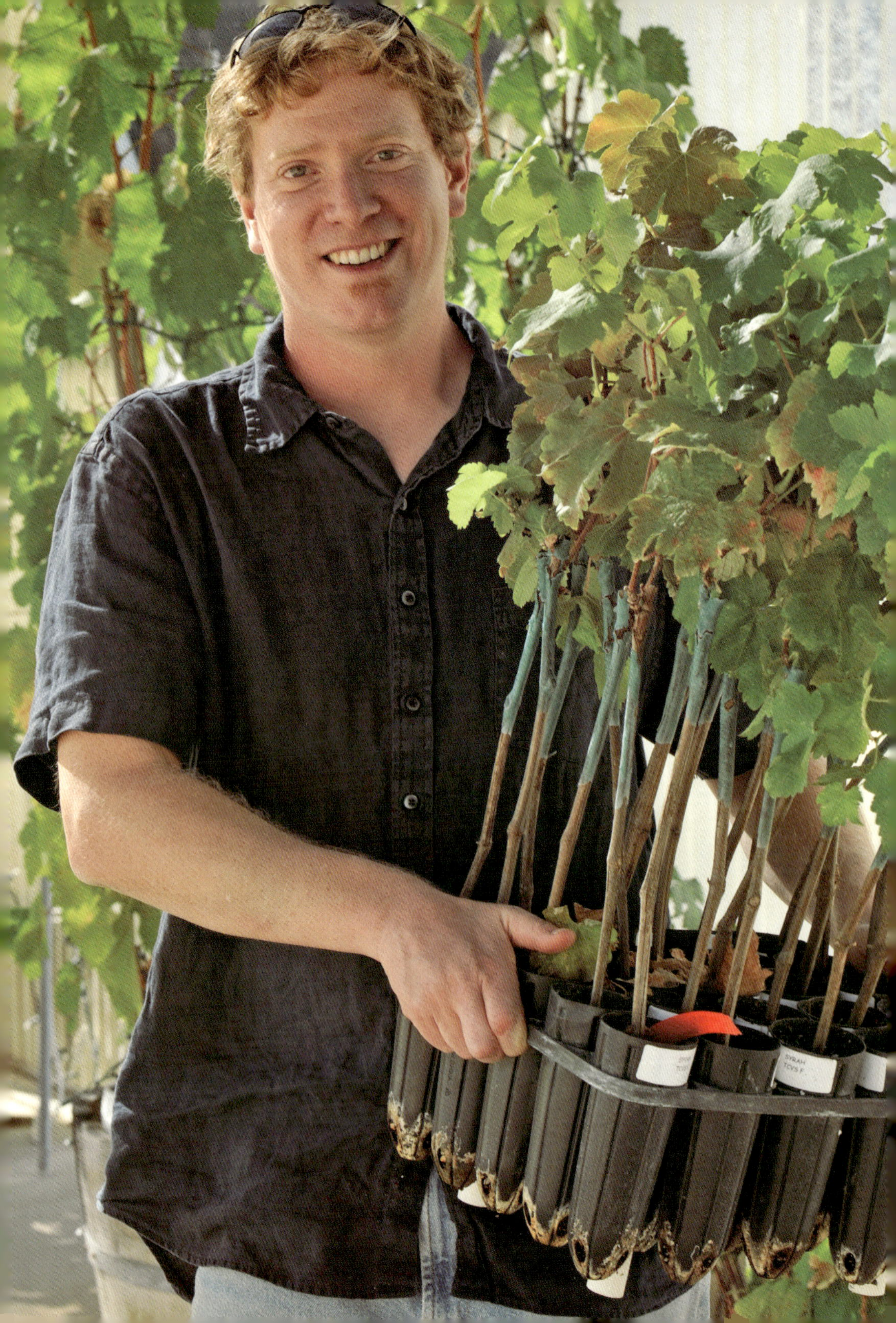
SYRAH
TCVS F

ており、エステートの管理運営は、息子のジェイソンが行っている。1998年から現在まで、ワインメーカーはネイル・コリンズが務め、最初のヴィンテージは1996年である。

ジェイソン・ハースは、父の予感が基本的に正しかったと考えている。すべてのローヌ品種がここでは順調に育っている。ただし、ヴィオニエに関しては少し暖かすぎるようで、酸を保持するためにいくらか早く収穫する必要がある。クノワーズは上質の果実を生み、グルナッシュ・ブランはローヌよりも上質な酸を保持していることが多い。ハースは最初のヴィンテージがあまり良くなかったことを認めている。というのも、パソ・ロブレスという異なった気候の下で、ローヌと同じ成熟度で葡萄を摘果したからである。ジェイソンとフランソワ・ペラン、そしてネイル・コリンズは、新オークの使用に関してはとても慎重で、彼らは赤ワインを、バリックではなく大樽（フードル）で熟成させる。ただシラーだけは例外である。

ワインの種類は年ごとに微調整されているが、現在オーナーたちは2つの範疇を主力商品としている。1つは、最高級ブレンドの、赤と白のエスプリ・ド・ボーカステルで、もう1つがセカンド・ラベルのコート・ド・タブラスである。後者は、リリース後すぐに飲まれることを前提としたワインである。他にも単一品種ワインがあるが、少量生産で、ワイナリーでしか入手できない。赤のエスプリはムールヴェドル、シラー、グルナッシュ、クノワーズのブレンドで、白のエスプリは、ルーサンヌ、グルナッシュ・ブラン、ピクプールのブレンドである。コリンズはもう1種類、ごく少量のヴァン・ド・パイユ（藁などの上で自然乾燥させた葡萄果粒から造る甘口ワイン）も造っている。

2000年代に入ると、これらのワインはますます秀逸なものになってきた。初期のヴィンテージの失敗は訂正された。タブラス・クリークのチームは、ローヌ・スタイルの生産者が陥りやすい罠を注意深く避けている。それは容易なことではないが、彼らはうまくハンドルを切り、ワインがジャムのようになることも、高いアルコール度数になることも避けることができている。彼らのテイスティング・ルームは、いつも活気に満ちている。それは彼らが自分たちのしていることに喜びを感じており、それがワインの中に体現されているからだろう。

左：タブラス・クリークのジェイソン・ハース。彼は洗練された一連の自家葡萄ワインを造るだけでなく、優秀な苗木をカリフォルニア全土に販売している。

## 極上ワイン

**White　白ワイン**

**2008コート・ド・タブラス [V]**　豊かなスイカズラの花の香り。シルクのような触感だが、スパイシーで生き生きとしており、果実味の豊潤さと適度な凝縮感、それに長さがある。

**2007ルーサンヌ**　鮮明で高揚感のあるアンズの香り。凝縮された味わいで、ベルベットのような質感。スパイシーさもあり、美味しいアンズや洋ナシの果実味が口中に広がる。軽いミネラルも感じられ、持続性があり、絶妙のバランス。

**2007エスプリ**　控え目な蜜蝋ワックスや核果類果実の香り。芳醇で凝縮され、フルボディだが、重さのかけらも感じられない。酸は中庸だが、ワインは高揚感とエレガントさがあり、味わいは申し分なく長い。

**2006エスプリ**　豊潤な桃の香り。しかしミネラルも感じられる。豊かでしっかりした味わいで、スパイシー。トロピカル・フルーツやオレンジ・ジュースのフレーバーが広がる。熟れたワインだが、粗く角張ったところや、過度のアルコールを感じることはない。味わいはとても長い。

**2006ヴァン・ド・パイユ・クインテッセンス・ローザンヌ**（8.6%）
　麦藁のような金色。蜂蜜ケーキの香り。クリーミーで、ヴィスケットのような味わい。蜂蜜、桃、トロピカル・フルーツのフレーバーが口いっぱいに広がる。甘さに嫌味がなく、味わいはとても長い。

**Red　赤ワイン**

**2008ロゼ**（ムールヴェドル58%、グルナッシュ32%、クノワーズ10%）　蜜蝋ワックス、イチゴの香り。砂糖漬け果実も感じられる。しなやかでみずみずしく、コクがある。ほど良く凝縮され、酸も適度。愉悦を感じさせる味わいが長く続く。

**2007コート・ド・タブラス**　明瞭なチェリーの香り。土味もしっかり感じられる。豊かで気前が良く、みずみずしく、元気が良い。飲みやすいワインで、しかも胡椒味の後味は長く持続する。

**2007エスプリ★**　贅沢なチェリーの香り。豊かで、口中を満たす豊潤さがあるが、ジャムのような感触や重さはまったくない。しかしタンニンは堅牢で、もう少し熟成させる必要がある。とても良く凝縮されているが、厳しさや過剰に抽出された感じはない。ミネラルの後味が長く続く。

**2006グルナッシュ**　甘美なチェリーやキイチゴの香り。ミディアムボディで、新鮮さが際立つ。タンニンは軽く、かなり簡潔なワインで、15.3%のアルコール度数が気にならない。刺激のある後味が長く続く。

**2006エスプリ**　濃厚なプラムとブルーベリーの香り。フルボディで贅沢な味わいで、良く凝縮され、タンニンも堅牢。しかしバランスは申し分なく、荒々しさは微塵も感じられない。匠の技を感じる味わいが長く続く。

### Tablas Creek Vineyards
タブラス・クリーク・ヴィンヤード

栽培面積：45ha　平均生産量：20万本
9339 Adelaida Road, Paso Robles, CA 93446
Tel: (805) 237-1231　　www.tablascreek.com

SAN LUIS OBISPO

# Justin ジャスティン

ジャスティンとデボラのボールドウィン夫妻は、このパソ・ロブレスの西側地区の辺鄙な尾根に拠点を構えた最初の他所者ではないが、2人が他所者のなかで、最も洗練された部類に入ることは間違いないだろう。投資銀行の頭取であったジャスティンは、そうしようと望むなら、ノース・コーストのもっと魅力的な場所を選ぶこともできただろう。しかし彼らは、このアデレイド・ヴァレーの大麦畑農場を選び、1981年に買い求め、翌年最初の葡萄畑を拓いた。

当初から、ボールドウィン夫妻は、あるスタイルを頭に描いていた。ワイナリーの建物を地中海風の色のペンキで塗って、温暖な活気ある雰囲気にすること、ラベルは現代的な幾何学模様を基調とすること、そしてワインの名前は、神秘的な語呂合わせを用いること、等々。孤立した場所にあるにもかかわらず——とはいえ現在は、タブラス・クリークのような有名な隣人も増えた——ボールドウィン夫妻は小さな予約制のホテル（「ジャスト・イン」）とレストランも開業した。ワインが上質でなければ、こうした商売上手なやり方は意味がないが、彼らのワインはまさに上質である。最初のヴィンテージは1987年で、その年のボルドー・ブレンドはややオークが目立ったとはいえ、とても美味しいワインだった。

その葡萄畑は、栽培するのが容易でない土地にある。標高は335～550mと、標高差があり、気温の差が激しく、また霧と、時には霜とも、戦わなければならない。土壌も変化に富んでおり、石灰岩と頁岩の地盤の上を砂質ローム層と粘土の表土が覆っている。収量は低く、赤ワイン品種の場合は1エーカー当たり2.5トン（6.25t/ha）を超えることはない。多くのワインメーカーがジャスティンを通過していったが、それぞれが何らかの功績を残していった。2003年まで務めたジェフ・ブランコは、葡萄栽培を精密なものにし、垂直仕立て法を導入し、植替えを行いながら徐々に植栽密度を上げていった。彼はまた、2003年に完成した横穴式貯蔵庫の建設を監督したが、それは当時セントラル・コーストで最も規模の大きなものだった。その年、パソ・ロブレスを地震が襲い、ジャスティン・ボールドウィンは数100ケースのワインを失い、鼻の骨も折った。

その年、ブランコの後を継いで、ケンダル・ジャクソン・アルティザナル・エステートの上級ワインメーカーの1人であったフレッド・ハロウェイがワインメーカーになった。ハロウェイは現在、大規模な植え替えを実施中である。パソ・ロブレスの西側はシラーで有名になっているが、ボールドウィン夫妻は、彼らの土地はむしろボルドー・ブレンドに適していると考えている。そのため2人は、シャルドネ、サンジョヴェーゼ、シラーを見限って、その代わりにカベルネ・ソーヴィニヨン、カベルネ・フラン、メルローを植えた。現在、いくつかの葡萄畑が有機農法で栽培され、ハロウェイはバイオダイナミック農法も試している。ワイナリーは現代的で、ジャスティンはミストラルという名前の、強風を出して果粒を選別する最新式の機械をわざわざフランスから取り寄せたことを自慢している。

当然、ワインの構成は常に進化している。1990年代には、上質のシラーが造られていたが、今は名簿から外されている。シャルドネも外されているのは、私個人としてはとても寂しい。主力ワインは、アイササリーズ（二等辺三角形という意味）という名前のボルドー・ブレンドで、カベルネ・ソーヴィニヨンが70～85％を占める。それは、圧搾ワインは一滴も加えられず、新樽比率100％で2年間熟成される。もう1種類、アイササリーズ・リザーヴもあるが、こちらはごく少量しか造られず、すべてテイスティング・ルームで販売される。ジャスティフィケーションは、カベルネ・フラン、メルローのオーゾンヌ・スタイルのブレンドである。その他カベルネ・ソーヴィニヨンの単一品種ワインや、その品種から造られるオブチューズという名前のポート・スタイルのワインもある。比較的新しく造られたワインが、サヴァントという名前の、シラーとカベルネ・ソーヴィニヨンのブレンドである。

ボールドウィン夫妻が、セントラル・コーストにおけるシラー・バブルの崩壊を予期していたかどうかは、私にはわからないが、ボルドー・ブレンドに焦点を絞った彼らの洞察力は大したものだ。彼らはこのスタイルのワインでは抜きん出ており、パソ・ロブレスでその深奥さと精妙さに太刀打ちできるワインを造れるワイナリーは今のところ存在しない。デボラ・ボールドウィンは、味覚と知性を備えた天性のセールスウーマンで、しかもそのワインは、この辺りの丘にいまなお残る田舎臭いワインとは少しの共通点も持っていない。

上：元投資銀行の頭取で、現在はパソ・ロブレスで最も精妙で優雅なボルドー・ブレンドを造っているジャスティン・ボールドウィン。

# 極上ワイン
*(2009年にテイスティング)*

### 2007 Justification
### 2007 ジャスティフィケーション
濃密なブラックカラント、ブラックベリーの香り。しかし微かにハーブの香りもする。適度な凝縮感で、しなやかさもあり、タンニンは軽めで、魅惑的な酸がある。とてもエレガントだが、やや躍動感に欠ける。2006も同様で、まろやかで飲みやすいが、やや精妙さに欠ける。

### 2007 Cabernet Sauvignon
### 2007 カベルネ・ソーヴィニヨン
熟れたブラックベリー、プラム、バニラの香り。飲みやすく、生き生きとしている。タンニンは軽く、酸は新鮮で、適度な深みがあり、持続性もある。2007リザーブ・カベルネ・ソーヴィニヨンも同様だが、こちらの方がアロマが濃厚で芳醇。味わいも、こちらの方がグリップ力とスパイシーさがあり、長い。

### 2006 Reserve Cabernet Sauvignon
### 2006 リザーヴ・カベルネ・ソーヴィニヨン
甘く肉厚なブラックベリーの香り。良く熟れているが魅力的。口に含むと、豊かで、触感もなめらか。タンニンは良く熟れているが、しっかりしており、スパイシーさと精妙さも感じられる。風味の豊かさにやや欠けるが、みずみずしく飲みやすいワイン。

### Isosceles
### アイサセリーズ
**2006 ★** 豊かでスパイシーなブラックカラントの香り。濃密さと力強さがあり、オークの甘さもたっぷり感じられる。豊かでクリーミーなフルボディで、凝縮感と重量感は申し分ない。感動を与えるワインだが、過度な抽出はなく、贅沢な味わいで、後味はとても長くエレガント。リザーヴも同様だが、こちらの方がより重々しく、力強いが、アルコールが強く感じられる。全体的に、普通のアイサセリーズの方が、バランスが良いようだ。

**2005** 熟れているが、ややタール香が強すぎる感じ。コクがあるが、ハーブのような香りもある。良く凝縮されているが、肉感的な魅力もあり、しかも元気の良さも感じられる。味わいはとても長い。2006と同様に、リザーヴは新オークが際立ち、とても力強く大柄で、量塊感がある。しかしやや熱く感じ、過激さが感じられる。

### Justin
### ジャスティン
栽培面積：29ha　平均生産量：50万本
11680 Chimney Rock Road, Paso Robles, CA 93446
Tel: (805) 238-6932　www.justinwine.com

275

SAN LUIS OBISPO

# Saxum サクサム

優秀な葡萄栽培農家が自らワインづくりに乗り出し、素晴らしいワインを生み出すようになったもう1つの例が、サクサムである。パソ・ロブレスでまだ単一葡萄畑ワインがあまり造られなかった頃、ジェームズ・ベリー・ヴィンヤードはある種特別な地位を与えられていた。ワイルド・ホースなどのワイナリーが、この畑の葡萄を買い、その畑名をラベルに記載した。ジャスティンよりも少し前の1981年に拓かれたこの畑は、"現代"西側葡萄畑の中で最も古いものである。というのも、ここでは何十年も前から葡萄品種といえばジンファンデルと決まっていたからである。最初スミス家はブルゴーニュ品種を植えたが、1987年にジョン・アルバンやワイルド・ホースのために、試験的に数区画にヴィオニエとムールヴェドルを植えた。一家はすぐに、彼らの畑の頁岩と砕けた石灰岩の混ざった複雑な土壌は、ローヌ品種に適していることを発見した。こうして1990年に初めてシラーが植えられた。

数年前から、ジェームズ・ベリー・ヴィンヤードとサクサムの管理運営は、若いジャスティン・スミスに任されている。彼は自分自身のことを、まず何よりも葡萄栽培家であると自覚している。彼はテロワールの細部に焦点を当てることを好み、その起伏の多い葡萄畑をいくつもの区画に分け、その1つ1つを別々に管理している。その畑は特に広いというほどではないが、彼がこのように畑を細分化して管理しているため、収穫に6週間もかかることがある。最上の区画の1つに、ボーン・ロックと名付けられた区画があるが、その名前は、その土壌から化石が見つかったことと、ここではシラーが、柱に沿うような形で垂直に伸びるコート・ロティ・スタイルで仕立てられているからである。というのはその畑は、湾曲した段々畑状になっているため、ワイヤーに沿わせて仕立てることが難しいからである。スミスは、ここの葡萄の質の良さを、石灰質の土壌と、それがワインにもたらす低いpH（カリフォルニアの基準で）によるものと見ている。スミスは、ここのムールヴェドルが比較的低いアルコール度数で成熟することが自慢だ。しかしヴィオニエは豊かでふくよかになりすぎるとも感じている――ルーサンヌは良い結果を出している。彼はまた、グルナッシュにも力を入れているが、そのクローン選抜は、シャトーヌフのシャトー・ラ・ネルトの苗が、エドナ・ヴァレーのジョン・アルバンを経由してきたものである。2007年から、葡萄畑は有機農法で栽培されている。

ジャスティン・スミスは自分自身のラベルとして、2000年にサクサムを設立した。彼は、ジェームズ・ベリー・ヴィンヤードの他に、2つの畑を管理しているが、その1つが、自宅のある農場から3km北に行った3haのハート・ストーン葡萄畑である。彼の基本的なブレンド・ワインは、ブロークン・ストーンズで、主にシラーの若樹からの葡萄を使い、それにグルナッシュを10%加えたものである。そのワインは、フランス産オーク樽で、16ヵ月熟成させる。彼を有名にしたワインであるボーン・ロックは、同名の区画のシラーを主体に、それに少量のムールヴェドルがブレンドされている。

スミスは、このパソ・ロブレスの西側地区では、葡萄をそのまま十分成熟させると、そのワインはたいていかなり高いアルコール度数になるということにとても神経質になっている。16%になることもめずらしいことではない。そのため彼は、選果を2度行い、その問題をさらに悪化させるレーズン化した果粒を完全に除去するようにしている。彼は、成熟のタイミングが合えば、低温浸漬の後、異なった品種を同じ発酵槽で発酵させることを好む。また彼は、主に土着の酵母を使って、発酵を完遂させる。酸の添加はまったく行わない。

果帽は櫂入れされ、葡萄は籠式圧搾機で圧搾される。また樽熟成中のラッキングは行わず、瓶詰め前の清澄化と濾過も行わない。最近スミスは、オークが目立ちすぎることがないように、500ℓの中樽を多く使うようにしている。また脱アルコールも行わない。スミスは、ここでは高いアルコール度数は現実であり、逆浸透膜法などの人為的技法を使って、ワイン本来のバランスを崩すようなことはしたくないと言う。しかし彼のワインで、アルコールでむせたり、喉が焼けるような感じになったりしたことはあまりない。

2003年に新しいキュヴェが加えられた。ロケット・ブロックという名前で、グルナッシュ50%、ムールヴェドル40%、シラー10%のブレンドである。これは古い樽で熟成させる。また、ジェームズ・ベリー・ヴィンヤードのブレンドだけでなく、ハート・ストーン・ヴィンヤードとブッカー・ヴィンヤード（シラー95%、新樽比率75%で熟成）の単一葡萄畑ワインもある。またそれらの葡萄畑の果実の大半は、他のワイナリーに卸されている。

上：有名なジェイムズ・ベリー・ヴィンヤードをはじめとする畑で細心の注意を払い育てた葡萄から、力強いがバランスも絶妙なワインを造りだしているジャスティン・スミス。

# 極上ワイン
*(2009年にテイスティング)*
### 2007 James Berry Vineyard
### 2007 ジェイムズ・ベリー・ヴィンヤード
　熟れたプラムと胡椒の香り。最初の口あたりがとても良く、凝縮されていて、革の風味もあるが、上質な新鮮さと高揚感、躍動感が基調にある。タンニンは良く統合され、アルコール度数15.8%は良く制御されている。とても長い味わい。

### 2007 Booker Vineyard　　2007 ブッカー・ヴィンヤード
　深奥な赤色。ジャムや革の香り。とても豊かで、甘い果実味。しかし残存糖分は感じられない。タンニンが際立ち、しっかりした主張があり筋肉質。後味はかなり辛口だが、アルコールが少し気になる(15.5%)。

### 2006 James Berry Vineyard
### 2006 ジェイムズ・ベリー・ヴィンヤード
　(シラー76%、ムールヴェドル18%、グルナッシュ6%)クレオソート、インク、ブラックベリー・ジャムの濃厚な香り。豊かで悠々とした味わいで、甘美。このような量塊的ワインにしては驚くほど新鮮。黒果実の凝縮感と開放感、透明感が同居している。後味に少し熱さを感じる(アルコール度数16.7%)。

### 2005 Heart Stone Vineyard
### 2005 ハート・ストーン・ヴィンヤード
　(シラー44%、グルナッシュ33%、ムールヴェドル23%)とても豊かで濃密な香り。スパイシーな黒果実、特にブラックベリーを感じる。とても濃厚で、凝縮された味わい。タンニンも堅牢で、ややタールの感触もある。アルコール度数15.7%だが、果実味の濃厚さでバランスがうまく取れている。量塊的なワインだが、後味は長く甘美。

### 2005 James Berry Vineyard★
### 2005 ジェイムズ・ベリー・ヴィンヤード★
　(シラー70%、ムールヴェドル20%、グルナッシュ10%)不透明な赤色。濃厚で、肉や革のような香り。黒果実の力強さもある。非常に豊かで、力強い味わい。タールのような黒果実とチョークのようなタンニンを感じる。しかしピリッとした刺激もあり、15.5%のアルコールはうまく統合されている。贅沢で刺激的なワインで、味わいは長い。

**Saxum　サクサム**
栽培面積：25ha
平均生産量：3万2000本
2810 Willow Creek Road, Paso Robles, CA 93446
Tel: (805) 610-0363　　www.saxumvineyards.com

SAN LUIS OBISPO

# Talley Vineyards　タリー・ヴィンヤーズ

タリー家は、太平洋岸から13kmほど内陸に入ったアロヨ・グランデで、1948年から野菜作りを営んできた農家である。この場所が葡萄栽培にも適していることに気づいたのは、ドン・タリーで、1982年に試験的な植樹を行った。以前はアボカドが一杯に植えられていた斜面に5品種の葡萄樹が植えられた。この地の気候は、カベルネ・ソーヴィニヨンが成熟するには冷涼すぎることがわかり、その数年後、40ha以上の土地に、シャルドネとピノ・ノワール、そして少量のソーヴィニヨン・ブランとリースリングが植えられた。最初のヴィンテージは1986年で、その最初に植えられた葡萄樹の何割かは今も現役である。シャルドネは、主にクローン4を使っているが、それは一般に言われているよりもさらに小さな果粒を付けている。それ以外に、ウェンテとマウント・エデンのクローンも使っている。ピノ・ノワールに関しては、ディジョン・クローンの他、2Aヴァデンスヴィル・クローンも良好な結果を出している。現在エステートを管理しているのは、ブライアン・タリーで、彼はワインづくりの水準を非常に高いレベルに引き上げている。収量は適度で、1エーカー当たり3.5トン（8.75t/ha）を超えることはめったにない。また除葉も必ず行うようにし、点滴灌漑を使用し、害虫駆除剤の使用は最小限に抑えている。

> 全般にタリーのワインは純粋さの際立つ軽いタッチで造られ、セントラル・コーストのシャルドネとピノ・ノワールのなかでは、一貫して最もエレガントで、酒質が安定している。

朝霧が畑を冷涼に保つため、ここではブルゴーニュ品種が上質な果実を実らせる。1990年代半ばから、タリーは単一葡萄畑ワインも出すようにしたが、それはこの地の土壌が変化に富んでおり、それぞれの品種に独特な個性を付与するからである。最も大きな畑がリンコンで、面積は36haである。土壌は石灰岩の底土の上をローム層と粘土の表土が覆っている。その西にあるのが、12haのローズマリーズ・ヴィンヤードで、岩が多く、砂岩が破片状になっている――冷涼な畑で、リンコンよりも遅く成熟する。タリー家はエドナ・ヴァレーに入ったところにも65haのオリヴァーズ・ヴィンヤード（すべてシャルドネ）を持っている。また他の栽培農家との共同所有で、ストーン・コラルという名前のピノ・ノワールの畑も持っている（最初のヴィンテージは2004）。

収穫は、果粒の自然の酸のレベルが下がり始めるのを待って、行わなければならない。またワインはすべて、かなりゆっくりしたマロラクティック発酵を受けるが、タリーは、そうしないと、ワインは（酸っぱすぎて）飲めるようにならないと言う。2005年からレズリー・ミードが現場を指揮しているワインづくりは、古典的である。シャルドネは全粒圧搾を受け、フランス産オーク樽で、土着の酵母を使って発酵させられる。新樽比率は約3分の1である。単一葡萄畑シャルドネの他に、いろいろな畑のワインをブレンドした、エステート・シャルドネもある。ピノ・ノワールの場合、場合によっては完全に除梗しないで、低温浸漬の後、果醪は、土着の酵母を使い、開放槽で櫂入れを受けながら、発酵後浸漬なしに発酵させられる。熟成時の新樽比率はシャルドネと同様だが、熟成期間は長く17ヵ月取る。濾過は、ワインの状態を見て決める。

全般にタリーのワインは純粋さの際立つ軽いタッチで造られ、セントラル・コーストのシャルドネとピノ・ノワールのなかでは、一貫して最もエレガントで、酒質が安定している。

## 極上ワイン

*(2009年にテイスティング)*
**Chardonnay**
シャルドネ

**2007エステート [V]**　マンゴーや洋ナシの魅惑的な香り。ミディアムボディでしなやかな口あたり。酸は鮮明で、深みはないが魅力的なワイン。味わいは、ほど良い長さ。

**2007リンコン**　ライムや潰したハーブの濃密な香り。上質な口あたりで、刺激的な酸が心地良く、リンゴとライムのフレーバーが口中に広がる。バランスは絶妙で、味わいは長い。

**2007ローズマリーズ**　軽い、オーク、柑橘類の香り。トロピカル・フルーツのアロマも感じられる。新鮮でみずみずしく、軽い感じ。爽やかさが際立ち、それをオークがしっかりと支え、グリップ力もある。しかし本質的に繊細なワイン。味わいは長い。

**2007オリヴァーズ**　贅沢なトロピカル・フルーツ、パイナップルの香り。みずみずしくクリーミーな口あたりで、ふくよかさも感じられる。誰にでも好まれるワインだが、他の単一葡萄畑ワインに比べると、ややフィネスに欠ける。ある意味、エドナ・ヴァレーの典型。

上：常に高い水準を目指し、セントラル・コーストで最もエレガントなワインを造り続けているブライアン・タリー。

## Pinot Noir
ピノ・ノワール

**2007エステート**　繊細なサワー・チェリーの香り。ミディアムボディでしなやか。タンニンは軽く、味の奥行きはそれほど深くない。しかしバランスが良く、繊細で新鮮。後味に上質の酸を感じる。

**2007リンコン**　豊かなチェリーの香り。滑らかな触感のミディアムボディで、鮮明でよく凝縮され、軽いタンニンがそれを支えている。果実味は甘く、キャンディーのような風味も少し感じられるが、グリップ力もあり、長い。

**2007ローズマリーズ★**　精妙な香りで、チェリー、コーラ、インド香辛料のアロマもある。豊かで悠々として、滑らかな触感。酸が鮮明で、心地良い刺激を与える。とても若々しく、長い味わい。

**2007ストーン・コラル**　豊かで良く熟れたチェリーの香り。とても豊潤。豊かでしなやかな味わいで、凝縮されたチェリーを感じる。タンニンと酸は穏やか。比較的前向きなワインで、他のピノ・ノワールよりも持続性に劣る。

### Talley Vineyards
タリー・ヴィンヤーズ

　栽培面積：91ha　　平均生産量：18万本
　3031 Lopez Drive, Arroyo Grande, CA 93420
　Tel: (805) 489-0446　　www.talleyvineyards.com

279

SAN LUIS OBISPO

# Villa Creek
ヴィラ・クリーク

クリス・チェリーと妻のジョアンは、パソ・ロブレスの中心地でレストランを経営している。そのレストランは、地元の多くのワインメーカーや葡萄栽培家の情報交換の場となっている。料理は折衷主義的だが、メニューの数はそのワインリストほど多くない。2001年から2人は、デンナーやジェイムズ・ベリーなどのパソ・ロブレス西側地区の優秀な葡萄を買って、ワインづくりをやっている。出来たワインは、主に彼ら自身のレストランで販売されているが、その評判の良さに勇気づけられ、2人は2010年に、西側地区に持っている自分の土地に小さな葡萄畑を拓く計画を持っている。それは、標高425〜550mの場所にある。ワインづくりはクリス・チェリーが行い、それをアンソニー・ヨントが補佐している。

ワインづくりは、職人的である。ワインはすべて高い基準で造られ、西側にある多くの小さなワイナリーのなかでも抜きん出ている。

彼らのワインで最も有名なのが、ジ・アヴェンジャーで、シラーをベースにし、グルナッシュとムールヴェドルを加えたブレンドである。そのワインは、生き生きとした味わいのコート・デュ・ローヌに似ている。ヴァルチャーズ・ポストは、ムールヴェドル主体で、シラーと、ほんの少量グルナッシュを加えている。ハイ・ロードはスミス家のジェイムズ・ベリー・ヴィンヤードの果実を使ったワインで、同じくシラー、ムールヴェドル、グルナッシュのブレンドである。またウィロー・クリーク・キュヴェも同様である。ラ・ボーダはデンナー葡萄畑からのブレンドで、グルナッシュとムールヴェドルが半分ずつである。ダマス・ノワールは100%ムールヴェドルのワインである。チェリー夫妻は、スペイン品種も好きで、デンナー葡萄畑からのグルナッシュの単一品種ワインや、テンプラニーリョとグルナッシュ、それにムールヴェドルのブレンドのマス・ド・マハも造っている。最近では、グルナッシュ・ブラン、ルーサンヌ、ヴィオニエの白のブレンドも造っている。

ワインづくりは、最も良い意味で職人的で、除梗の前後で2回選果を行い、籠式圧搾機で圧搾し、大樽とフランス産オーク樽の両方で熟成させる。ワインはすべて高い基準で造られ、西側にある多くの小さなワイナリーのなかでも抜きん出ている。唯一の欠点は、少量のブレンド・ワインが多いことで、この地区の外側では入手が困難ということである。

## 極上ワイン

*(2009年にテイスティング)*
**2008 White ★　2008 ホワイト ★**
　花のような、桃のような豊かな香り。きらびやかな味わいで、凝縮感は申し分ない。核果類果実とミカンのフレーバーが見事に編まれている。美味しく長い味わい。

**2007 La Boda　2007 ラ・ボーダ**
　スパイシーな、燻製やタバコの香り。赤果実のアロマがあり、みず

上：除梗の前と後の2回行う選果は、ヴィラ・クリークの職人的で几帳面なワインづくりのほんの1面にすぎない。

みずしいチェリー、キイチゴの味わい。タンニンは軽く、後味は生き生きとしている。味わいはとても長い。

### 2007 Garnacha　2007 グルナッシュ
　乾燥ハーブ、プラムの香り。とても良く凝縮されているが、酸も上質で、ハーブの風味も魅力的。持続性と肉感的魅力に欠けているのが残念。

### 2007 Willow Creek Cuvée
### 2007 ウィロー・クリーク・キュヴェ
　豊かな赤果実の香り。花の香りもする。新鮮で洗練されたワインで、スパイスが豊富でタンニンのグリップも力強い。とても長い味わい。

### 2007 Mas de Maha　2007 マス・ド・マハ
　甘くスパイシーで生き生きとした香り。チェリーのアロマも感じる。

凝縮され、しっかりしたタンニンがドライフルーツのフレーバーを包み込んでいる。後味はキレが良く、生き生きとしている。

### 2006 The Avenger　2006 ジ・アヴェンジャー
　豊かでくすんだ感じの赤果実の香り。花のような香りも広がる。フルボディの生気に満ちたブレンドで、適度な酸が新鮮さを維持している。15.6％のアルコール度数を包み込む十分な果実味があり、その高さが気にならない（飲みすぎにはご注意）。

### Villa Creek Cellars
### ヴィラ・クリーク・セラーズ
　栽培面積：4ha　平均生産量：3万6000本
　5995 Peachy Canyon Road, Paso Robles, CA 93446
　Tel: (805) 238-7145　www.villacreek.com

SANTA BARBARA

# Au Bon Climat　オー・ボン・クリマ

サンタ・マリア・ヴァレーの谷底に、あまり写真写りの良くない大きな木造の建物が建っているが、それがオー・ボン・クリマ（ABC）などのワイナリーが共有している建物である。ABCは1980年代初めに、どちらもザカ・メサのワインメーカーであったジム・クレンデネンとアダム・トルマックの2人によって設立された。トルマックが、1990年に、自身のオーハイ・ラベルを立ち上げるためにここを去ると、その席はボブ・リンドキストによって占められた。彼は、彼自身のキュペ・ラベルによって、サンタ・マリアでローヌ品種を成功させた先駆者である。この格納庫のような大きなワイナリーの屋根の下で、いったい何が行われているのかを正確に知るのは難しい。ヴィータ・ノーヴァ、サムズ・アップ、ポデーレ・ロス・オリヴォスなどのクレンデネンのラベルのいくつかが、ここで造られ、そして消えていった。また彼はここの設備を使って、イタリア品種に特化した彼自身のクレンデネン・ファミリー・ヴィンヤーズのワインも造っている。

このワイナリーは、ワイナリーというよりは、クレンデネンの中庭のようである。彼はたいていの日は、従業員やその他のワインメーカー、たまたま立ち寄った雑誌記者、販売代理店の仕入れ担当者などのために、自ら料理を作り、もてなす。長い板を渡した簡易テーブルには、ワインの瓶が並べられるが、その種類は、客の興味や、クレンデネン自身がその日に試してみたいと思うものによって決まる。その日残ったワインは、翌日のワイン料理に使われる。クレンデネンの愛犬の、エミーという名のテリヤ犬が膝の上に載ってきて、料理をせがむこともある。クレンデネンはいつも、「昼食代は、エミーが汚したズボンのクリーニング代と相殺だ」と言っている。

ジム・クレンデネンは、自分自身を華麗で熱狂的な人物として演出している。肩まで伸びた長い髪、あまり洗練されているとはいえない服装のセンスなどから、彼は歳をとりすぎた大学生のように見える。しかし彼は、世界各地に友人や同僚を持つ凄腕の経営者であり、他のワインメーカーや批評家が無意味と思えるようなことを喋りだすとき、鋭い言葉でその矛盾を切り裂く、剃刀のような精神も持ち合わせている。良き指導者と呼ぶにはあまりにも偶像破壊主義的であるが、それにもかかわらず、彼はサンタバーバラだけでなく、カリフォルニア全体のワイン業界の指導的人物の1人である。

ABCの中では、パーティーのホストのような役割を演じているが、彼は、経験豊富な、神経の行き届いたワインメーカーである。とはいえ彼は現在、部隊全体を見渡す指揮官的な立場にあり、日常のワインづくりの細かな指示は、熟練のジム・エーデルマン率いる小部隊に任せている。ジム・エーデルマンは、一家の伝統から法律家になるように言われていたが、ブルゴーニュのルイ・ジャドの下で短期間働いたことで、その道を自ら断念した。彼はすぐに、当代のブルゴーニュの名匠たちと知り合いになり、ブルゴーニュのワインづくりの技術を修得し、それをカリフォルニアに持ち返った。

クレンデネンはサンタバーバラで長く活躍し、多くの葡萄畑のオーナーと取引きをしてきたことから、ビエン・ナシドやサンフォード＆ベネディクト、そして（アロヨ・グランデの）タリーなどから、さまざまな種類の秀逸な葡萄を仕入れることができる。そのため彼は、シャルドネでもピノ・ノワールでも、単一葡萄畑ワインを造ることができ、さらに、異なった地区の葡萄畑のブレンドであるイザベルや、ビエン・ナシドの上質な葡萄ばかりを選りすぐって造る最高級ブレンド、ノックス・アレクサンダーも造ることができる。葡萄の仕入れ先が年ごとに変わることがあり、そのため混乱するほどに多くのラベルがある。またクレンデネンが個人で所有する有機農法の葡萄畑のル・ボン・クリマからも数種類のワインが造られている。

クレンデネンはブルゴーニュに心酔しており、それは彼のワインに現れている。もちろん彼は、ブルゴーニュの模造品を造ることを目標にするには、知性的でありすぎる。しかし彼は、その偉大な土地の特徴である抑制とフィネスを追及している。彼が現在用いている技法は、今でこそカリフォルニアで標準となっているが、1980年代の初めは、まだ全くと言ってよいほど知られていなかった。樽による発酵、櫂入れ、土着酵母による発酵、マロラクティック発酵などの熱烈な信奉者であるクレンデネンは、ワインが新オークに引っ張られ過ぎないように常に気を配り、栽培農家とともに、葡萄果粒が最も美しくバランスが取れたときに摘み取るために熱心に働く。彼はアルコール度数の高いワインをひどく嫌い、それは注意深く葡萄を育てなかったことに対する罰だと

右：ジム・クレンデネンの華麗な風貌は、その知性によく似合っている。彼はその知性で、絶妙のバランスの、一貫して高い酒質のワインを造り続けている。

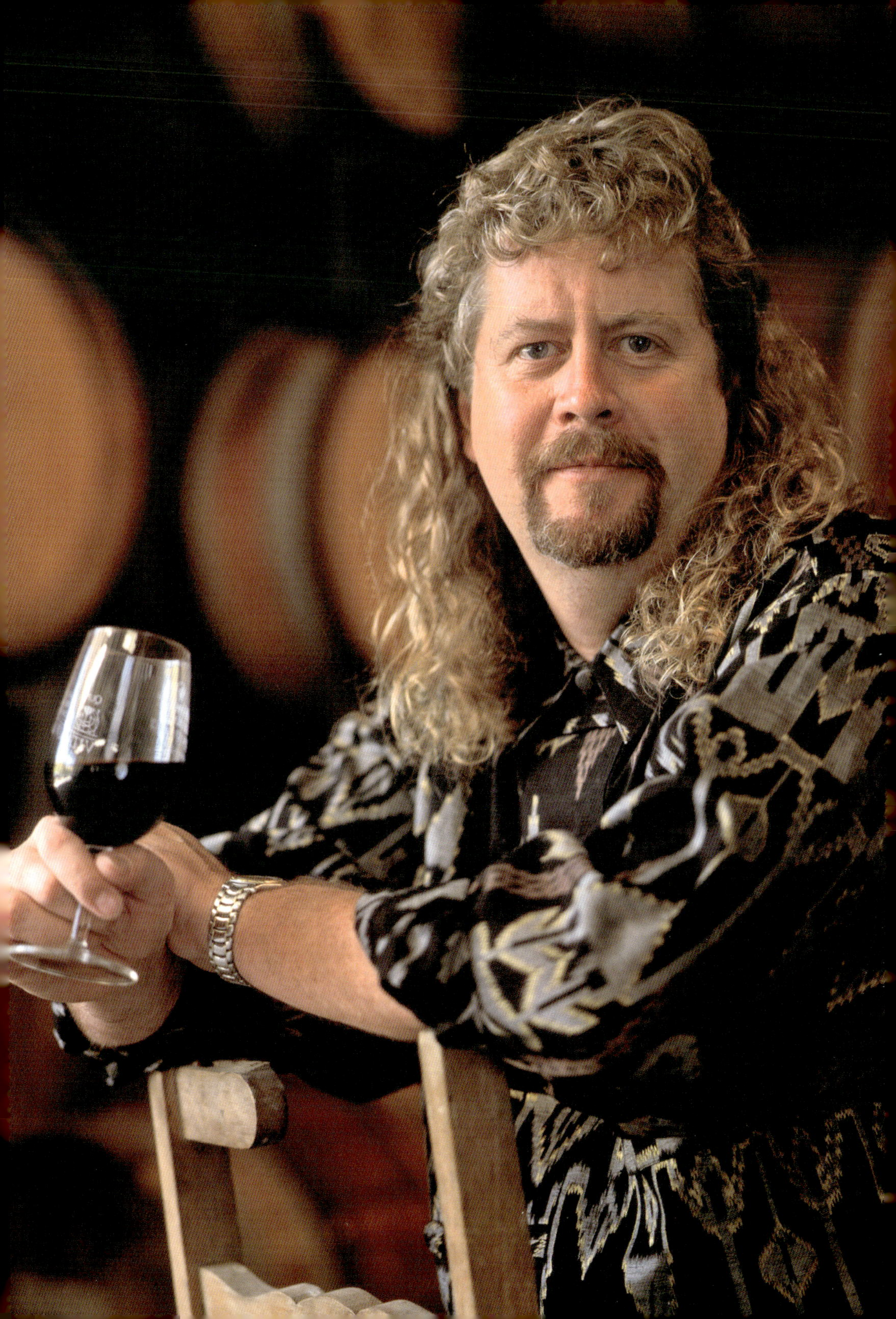

言う。これらのことすべてから、彼のワインはしばしば、特にアメリカのワイン出版界からは低く評価されている。

　1996年にクレンデネンは、彼が好きではないスタイルでシャルドネを造った。肉厚の触感で、贅沢なバターのような果実味をたっぷり詰め込んだワインである。彼は、故意にパーカー好みに造ったこのワインに、ニュイ・ブランシュ（「白夜」）という名前を付けた。それは明らかに、ロバート・パーカーに対する嫌がらせを意図したワインであった。そして実際そうなった。パーカーはその挑発に乗ることを拒否し、そのワインに低い点数しか与えなかった。しかし他のテイスティング参加者は高得点を付けた。

　クレンデネンはシャルドネとピノ・ノワールで有名だが、彼はイタリア品種から造るワインにも情熱を燃やしている。その情熱を一層掻き立てたのが、1980年代にイタリアの生産者が相次ぎ彼を訪問してきたことだった。アルド・ヴァイラ、ヨスコ・グラヴネル、パオロ・ディ・マルキなどだが、彼らは皆シャルドネの栽培方法を学びたがっていた。彼はその後、今度は逆にこれらの生産者の何人かのところを訪問し、イタリア品種に対する情熱をさらに膨らませて帰って来たのだった。当時カリフォルニアではイタリア品種は誤った捉え方をされ、安売り用ワインの原料として収量を多くする形で栽培されていた。クレンデネンは収量を低く抑え、大胆にも、アルネイス、フィアーノ、ネッビオーロなどの単一品種ワインを造り、それを今は消えかかっているが、ポデーレ・ロス・オリヴォスのラベルで売り出した。現在それらのワインは、クレンデネン・ファミリー・ヴィンヤーズのラベルでリリースされている。彼はまた、メンドシーノやオレゴンの葡萄を使ったワインも出している。

　彼は非常に大量にワインを生産しているが──5万ケースに近づきつつある──、その酒質は一貫して高い。オー・ボン・クリマのワインは一度もバランスを崩したことがなく、果実味は常に新鮮で、アルコール度数が14％を超えることはめったにない。そしてすべての瓶が、渇きをいやし、食欲を増進させるというワイン本来の仕事を誠実に果たしている。

## 極上ワイン

(2008〜10年にテイスティング)
### White　白ワイン
**2006サンフォード＆ベネディクト・シャルドネ**　よく熟れた贅沢な香り。まろやかだが凝縮されスパイシー。新鮮な酸が、緻密で、生き生きとした、長い味わいのワインにしている。
**2005サンフォード＆ベネディクト・シャルドネ★**　細身のレモンの香り。オークが香り、厳しさがある。味わいはまだ抑制され、堅牢だが、ミネラルの風味の中に土味が感じられ、酸は上質で、辛口の後味が長く続く。
**2004ヒルデガード**　スパイシーなオークの香り。豊かで悠々とした、みずみずしい口あたりで、果実味がぎっしり詰まっている。トロピカル・フルーツも感じられるが、スパイシーで生き生きとしている。
**1983ロス・アラモス・シャルドネ**　クレンデネンの最初のワイン。完璧な藁の金色。アンズの砂糖煮の香り。酸化がほんの少し感じられる。ふくよかで華やかな味わいで、アンズ、パッションフルーツのフレーバーがある。上質の酸のおかげで驚くほど長寿。味わいは長い。

### Pinot Noir　ピノ・ノワール
**2007サンタ・マリア・ヴァレー**　抑制された香り。ミディアムボディで新鮮で、ピリッとした刺激もある。歯ごたえの良い果実味があり、後味は新鮮。しかし精妙さに欠け、味わいの長さは平凡。
**2006ラ・ヴォージュ**　繊細で愛らしいキイチゴの香り。シルクの触感で、凝縮されている。タンニンは軽いが、骨格がしっかりしている。繊細なスタイルだが、まだまだ良く熟成するはず。味わいは長い。
**2006ノックス・アレクサンダー**　とても芳香性の高い香り。チェリー、キイチゴのアロマがある。ミディアムボディでしなやかで、控え目な口あたり。しかし凝縮感は申し分なく、酸は上質で、長く繊細な、オークの香りのする後味が続く。
**2006イザベル★**　豊かで満ち足りた、オーク、赤果実の香り。ふくよかで、まろやかなフルボディ。土味のようなスパイシーさがあり、味わいは精妙で長い。
**2005イザベル**　濃密でスパイシーなチェリーの香り。滑らかで洗練された口あたり。タンニンは元気だが、荒々しさはない。とても良く凝縮され、芳醇で、繊細な果実味と説得力のある酸が心地良い。長い味わい。
**2005ノックス・アレクサンダー**　スパイシーで、少し風変わりな黒果実の香り。ハーブの微香もあり、甘草も感じられる。滑らかな口あたりで凝縮されており、タンニンも堅牢。量塊感と重量感があるが、過度な力強さは感じられない。思いがけないチョコレートの後味が長く続く。
**2000ノックス・アレクサンダー**　豊かな燻製の香り。チェリー、丁字が感じられ、ハッカの微香もある。細身でシルクのような触感。依然として新鮮で、抑制されているが、凝縮された味わい。チェリーとカフェオレのフレーバーがある。繊細でバランスの良い長い味わい。
**1995イザベル**　深奥な色。しかしやや茶色がかっている。豊かで甘いカプチーノの香り。葉の香りもする。花の香りも華やかに広がる。とても良く凝縮された味わいで、豊かでスパイシー。上質の酸が、爽快感と元気の良さをもたらしている。精妙で長い味わい。

---

**Au Bon Climat**　オー・ボン・クリマ
栽培面積：25ha　平均生産量：50万本
Santa Maria Mesa Road, Santa Maria, CA 93454
Tel: (805) 937-9801
Tasting room: 1672 Mission Drive, Solvang, CA 93463

SANTA BARBARA

# Qupé キュペ

控え目な柔らかい語り口のボブ・リンドキストは、人格的にはジム・クレンデネンと好対照をなす。しかし20年もの間、2人はオー・ボン・クリマ・ワイナリーを共有し、昼食を共にした。もちろん、もう1つ共有しているのは、ワインに対する情熱である。幸いなことに、2人が目指している方向は違っていた。クレンデネンは真っ直ぐブルゴーニュを見据え、リンドキストはびっしりと葡萄樹で覆われたローヌ・ヴァレーの斜面を脳裏に描いた。2人とも、ワイン生産者としての生活をザカ・メサ・ワイナリーで始めた。リンドキストは1979年に、最初は観光客案内係として、次にセラーの小間使いとして働き始めた。1982年に、彼はザカ・メサで最初のキュペを造ったが、その時の葡萄は、パソ・ロブレスのゲアリー・エバールのエストレラ・リヴァー・ヴィンヤードのものだった。その後彼は、サンタバーバラのいろいろなワイナリーの設備を借りながらワインを造っていたが、1989年に、クレンデネンとチームを組んだ。そのワイナリー（オー・ボン・クリマ）は、近くのビエン・ナシド・ヴィンヤードの所有者であるミラー家の所有である。その巨大な格納庫のようなワイナリーには、いつも、おしゃべり好きなジム・クレンデネンに率いられたボヘミアンの一群のような雰囲気が流れている。

キュペの主力品種は、シラーである。ボブ・リンドキストは、この品種について、他の多くのワインメーカーよりも経験を積んでいる。彼は何10年もの間、土地を借り、そこでこの品種を栽培してきたが、その多くは近くの広大なビエン・ナシド・ヴィンヤードの中であった。多くの区画が、リンドキスト専用の畑として指定されているが、彼の最上のワインであるヒルサイド・セレクトのための葡萄は、たいていビエン・ナシドの急峻な斜面の植栽密度の高い1区画で実ったものである。リンドキストの主力ワインは、ブレンド・ワインであるセントラル・コースト・シラーである。そのシラーは、大部分除梗した後、発酵させられ、新樽比率3分の1で熟成

下：1990年からABCと共有している大きな建物の中に勢揃いした、笑いの絶えない、働き者ばかりのキュペ・チーム。

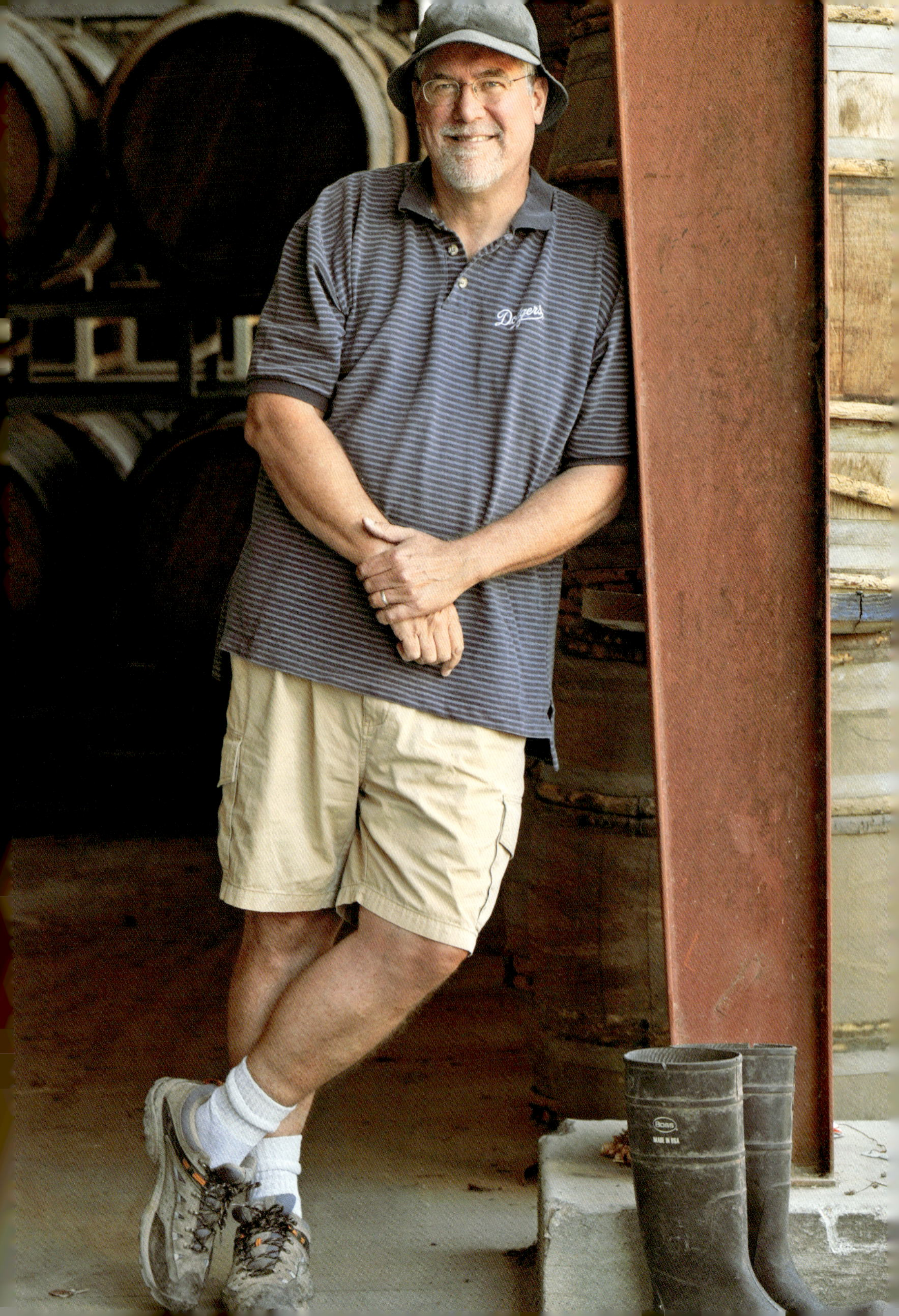
Dodgers

される。ヒルサイド・セレクトは、一部新樽で発酵させられ、その後残りのワインとブレンドされ、熟成させられる。その他、プリズマ・マウンテン・ヴィンヤードからのシラーとグルナッシュなどの単一葡萄畑ワインも造っている。

リンドキストは、白ワインも造っている。ビエン・ナシドからのシャルドネ、同じ畑からのルーサンヌ、そしてヴィオニエとシャルドネをブレンドしたもの、さらにはロス・オリヴォスのイバーラ・ヤング・ヴィンヤードからの葡萄を使った、驚くほど長寿のマルサンヌなどである。

リンドキストが事実上所有している唯一の葡萄畑が、エドナ・ヴァレーのアルバンの向かい側にある、バイオダイナミックで栽培している畑である。そこには、マルサンヌ、シラー、グルナッシュ、アルバリーニョ、テンプラニーリョが植えられているが、そのうちのスペイン品種は、彼ではなく妻のルイーザ・ソーヤーが、彼女自身のラベルであるヴェルダッドのために使っている。

彼のワインは、赤であれ白であれ、
決して肉感的になったり、
華美になったりすることがなく、
素晴らしく良く統合され、一貫性がある。
そのワインはいまでも極上の部類に入る。

彼の造るワインは、どのレベルのものでも、すべて成功している。主力ワインのセントラル・コースト・シラーは、それ以外の単一葡萄畑シラーにくらべると、味わいの重層感と精妙さで劣るとはいえ、美味しく、買い求めやすい価格である。1999年に、異色のブレンドであるヴィオニエ・シャルドネを1992年までさかのぼる垂直テイスティングしたが、それらのワインはすべて、絶妙なバランスと一貫性を確信させるものだった。

彼のワインは、赤であれ白であれ、決して肉感的になったり、華美になったりすることがなく、素晴らしく良く統合され、繰り返しになるが、一貫性がある。最近、量塊的で、頑健で、アルコール度数の高いシラーが爆発的に増え、それらの新参者の陰に隠れてキュペはいささか影が薄くなっているかもしれないが、そのワインはいまでも極上の部類に入る。

左：柔らかい語り口だが素晴らしい才能の持ち主であるボブ・リンドキストは、良く統合された長寿のワインを造り続けている。

## 極上ワイン

(2008〜2009年にテイスティング)
**White　白ワイン**
**2007ビエン・ナシド・ヴィオニエ・シャルドネ**　スパイシーで芳香性の高い香り。ヴィオニエの花のような香りとシャルドネのしっかりした香りのブレンド。豊かでクリーミーな口あたりだが酸も上質。ピリッとした後味が長く続く。
**2007イバーラ・ヤング・マルサンヌ**　アンズの香りが広がる。ミディアムボディで緻密な味わい。新鮮で、刺激があり、長い。
**2006ビエン・ナシド・ルーサンヌ**　抑制されたトロピカル・フルーツの香り。マンゴーが感じられる。豊かでみずみずしく、スパイシーな味わいだが、決して過度ではない。上質な酸が緻密さをもたらし、後味は細身で元気が良いが、やや芳醇さに欠けるのが惜しい。
**1989マルサンヌ**　黄色い藁色。贅沢な蜂蜜の香り。クリーミーでふくよかな口あたりでみずみずしい。熟れたアンズの果実味が感じられ、驚くほど長く持続する。いかなる意味でもまだ坂を登りきっていない。

**Syrah　シラー**
**2007ビエン・ナシド・ヒルサイド・セレクト**　躍動的なプラム、ミントのアロマ。とても豊かなフルボディ。しかしスパイシーさと新鮮さもある。酸は生き生きとしており、美味しい黒果実のフレーバーがある。長い味わい。
**2006ビエン・ナシド**　甘く繊細で、濃密な花の香り。ミディアムボディでしなやかで凝縮されている。まだ若々しいが、後味にもう少し元気の良さが欲しい。
**2005ビエン・ナシド・ヒルサイド・セレクト★**　控え目な香り。プラムや甘草のアロマがある。豊かなフルボディで、タンニンは大きく、良く熟れている。しかしバランスも良く、新鮮で、長い後味にたっぷりと高揚感が味わえる。
**2001ビエン・ナシド・ヒルサイド・セレクト**　細身で、かすかにハーブが感じられる。プラムやエスプレッソ・コーヒーの香り。ミディアムボディでしなやかだが、シルクのような触感を支えるタンニンも欠けていない。黒果実とミントのフレーバーがあり、スパイシーさが後味に高揚感をもたらす。洗練されていて長い味わい。
**2005ビエン・ナシド・Xブロック**　濃厚な、肉のような香り。プラムと甘草も感じられる。重量感があり、タンニンも堅牢。とても良く凝縮され、タールのような感じもある。解けるのにもう少し時間が必要。(アルコール度数は14%)
**1998ビエン・ナシド・ヒルサイド・セレクト**　非常に深い、衰えを感じさせない色。熟れた猟鳥獣肉の香り。新鮮でキレが良く、エスプレッソのアロマもある。かなり豊かで新鮮な口あたり。みずみずしく生気に溢れている。酸は繊細。肉感的魅力と重量感が少し足りないかもしれないが、バランスが良く味わいは長い。

## Qupé
## キュペ

栽培面積：16ha　平均生産量：48万本
PO Box 440, Los Olivos, CA 93441
Tel: (805) 937-9801
Tasting room: 2963 Grand Avenue, Los Olivos, CA 93441

SANTA BARBARA

# Beckmen Vineyards　ベックメン・ヴィンヤーズ

音　響技術の会社を経営していたトム・ベックメンは、ロス・オリヴォスの近くの農場を買い、そこに葡萄樹を植えた。その2年後の1996年には、バラード・キャニオンのプリズマ・マウンテンに、今度はもっと野心的な目標——隣接するストルプマン・ヴィンヤードと同じくらいの成功を収める——を持って、葡萄畑を拓いた。幸運も加担して、そのプリズマ・マウンテン・ヴィンヤードは例外的と呼べるほどの秀逸な葡萄——ローヌ品種が主だが、ソーヴィニョン・ブランと非常に低収量のカベルネ・ソーヴィニョン——を生み出している。以前はその葡萄を、他のワイナリーに卸していたこともあったが、現在は、最上の果実を生み出すそのマウンテン・ヴィンヤードだけでなく、最初の、ワイナリーの近くの葡萄畑の葡萄のすべてが、自家ワインのために使われている。

> スティーヴ・ベックメンは控えめで
> 思慮深い人物で、多くを語らないが、
> 彼のワインは顕著な一貫性を示し、
> セントラル・コーストのローヌ品種の卓越した
> 表現となっている。

　数年前から、トムの息子のスティーヴが葡萄畑とワイナリーの管理運営を行っている。その間、多くの変化が導入された。ここは230〜380mと、標高差のある複雑な地形の畑で、土壌も多様である。標高の高い場所は石灰質を多く含み、下の方は砂岩が多い。ウィルスに侵された葡萄樹は植え替えられ、グルナッシュは、ワイヤーを使った仕立てから、立木仕立てに変えられた。またある場所では、シラーの植栽密度が、列間植樹によって倍にされた。2006年には、栽培方法がバイオダイナミズムに変えられた。
　スティーヴ・ベックメンは、除梗と、高温でのかなり短期間の発酵を好む。なぜなら彼は収斂性のあるワインが嫌いだからである。2009年には、新型の選果テーブルが導入された。新樽比率は、ワインのスタイルによって30〜60%の間で調整されている。100種類にもなるキュヴェが別々に熟成され、ベックメンに無数のブレンドの可能性をもたらしている。
　ベックメンで最も有名なのが、シラーであるが、それには3つのラベルがある。エステート・シラーは、基本となるワインで、新樽比率35%で熟成させる。プリズマ・マウンテン・ブレンドは最上の区画のキュヴェをブレンドしたもので、新樽比率は高くなっている。クローン1は、砂利が主体で、砂岩の混じる区画でできる小粒の葡萄からのワインで、それゆえとても凝縮された味わいである。グルナッシュも秀逸で、フランス産オーク樽と300ℓの中樽で熟成させる。白ワインは、全房圧搾し、古い樽を使って発酵させる。
　スティーヴ・ベックメンは控えめで思慮深い人物で、多くを語らないが、彼のワインは顕著な一貫性を示し、セントラル・コーストのローヌ品種の卓越した表現となっている。

### 極上ワイン

*(2009年にテイスティング)*
**2008 Grenache Rosé [V]**
**2008 グルナッシュ・ロゼ [V]**
　繊細なイチゴ、スイカの香り。熟れてコクのある味わいだが、程良い新鮮さもある。早飲み用の、愛らしい魅力的なロゼ。

**2007 Marsanne　2007 マルサンヌ**
　(20%ルーサンヌ) 強い桃の香り。マルサンヌにしては驚くほど香り高い。とても豊かでクリーミーな口あたり。適度な酸があり、熟れたアンズのフレーバーが口中に広がる。後味にかすかな刺激がある。

**2007 Estate Grenache**
**2007 エステート・グルナッシュ**
　イチゴ、チェリーの鮮明な赤果実の香り。ミディアムボディでシルクのような触感。適度な凝縮感もあり、骨格もしっかりしている。後味は少し辛口だが、生き生きとしている。

**2007 Estate Syrah　2007 エステート・シラー**
　強い胡椒の香りがグラスの縁からこぼれてくる。ブラックベリーのアロマがあり、タールの微香もある。ふくよかで凝縮され、みずみずしい。軽いタンニンが果実味を支え、後味は滑らかで胡椒を感じる。

**2007 Purisima Mountain Clone 1 Syrah**
**2007 プリズマ・マウンテン・クローン 1・シラー**
　豊かな西洋スモモの香り。シナモン、丁字などのスパイス香が広がる。豊かで悠々として贅沢な味わいで、かなり奥行きがある。フィネスはやや物足りないかもしれないが、生き生きとして躍動感があり、後味は長い。

**2007 Purisima Mountain Syrah ★**
**2007 プリズマ・マウンテン・シラー ★**
　豪華なプラム、ブラックベリーの香り。純粋で焦点がしっかりと定

上：プリズマ・マウンテンから洗練されたローヌ品種の極上ワインを生み出しているスティーヴ・ベックマン。

まり、高揚感とエレガントさもある。口に含むと、鮮明で煌めくような味わいで、滑らかで調和が取れている。タンニンは控えめで、後味は長い。

### 2006 Purisima Mountain Grenache
### 2006 プリズマ・マウンテン・グルナッシュ
　豊かなチェリーの香り。燻香がとても印象的。フルボディで、口あたりが良く、凝縮され、贅沢な果実味が新鮮な酸で活気づけられている。調和が取れ、深奥で、長い。

### Beckmen Vineyards
### ベックメン・ヴィンヤーズ
　栽培面積：60ha　平均生産量：13万本
　2670 Ontiveros Road, Los Olivos, CA 93441
　Tel: (805) 688-8664　www.beckmenvineyards.com

SANTA BARBARA

# Brewer-Clifton
ブリュワー・クリフトン

　ワインに情熱を燃やす2人の若者、グレッグ・ブリュワーとスティーヴ・クリフトンが出会ったのは、1995年のことである。2人はその1年後に、ネゴシアン・ワイナリーを設立し、シャルドネ、ピノ・ノワールを使った一連のワインを送りだした。細身で情熱的なブリュワーは、最初はサンタ・バーバラ・ワイナリーで、次にメルヴィルで長いワインづくりの経験を持つ。一方、都会的なスティーヴ・クリフトンは、音楽業界とレストラン業界での経験を持つ。そしてクリフトンは、もう1つ彼自身のラベル、パルミナも持っている。こちらはイタリア品種に焦点を絞ったラベルで、妻のクリスタルと造っている。

　当初2人は、個性の強い葡萄を生み出す個人所有の畑から葡萄を仕入れていたが、しばらくして、このままでは安定した果実の供給を受けるのは不可能だと悟った。というのは、生産者たちが、彼らへの割り当てを減らしたり、自身のワイナリーを設立したりしたからである。こうして2人は、主に借地で、24haの彼ら自身の畑を持った。グレッグ・ブリュワーは、サンタ・リタ・ヒルズの葡萄畑の多くが元々は大きな牧場地の一部だったため、小さな区画を借りる交渉をするのはそれほど難しいことではなかったと、説明してくれた。こうして彼らは、彼ら自身が選んだ台木とクローンを植えることができた。そのような畑には、マウント・カーメル(シー・スモークの近く)、3-D(シャルドネとピノ・ノワールを植えている。最初のリリースは2009年)、マチャド(クロ・ペペの近く)、そしてすべてシャルドネのグネサがある。2007年に、ブリュワーとクリフトンは、それまでの単一葡萄畑ワイン主体のワインづくりから、アペラシオン・ブレンド主体のものへと方向転換した。理由は、キュヴェがあまりにも小さすぎて、別個に瓶詰めする価値がないと思える畑もあるからである。

　すべてのワインはほぼ同一の方法で造られるが、ただ1点違うところは、マロラクティック発酵の度合いである。2人は、個々の葡萄畑の個性を表現したいと思っており、ワインづくりの方法を同一にすることによって、葡萄畑の違いを際立たせることができると考えている。シャルドネはすべてモンラッシュ酵母を使い、熟成は、ハンゼルから購入するシルグのオーク樽を使う。最初シャルドネは新樽比率3分の1で熟成させていたが、現在は新オークはまったく使っていない。

　ピノ・ノワールに関しては、かなり成熟の早い段階で収穫し(ブリュワーは糖度計の数値よりも、フレーバーで収穫時期を決定することを好む)、葡萄畑で選果し、低温浸漬の後、四角いステンレスの小型発酵槽で発酵させる。発酵後浸漬に約1ヵ月かける。清澄化も濾過も行わず、瓶詰めする。

　それらのワインは、2人が望むとおりの、とても個性の強いワインである。グレッグ・ブリュワーは独特のミネラルを出したいと考えており、彼はそれを塩のような風味と表現する。そのワインは高い評価を受け、また生産量も少ないため、入手困難である。しかし今後はアペラシオン・ブレンド主体になることから、ブリュワー・クリフトン・スタイルがもっと幅広い愛好者に親しまれるようになるだろう。

### 極上ワイン

*(2009年にテイスティング)*
**Chardonnay　シャルドネ**
**2008 サンタ・リタ・ヒルズ**　魅惑的で純粋で高揚感のある香り。リンゴやアンズのアロマが広がる。ミディアムボディで、酸はとても鋭利。細身の自信に満ちたスタイルで、緻密でピリッとした刺激もあるが、ややしつこさもある。もう少し時間が必要。
**2007 マウント・カーメル★**　豊かでスパイシーなリンゴの香り。抑制され、洗練されている。とても豊かで凝縮された味わいだが、きびきびした柑橘系の酸もある。持続性のある後味にグリップと奥行きが感じられる。

**Pinot Noir　ピノ・ノワール**
**2007 サンタ・リタ・ヒルズ**　豊潤で熟れた赤果実の香り。特にイチゴの香り。まろやかでしなやかな口あたり。上質なタンニンのグリップ力で、芳醇さが適度に抑えられている。まだ若く、小気味良い厳しさがある。
**2007 マウント・カーメル**　贅沢なキイチゴ、チェリーの香り。豊かで、煌めきがあり、タンニンはしっかりしているが、重さは感じられない。奥行きに少し物足りなさがあるが、純粋で浮遊するような感覚があり、シルクのような触感で、味わいは申し分なく長い。

上：個性の強い、ミネラルの際立つ高い評価のワインを造り続けているグレッグ・ブリュワー（右）とスティーヴ・クリフトン。

**Brewer-Clifton**
**ブリュワー・クリフトン**
栽培面積：24ha　平均生産量：9万本
329 North F Street, Lompoc, CA 93436
Tel: (805) 735-9184　www.brewerclifton.com

SANTA BARBARA

# Foxen フォクスン

フォクスン家は1837年に、メキシコ政府から3640haもの広大な土地の払い下げを受けた。それから数世代を経て、今もその子孫であるディック・ドーアがその一部を所有している。1980年代半ばまで、彼は銀行家として生計を立てていたが、その仕事は彼にとって、経済的に満足のいくものではなかった。そんなこともあって、彼は1986年に、ビル・ウェイスンとチームを組み、ワイナリーを設立することにした。ウェイスンは、サンタ・マリア・ヴァレーの、現在カンブリア・エステートとなっているところで葡萄畑管理者をしていて、シャローンで働いたこともあった。それ以来彼は、フォクスンのワインメーカーを務めている。ドーア家は2つの小さな葡萄畑を所有しているが、果実の多くは、サンタバーバラの優秀な畑との長期契約で仕入れている。

*2000年代初めから急に酒質が高まったように見える。現在そのワインは、期待を裏切ることなく楽しませてくれ、定期的に古い木造建物を訪れて買いに来ていた馴染みの客たちを今も満足させている。*

ワイナリーは、道路沿いに立つ古くからある粗末な木造建物である。そこには何10年も前からのファンが訪れ、テイスティング・ルームへと入っていく。2009年に、すぐ近くに太陽光発電設備を持った最新式のワイナリーが完成し、その木造建物は取り壊される寸前までいったが、このワイナリーの歴史を象徴するものとして、今も残されている。

フォクスンの主力ワインは、シャルドネとピノ・ノワールであるが、その他にも興味を惹くワインがいくつかある。シュナン・ブランは設立当初から造られ、葡萄はカンブリア・ヴィンヤードから仕入れている。それは古くも新しくもない樽を使って、6ヵ月間熟成させる。エステートの葡萄畑の1つであるウィリアムサン・ドーアは、サンタ・イネズ・ヴァレーの東端にあり、気候が温暖で、ローヌ品種が良く成熟する。グルナッシュ、シラー、ムールヴェドルのブレンドであるキュヴェ・ジャンヌ・マリーがここから生まれる。それはほぼすべて古い樽を使って熟成させる。新しく創設されたハッピー・キャニオンAVAのフォーヘルサング葡萄畑からのカベルネ・ソーヴィニヨンもある。また同じ地区からの葡萄を使ったレンジ・30・ウェストという名前の、メルローとカベルネのブレンドもある。

ブルゴーニュ品種は、大半をビエン・ナシドから仕入れているが、シー・スモークのピノ・ノワールは、フォクスンが独占的に仕入れることができる。というのも、ビル・ウェイスンが、その畑を拓くのを手伝ったからである。ワイナリーは、サンフォード&ベネディクトからも葡萄を仕入れていたが、その契約は切れてしまった。ピノ・ノワールは、除梗した後、選抜酵母で発酵させ、色とタンニンを抽出するため、人力による櫂入れを行う。単一葡萄畑ピノ・ノワールは、最高で80%までの新樽比率で熟成させるが、通常はそれよりもかなり低い。

彼らのワインは、1990年代初めまで、特に目立つようなものではなかったが、2000年代初めから急に酒質が高まったように見える。現在そのワインは、期待を裏切ることなく楽しませてくれ、定期的に古い木造建物を訪れて買いに来ていた馴染みの客たちを今も満足させている。

## 極上ワイン

*(2008～9年にテイスティング)*
### White　白ワイン
**2008ビエン・ナシド・ブロックUU・シャルドネ**　オーク、リンゴの抑制された香り。豊かでクリーミーな触感、しかし鮮明な酸もあり、まだ熟成途中。適度な長さの味わい。
**2007ウィッケンデン・オールド・ヴァイン・シュナン・ブラン**　抑制された繊細なレモンの香り。ミディアムボディで、きびきびした酸がかすかな残存糖分によってバランスを取られ、自然に、ピリッとした刺激のある柑橘系の後味へと移行する。
**2006ビエン・ナシド・ブロックUU・シャルドネ**　ほっそりとした、トロピカル・フルーツの香り。ハーブの微香もある。とても贅沢な味わいで、凝縮され、魅力的な触感と十分な酸が、ワインが重く感じられるのを防いでいる。

### Red　赤ワイン
**2007ビエン・ナシド・ブロック8・ピノ・ノワール**　オーク香が際立ち、コーヒー、チェリー、キイチゴのアロマもある。とても濃厚で凝縮された味わいで、ピノにしては、がっしりした感じを受ける。酸は上質だが、ややフィネスに物足りなさを感じる。タンニンが統合されるのに、もう少し時間がかかる。
**2007ジュリアズ・ヴィンヤード・ピノ・ノワール★**　熟れた官能的なキイチゴの香り。葉のようなとても精妙な香りもある。良く熟れて、芳醇な味わいで、みずみずしく、バランスは絶妙。抽出や人為的操作のあとが見えず、味わいはとても長い。
**2007シー・スモーク・ピノ・ノワール**　豊かで、どっしりとしたオークの香り。プラムやブラックベリーも感じられるが、ピノらしさはあまり感じられない。豊かなフルボディで、贅沢で芳醇な味わい。良く凝縮され、口中にチョコレートや胡椒の風味が広がり、ほど良い長さ

上：2つの葡萄畑から、幅広い種類の飲みやすく親しみのあるワインを生み出すディック・ドーア(左)とビル・ウェイスン。

の後味に、少しアルコール(15.5%)を感じる。

**2007ジャンヌ・マリー** 鮮明なキイチゴの香り。ベーコンもかすかに香る。肉厚で、開放的で、みずみずしく、タンニンは軽め。精妙なワインではないが、適度な酸と味わいの長さがあり、とても楽しめるワインになっている。

**2006ティナクアイアック・シラー** 豊かでスモーキーなプラムの香り。芳醇な味わいで、タンニンは噛みごたえがあり、グリップ力もしっかりしている。やや酸が低いが持続性もあり、胡椒風味の後味に豊かなグリップ力を感じる。

**2006ウィリアムサン・ドーア・シラー** 熟した肉の香り。チェリーや丁字も感じる。酸は鮮明で、良く凝縮された味わいが繊細な胡椒風味の後味へと続く。

**Foxen**
フォクスン
　　栽培面積：6.5ha　　平均生産量：12万本
　　7200 Foxen Canyon Road, Santa Maria, CA 93454
　　Tel: (805) 937-4251　　www.foxenvineyard.com

295

SANTA BARBARA

# Sea Smoke Cellars　シー・スモーク・セラーズ

この10年、サンタ・リタ・ヒルズに多くの新しい葡萄畑が拓かれたが、その中でもボブ・デヴィッズのシー・スモークほど野心的な畑はあまり見当たらない。それは標高106〜198mの浅い粘土層の土壌の斜面に起伏を描いて広がる雄大な畑で、24の区画に分けられ、ほぼ全体をピノ・ノワールが占める。谷の向こう側に、有名なサンフォード＆ベネディクト葡萄畑が見える。南向きで、日照に恵まれていることから、葡萄は谷底の葡萄畑よりも2週間も早く成熟する。収量はとても低く抑えられているが、それは商業的理由からでもある。

オーナーのデヴィッズは、コンピュータ・ゲームの開発者であると同時に、ブルゴーニュ・ワインに深い愛情を抱いている。しかし彼は、カリブ海沿岸に住む不在地主で、2009年に完成したワイナリーの設計図を見せてくれとさえ言ったことはない。最初のワインメーカー——最初のヴィンテージは2001年——はクリス・カラン（現在はフォーリーに在籍）であったが、彼女は2007年に去った。オーナーにすべてを任されている総支配人は、ヴィクトル・ガレゴスで、彼はその座にふさわしく、UCデーヴィス校でワイン製造の学位を取得し、同時にバークレー校でMBAの学位も取得している。彼は、ワインづくり全体を監督すると同時に、シー・スモークの経営全般に責任を持っている。彼はまた、スペインのプリオラートに彼自身のラベルも持っている。

*ここ10年、サンタ・リタ・ヒルズに多くの新しい葡萄畑が拓かれたが、その中でもボブ・デヴィッズのシー・スモークほど野心的な畑はあまり見当たらない。*

現在造られているワインは、主に3つの範疇からなる。一番下のワインは、ボテラ（ここの土壌の主成分の名前から取られた）だが、量は少ない。その上の主力ワインが、サウジングで、最高級ワインがテンである。その名前は、植えている10種類のクローンの最上の樽のブレンドであるということから付けられた。この3つに、最近、適切にもワンと名付けられた単一樽ワインが加わった。

確かに設立当初から、私はシー・スモークとは愛憎半ばする関係にある。私は企業としてのシー・スモークの規模と野心、そしてクリス・カランの、葡萄の持つフレーバーを最大限に引き出そうとしてさまざまな実験的醸造技法を駆使した彼女の一途さを称賛してきた。彼女は、糖分含有量がかなり高くなった遅い時期に葡萄を収穫するが、高いpH度数で収穫することは望まない。なぜなら彼女は、ワインに酸を添加することが嫌いだからである（しかし高いアルコール度数を下げるために水で希釈することはある）。

その不透明で、飽和状態になっているようなワインの色は魅力的だが、その濃厚さと高いアルコール度数は、私を敬遠させる。そのワインは、感動的なほど恐ろしく凝縮されているが、サンタ・リタ・ヒルズのピノがヴォルネイのピノに敬意を払う必要などまったくないにしても、はたしてそれは本当に人がピノ・ノワールに求めているものなのだろうか？ その葡萄は一晩冷蔵庫で冷やされ、最長4日間の低温浸漬を受けた後、1日3回の櫂入れを受けながら、最長で20ヵ月熟成される。新樽比率は、40%（ボテラ）から100%（テン）までである。アルコール度数は、多くが15%前後である。

とはいえ、最近そのスタイルに、私にとっては喜ばしい変化が見られる。シー・スモーク・ピノは、依然として大柄で、豊かであるが、全般に新樽比率は下げられ、アルコール度数も14.5%前後まで下げられている。その結果、そのワインはバランスが改善され、ピノらしさが良く表現されているように、私には思える。

少量のシャルドネも造られているが、その大半はシー・スモークの最高の顧客に無料配布され、グラティス（freeという意味のスペイン語）と名付けられている。その名前には経済的な意味（無料という意味）は込められていないということらしい。しかしその2007をテイスティングすると、ピリッとした、驚くほど爽やかな、シャブリのような香りで、口に含むと、力強さと爽快感の両方を感じる。

### 極上ワイン

*(2008〜9年にテイスティング)*
**2007 サウジング**　上質で緻密なオークの香り。ピノ特有のスパイシーなチェリーの香りもあるが、力強い。ミディアムボディだが、良く凝縮され、タンニンも堅牢。スパイシーで胡椒味が際立ち、アルコール度数は高めだが、焼けるような熱さは感じられない。上質な酸があり、後味は長く、噛みごたえがある。

上：南向きの斜面にあり、早く成熟するにもかかわらず、収量は極めて低く抑えられているシー・スモーク・ヴィンヤード。

**2007テン★**　とても良く熟れた香りで、ジャムのよう。赤果実の芳香が広がり、濃密。豊かでしっかりした味わいで、とても良く凝縮されており、酸も鮮明。オークもたっぷり感じられ、後味は長くスパイシー。

**2007ワン**　とても豊かで華やかな、キイチゴの香り。濃密で香り高い。豊かで上品な味わいで、とても良く凝縮されている。しっかりと抽出されているが、タンニンは良く制御されている。深みとスパイシーさがあるが、やや過重な感じがあり、他のキュヴェほどバランスは良くない。

**2005ボテラ**　とても良く熟した、ポートワインのような香り。キャンディーの微香と同時に、ブラックチェリー、ビートのアロマもある。やや熱さを感じる荒々しい造りになっており、酸をもう少し利かしてもよかったかもしれない。長い味わい。

**2005サウジング**　しっかりしたオークの香り。チェリーや赤果実も感じられる。フルボディで、クリーミーな触感。タンニンもしっかりしていて、ボテラよりも芳醇で、ピノらしさが出ている。フィネスもこちらの方が感じるが、依然としてピノにしては威圧的な造りで、後味は長く、甘さが目立つ。

**2005テン**　濃厚な、ポートワイン、新オークの香り。ピノというよりはシラーのようなプラムの香りがする。フルボディでしっかりと抽出され、タンニンは重く、酸だけがやや控え目。果実味は堂々としているが、爽快感がなく、ピノにしては男性的である。ほど良い長さで、後味に土味を感じる。

**Sea Smoke Cellars**
**シー・スモーク・セラーズ**
栽培面積：40ha　平均生産量：15万本
PO Box 1953, Lompoc, CA 93436
Tel: (805) 737-1600　www.seasmokecellars.com

SANTA BARBARA

# Stolpman Vineyards ストルプマン・ヴィンヤーズ

ロス・オリヴォスのすぐ南側の、バラード・キャニオンの可能性がまだほとんど知られていなかった1980年代後半、葡萄栽培家のジェフ・ニュートンは、精通しているものだけにしかわからないある認識を得た。それは、以前牛の放牧場だった90haのこの土地は、この地区にしてはめずらしく石灰岩の底土の上を粘土ローム層の土壌が覆っており、それゆえ秀逸な葡萄を生み出すに違いない、というものだった。その場所は、以前ペラン家が、ローヌ品種のための育苗場と葡萄畑を最終的にタブラス・クリークに拓くことを決める前に候補として挙げていた場所だった。ペラン家が却下した後、それを購入したのが、ロング・ビーチの弁護士トム・ストルプマンであった。最初ストルプマンとニュートンは、メルローとカベルネ・フランを植えたが、すぐにそれを引き抜き、シラーを2倍の植栽密度で植えた。現在植栽密度は1エーカー当たり3000本(7500本/ha)で、最初の植栽密度の約2175本/haと比べるとその差は歴然としている。また実験的試みとして、コート・ロティ・スタイルで植えた1区画もある。そこでは葡萄樹は、台木を使わないまま、トレリスではなく、垂直に立てられた柱に沿わせる形で仕立てられ、植栽密度は、1万5000本/haにまで高められている。この方法を使うと、影が多く作られ、葡萄樹を日焼けから守ることができる。

最初の10年、ストルプマンは葡萄を栽培し、それをオーハイやシン・クア・ノンなどの他のワイナリーに卸すことで満足していた。しかし1990年代後半になると、ストルプマンは自家葡萄ワインの製造に乗り出し、地元のワインメーカーであるクレイグ・ジェファーズとブライアン・バブコックが、ワインづくりを担当した。そして2001年、元シェフで、オーハイでワインを造っていたサシ・ムーアマンが、ワインメーカーとして就任し、またアルベルト・アントニーニをコンサルタントに招いた。彼らはすぐに植え替えを断行し、より上質のクローンを使い、植栽密度を高め、葡萄樹の列の向きを変えた。葡萄畑は多くの小区画に分けられ、それぞれをできるだけ別個に栽培、灌漑するようにした(とはいえ、2009年の段階では、葡萄畑の60%が無灌漑農法になっている)。ムーアマンは、石灰岩の底土がワインに独特の生気を吹き込むが、ただし、それは収量を5トン/ha以下に抑えた時である、と見ている。彼はまた、多くの偉大な葡萄畑がそうであるように、この畑は、糖分含有量の面で境界部にあり、年によっては成熟に苦労することがあることを自覚している。驚いたことに、ここではカベルネ・ソーヴィニヨンも栽培されており、それはワインに、力強さではなく、フィネスをもたらしている。

ストルプマンはローヌ品種だけに焦点を絞っているのではなく、ネッビオーロやサンジョヴェーゼからもワインを造っている。そのため、ここのワインの構成は、かなり多岐にわたっている。ルーサンヌに少量のヴィオニエをブレンドしたラヴィオン、ルーサンヌとヴィオニエのブレンドのラ・コッパ・ブラン。また、新オーク樽で熟成させる、ネッビオーロとシラーの各単一品種ワイン、さらに、ブレンド・ワインのエステート・シラーの他、特別なキュヴェの、ヒルトップもある。シラーとサンジョヴェーゼのブレンドのクローチェ、またボルドー・ブレンドのアンジェリもある。ムーアマンの造るワインの特徴を挙げるならば、それは新鮮さと元気の良さである。しかし数年前まで、そのワインは新オークが目立ちすぎることがあった。ムーアマンは、長期的な展望として、あまり高価ではない、あるいは少なくとも割安感のあるワインを、多く造りたいと考えており、今少しずつその方向に向かっている。

ムーアマンのワインづくりは現代的であるが、彼はその方法を、品種ごとに、あるいはブレンドごとに微調整している。彼は、長時間の低温浸漬、土着酵母による発酵開始を好む。とはいえ、その完遂が難しい時は、培養酵母を加えることもある。彼はまた、高温発酵を好み、時には、上面を外した樽で発酵させることもある。樽はフランス産のものだけを使用する。

ムーアマンは卓越した知性を備えた、柔軟な考えを持つワインメーカーである。そして彼は、ドミニク・ラフォン率いるELV計画(p.283参照)に強い関心を寄せている。ストルプマンのワインに関しては、もう少しワインの種類を簡潔にすれば、もっと高く評価されるのではないかと思う。

### 極上ワイン

*(2009年にテイスティング)*
**2007ラヴィオン** 濃密なアンズやレモンカード(牛乳にレモンを加えてチーズの原料にしたもの)の香り。クリーミーで豊潤な口あたり。酸はほど良く、オークは統合されている。とても長い味わい。
**2007サンジョヴェーゼ** チェリーとコーヒーのアロマ。ミディアムボディでしなやかだが、良く凝縮され、生気に満ちて、刺激もある。タンニンも堅牢だが、バランスが良く、味わいはとても長い。

上：2001年からストルプマンのワインメーカーを務める元シェフのサシ・ムーアマン。彼は類稀な技術とセンスを持っていることをそのワインで証明している。

**2007ラ・クローチェ** 濃厚で、肉厚のオークの香り。とても良く熟した豊かな味わいで、タンニンは堅牢だが緻密。上質な酸が爽快感をもたらす。やや重さを感じるが、チョコレートのような後味は長い。

**2007エステート・シラー★** 濃厚なプラムの香り。オークも感じられ芳醇。豊かだが重さを感じさせない口あたりで、とても良く凝縮され、新鮮で生き生きとしている。胡椒味の軽い感じの後味が心地良い。

**Stolpman Vineyards**
ストルプマン・ヴィンヤーズ

栽培面積：56ha　平均生産量：7万5000本
Tasting room: 2434 Alamo Pintado Avenue,
Los Olivos, CA 93441　Tel: (805) 688-0400
www.stolpmanvineyards.com

SANTA BARBARA

# Zaca Mesa　ザカ・メサ

　ファイヤーストーンと並んで、サンタ・イネズ・ヴァレーの奥深くに最初に開かれたワイナリーの1つであるザカ・メサが設立されたのは、1972年のことであった。設立したのは、ルイス・リームという石油業者を筆頭とする投資家グループであった。葡萄畑が拓かれたのは、1973年で、ワイナリーはその5年後に完成した。最初のヴィンテージは、1975年である。ザカ・メサは、別に意図したわけではないだろうが、多くの野心的なワインメーカーがその腕を磨くために通過していく場所となった。1970年代後半には、ジム・クレンデンとボブ・リンドキストが在籍し、その時のワインメーカーが、後にバイロンに移ったケン・ブラウンだった。その他、ダン・ゲールズ、クレイ・ブロックなどが通過していき、現在はエリック・モーセニである。

　リームは生産量を急拡大させ、1980年代初めには10万ケース以上も出荷するようになったが、経営困難に陥った。彼は1986年にザカ・メサを売却したが、それを買ったのが、設立時の投資メンバーの1人であった不動産業界の大立者ジョン・クッシュマンであった。彼は今もザカ・メサのオーナーである。

> 1990年代半ばになると、ここは、概してローヌ品種に適した場所であることが明らかになり、それらの品種が主力商品となった。さらにザカ・メサは、値段の割に酒質の高いワインを出すようになった。

　葡萄畑もまた、いろいろな段階を経てきた。その畑は、標高425〜485mにあり、土壌は、石灰岩を少量含む砂質ローム層の海洋性堆積層が隆起したもので、その石灰岩がこの地区特有の暑さを和らげる効果をもたらしている。最初の植栽は実に大雑把なもので――1970年代初めに、この土地にどの品種が適しているかを知るものは1人もいなかった――、シュナン・ブランや、セミヨン、プティ・シラーなど多くの品種が、醸造されないままに残された。しかし1980年代初めに、現在サンタバーバラ郡で最も古いと考えられているシラーが植えられ、それ以外の品種は引き抜かれた。カベルネ・ソーヴィニヨン、ピノ・ノワール、ジンファンデルは、良い結果を残すことができなかった。以前は多くの葡萄が他のワイナリーに販売されていたが、2000年代初めから、ザカ・メサはすべて自家の葡萄でワインを生産するようにした。シャルドネの面積が減らされ、ルーサンヌが広げられた。シャルドネの約半分は、ステンレスタンクで発酵させられ、熟成される。そして残りの半分が、マロラクティック発酵なしに古いオーク樽で熟成される。そのためワインメーカーは、新鮮さを維持するために、大変な努力をしなければならない。

　ザカ・メサは依然として大量生産のワイナリーであり、品質にバラツキがある。たとえば1980年代後半のリースリングとシャルドネは、概して失望させられるものであった。しかし1990年代半ばになると、ここは、全般的にローヌ品種に適した場所であることが明らかになり、その品種が主力商品となった。さらにザカ・メサは、値段の割に酒質の高いワインを出すようになった。Z・グリ（グルナッシュ主体のロゼ）や、Z・キュヴェ（コート・デュ・ローヌ・スタイルのブレンド）などのブレンド・ワインは、極上ワインとは呼べないにしろ、しっかりと造られ、とても飲みやすく、価格は比較的低めに設定されている。最近、この範疇にZ・スリー（シラー、ムールヴェドル、グルナッシュのブレンドで、新樽比率60%で20ヵ月熟成させる）や、Z・ブラン（ルーサンヌ主体に、グルナッシュ・ブランと、風味付けのヴィオニエを加えたもの）などの新商品が導入された。

　普通のシラーは、ヴィオニエと一緒に発酵させられ、新樽比率25%で、16ヵ月熟成させる。ブラック・ベア・ブロック・シラーは、1978年に植えた1.4haの区画の古樹から造られるもので、1996年に単一区画ワインとして初めて登場した。各ワインメーカーは、他のザカ・メサ・ワイン同様に、このシラーの古樹を使って各人の痕跡を残していった。そのワインは、現在は新樽比率80%で、21ヵ月熟成される。

　ザカ・メサのワインに大きすぎる期待をかけるのは馬鹿げているだろうが、実をいえば、私はその多くを20年以上も愛飲しており、そのブレンドのいくつかが、時にかなり高いレベルに飛躍しているのを感じることがある。

**極上ワイン**

*(2008〜2009年にテイスティング)*

上：幅広い種類の、飲みやすく、楽しめる、値段の割に価値の高いワインを造り続ける、ザカ・メサの主任ワインメーカーのエリック・モーセニ。

### White　白ワイン
**2007Z・ブラン**　スパイシーな香りで、オークも香る。アンズ、メロンの香りもする。クリーミーな凝縮された上品な味わいで、基調にある上質な酸が、このブレンドワインに持続性をもたらしている。
**2006 ヴィオニエ**　豊かなスイカズラの香り。クリーミーな触感で、しなやかで豊潤。適度な酸が、重量感のあるワインに魅力を付加している。バランスがとても良い。
**2007シャルドネ**　鮮明でスパイシーなリンゴの香り。ミディアムボディで、酸は軽く、さっぱりした飲み口のワインで、精妙さはないにしろ爽快感のあるワイン。
**2007ルーサンヌ**　濃厚な香りで、オークも香る。とても豊かでふくよかな味わいで、良く凝縮されている。香りほどオークは感じられないが、核果類果実やメロンのフレーバーが口中に広がり、酸は適度で、長い味わい。

### Red　赤ワイン
**2008 Z・グリ**　燻製、赤果実の香り。新鮮なミディアムボディで、タンニンはくすんだ感じ。酸は上質で、残存糖分がかすかに感じられる。
**2006　Z・キュヴェ [V]**　細身でスパイシーな赤果実の香り。タバコの微香もある。豊かなフルボディで、ピリッとした刺激や新鮮さもある。繊細で鮮明な味わいで、とても長い。
**2005　Z・スリー**　燻製のような、スパイシーな香り。プラムやココアを感じる。大柄の肉感的な味わいだが、良く凝縮されている。重量感と深さはあるが、過抽出の感じはない。タンニンは良く統合され、後味にベリー果実と胡椒を感じる。
**2005シラー**　熟れた香り、鮮明なブルーベリーのアロマがある。しなやかでみずみずしく、良く凝縮されている。とても飲みやすいワインで、バランスも良く、後味は長く新鮮。
**2005ブラック・ベア・ブロック・シラー★**　豊かでスパイシーで、ブルーベリー、ミント、プラムなどのアロマがいっぱい。豊かで上品な味わいで、濃厚さもあるが、タンニンは熟れており、チョコレートのようだがとても新鮮。まだ若々しく、後味は長く濃密。
**2004 Z・キュヴェ**　燻製のようなオークの香り。極上の果実の香りもある。豊かでみずみずしく飲みやすい口あたり。凝縮されていて、タンニンも堅牢。果実がいっぱいの味わいで、スパイシーな後味が長く続く。
**2004シラー**　燻製や黒果実の香り。豊かで、良く凝縮され、畏敬の念さえ覚える。とても良く凝縮された贅沢な味わいで、堂々としている。元気の出る興趣溢れるワインで、味わいは長い。

**Zaca Mesa**
ザカ・メサ
栽培面積：80ha　平均生産量：42万本
6905 Foxen Canyon Road, Los Olivos, CA 93441
Tel: (805) 688-9339　www.zacamesa.com

301

OTHER AREA

# Sean Thackrey シーン・サックレー

古物商でワインメーカーという人はあまりいないなと思うが、乱れた髪のシーン・サックレーはまさにそのような人である。彼は以前サンフランシスコで画商をしており、19世紀の版画と写真を専門にしていた。彼がワインづくりを始めたのは1979年とかなり早く、最初から人に頼らず一人で道を切り開いてきた。独学でワインづくりを学び、その知識の多くを書物から得た（これは私にはできない）。「これが私が何かを学ぶ時のやり方だ」と彼は言う。「私は生まれつき即興がとても得意だ。だから物事を悪い方へ向けていくこともたびたびあった。それは仕方のないことだ。」彼に最初に会ったのは1997年であったが、その時彼は、特別に誂えたベストを着ていた。そしてその背中には、ル・ジョンティのワイン醸造法に関する論文の一節が刺繍されていた。『自分の愉しみについて人に相談することはできない』と。その一節が当時のサックレーの哲学を表したものだとすれば、それは今でもあまり変わっていないようだ。彼はそれが彼をどこへ導こうとも、自分の味蕾だけを信じる。それはシェフが、ソースを味見し、味を調えるとき、研究室で分析してもらうようなことはせず、自分の舌だけを頼りに決めるのと同じだ。

彼はまず、自宅の近くに葡萄樹を数本植えることから、ワインの冒険を始めた。当時彼は、骨まで凍てつくような太平洋の冷たい霧に覆われていることの多いボリナスの沿岸部の町に住んでいたため、当然その葡萄はあまり良く実らなかった。彼は、趣味でワインづくりをする人がよくやるように、コンコード種を買うようなことはせず、バークレーのある会社を見つけ、そこを通して、スタッグス・リープのフェイなどの優秀な葡萄畑の破砕葡萄を入手する方法を見つけた。彼はその葡萄を使って、1979年にとりあえず試験的にワインを造ってみた。そしてその全工程にすっかり魅了されてしまった。商品としての最初のワインは、メルローとカベルネ・ソーヴィニョンの1981年ブレンドであった。売れ残ったワインは、ギャラリーの開店パーティーで客にふるまった。そのワインは、批評家からは高い評価を受けたが、ほどなく葡萄を購入する資金が底をつき、1986年ヴィンテージになってようやくワインづくりを再開することができた。

その年、彼は、アーサー・シュミットが所有するヨーントヴィルのある畑が目に止まった。シュミットはその葡萄を安売り用ワインの生産者に売っていたが、サックレーはそこにシラーの古樹が植わっていることに気づいた。それ以降彼は毎年その葡萄を買い、オリオンという名前のワインを造った。しかし残念なことに、その畑はナパの裕福な地主であるクラーク・スワンソンによって買い取られ、サックレーは葡萄の供給源を断たれてしまった。彼は次に1991年に、セント・ヘレナのアンドリュー・ロッシの葡萄畑に目を付けた。そこには、1905年に植えられた立木仕立ての1区画があり、無灌漑農法で栽培されていた。その区画には11品種が植えられていたが、主要品種はシラー――あるいはかつてコート・ロティに植えられていたシラーの一種セリーヌ――のように見えた。その葡萄の収量は極めて少なく、それゆえ、このオリオンの生まれ変わりのワインは、新樽比率100％の熟成に十分応えるだけの凝縮度を有していた。

自宅の近くにあるサックレーのワイナリーは、良い言い方をすれば職人的であった。多くの樽や籠式圧搾機が屋外に置かれ、防水シートが大雑把にかけられていただけだった。彼は、ここは夏は涼しく、秋は穏やかなので、温度管理には問題はないと言っていた。しかし彼は2005年に倉庫を買い、今では普通のワイナリーに近い設備でワインづくりができるようになっている。もちろん、こちらの方が、温度管理はしやすい。ここには、ワインづくりの規則のようなものはほとんどない。発酵には細心の注意を払い、圧搾ワインはブレンドに入れず、濾過は行わない。これ以外は、即興である。「私は決まりきったやり方をするのが嫌いだ。私のワインは、1回限りのものが多い。というのは、私は私自身の前提を覆すのが好きだからだ。今年あるワインを古い樽を使って造ったとする。すると翌年は、新樽比率を上げたいと考えるようになる。そしてその反対の場合も。私は懲りない実験家なのだ。」

こんなわけで、彼のワインについていろいろと意見を述べるのは骨が折れる。毎年毎年造られるワインの種類が変わるからだ。すでに見たように、オリオンはロッシ・ヴィンヤードの畑からのワインである。アンドロメダは、マリン郡のデヴィルズ・ガルチ・ヴィンヤードからのピノ・ノワールである。またアクイラは、メンドシーノのイーグルポイント・ランチのサンジョヴェーゼを使ったワインで、その畑のプティ・シラーを使ったシリウスというワインも造っている。彼は同様に、長い間白ワインも試しているが、それはまだ得意分野になっていないことを彼は認めている。

彼のワインの中で最も有名なのが、プレイアデスである。

それは毎回内容が変わるブレンド・ワインで、彼の言葉を借りると、「精妙で、興趣に溢れ、美味しく、飲みやすい」ワインである。主な品種は、シラー、サンジョヴェーゼ、ヴィオニエであるが、さまざまな葡萄畑からの、さまざまなヴィンテージのブレンドである。そのため、ノン・ヴィンテージ・ワインとなっている。「このワインは、シェフの特別メニューのようなものだ。シェフを信頼している客は、本日のシェフのお勧めを頼むだろ。」彼は、ブレンドの要素になり得るワインをすべて集め、それらを試験的にいろいろとブレンドするなかで、気に入らないものを消去していく。

シーン・サックレーは常に自由な精神の持ち主であり、彼自身を喜ばすワインを造り続け、彼の忠実な顧客がその味を共有することを望む。「ワインは今、ソムリエ、批評家、ブロガーなどが大きな影響力を持つファッション業界の一部になっている。私はそのような状況を見るとイライラする。幸い、私には忠実な顧客がいる。彼らはただ単純に私のワインが好きで、私を信頼してくれている。」

## 極上ワイン

*(2009年にテイスティング)*
**2007 Orion★　2007オリオン★**
くらくらするような濃厚なプラムの香り。芳醇な果実が感じられ、チョコレート・ミントのアロマもある。とても良く凝縮されたコクのある飲み口で、継ぎ目のない滑らかな触感。フレーバーの奥行きがとても深いが、プラムやチョコレートが前面に押し出て来る。申し分なく長い味わい。

**2006 Andromeda Devil's Gulch Pinot Noir**
**2006 アンドロメダ・デヴィルズ・ガルチ・ピノ・ノワール**
鮮明だが、頑健な赤果実の香り。濃密なキイチゴのアロマがある。ミディアムボディでシルクの触感。繊細だが、複雑さはあまり感じられない。

**2003 Aquila　2003 アクイラ**
抑制された香り。砂糖漬け果実やサワー・チェリーのアロマがある。ミディアムボディで、まだタンニンは堅牢。濃密さと躍動感を感じる。コーヒーの風味がチェリーの果実味を強調し、アルコール度数15.2%はまったく気にならない。

**2001 Andromeda Devil's Gulch Pinot Noir**
**2001 アンドロメダ・デヴィルズ・ガルチ・ピノ・ノワール**
非常にスパイシーで豊かなアロマが広がる。赤果実やチェリーを感じる。葉、ミントの香りもあり、とても複雑。フルボディでしなやかでスパイシーな味わい。生命力に溢れ、後味に上質な酸が持続し、森の下草の微香もある。精妙な味わいが後味までずっと続く。

上：ボリナスの自宅のドアの前に立つ、才能豊かな、偶像破壊的な、自称「懲りない実験家」のシーン・サックレー。

**Sean Thackrey**
シーン・サックレー
葡萄畑なし　平均生産量：6万本
Bolinas, CA 94924　www.wine-maker.net

# The Négociants　ネゴシアン

　カリフォルニアの葡萄畑の地価相場が高いことを考えると、多くのワインメーカーが、大金をつぎ込んで畑を買い、苦労して葡萄樹を育てるよりも、既存の葡萄栽培農家から葡萄を買う方を選ぶのは、うなづけることである。それらのネゴシアン・ワインメーカーが最も切実に願っていることは、傑出した栽培農家と長期的な契約を結ぶことで、毎年同じ葡萄畑の同じ区画の葡萄を購入することができれば、最高である。その場合ネゴシアンは、葡萄の価格をトン当たりいくらではなく、1エーカー当たりいくらで交渉する。そうすれば、ワインメーカーが収量を減らしたい時も、栽培農家の収入が減ることはない。栽培農家は今までと同じ収入を得ることができ、ワインメーカーは望んだ質の葡萄が得られるというわけだ。

　このような関係に落とし穴がないわけではないが、極めて良好に運ぶ場合も多い。本書で取り上げたワイナリーの多くが、葡萄栽培農家と良好な関係を維持している。一例を上げれば十分だろう。キュペのボブ・リンドキストは、20年以上も前から、サンタ・マリア・ヴァレーのビエン・ナシド・ヴィンヤードから葡萄を購入しているが、彼は、彼自身が指定した品種やクローンが植えられている専用の区画さえ持っている。

　本書で見てきたワイナリーの中には、本質的にネゴシアンと言ってよいものがいくつかある。コスタ・ブラウン、レイミー、サックレーなどがこの部類に入る。しかし私は、これらのワイナリーをネゴシアンと呼ばなかった。その理由は、彼らが、葡萄を購入する栽培農家と長期的な関係を結び、強化しようとする強い意志を持っているからである。本物のネゴシアンはもっと気まぐれで、自分で責任を取ろうとしないものが多い。毎年同じ栽培農家から葡萄を購入することが理想的であるが、それを達成するのは難しい。また葡萄の仕入れ価格についての交渉も暗礁に乗り上げることが多く、栽培農家が新しいワイナリーと契約したり、ワインメーカーがこれまでの栽培農家の葡萄の質に満足できなくなる場合もある。このように、葡萄の供給源は変わりやすい──それは劇的な変化ではないにしろ、大きな意味を持つ。

　葡萄の供給源は常に変化にさらされているため、ここでは個人のネゴシアン・ワイナリーは取り扱わないことにする。だからと言って、それらのワイナリーのワインが、取るに足りないものだということではない。反対に、最上のネゴシアン・ワイナリーは、極めて質の高いワインを造っている。そのワインメーカーは、葡萄栽培に特別な注文を出すことによって、自分の最も得意とするものに的を絞ることができる。キュヴェの選択、醸造法、そして熟成まで。

　以下は、カリフォルニアの最上のワイナリー・ネゴシアンの一部である。

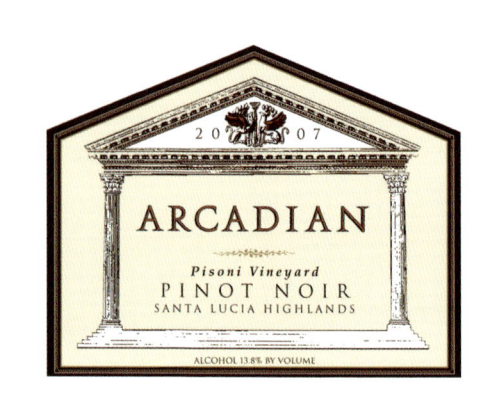

**アルカディアン**　ジョセフ・デーヴィスはブルゴーニュのジャック・セイスの下で働いたことがあり、1996年に自身のワイナリーを開いた。彼はビエン・ナシドとスリーピー・ホローでシャルドネとピノ・ノワールの数区画を借地し、またサンタ・ルチア・ハイランズ・ヴィンヤードからも葡萄を購入している。彼は調和のとれた、アルコールの控えめなスタイルを好むが、時に新樽比率の高いワインも造ることがある。www.arcadianwainery.com

**キャピオー**　1994年にシーン・キャピオーが設立。ソノマとサンタ・ルチア・ハイランズのピノ・ノワールを専門にする。www.capiauxcellars.com

**コパン**　ウェルズ・ガスリーがヒールズバーグに開いたワイナリー。南のサンタバーバラから、北のアンダーソン・ヴァレーまで幅広い畑から葡萄を購入。ピノ・ノワールはすべてアンダーソン・ヴァレーからのもの。またパソ・ロブレスのジェイムズ・ベリー・ヴィンヤードからのシラーとローヌ・ブレンドも造っている。新樽比率とアルコール度数は、適度なレベルに保たれている。www.copainwines.com

**ダッシュ**　マイケルとアンネの醸造家夫妻が1996年に設立。マイケルは1990年代はリッジで働いていた。ドライ・クリークとアレクサンダー・ヴァレーの、贅沢な風味だがバランスのとれたカベルネ・ソーヴィニヨンとジンファンデルを専門とする。www.dashecellars.com

**カリン・セラーズ**　現役を引退した微生物学者のテレンス・レイトンが開いたワイナリーで、多くの種類のワインを造っているが、自社の倉庫で長期間瓶熟させた後、リリースするのが大きな特徴。そんなわけで、現在1991年シャルドネや1997年ソーヴィニヨン・ブランを販売している。これは一見風変わりなやり方で、そこに惹かれる熱烈な愛好者も多い。www.kalincellars.com

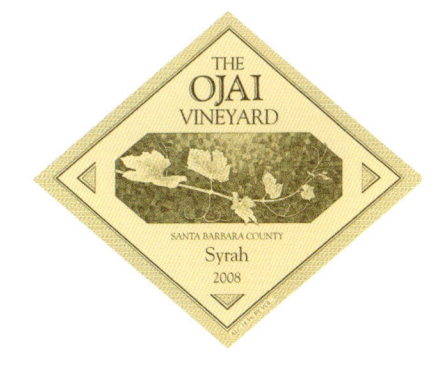

**オーハイ**　アダム・トルマックが1984年にヴェンチュラ地区に開いたワイナリーで、サンタ・バーバラとアロヨ・グランデの、ブルゴーニュ品種、シラー、ヴィオニエに的を絞ったワインを造っている。主な仕入れ先としては、ビエン・ナシド、クロ・ペペ、ロール・ランチなどがある。www.ojaivineyard.com

**パッツ＆ホール**　ワインメーカーのジェイムズ・ホールと、営業部長のドナルド・パッツ、醸造学者のアン・モーゼスが共同で1988年に開いたネゴシアン。ソノマのシャルドネとピノ・ノワールを得意とするが、ナパや、モントレーのピゾーニ・ヴィンヤード、メンドシーノのアルダー・スプリングスなどからも葡萄を仕入れている。以前はかなりアルコール度数の高いワインを造っていたが、現在はかなり修正されている。www.patzhall.com

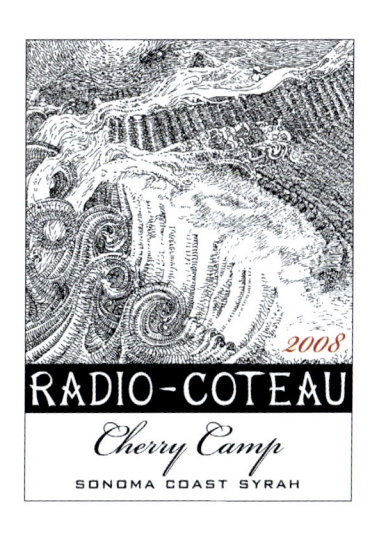

**ラジオ・コトー**　ブルゴーニュで経験を積んだ後、デリンジャー・エステートで働いていたエリック・サスマンが2002年に開いたワイナリー。主にソノマ郡とアンダーソン・ヴァレーの、有機農法で栽培されている葡萄を仕入れている。概してピノ・ノワールが最も優秀。www.radiocoteau.com

**シドゥーリ**　テキサス出身のアダムとダイアンのリー夫妻が独学でワインづくりを学び、設立したワイナリー。最初のヴィンテージが1994年で、それ以降2009年までに、ソノマ、モントレー、オレゴンから25の単一葡萄畑ピノ・ノワールを出している。アダムは、葡萄を購入する葡萄畑に強い関心を寄せ、生長期に何度も訪問する。そのワインは豊かなスタイルのものが多く、力強さがあり、アルコール度数は高い。www.siduri.com

**テスタロッサ**　ロブとダイアナのジェンセン夫妻が1993年に開いたワイナリー。ロス・ガトスのとても美しい、歴史あるノヴィティエート・ワイナリーでワインを造っている。主な品種は、シャルドネ、ピノ・ノワール、シラーである。葡萄はモントレー（ロゼラ、ゲアリー、スリーピー・ホローなど）とサンタバーバラ（サンフォード＆ベネディクト、ビエン・ナシド）から仕入れている。www.testarossa.com

149
CHATEAU
MONTELENA
ESTABLISHED 1882
CHARDONNAY
1973
Produced and Bottled by

# 2009〜1990 Year by Year 2009–1990

## 2009

いま本書を執筆しているこの段階で、このヴィンテージについて正確なことを言うのは難しい。ナパでは、生長期は順調で、日焼けも、過度のストレスも、激しい降雨もなかった。夜間は冷涼で、酸の維持に好影響をもたらした。しかし収穫がそろそろ始まろうかという10月12日に豪雨があった。その雨については、予報が出されていたが、葡萄栽培家とワインメーカーは難しい決断を迫られた。つまり、まだ葡萄が最適な成熟を遂げていないにもかかわらず嵐の前に収穫するか、そのまま嵐が通り過ぎるのを待つかである。そのまま待つことを決断した人々は、腐れと果粒の希薄化に対処しなければならなかったが、各葡萄畑やエステートの対応の仕方によって、結果はまちまちであった。

ソノマでは、ブルゴーニュ品種は雨の前に収穫された。しかし、ヴィンテージ始めの、開花前の豪雨により、収量はかなり低めになった。夏は穏やかだったが、9月中旬の猛暑が葡萄の成熟を加速した。セントラル・コーストも収量は低かった。

## 2008

ノース・コーストは生長期に多くの困難に見舞われた。ソノマでは、記憶に残る限りで最悪の霜に襲われた。またナパも春霜に襲われ、両郡とも収量は低くなった。5月の結実不均一で、それには強風も一部影響したようだ。夏は比較的穏やかだったが、8月末から9月上旬にかけてかなり暑くなった。収穫は9月初めに始まり、品種によるが、10月末まで続いた。ワインはとても良く凝縮され、同時に上質な酸も保持していた。

ソノマでは、夏は変わりやすい天候が続いた。暑い時期と涼しい時期が短期間で交互に入れ替わったが、そのため、葡萄は均一にではなく、まだら状に成熟した。しかしナパ同様に、8月末に10日ほど猛暑が訪れ、それが成熟を早め、ピノ・ノワールを8月末に収穫した栽培家もあった。赤も白もワインの質は高かったが、多くの地区で、収量は半分近くまで減っていた。

## 2007

ナパでは、春は暖かく、乾燥し、生長期は概して温暖であった。しかし8月末に猛暑があり、それが糖の蓄積を加速した。幸い、涼しさが戻り、レーズン化は免れた。白品種は素晴らしい気象条件の下で収穫することができた。9月は全般に穏やかであったが、時々激しい雨が降った。10月中旬に、雨の多い涼しい天候が戻ってきたが、ナパでは収穫はほぼ終わっていた。その不順な天候はあまり長く続かなかったので、収穫を終わらせていなかった葡萄栽培家も、その後ゆっくりと収穫することができた。天候は理想的ではなかったが、収穫はそれほど難しいというほどでもなく、カベルネ・ソーヴィニヨンは秀逸な質を見せた。

ソノマも同様の天候パターンであった。9月初めの猛暑が糖分蓄積を早め、収穫はいつもより2週間早く始まった。9月の第3週の末には、すべての白品種と、ほとんどのピノ・ノワールの収穫が終わっていた。9月にいくらか雨が降り、それは葡萄にほとんど影響を与えなかったが、栽培家は収穫を終わらせるのを早めた。冷涼な地区では、もう少し収穫を延ばし、成熟を待って収穫することもできただろう。2002年以来の最高のヴィンテージだと評価する栽培家もいた。ピノ・ノワールは、美しく成熟した小ぶりの果粒を実らせたが、それはとても良く凝縮されていた。ジンファンデルも贅沢な味わいで、果実味が豊潤で、レーズン化しているものはほとんどなかった。

サンタ・クルーズでは収穫は早く行われ、果実の質も上々であった。パソ・ロブレスの栽培家は、贅沢でバランスの取れた赤品種に大喜びし、タブラス・クリークなどは今までで最高のヴィンテージだと言った。ローヌ品種は美しく成熟し、2005年よりもタンニンが控え目なワインになった。サンタバーバラでは開花に問題があり、それが収量をかなり低くさせたが、果実味の凝縮は進んだ——間違いなく、長寿のシャルドネやピノ・ノワールになるだろう。シエラ・フットヒルズでも非常に良いヴィンテージだった。

左：カリフォルニアの極上ワインは、長く熟成できるものが多い。1976年のパリの審判で栄冠を勝ち取ったシャルドネも、まだとても美味しい。

## 2006

ナパでは、冬は雨が多く、春は冷涼で、開花が遅れた。6月は温暖であったが、7月中旬に火ぶくれを起こすような熱波の襲来があった。しかしそれがヴェレゾン（果粒の色付き）前だったので、日焼けなどの損傷も起こらず、ただ果粒が小さくなっただけだったが、それが逆に果粒の凝縮度を高める好結果を生んだ。8月は例年よりも涼しく、温暖な秋の天候が完熟を促進した。特にカベルネ・ソーヴィニヨンが良かったが、成熟はゆっくりと進み、栽培家は辛抱強く待たなければならなかった。若いカベルネをテイスティングしてみると、バランスが良く、アルコールも適度であったが、タンニンが目立つものもあった。そのため、開くのに時間がかかるワインも出るだろうと予想された。

ソノマでは、雨がシャルドネ、ピノ、ジンファンデルの畑の一部に腐れを生じさせ、警戒を強めたが、9月に温暖な気候が戻ってきた。そのため葡萄の質は良く、収量もまあまあであった。メンドシーノの状況も上々であった。

セントラル・コーストも良い天候を満喫し、ノース・コーストともども小春日和を楽しんだ。赤品種は、細身で、アルコール度数はそれほど高くなく、2005年よりもタンニンは堅牢であった。そしてパソ・ロブレスのローヌ品種のように、力強さよりもエレガントさが強調されたワインが多かった。ただ1カ所、失望させられた年のように見えたのが、シエラ・フットヒルズであった。

## 2005

ノース・コーストでは、平均的な冬の後、冷涼な雨の多い春が発芽を遅らせた。6月は温暖で、例年よりも雨が多く、葡萄樹の生長を早めると同時に、いくらか病害も発生させ、処置に追われる畑もあった。しかしその後の夏は順調で、例年なく猛暑日も少なかった。そのため、生長期間は長くなり、成熟は均一で、9月末の短期間の猛暑もそれほど心配する必要はなかった。冷涼な天候は、ナパのワインをエレガントにし、2004年カベルネやジンファンデルの、全般に過度なワインの多かった年の翌年であるだけに、好感を持って迎えられた。しかし収量は多くなり、夏の間に果房の摘除を行った畑でも、あまり状況は変わらなかった。その結果、ワインの中には、美味しいが、骨格が弱く、あまり長寿になりそうにないものも出た。一方、酸は良く維持され、ワインに素晴らしい新鮮さをもたらした。収穫が11月まで延びた地域もあった。収量が多くなる年には、発酵槽が足りなくなる場合が出てくるので、それを見ながら収穫を調整しなければならないエステートも出てくる。

ソノマとセントラル・コーストでは、収量が異常に低かったので、ピノ・ノワールはしっかりとした骨格を持ち、タンニンも堅固であった。逆にソノマのジンファンデルは、収量は多くなったが、果実の質は良く、シャルドネは上質の酸を保持していた。パソ・ロブレスとサンタバーバラも長い生長期を享受し、濃密で力強いワインが生まれた。

## 2004

ノース・コーストでは夏は比較的冷涼であったが、8月末に天候が急変し、9月初めにかけて猛暑と乾燥した風に見舞われた。ソノマよりもナパの方が状況は厳しかった。栽培家はレーズン化と急激な糖分蓄積（そして高いアルコール度数）を防ぐために、対策を講じなければならなかった。すべてが成功したわけではなく、そのため、大柄で、不格好なワインも生み出された。特にカベルネ・ソーヴィニヨンとジンファンデルにその傾向が強かった。一方、シャルドネやピノ・ノワール、メルローは、大部分が、猛暑が頂点に達する前に収穫していたため、難を免れた。優良なエステートは、レーズン化を喜ぶスタイルのワインを造っているところを除き、レーズン化した果粒を丁寧に取り除いて発酵槽に入れた。猛暑とそれに続くレーズン化が大きな困難をもたらす一因として、葡萄を素早く収穫する必要が生じるが、すべての栽培家やワイナリーがそれに対処できるだけの人員をすぐに揃える余力を持っているわけではないという点にある。多くのワイン――ジンファンデルやカベルネだけでなくピノ・ノワールも――が、かなりジャムの風味の強いものとなった。

セントラル・コーストでも状況は同じで、豊かで良く熟れた赤ワインが生まれた。逆に、シエラ・フットヒルズでは、傑出したヴィンテージとなった。

## 2003

この年は、かなり難しいスタートを切った。春の嵐が、開花に、そしてそのまま収量にまで影響した。ナパではメルローの被害が大きかった。夏は天候が不順で、8月には猛暑と降雨が交互に訪れた。全般に、ナパやソノマよりもメンドシーノの方が天候は穏やかだった。9月の猛暑が葡萄の成熟を阻害し、それに続く寒気の訪れが、葡萄樹をさらに混乱させた。しかし辛抱は報われ、10月には好天が続き、収穫を焦る必要はなくなった。ルビコンなどの優良エステートは、カベルネを10月末に収穫した。逆に収穫を早めたワイナリーのなかには、青臭さとジャムの風味が同居する飲み心地の悪いワインが出来上がったところもあった。

ソノマも同様に難しい年になり、開花は不順で、初夏の霧が一部で病害をもたらした。8月は涼しく、9月は例年よりも暑かったが、暴風雨にも多く見舞われた。葡萄の日焼けも起こり、いっそう注意深く選別する必要があった。シャルドネとピノ・ノワールは、大部分9月の後半には収穫された。その9月の暑さが、ジンファンデルの糖分蓄積を加速させ、アルコール度数の高いワインも多く生まれた。不順な天候によって不均一な成熟と水不足が起きた畑もあり、特にピノ・ノワールの畑で目立った。しかし個々の栽培家の処の仕方によって結果は異なり、一般化することはできない。

モントレーでは、ウドンコ病が流行し、特にシャルドネの畑で顕著であったが、全般に葡萄の質は良かった。パソ・ロブレスでは、収量は例年の3分の1まで減ったが、ローヌ品種の葡萄の質は高かった。サンタバーバラもウドンコ病に襲われ、また気温が激しく変動したため、成熟が不均一になり、葡萄樹の足並みが乱れた。しかし10月の小春日和が収量の極端な低下を防いだ。

## 2002

ノース・コーストでは春霜に襲われた葡萄畑もあったが、全域に広がることはなかった。不均一結実と夏の猛暑による不順な生長期が、不均一な成熟を一層顕著にし、脱水症状を起こした葡萄樹もあった。7月は例年並みで、8月はかなり涼しく、9月はその時期にしてはめずらしく順調であった。このような状況だったので、あまり良いヴィンテージにはならないだろうと予想されたが、生長期の終わりには期待は大きく膨らんだ。ソノマではシャルドネとピノ・ノワールはとても良好だった。しかしマリマーなど、赤品種の後に白品種を収穫した畑もあった。カベルネ・ソーヴィニヨンの場合は、畑での選果が重要になった。しかし几帳面な栽培家やワインメーカーは、例外的なワインを造りだすことができ、2000年や2001年よりも秀逸なものもあった。最上のワインは、色は深奥で、触感はきめ細やかで、タンニンは堅牢、そしてしっかりした骨格を有していた。ソノマのジンファンデルにとっても偉大なヴィンテージとなった。

温暖な夏の後、セントラル・コーストのローヌ品種は、例外的に豊かなワインとなったが、パソ・ロブレスでは収量は例年の5分の1まで減った。サンタバーバラでは、ピノ・ノワールはとても小さな実を付け、ワインの量は例年になく少なくなり、タンニンの豊かなワインとなった。シラーは完璧な成熟を遂げた。

## 2001

暖かい3月のせいで、発芽は例年より早かったが、4月に厳しい霜が襲い、カルネロスでは葡萄樹は大打撃を受け、ノース・コースト全体で散発的な被害が出た。全体的に見て、その霜により収量は約15％減った。5月と6月はとても暑かったが、その後の夏は涼しく、それによって生長期が延びた。また酸も高く維持され、カベルネ・ソーヴィニヨンよりも遅く収穫されたシャルドネもあったが、その質は素晴らしかった。ほとんどすべての品種が良く成熟したが、特にピノ・ノワール、メルロー、シラー、ジンファンデルが秀逸であった。カベルネも冷涼な9月の恩恵を受けたが、タンニンが熟れ、酸のレベルが適度な線まで落ちるのを待って収穫することを余儀なくされた。そのカベルネ・ソーヴィニヨンは非常に良い成熟を遂げ、多くのワインメーカーが1997年と比較したが、アルコール度数はこのヴィンテージの方が低かった。

ナパとソノマのジンファンデルも、この良好な天候の恩恵を受け、濃密な果実味と適度な酸の長く熟成できるワインとなったが、2002年ほどの豊かさはない。セントラル・コーストのワインも上出来で、その中でもパソ・ロブレスよりもモントレーやサンタバーバラの方が良かった。

## 2000

ノース・コーストの生長期は、全般に例年よりも涼しかったが、6月と9月末に猛暑が襲い、水不足の危険性を高めた。また8月下旬と9月中旬、さらに10月にも雨が降り、全般に湿度の高いヴィンテージとなった。夏に雨が降り、それが有利に作用した。成熟期の早い、ソーヴィニヨン・ブランやシャルドネ、ピノ・ノワールにとっては良い年で、ジンファンデルもかなり早く成熟した。その結果、ノース・コーストのシャルドネの多くが、秀逸なワインとなった。しかし10月に気温が急激に下がり、まだ収穫していないカベルネ・ソーヴィニヨンにはいくつかの問題が生じた。特にグリーン・ハーベストを行っていない畑でそれは顕著に現れた。当初から収量が多くなることが見通せたので、果房の摘除が必要だったと言えるかもしれない。特に山岳地の葡萄畑は急激な天候の変化に影響を受け、十分成熟できなかった畑もいくつかあった。ナパのカベルネ・ソーヴィニヨンは豊かでしなやかであったが、顕著にタンニンが目立つワインがあるにもかかわらず、1999年よりも骨格が弱い。

ソノマもナパと同様の生長期を享受したが、こちらはほとんど問題を生じなかった。例年並みの霧の侵入は酸のレベルを適正に維持させた。ピノ・ノワールとシャルドネは9月から10月初旬に収穫され、両品種ともかなりのフィネスを示した。ジンファンデルは、猛暑の影響を受けて、かなり品質にバラツキが出た。

9月の猛暑は、メンドシーノの果実の成熟を促進させ、ジンファンデルでは脱水症状を示す葡萄樹も出たが、ピノ・ノワール、シャルドネ、ローヌ品種にとっては、良い年であった。

サンタ・クルーズやセントラル・コーストでも収量は多く、しかも葡萄の質は高く、特にサンタバーバラは秀逸であった。夏の間に急激な天候の変化があったにもかかわらず、モントレーのシャルドネは順調に成熟し、またパソ・ロブレスのボルドー品種も上々の出来であった。サンタバーバラでは、豊かに実を付けた果房の摘除を行っていなかった栽培家が、収穫期の雨にたたられた。春霜と不均一な葡萄の成熟による損失にもかかわらず、シエラ・フットヒルズにとっては良いヴィンテージとなった。

## 1999

このヴィンテージの特徴は、何といっても例外的に涼しい夏で、それがカリフォルニアのワインの歴史でも屈指の長い生長期をもたらした。低い気温は単純に成熟を遅らせたが、9月下旬の猛暑が成熟を加速した。ソノマでは春に霜害に見舞われたところもあり、そのような場所では着果が不良で、収量が少なくなった。ノース・コースト全体で、収量は約15%減った。着果時の問題により、夏全体にわたるグリーン・ハーベストで成熟の遅れている果房を摘除することが重要であった。収量は少なかったが、ソノマのシャルドネとピノ・ノワールの質は高かった。10月は温和な気候で、カベルネ・ソーヴィニヨンなどの遅く成熟する品種の栽培家は、時間をかけて最高の成熟が達成するまで待つことができた。

長い生長期は、セントラル・コーストにもいろいろな影響をもたらした。モントレーでは、例外的に冷涼な春と発芽の遅れが、栽培家に果実がうまく成熟するかどうか心配させたが、小春日和と9月のいくらかの降雨が最悪の事態を免れさせた。しかしこのヴィンテージを高く評価する者はほとんどいない。サンタバーバラの多くの畑で収穫は11月までずれ込み、12月に入ったところもあった。糖度とアルコール度数は例年よりも低く、青臭い風味を示すワインも生まれた。シエラ・フットヒルズでは冷涼な夏のため酸が異常に高くなったが、収量が多くなった畑を除いて葡萄の質は高かった。

## 1998

この年は、災難とは言わないまでも、忘れてしまいたいと思う栽培家やワインメーカーもあった年である。ノース・コーストでは、春は寒く雨が多く、開花が遅れた。着果はとても不均一で、収量は極度に低くなった。夏はそれほどひどくはなかったが、7月に一度猛暑が訪れ、9月下旬に大量の降雨があった。しかし8月は全般にとても温かく、成熟を促進した。10月は素晴らしい天候だったが、その頃までにはほとんどの葡萄は収穫されていた。ナパ・ヴァレーの谷床とソノマでは、収穫時期を通じて広範な霧の侵入があり、寒く湿度の高い気候状況で腐敗果が生じた畑もあった。山岳地の葡萄畑はその影響からは免れた。

秋の困難な状況の結果、十分に成熟することの出来な

かった畑も出た。特に、ジンファンデルはバラツキがひどく、タンニンも酸も高いワインも生まれた——それはあまり好ましい組み合わせとは言えない。またそれらのワインのほとんどは、長く熟成することができない。白品種も低調な出来で、凝縮感と重量感の欠如したワインが多かった。

　セントラル・コーストでも状況はそれほど好調ではなかったが、パソ・ロブレスのワイナリーはかなり良い結果を残したようだった。サンタバーバラでは、収穫は例年より数週間遅れ、過剰に実を付けた葡萄畑は、十分に果粒を成熟させることができなかった。しかし収量を適切な量に抑えることができた畑は、上質なシャルドネを手にすることができた。シラーも好調だったが、ピノ・ノワールを完熟まで持って行かせるのはかなり難しかった。

　丘の多い地形のシエラ・フットヒルズでも、大量の雨が、この年を忘れてしまいたいヴィンテージにした。

　このヴィンテージを軽く流してしまう傾向があり、強引にもまったく無視するアメリカ人批評家もいる。確かに1998は、この10年の中でも弱いヴィンテージに当たるかもしれないが、しかしいつものように、それは収量と栽培技術に大きく依存している。楽しめる、バランスの取れたワインを造ったワインメーカーも多くいた。とはいえ、セラーに長く寝かせて良くなるワインはほとんど生まれなかった。

## 1997

　この年は、収量の多さと質の高さの両方を満足させた年として記念すべき年になった。全般に早熟な年で、発芽も、ヴェレゾンも早く、それゆえ収穫も早かった。しかしノース・コーストではすべてが順調というわけではなかった。8月の雨と湿度の高い気象条件は、特に管理の良い畑を除いて、葡萄の腐れを招いた。ソノマのピノ・ノワールとシャルドネは、特にひどく腐れにやられたが、その発生はまばらであった。9月にさらに雨が降ったが、すぐに暖かく乾燥した天候が続き、8月にくらべ影響は少なかった。シャルドネの収量は特に多く、メルローとカベルネは、例年をやや上回る程度だった。カルネロスなどの栽培家は入念に果房の摘除を行ったが、果房自体は大きくなった。収量が多いということで、1997をあまりよく言わない批評家もいるが、多すぎる収量が必ずしも質の低さを意味しない年の1つとなった。収穫もしやすく、醸造もしやすい年で、ほとんどの栽培家が、10月初めには収穫を終わらせていた。シャルドネが特に順調であった。

　ジンファンデルは、いくつかの地域で腐れを生じ、また発酵過程が難しく、辛口の味を出すのに失敗したところもあった。しかし全般にワインはフレーバーが豊富で、アルコール度数は高めになった。選果の精度が問題であったが、最上のジンファンデルは、素晴らしい仕上がりとなった。ナパとソノマのカベルネの最初の報告はあまり良くなかったが、時間が経つにつれ、報告は熱狂的になり、多くの人が1994と比肩しうる質を持つと称賛し、間違いなく良い年になると太鼓判を押した。しかしカベルネは全体的にpHがかなり高くなり、期待するほどの長熟能力もないことがわかった。

　セントラル・コーストの方がノース・コーストよりも全般に乾燥しており、シエラ・フットヒルズも同様で、ワインメーカーはその質にとても喜んだ。そしてそのワインはとても良く凝縮されていた。サンタバーバラでは収量は例年並みであったが、雨による腐れがところどころで生じた。モントレーは全般に乾燥していた。

## 1996

　ナパでは、温暖な冬にたっぷり雨が降ったため、葡萄樹は早めに発芽した。春は涼しく、5月に雨が降り、ソーヴィニヨン、シャルドネ、カベルネの結実不良を招いた。涼しい6月の後、天候は回復し、成熟は速度を速めたが、8月下旬から9月上旬にかけて寒い時期があり、結局成熟は遅れた。白品種は良い状況で収穫できたが、収量は例年以下だった。ソノマのピノ・ノワールはなんとか成熟したが、果粒はかなり柔らかく、ワインは骨格の弱いものが多かった。ジンファンデルはバラツキがあり、凝縮感のないワインも造られた。メンドシーノも同様の理由で、収量は少なくなったが、夏が暑くなり、葡萄の質は高かった。

　サンタ・クルーズ・マウンテンでは、リッジが、カベルネのタンニンがとても高いことを報告したが、熟練のワインメーカーはバランスの良いワインを造った。セントラル・コーストは、開花と着果に関しては、ノース・コーストと同様の問題は生じなかった。またパソ・ロブレスとサンタバーバラでは、暖かく長い生長期が、あまり苦労せずに素晴らしく質の良い葡萄の収穫をもたらした。

## 1995

ノース・コーストでは、雨の多い冬と、じめじめした寒い春のせいで、ヴィンテージは遅く始まり、開花不良となり、そのまま収量も低くなった。夏は暖かく9月中旬には脱水症状の兆候が見られた。メンドシーノは、8月に温度が上がったが、それ以降は暖かい程度にとどまったため、ナパやソノマよりも生育が遅れた。しかし赤品種は順調な成熟を遂げ、色は深くなり、タンニンはしなやかで、フレーバーは豊かであった。ピノ・ノワールは豊かというよりは、繊細な風味になった。

シエラ・フットヒルズでも良好なヴィンテージとなった。サンタ・クルーズはどのカリフォルニア・ワイン地区よりも気温が低かった。サンタバーバラでは、問題は質よりも量であった。というのも、開花不良により、収量が例年よりもかなり低くなったからである。

## 1994

ノース・コーストでは3月に乾燥した晴れの日が続き、発芽を早めたが、それ以降は寒い春が続いた。夏は全般に温暖で、8月の前半が暑かった。成熟は着実に進み、糖と酸のバランスの良い順調な収穫を迎えることができた。メルローとカベルネは、どちらも例外的なほどに秀逸で、質は1991年と肩を並べ、1992年や1993年よりも骨格はしっかりしていた。収穫は急いでする必要もなく、穏やかな夏の日に長く果房をさらしておくことができた。モンダヴィは、11月初めまで収穫を延ばした。ソノマとナパは、どちらも成熟度と酸の維持のバランスが傑出しており、同じくらいの質の良さであった。ジンファンデルも同様。またピノ・ノワールにとっても偉大なヴィンテージとなった。ルシアン・リヴァー・ヴァレーやカルネロスで最高のピノらしさを発揮した。シャルドネも豊かで、比類ない精妙さを見せた。

しかしセントラル・コーストは、同様の良好な気象条件に恵まれなかった。大雨が腐れを呼び、特にシャルドネが酷かった。メンドシーノも、他のノース・コースト地区よりも雨が多かった。しかし、ナパやソノマほど均一ではないにしろ、秀逸なワインを生み出したワイナリーもあった。

## 1993

初夏の強風と雨が、ノース・コーストの開花と着果の不良を招き、最終的に収量はかなり減った。夏は変化が激しく、暑い時期と寒い時期が交互に訪れた。8月と9月の猛暑の後、レーズン化が生じたところもあった。変わりやすい天気は、収穫の時期まで続き、栽培家を悩ませた。それにもかかわらず、ピノ・ノワールやカベルネでは秀逸な果実を実らせた畑も多かった。しかし全般に長寿のワインになると見込めるものはほとんどできなかった。多くの栽培家が困惑して、糖度計に合わせて収穫し、そのためフェノールが未熟なままの果粒も多かった。ケイマス・スペシャル・セレクションやドミナスなどの有名なカベルネは、この年、質を満たせないとして造られなかった。凝縮感が足らず、その細身の枠の中でタンニンだけが目立つワインが多い中で、とても飲みやすいワインも造られたが、それらの多くは、現在はすでに飲まれてしまっているはずだ。ジンファンデルも同様のことが言える。

セントラル・コーストはノース・コーストを悩ませた問題を免れることができた。収量は例年並みで、豊かな果実味のワインが多く生まれた。特にシャルドネと、最上級ピノ・ノワールが秀逸であった。

## 1992

カリフォルニアの寛大な気候の下でも、よく起こることだが、冷涼な気候の下で、開花不良が生じ、着果が不均一となった。夏は乾燥して暑かったが、ただナパだけが、8月末に霧の侵入をうけた。しかしその霧は問題を起こすようなものではなく、カベルネの成熟をゆっくりと進める効果があった。収量はとても多く、適切な処置が行われなかった畑の葡萄を使ったワインには、希釈された感じのものもあった。カルネロスでは秀逸なピノ・ノワールが生まれ、ソノマでは、ブルゴーニュ品種、特にシャルドネが、上質の果実を実らせた。ジンファンデルの中には、過熟になったものもあったが、全般的に果実の質は例年より良かった。ソノマのカベルネは、豊かでしっかりした骨格を持っていた。メンドシーノの気候は、安定した暖かさで、収穫は早く順調だった。セントラル・コーストの収量は例年以下だった。

カベルネ・ソーヴィニヨンにとっては、おそらくあまり高く評価されないヴィンテージであろう。特に素晴らしい1991

年の後だけになおさらである。ワインも、凝縮が不十分で、タンニンの目立つ、がっかりさせるものが多い。

## 1991

ナパでは、着果が申し分なく順調で、生長期は涼しく（7月のとても暖かい時期を除いて）、長く、収穫時期は完璧な天候で、素晴らしいヴィンテージとなった。収量は1982年以来の多さだったが、果粒に希薄な感じはほとんどなかった。良心的な栽培家がためらうことなくグリーン・ハーベストを行ったことも、奏功した。しかし白品種にとっては、酸がかなり低く、あまりうれしい結果にならなかった。またボトリティス菌が付着したものもあった。ソノマでも生長期は順調で、遅く豊かな収穫を迎えた。カベルネにとっては、秀逸なヴィンテージとなり、ワインは素晴らしく凝縮され、タンニンが完全に成熟するのを待って収穫できたことが示されている。スタッグス・リープのクロ・デュ・ヴァルは10月25日になってようやくカベルネの収穫を始めた。しかしその後すぐに暴風雨がやってきて、収穫を途中で打ち切らざるを得なかった。酸は高く維持されたが、収斂性はほとんどなかった。カルネロスでは美味しいピノ・ノワールがいくつか造られたが、ジンファンデルでは、収量の多さが、成熟の不均一を招いたところもあった。しかしアマドール郡やドライ・クリーク・ヴァレーのワインは、豊かで、熟れているものが多い。

セントラル・コーストでも同様の気象条件であったが、収量は、ノース・コーストほど多くはなかった。サンタバーバラでは秀逸なピノ・ノワールが多く造られた。長く待ち過ぎて、雨にたたられた栽培家もあった。

## 1990

ノース・コーストでは、カベルネ・ソーヴィニヨンとソーヴィニヨン・ブランは例年以下の収量だったが、長く暖かい夏が、葡萄を完熟させ、優秀な年になった。すべての要素――果実味、酸、タンニン――がバランス良く統合され、すぐにカベルネとジンファンデルは、1985年以来の出来と称賛された。またカルネロスとソノマからは、贅沢なフルボディのピノ・ノワールとシャルドネが造られた。

セントラル・コーストの気候は、ノース・コーストよりも多くの問題があり、サンタバーバラでは収穫期に大雨が降った。それにもかかわらず、とても魅力的なシャルドネもいくつか生み出された。シエラ・フットヒルズも良好とは呼べない気象条件であった。酷いヴィンテージというよりは、精彩の欠いたヴィンテージだった。

ワイン愛好家と批評家は、1990年と1991年がカベルネ・ソーヴィニヨンにとって良い年であったか否かについて、今も議論を続けている。今のところ、1990年は酒質のバラツキの少ない年であったが、1991年の、古典的で、冷涼な気候ならではのカベルネの方を好む人が多いということで意見が一致しているようだ。最終的には、個々のワインメーカーのスタイルと、個人的な好みの問題に帰着する。

その他の優秀なヴィンテージとしては、1987、1985、1980、1978、1974、1970がある。

18 | 上位10傑×10一覧表

# 極上ワイン100選

生産者名およびワイン名は、各カテゴリーごとに50音順に並べている
★印は、私が極上の中の極上、または最も注目に値すると思えるワイン

## 極上ジンファンデル10傑

セゲシオ・オールド・ヴァイン
セント・フランシス・パガニ・ヴィンヤード
ソボン・ルベンコ・ヴィンヤード
タリー・ハイネ・ヴィンヤード
ドメーヌ・ド・ラ・テール・ルージュ・イーストン・エステート
ドライ・クリーク・ヴィンヤード・オールド・ヴァイン
ハートフォード・ハイワイヤー・ヴィンヤード
リッジ・ガイザーヴィル
レイヴェンズウッド・テルデスキ・ヴィンヤード★
ロバート・ビアーレ・モンテ・ロッソ・ヴィンヤード

## ノース・コースト極上シャルドネ10傑

アイアン・ホース・コラル・ヴィンヤード
キスラー・ハドソン・ヴィンヤード
ケークブレッド・セラーズ・アンダーソン・ヴァレー
ダットン・ゴールドフィールド・ルーズ
ハンゼル
フラワーズ・ソノマ・コースト
マヤカマス・ヴィンヤーズ
マリマー・エステート
メリーヴェル・ヴィンヤーズ・シルエット
リトライ・メイズ・キャニオン★

## 極上カベルネ・ソーヴィニヨン10傑

アローウッド・レゼルヴ・スペシアーレ
シャトー・モンテリーナ・ワイナリー・エステート
スタッグス・リープ・ワイン・セラーズSLV
スポッツウッド・エステート・ヴィンヤード＆ワイナリー
ダイアモンド・クリーク・ヴィンヤーズ・レッド・ロック・テラス
ダッラ・ヴァレ・ヴィンヤーズ
ダン・ハウエル・マウンテン★
ハーラン・エステート
ハイツ・ワイン・セラーズ・マーサズ・ヴィンヤード
マヤカマス・ヴィンヤード

## セントラル・コースト極上シャルドネ10傑

オー・ボン・クリマ・サンフォード＆ベネディクト・ヴィンヤード
クロ・ペペ・エステート
タリー・ローズマリー・ヴィンヤード
パライソ・イーグルズ・パーチ
フォクスン・ビエン・ナシド・ブロックUU
ブリュワー＆クリフトン・マウント・カーメル・ヴィンヤード
マウント・エデン・エステート
メルヴィル・イノックス
ラミー・ハイド・ヴィンヤード
リッジ・モンテ・ベロ

## ボルドー・ブレンド10傑

アラウホ・エステート・ワインズ
ヴィアディア・ヴィンヤーズ＆ワイナリー
オーパス・ワン
ケイン・ヴィンヤード＆ワイナリー・ケイン・ファイヴ
ジャスティン・アイササリーズ
ドミナス・エステート
フェラーリ・カラーノ・トレゾア
ベンジガー・トリビュート
ラッド・オークヴィル・エステート
リッジ・モンテ・ベロ★

## ノース・コースト・ピノ・ノワール10傑

ウィリアムズ・セリエム・ウェストサイド・ロード・ネイヴァーズ
キスラー・キュヴェ・ナタリー
コスタ・ブラウン・コプレン・ヴィンヤード
シドゥーリ・ヒルシュ・ヴィンヤード
セインツベリー・トヨン・ファーム
ダットン・ゴールドフィールド・フリーストーン・ヒル★
デリンジャー
ハートフォード・フォグ・ダンス
マリマー・ラ・マシア
リトライ・ヒルシュ・ヴィンヤード

## セントラル・コースト・ピノ・ノワール10傑

アルカディアン・フランチェスカ
オー・ボン・クリマ・イザベル・モルガン★
クロ・ペペ
シー・スモーク・テン
シドゥーリ・ロゼラズ・ヴィンヤード
タリー・ローズマリー・ヴィンヤード
フォクスン・ジュリアズ・ヴィンヤード
ブリュワー・クリフトン・マウント・カーメル
マウント・エデン・エステート
メルヴィル・キャリーズ

## シャルドネ、カベルネ以外の品種の10傑

アラン・エステート・ヴィオニエ
アローウッド・エステート・マルベック
セゲシオ・バルベーラ
タブラス・クリーク・ヴァン・ド・パイユ・クインテッセンス
テール・ルージュ・ルーサンヌ
トーニ・カ・トーニ・ブラック・マスカット
ナヴァッロ・クラスター・セレクト・リースリング★
フォクスン・ウィッケンデン・オールド・ヴァイン・シュナン
ベックメン・エステート・マルベック
ベンジガー・パラディーゾ・ディ・マリア・ソーヴィニヨン・ブラン

## シラー10傑

アラウホ・エステート・ワインズ
アルヴァン・レヴァ
ヴィアディア・ヴィンヤード＆ワイナリー
キュペ・ビエン・ナシド・ヴィンヤード・ヒルサイド・セレクト★
ザカ・メサ・ブラック・ベア・ブロック
サクサム・ボーン・ロック
サックレー・オリオン
ダットン・ゴールドフィールド・チェリー・リッジ・ヴィンヤード
テール・ルージュ・ピラミッド・ブロック★
ベックメン・プリズマ・マウンテン

## お買い得ワイン10傑

ガロ・ファミリー・ヴィンヤーズ
ザカ・メサ
セント・フランシス
ソボン・エステート
ドライ・クリーク・ヴィンヤード★
ナヴァロ
フロッグス・リープ
ベリンジャー・ヴィンヤーズ
レイヴェンズウッド
ロバート・モンダヴィ・ワイナリー

# 用語解説

**挿し木** すでに畑に根付いている葡萄樹の品種を替える方法で、既存の葡萄樹に別の品種の苗を接木する。

**クラッシュ** カリフォルニアの用語で、ヴィンテージのこと。

**残存糖分** 発酵が不完全に終わったときにワインに残る糖分。

**ジャグ・ワイン** 大きな瓶で売られる安物ワインを軽蔑した呼び名。

**全房圧搾** 白ワインを造る時、ワイナリーに届いた果房を除梗せずにそのまま圧搾機にかける方法。ワイに、より多くの新鮮さをもたらすが、精妙さを損なう場合がある。

**TCA** ワイン汚染の一種で、コルク、樽などの木の要素に発生した2・4・6トリクロロアニソールという成分が、ワインにカビ臭いにおいをもたらす。

**低温浸漬** 最近流行の技法で、より多くの色とアロマを抽出するために、発酵前に葡萄を低温に保つもの。

**バイオダイナミック** 1920年代にルドルフ・シュタイナーによって発展させられた農法で、太陰暦と、ホメオパシー的な治療法に基づいている。奇抜な理論のように見えるが、ブルゴーニュ、アルザスをはじめとするヨーロッパの多くの地域で、そしてカリフォルニアの指導的エステートで採用されている。

**ピアス病** ヨコバイによって媒介される葡萄の伝染病で、根絶するのが難しい。南カリフォルニアのテメキュラの葡萄畑に大きな被害を及ぼした。

**ブラッシュ** ジンファンデルなどの赤品種から造られる淡いピンク色のワインのことで、多くがかなり甘口。

**フリーラン・ジュース** 圧搾前に、破砕した葡萄から流出する果液のこと。通常圧搾果液と混ぜられる。

**Brix** 果粒に含まれる糖分を示すアメリカの計測単位で、ボーリングとしても知られている。すべての糖が発酵されるならば、ワインのアルコール度数はその約半分になる。たとえば、果粒のBrix値が19.3°の場合、アルコール度数は10%になる。

**メリテージ** 2種以上のボルドー品種をブレンドして造られるブレンド・ワインの総称で、赤と白の両方に使われる。

# 参考図書

William A. Ausmus, *Wines & Wineries of California's Central Coast* (University of California Press, Berkeley; 2008)

Bruce Cass (editor), *The Oxford Companion to the Wines of North America* (Oxford University Press, Oxford; 2000)

John Winthrop Haeger, *North American Pinot Noir* (University of California Press, Berkeley; 2004)

James Halliday, *Wine Atlas of California* (Viking, New York; 1993)

Matt Kramer, *New California Wine* (Running Press, Philadelphia; 2004)

James T. Lapsley, *Bottled Poetry* (University of California Press, Berkeley; 1996)

George M. Taber, *Judgment of Paris* (Scribner, New York; 2005)

# 索引

★印はつくり手の名称

★アイアン・ホース　40, 178, 220-1
アダム&ダイアナ・リー　260, 307
アダム・トルマック　283, 307
アラウホ　36, 61, 102-5
アル&ブーツ・ブラウンスタイン　74-7
アルカディアン　43, 260, 306
★アルバン・ヴィンヤーズ　265-7, 289
★アローウッド　22, 70, 216-17
アンディー・ビークストファー　156
アンドレ・チェリチェフ　18, 74, 87, 98, 129, 262
イヴォ・ヘラマス　129, 131
イングルヌック　15, 16, 62, 78, 94, 146
★ヴィアディア・ヴィンヤーズ&ワイナリー　141-3
★ヴィラ・クリーク　280
ウィリアム・イーストン　240-1
★ウィリアムズ・セリエム　213-15, 237
ウェス・ハーゲン　302
ウォーレン・ウィニアスキー　20, 98-100, 126
エド・セリエム　213
エリック・サスマン　307
エリック・バウガー　250, 253
エリック・モーセニ　300-1
エレン・ジョーダン　170, 237

★オー・ボン・クリマ　19, 284-6
オーハイ　298, 307
★オーパス・ワン　20, 33, 66, 90-3, 100, 158
★ガーギッチ・ヒルズ・エステート　36, 67, 129-31
カリン・セラーズ　306
★ガロ・ファミリー・ヴィンヤーズ　18, 52, 152, 192-4, 210, 254
カンブリア・エステート　22, 294
★キスラー　40, 222-3, 237
キャピオ　306
★キュペ　40, 287-9, 289, 306
★クインテッサ　67, 158-9
クライン家　42, 306
グラハム・ウィールツ　234-5
クリス&ジョアン・チェリー　280
クリス・ハウエル　108-9
クリスチャン・ブラザーズ・ワイナリー　20, 129, 156
クリスチャン・ムエックス　20, 78, 80-1
クレンデネン　284, 286-7, 300
★クロ・デュ・ヴァル　41, 66, 148-9, 315
クロ・デュ・ボア　22, 177
★クロ・ペペ　302, 307
ゲアリーズ・ヴィンヤード　254, 260, 307
★ケイマス　67, 146-7, 254, 255, 260
★ケイン・ヴィンヤード&ワイナリー　67, 108-10
★ケークブレッド・セラーズ　52, 111-13

ケン・ブラウン　300
ケンダル・ジャクソン　40, 198, 207, 234, 237, 254, 282, 283
★コスタ・ブラウン　224-5, 237, 306
コパン　306
★コリソン・ワイナリー　150-1
コンステレーション　22, 70, 71, 90, 93, 204
★ザカ・メサ　282, 284, 300-1
★サクサム　276-7
サシ・ムーアマン　283, 298
サンフォード&ベネディクト　236
★シー・スモーク・セラーズ　296-7
ジーン・アーノルド　195, 196
★シーン・サックレー　188, 304-5, 306
ジェイコブ・シュラム　15, 164
★シェーファー・ヴィンヤーズ　66, 135-5
ジェス・ジャクソン　22, 156, 198, 216, 234
ジェフ&エレノア・パターソン　246-9
ジェリー・ルーパー　74, 76, 88
シドゥーリ　237, 260, 307
シミ　19, 22, 177
ジム・フェッツァー　36, 180
★ジャスティン　274-5
ジャスティン&デボラ・ボールドウィン　274-5
シャトー・スーヴェラン　96, 98
★シャトー・セント・ジーン　19, 20, 22, 207-9, 216

シャトー・セント・ミシェル　100
★シャトー・モンテリーナ　19, 38, 40, 67, 86-9, 129
シャペレ　40, 66, 150, 166
★シャローン　40, 42, 166, 256-7, 294
ジュヌヴィエーヴ・ジャンセン　71, 72
★シュラムズバーグ・ヴィンヤーズ　15, 18, 74, 164-5, 186
ジョエル・パターソン　204-5
ジョーダン　19, 177
ジョセフ・デイヴィス　43, 306
ジョン・アルヴァン　36, 170, 262, 265-7, 276
ジョン・ウィリアムズ　35, 50, 126, 128, 170
ジョン・クッシュマン　300
ジョン・クリューズ　148, 149
ジョン・ダイソン　213
ジル・ニッケル　123, 125
スーヴェラン・セラーズ　18, 22, 129
スクリーミング・イーグル　283
スターリング　54, 220
★スタッグス・リープ・ワイン・セラーズ　20, 66, 91-2, 98-101, 102, 146
スタグリン　67, 135, 150
ステアー家　183-4
スティーヴ・クリフトン　292-3
スティーヴ・リーダー　207, 2209
スティーヴ・レヴェック　173, 180
ステファン・アセオ　268-9
ストーニー・ヒル　18, 40, 67
★ストーンストリート　22, 156, 234-5
ストルプマン・ヴィンヤーズ　298-9
★スブラジア・ファミリー・ヴィンヤーズ　236
★スポッツウッド　67, 102, 138-40
スワン・ワイナリー　43, 204
★セインツベリー　162-3
★セゲシオ　210-12
セント・フランシス　232-3
★ソボン／シェナンドー・ヴィンヤーズ　242-3
ダーク・ハンプソン　123-5
★ターリー・ワイン・セラーズ　45, 126, 237, 170-1
ダイアモンド・クリーク　74-7
ダグ・メドー　40, 254
★ダックホーン・ヴィンヤーズ　117-9
ダッシュ　306
★ダットン・ゴールドフィールド　178, 186-8, 198
★ダッラ・ヴァレ・ヴィンヤーズ　114-16
★タブラス・クリーク　36, 40, 264, 271-3, 298
★タリー・ヴィンヤーズ　264, 278-9, 284
★ダン　38, 50, 67, 120-2
ダン＆マーガレット・ダックホーン　41, 116-18, 138
チャールズ・クリュッグ　16, 68, 70
チャールズ・トーマス　158, 160
チョーク・ヒル・ワイナリー　177, 183, 230
ディック・グラフ　46, 256
ディック・ドーア　294-5
デヴィッド・アブレイユ　102, 160
デヴィッド・ムンクスガード　220, 221
デヴィッド・レミー　34, 36, 78, 160, 173, 230-1
デーヴィス・バイロン　300

テッド・ベネット　56-8
テッド・レモン　33, 162, 226-7
デボラ・カーン　56-7
★デリンジャー　218-19, 307
テレンス・レイトン　306-7
トッド・モステロ　78, 80-1
トニー・ソーター　102, 138, 141
★ドミナス　20, 62, 66, 78-81, 95, 230
トム・マッキー　232-3
★ドメーヌ・ド・ラ・テール・ルージュ　240-1
★ドライ・クリーク・ヴィンヤード　40, 183-5
トラヴァース家　37, 154-5
★トレフェセン・ファミリー・ヴィンヤーズ　66, 168-9
ドン＆マーゴ・ファン・スターヴェラン　207-8
ドン＆ロンダ・カラーノ　189-91
★ナヴァロ・ヴィンヤード　44, 56-8
ニーバーム　15, 16, 62, 94
★ニュートン・ヴィンヤーズ　132-4
ノヴァック家　138, 140
ハース家　36, 271-3
★ハートフォード　22, 178, 186, 198-200, 237
★バーネット・ヴィンヤーズ　67, 172
★ハーラン・エステート　26, 66, 82-5, 156
パールマイヤー　120, 158, 179, 237
★ハイツ　18, 67, 74, 129, 152-3, 195
パッツ＆ホール　260, 307
★パライナ　258-9, 260
パリの審判　19-20, 46, 98, 100, 129, 148
バレット家　38, 86-9
★ハンゼル　19, 40, 154, 195-7
ピーター＆Drスー・ホア・ニュートン　67, 132-4, 228
★ピーター・マイケル　178, 179, 228-9, 237
ビエン・ナシド・ヴィンヤード　282, 283, 284, 287, 294, 306, 307
★ピゾーニ・ヴィンヤーズ　255, 260-1, 307
ヒュー・デイヴィーズ　164-5
ビル・ウェイスン　294-5
ビル・ハーラン　29, 82-3, 85, 156
ヒルシュ　179, 213, 223
★ファー・ニエンテ　40, 66, 82, 123-5
ファイヤーストーン　19, 282, 300
★フィリップ・ヴィンヤード　166-7
フィル・フリーズ　34, 37, 210
フェッツァー家　52, 54
フェラーリ・カラーノ　189-91
フェルプス　41, 45, 156, 207, 237
★フォクソン　294-5
フォスターズ・ワイン・エステート　20, 22, 105, 207
フォレスト・タンサー　220-1
ブライ家　195-6
ブラッド・ウェッブ　195, 196
フランシス・フォード・コッポラ　15, 94, 96-7
フリーマーク・アビー　18, 67, 88, 150
★ブリュワー・クリフトン　292-3
★フロッグス・リープ　35, 50, 67, 126-8, 170
ペイ・ヴィンヤード　213, 237
★ベックメン　36, 283, 290-1

ペラン家　36, 264, 271, 273, 298
★ベリンジャー（後にベリンジャー・ブラス）　15, 20, 22, 52, 62, 105-7, 144, 168, 178, 207, 236
ヘレン・ターリー　170, 223, 228, 237
★ベンジガー・ファミリー・ワイナリー　36, 179, 180-2
ボーリュー　16, 18, 62, 86, 98, 117, 129, 152
★ホール　173
ポール・ドレイパー　20, 160, 250-2
ポール・マッソン　18, 40, 195, 244
ボブ・カブラル　213-14
ボブ・セッションズ　154, 195, 196
ボブ・レヴィー　82, 85, 156
マーク・ビクスラー　222-3
マーサズ・ヴィンヤード　91, 152, 153
マイケル・シラッチ　91-2, 93, 100
マイケル・ブラウン　224-5
★マウント・エデン・ヴィンヤーズ　244, 246-9
マクドウエル・ヴァレー・ワイナリー　45, 54
マタンザス・クリーク　19, 22, 27, 177, 230
マックレア　18, 40, 223
★マヤカマス　18, 38, 40, 50, 54-5, 166, 170
★マリマー・エステート　40, 201-3
マリマー・トーレス　33, 178, 201-3, 237
ミシェル・ローラン　82, 102, 134, 141, 156, 160
ムートン・ロートシルト　90, 92, 98, 108, 123
★メリヴェイル　68, .82, 85, 156-7
★メルヴィル　40, 292, 303
モンダヴィ　15, 19, 22, 36, 52, 62, 66, 68-73, 86, 92, 102, 150, 158, 173, 186, 218, 154, 282, 314
モンダヴィ　19, 20, 42, 46, 68, 70-2, 82, 90, 93, 98, 129, 156
★ラヴァンチュール　268-7
ラジオ・コトー　237, 307
★ラッド　66, 158, 160-1, 230
ラリー・ストーン　97
ラリー・ターリー　17, 126
リー・スチュワート　18, 129
リチャード・ワード　162
リック・フォアマン　40, 132, 134
★リッジ・ヴィンヤーズ　20, 42, 45, 160, 170, 250-3
★リトライ　33, 42, 50, 162, 226-7, 237
ルイス・マティーニ　17, 40, 43, 67, 74, 160, 192
★ルビコン・エステート　15, 62, 64, 67, 94-7
★レイヴェンズウッド　20, 48, 195, 244, 246
★レイミー・ワイン・セラーズ　34, 230-1, 306
ロートシルト家　20, 70, 90, 93
ロキオリ　213, 237
ロス・コップ　237
★ロデレール・エステート　59-61
★ロバート・ビアーレ・ヴィンヤーズ　144-5
ロブ＆ダイアナ・ジャンセン　307
ロブ・リンドキスト　284, 287-8, 300, 306
ワイルド・ホース・ワイナリー　10, 276
ワグナー家　146-7, 260

319

著 者： スティーヴン・ブルック
(Stephen Brook)
カリフォルニア・ワインについて『デキャンタ』誌と『ザ・ワールド・オブ・ファインワイン』誌に定期的に寄稿。『The Complete Bordeaux』『Pocket Guide to California Wine』『The Wines of California』など、ワインに関する15冊の著書がある。国際的なワイン鑑定家として定評がある。

監 修： 情野 博之 (せいの ひろゆき)
1965年神奈川県生まれ。日本ソムリエ協会関東支部役員。有楽町フランス料理「アピシウス」シェフソムリエ。第6回ポメリースカラシップ優勝、第3回全日本最優秀ソムリエコンクール第3位。「自由ヶ丘ワインスクール」主任講師やホテルオークラ・ワインアカデミー客員講師を務める。ワイン雑誌『ワイン王国』の連載"ザ・ベスト・バイ・ワイン"テイスターを担当。共著に『必携ワイン基礎用語集』（柴田書店）、『French Wine Book』（マガジンハウス）、『World Wine Book』（マガジンハウス）がある。

翻訳者： 乙須 敏紀 (おとす としのり)
九州大学文学部哲学科卒業。訳書に『FINE WINE シャンパン』『FINE WINE ボルドー』、共訳書に『死ぬ前に飲むべき1001ワイン』『地図で見る図鑑 世界のワイン』（いずれも産調出版）など。

## Photographic Credits

All photography by Jon Wyand, with the following exceptions:

Page 13: Mission Dolores, San Francisco; Prints and Photographs Division, Library of Congress, Reproduction Number LC-DIG-ppmsca-17977

Page 171: Larry Turley; © 2010 Bill Tucker; http://www.napabehindthebottle.com

Page 181: Mike Benziger; Benziger Family Winery

Page 219: Dehlinger; Dehlinger

Pages 280–1: Villa Creek Cellars; Villa Creek Cellars

Page 285: Jim Clendenen; by Kirk Irwin, I&I Images

Page 297: Sea Smoke Vineyard; Sea Smoke Cellars

Page 305: Sean Thackrey; by Todd Hido

---

THE FINEST WINES OF
## CALIFORNIA
FINE WINE シリーズ カリフォルニア

発　　行　2012年2月10日
発 行 者　平野 陽三
発 行 元　ガイアブックス
　　　　　〒169-0074 東京都新宿区北新宿 3-14-8
　　　　　TEL.03 (3366) 1411
　　　　　FAX.03 (3366) 3503
　　　　　http://www.gaiajapan.co.jp
発 売 元　産調出版株式会社

Copyright SUNCHOH SHUPPAN INC. JAPAN2012
ISBN978-4-88282-824-2 C0077

落丁本・乱丁本はお取り替えいたします。
本書を許可なく複製することは、かたくお断わりします。

Printed in China

Original title: The Finest Wines Of California: A Regional Guide to the Best Producers and Their Wines.

First published in North America by
University of California Press
Berkeley and Los Angeles, California

Copyright © 2011 by Fine Wine Editions Ltd.

University of California Press,
one of the most distinguished university presses in the United States,
enriches lives around the world by advancing scholarship in the humanities, social sciences, and natural sciences. Its activities are supported by the UC Press Foundation and by philanthropic contributions from individuals and institutions. For more information, visit www.ucpress.edu

Fine Wine Editions
Publisher　Sara Morley
General Editor　Neil Beckett
Editor　David Williams
Subeditor　David Tombesi-Walton
Editorial Assistants　Clare Belbin, Jeanette Esper, Piers Gelly
Map Editor　Jeremy Wilkinson
Maps　Tom Coulson, Encompass Graphics, Hove, UK
Indexer　Ann Marangos
Americanizer　Christine Heilman
Production　Nikki Ingram